▲ 경복궁(서울)

▲ 도시경관(한강주변 교통체계)

〈화보 1〉 우리 나라 경관

▲ 안동 암사굴

▲ 철도와 고속도로(경부선)

〈화보 2〉 우리 나라 경관

▲ 오페라하우스와 교량 (호주 시드니)

▲ 에펠탑과 교량 (프랑스 파리)

▲ 수변공간 (네덜란드 델프트)

▲ 산과 수변공간 (스위스 취리히)

〈화보 3〉 외국 경관

◀ 궁궐 정원(한국 비원)

▶ 태호석과 구곡교
(중국 항주 서호)

◀ 정토 세계를 구현한
정원(일본 금각사)

〈화보 4〉 정원 경관

(a) 궁궐 정원

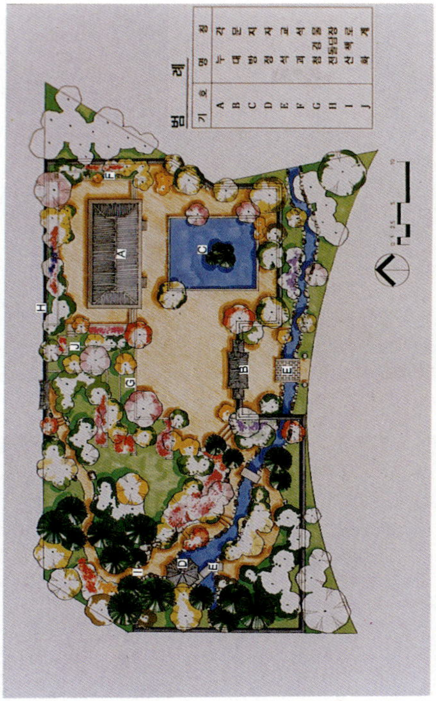

(b) 별서정원

(c) 민가정원

(d) 춘향이의 정원

〈화보 5〉 정원 경관

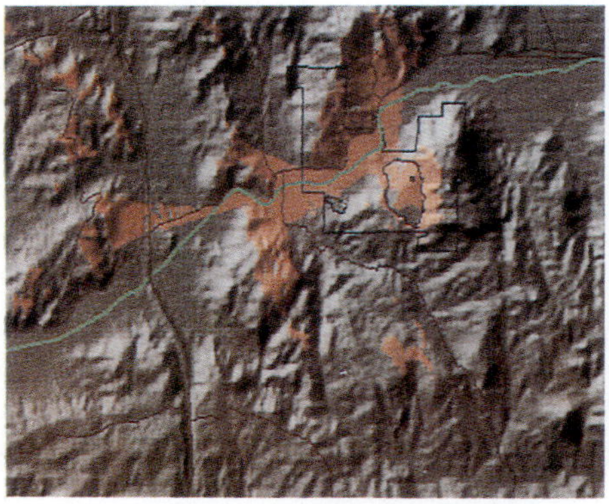

(a) 투시 도면화

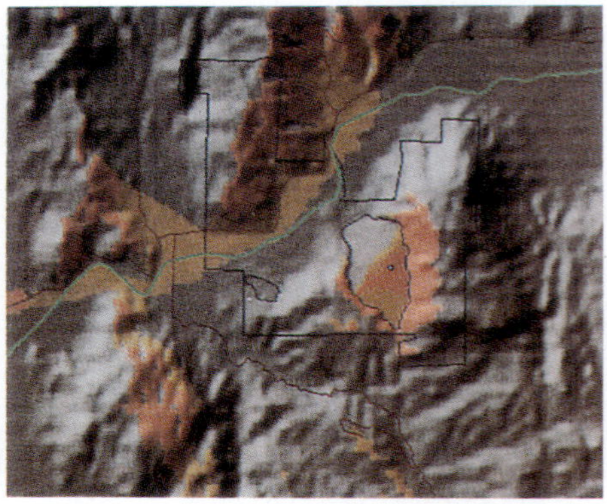

(b) 반사 도면화

(c) 복합 도면화

(d) 투영 음영도

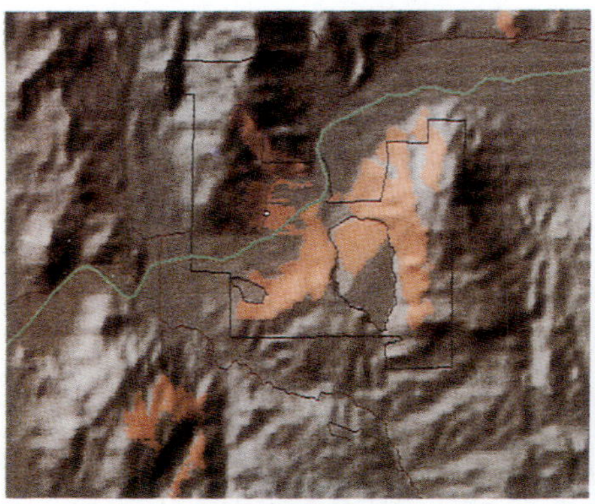

(e) 반사 음영도

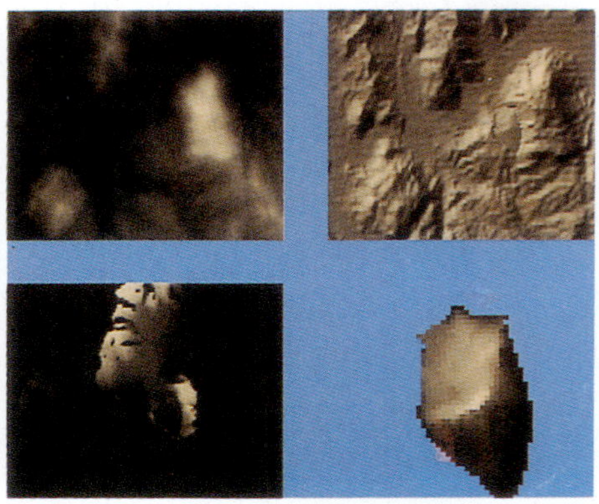

(f) 시 야 도

〈화보 6〉 경관분석을 위한 시야도 모의관측

경관공학

공학박사 유 복 모 지음

東 明 社

머 리 말

사람은 눈을 뜨자마자 시지각(視知覺)에 의하여 공간을 접하게 됩니다. 대상공간을 아름답고 쾌적하게 향유하려는 것은 인류의 본능이며, 이를 구체적으로 표현하는 경관조성은 인류생존을 위한 크나 큰 가치 중의 하나입니다.

자연을 이용하여 개발하거나 각종 인공물을 제작하고 설치하는 데 있어 환경과의 조화감(調和感), 순화감(順和感), 그리고 미의 상승(美의 上昇)을 고려하여야만 쾌적한 생활공간을 향유할 수 있는 것입니다.

인간이 영원히 향유하여야 하는 자연에 손상을 입히면 그의 회생(回生)이 거의 불가능하기 때문에, 천혜의 자연을 소중히 가꾸고 보존해야 하는 것은 지구에 한때 안주하다 가는 인간이 지켜야 할 가장 큰 의무 중의 하나입니다.

자연의 변화에 많은 영향을 줄 수 있는 건설, 조경, 지리, 군업무 등에 종사하는 분들은 경관에 각별한 소양을 갖추어 아름다운 자연을 지킬 뿐만 아니라, 적극적인 경관조성을 통하여 쾌적한 생활공간을 이루어 나가야 할 것입니다.

이제까지 경관해석은 주로 시지각적(視知覺的)인 가치와 의미적(意味的)인 가치를 고려하여 이루어져 왔으나, 최근 유형(類型), 지표(指標), 표현방법 등에 의하여 경관의 정량적(定量的)인 해석이 많이 시도되고 있는 현실을 감안하여 본서 "경관공학"을 엮어내게 되었습니다.

아무쪼록 본서가 아름다운 경관을 지키고 가꾸는 데 일조가 되길 바라며, 아울러 선배제현의 고견을 들어 지속적인 수정보완을 함으로써 본서가 뜻한 바의 진수(眞髓)에 충실할 것을 약속드립니다. 본서 집필에 적극 협조한 延世大 土木工學科 測量 및 地形空間情報 연구실 출신 및 현 연구실생과 東明社 여러 관계분들께 깊은 감사의 말씀을 드립니다.

財團法人 碩谷觀測科學硏究院 附設
觀測科學技術硏究所
1996년 2월 29일 著者 씀

차 례

제 1 장 경관의 기본 개념

제 2 장 경관의 해석

제 3 장 경관분석의 공학적 접근방법

제 4 장 지형분석

제 5 장 경관계획

제 6 장 도로 및 교량경관

제 7 장 하천, 항만 및 수변공간 경관

제 8 장 도시경관

제 9 장 정원 및 기타 구조물 경관

제 10 장 지형공간 정보체계를 이용한 경관해석

제 11 장 경관의 평가 및 유지관리

제 1 장
경관의 기본개념

1·1 경관의 의의

1·1·1 경관(景觀)의 정의

인류가 눈을 뜨자마자 시지각에 의한 공간을 접하게 된다. 경관(景觀 ; viewscape)은 인간의 시지각적(視知覺的) 인식에 의하여 파악되는 공간구성(空間構成)에 대하여 대상군(對象群)을 전체로 보는 인간의 심적(心的) 현상이다. 환경에 관한 지형 및 공간의 유형적(類型的) 사고방식에서 지표적(指標的)인 방법에 의한 정량화(定量化)와 정량적인 경관예측을 위한 표현방법이 발전되어 감에 따라 경관측량(景觀測量)의 효용성이 증대되었고, 이들 영향요인을 규명하는 경관공학(景觀工學)의 학문체계가 확립되었다. 경관공학을 통하여 대상물이 자연환경과 이루는 조화감(調和感), 순화감(順和感), 미의식(美意識)의 상승(上昇), 즉 이들 경관의 세 가지 요소를 고려함으로써 쾌적한 생활공간을 창조할 수 있다. 경관에 관한 첫 번째 관점으로, 경관은 여러 개의 대상 또는 대상군 전체를 보는 것을 말하며, 더욱 추상적인 표현으로는 대상(또는 대상군)이 전체적으로 보여지는 상태라 할 수 있다. 즉, "경관이란 인간을 둘러싼 환경을 바라보는 것 자체"라고도 말할 수 있다.

두 번째 관점으로, 경관은 우리 인간의 심리적 또는 생리적 현상으로 볼 수 있으며, 경관은 물리적 또는 화학적으로 포착할 수 있는 순물질적 현상이 아니라는 점이다. 예를 들면, 대상을 본다는 단순한 시각적 현상으로 규정하더라도, 경관에는 대상물의 일정한 배치상태 등에 의하여 시각적 변위나 착시현상이 나타나게 된다(게슈탈트의 법칙).

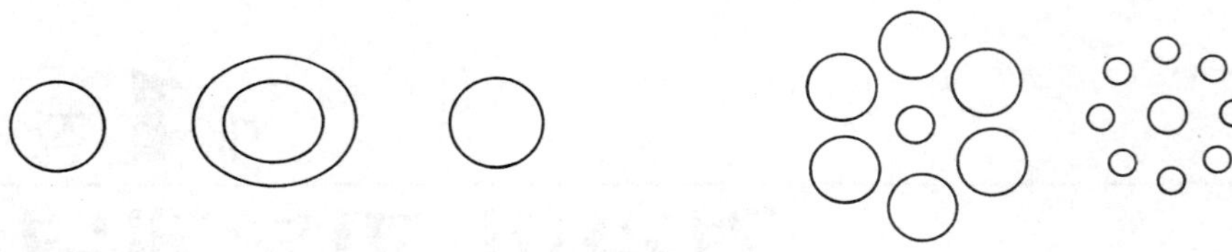

(a) Delboeuf의 도형　　(b) Ebbinghaus의 도형

그림 1·1 착시의 예

특히, 경관에는 이 밖에도 본다고 하는 공간적, 시간적인 체험으로 형성된 대상에 대한 인간의 인상(image), 좋고 나쁨의 감정 등이 바라보는 행위와 겹쳐져서 문제를 더욱 복잡하게 만든다. 즉, 경관현상에는 대상이 되는 물리적 사실뿐만 아니라, 대상을 보는 인간의 심리적 또는 생리적 사실도 고려해야 한다는 것이다. 즉, "경관이란 대상(또는 대상군)의 전체적인 조망(眺望)이며, 이를 계기로 형성되는 인간(또는 인간집단)의 심적(심리적 또는 생리적) 현상"이라고도 말할 수 있다.

1·1·2　경관의 중요성

경관계획의 필요성은 경관적 과제의 유무에 좌우된다. 현재의 경관, 또는 건설 후에 예상되는 경관에 문제점이 없다면, 즉 경관이 하나의 형으로 성숙되어 있든가 또는 관찰자가 문제점을 느끼지 않는 경우라면 경관계획은 불필요하다.

경관에 문제점이 있는 경우라면 당연히 그렇게 판단하는 어떤 근거가 있을 것이고, 또한 그 바탕에는 사람마다 경관을 대하는 가치기준이 존재하게 마련이다. 경관의 가치판단, 또는 가치평가는 때와 장소, 경관의 종류, 또는 대상이 되는 실체의 특성과 그것에 대한 주체가 임하는 자세(예로서, 댐에 대한 일반인과 건설 기술자의 차이)에 따라 달라질 것으로 예상된다. 때와 장소 또는 대상과 관련성에 따라 다르게 표현되는 방식을, 실제적 또는 현상적으로 평가하는 고찰방법은 다음과 같다. 경관가치 주장의 바탕은 다음과 같이 여러 가지로 살펴볼 수 있다.

[1] 본능적 관점

아름다움이나 쾌적함을 추구하는 마음은 식욕이나 성욕과 마찬가지로 인간이 본래 갖고 있는 본능 중의 하나이다. 이러한 관점에 의하면, 환경의 아름다움과 쾌적함을 구체적으로 표현하는 경관은 인간생존을 위한 중요한 가치 중의 하나이다.

[2] 행동 과학적 관점

인간이 시각을 주요한 감각기관으로 생존하는 동물인 이상, 환경의 시각적 정보를 주는 경관은 인간생존에 불가결한 현상이다. 즉, 시각적 정보원으로서의 경관은 인간

행동의 기준체계를 이루고 있는 주요한 가치로서, 인지적(認知的) 측면을 강조하는 것 뿐만 아니라 행동과학이나 환경 심리학 분야까지 필요로 하고 있다. 린치(Lynch)는 도시인상을 결정하기 위하여 5개의 요소—끝선(edge), 통로(path), 지역(district), 집중점(node), 랜드마크(landmark)—를 경관가치 평가의 기준으로 이용하였다.

또한, 눈길끌기(誘目性), 알아보기(視認性), 확인하기(判讀性)를 바탕으로 하는 도로표지 등 도로시설의 설계나, 지하철 노선별 색채사용의 예도 경관가치를 고려해야 할 것이다.

[3] 예술적 관점

예로부터 자연, 도시 또는 전원의 풍경이 풍경화를 비롯하여, 회화, 시가(詩歌), 산문에서 다루어졌고 음악으로 표현되어 왔다. 인간은 경관을 통하여 정서적인 가치를 인식할 수 있을 뿐만 아니라 많은 예술작품을 창출하고 있다. 즉, 친밀한 도시풍경, 장대한 자연, 한가로운 전원 등의 경관은 인간의 창조력의 원천인 동시에, 우리들의 마음을 부드럽게 하는 존재인 것이다. 이 분야에 관련하여 예술작품을 제재로 하는 분석이나, 정서 심리학적인 연구도 많이 이루어지고 있다. 즉, "인간은 빵만으로 살 수 없다"는 것의 다른 측면이라 할 수 있다.

[4] 존재론적 관점

인간의 존재는 공간의 존재를 전제로 한다. 인간이 언어나 상징(symbol), 표지(sign)를 조작하는 것과 마찬가지로, 환경의 표지 또는 상징으로 경관을 조작한다. 존재론 분야에서는 경관보다는 오히려 공간이나 물적대상의 상징적 움직임이 논의의 중심이지만, 경관은 인간존재와 불가분의 현상이다.

[5] 전통적 관점

경관가치를 전통적 경관설계의 사례에 대한 분석을 통하여 탐구하는 것으로, 실증적인 관점에서 가치의 현상분류를 시도하는 것이다. 즉, 산중 사찰의 입지나 건물배치, 전통정원의 경관기법 등 경관을 중시한 실례를 분석한 결과에 의하면, 경관은 인간이 신성함, 아름다움, 쾌적함, 위엄스러움 등의 가치를 향유하는 경우에 불가결한 요소가 됨을 알 수 있다.

또한, 울타리 나무나 방풍림, 수방림, 유수지, 운하 등 실용적 필요에 따라 형성된 사례〔비의도적인 디자인-原形(prototype)〕에서도 그 지역 또는 그 나라의 역사와 풍토성을 시각적·구체적으로 표현하는 가치가 있고, 아울러 이어져 내려온 인간 정주생활의 존재의 입증, 즉 인간생활의 상징으로서의 가치를 확인할 수 있다.

이상과 같은 소개는 경관이 갖는 가치에 대한 다양한 입장에서의 주장을 대략적으로 언급한 것이고, 다음에는 경관가치에 대한 논의를 보다 계획론적인 견해로서 언급하기로 한다.

경관을 인간과 어울리는 정도에 따라 크게 나누면, 일상적 경관(日常的 景觀)과 비일상적 경관의 두 가지로 구분할 수 있다. 일상적 경관은 도시경관, 전원경관 등과 같이 사람이 늘 거주하는 공간에서 얻어지는 것이고, 비일상적 경관은 관광지나 장대한 산악, 해양 등의 경관과 같이 흔히 보기 어려운 경관을 말한다.

비일상적 경관의 대표적 사례로서 자연풍경이 탁월하고 "일상체험이 어려운 감격을 주는 걸출한 대풍경"인 국립공원을 들 수 있으며, 비일상적 경관가치는 "인간을 계발(啓發)하여 인간의 영감의 원천이 되는 것"이라 할 수 있다. 즉, 진정한 의미의 '관광'이란 이러한 경관가치, 또는 앞에서 언급한 신성함, 아름다움, 쾌적함, 위엄스러움 등의 가치를 추구하는 것이라 할 것이다.

그런데 일상적 경관의 가치란 일반적으로 '친밀감'이나 '쾌적함' 또는 '편의성(amenitiy)' 등을 말한다. 다시 말해서 일상적 경관의 가치는 '어머니(또는 母体)의 포근함' 또는 대기, 물, 또는 가족의 가치와 같은 것이라 할 수 있다. 즉, 이것은 일상적이고 우리 생활의 존재기반을 형성하는 요소이므로, 이 존재가 평소 우리 주위에 밀착되어 있더라도, 우리들은 일상적으로는 이 가치를 충분히 느끼지 못한다. 오히려 일상적 경관의 가치를 잃고나서, 또는 타인에게 지적되어 다른 경관과 비교함으로써 비로소 이 가치를 재인식하게 된다.

사람들은 일상 중에 비일상과 마주치는 경우에, 예를 들어서 침입자에 의한 경관의 파괴나 재개발에 의한 변모에 직면하거나, 또는 장기간 입원 후 병원에서 퇴원할 때에 비로소 그 존재의 포근함과 새로운 기분을 느끼게 되고, 그 때에 그 가치가 실재하는 것을 알게 된다.

물론, 일상적 경관에도 알기쉬운 아름다움과 쾌적함은 중요하며, 이것은 '모체(母体)'가 되는 온화한 아름다움과 마찬가지이다. 그러나 이 인식은 다른 경관의 비일상적 체험을 통하여 의식되는 것이다. 다른 사람의 눈으로 보면 어수선하게 보이는 주거환경에도 큰 불만을 느끼지 않거나 오히려 집착하는 사람들이 있다.

이러한 집착의 근거는 그 경관이 비록 어수선한 것일지라도, 그 곳에 거주하는 인간의 존재기반이거나 또는 생활자체이기 때문이다. 설사 그 경관에 부족한 면이 있더라도, 우리들은 각기 자신의 '모체'로부터 벗어날 수 없기 때문이다. 또한, 이러한 고정관념을 개선하려면 많은 시간이 소요된다. 더욱이 경관이란 사람에 따라서 위에 말한 일상적, 또는 비일상적 양쪽의 가치를 갖는 존재인 것이다.

1·1·3 구조물 경관

자연환경이나 생활환경 가운데 구축된 대규모 구조물에 의한 구조물 경관은 구조물을 미적관상(美的觀賞)의 대상으로 바라보는 것이다. 이러한 관점에서 구조물 경관을 다음과 같이 정의할 수 있다.

"배경이 되는 자연환경으로서 자연미나 생활환경으로서의 도시미, 새로이 그 가운데 구축되는 구조물이 갖는 인공적인 구조미가 합성되어 조화를 이룸으로써 인식되는 경관"

즉, 인식되는 구조물 경관은 주제가 되는 요소의 차이에 따라 다음과 같은 두 가지 문제로 귀착된다고 생각할 수 있다. 첫째는 자연환경 또는 도시기능(또는 景觀場界)이 강조된 구조물 경관이고, 둘째는 대상 구조물(또는 對象界)이 강조된 구조물 경관이다.

일반적으로 시계(視界) 가운데 대상이 되는 구조물이 차지하는 비율이 클수록 인식되는 경관은 첫째에서 둘째로 옮아가며, 경관은 점차로 기념비적인(monumental) 것으로 인식된다. 그 비율이 극도로 작은 경우에는 대상 구조물이 구조미를 느끼게 하는 대상으로서 보다도, 자연환경 또는 도시기능 중 한 요소로서밖에 인식되지 않고, 경관은 정적이고 안정된 자연경관이 갖는 자연미 또는 도시경관이 갖는 기능미로서의 인상을 받게 된다.

또한 반대로, 그 비율이 극도로 큰 경우에는 대상 구조물이 시계의 대부분을 차지함에 따라, 배경의 자연 경관계나 도시 경관미를 해치는 동시에, 대상 구조물 자체도 구조미를 느끼게 하는 존재가 되기 보다도 오히려 위압감을 느끼게 하는 요소로서 인식되므로, 이 경우에도 구조물 경관으로서는 가치가 낮게 된다.

즉, 경관구성 요인 가운데 어느 것이 경관의 주제가 되고, 그 규모가 어느 정도인가가 인식되는 경관의 인상을 크게 좌우하는 것이라 할 수 있다. 또한, 이것은 주로 주시 대상물과 시점의 위치관계로부터 시각 심리학적으로 규정되는 것이다.

1·1·4 토목 시설물 경관

토목 시설물 경관에 대한 개념은 토목공학의 내용을 보는 입장에 따라 다음과 같이 두 가지로 나누어 생각할 수 있다. 첫째, 토목 시설물을 하나의 대상물로서 토목 시설물을 보는 입장과 둘째, 토목 기술자가 실현하고자 하는 궁극적 행위로서 토목 시설물을 보는 입장이다.

첫 번째 입장으로 볼 때 "토목 시설물 경관이란 토목 시설물이 중요한 역할을 하는 경관"이라 할 수 있으며, 보다 넓게 생각하면 "토목 시설물이 포함되어 있는 경관"이라 할 수 있다. 협의의 토목 시설물 개념에는 도로경관과, 교량경관 등이 포함되며, 광의의 토목 시설물 개념에는 도로, 사면, 옹벽 등이 포함된 자연경관을 예로 들 수 있다.

두 번째 입장에서 보면 토목 시설물 경관의 범위는 더욱 넓어진다. 즉, "토목 시설물 경관이란 토목 기술자와 연관된 경관"이라고 정의하면, 우리들이 일상생활에서 볼 수 있는 경관의 대부분이 토목 시설물 경관이라고 할 수 있다. 왜냐하면 우리가 현대생활을 영위하는 한, 교통이나 물을 조절하는 시설 등은 빠질 수 없는 요소이기 때문이다. 즉, 토목시설이 관여되지 않은 것처럼 보이는 경관에 있어서도, 토목시설이 기반이 되어 형성되는 경관, 예를 들면 매립지 위에 형성된 공장군이나 주택단지와 같이 많은 예가 있다.

결국, 토목 시설물 경관의 개념은 그 역할이 긍정적인 면과 부정적인 면 양자를 포함할 수 있지만, 토목시설과 토목 구조물이 시각상 중요한 역할을 하는 경관과 토목 기술자가 관여하여 그 형성에 대하여 큰 책임과 권한을 갖는 경관의 두 가지로 요약할 수 있다.

1·2 경관의 분류

'경관(景觀)'이란 일반적으로 '풍경'과 같은 의미로 사용되는 경우가 많지만, 경관의 내용이 논의의 대상이 되는 지리학, 토목 및 건축공학, 조경학 등의 분야에서 전문용어로 쓰이는 경우에는, 분야에 따라서 그 개념이 각기 다른 의미를 갖게 된다. 일반적으로 경관은 토지의 넓음을 나타내는 '지역개념'과 지표의 가시적 형상을 나타내는 '풍경개념'을 포함하고 있다.

공학과 조경학의 분야에서는 '경관'을 "만들고 창조하여 얻어진 조망(眺望)"의 의미로 사용하며, 시각적 풍경개념을 중시한다. 특히, 인간생활의 질을 추구하는 수단으로서 경관자체에 가치의식을 주고, 이를 보존하고 새로이 구축하는 경관정비(景觀整備)의 목적을 갖는 경우가 많다.

한편, 지리학에서는 "생태적으로 적절한 질서를 갖는 지역"으로 보고, 대상이 되는 지역의 생태적 변화가 논의의 중심이 되므로 지역개념을 중시하는 경우가 많다. 지리학에서 경관처리는 지역공간의 유형화(有形化)와 지역적 실재(實在)의 분석이 중심이 되어, 경관에 가치의식을 부여하여 평가하는 경우는 거의 없다.

이와 같은 개념으로 경관을 인식대상의 주체, 개성적 요소, 지형학적 시각 및 공학적 시각에 따라 분류하면 다음과 같다.

1·2·1 인식대상의 주체에서 본 분류

대상의 주체에 의하여 자연경관(自然景觀, natural viewscape), 인공경관(人工景觀,

artificial viewscape) 및 생태경관(生態景觀, ecological viewscape)으로 3등분된다. 자연경관은 인공이 전혀 가해지지 않은 경치로서 산, 하천, 바다, 천연호소 및 자연녹지 등을 뜻하는 자연경(自然景, naturalscape)이다.

인공경관은 인공요소를 가한 경치와 인공요소만을 주체로 한 경치로 다시 2분된다. 전자는 정원(庭園), 공원, 분재(盆栽), 분경(盆景), 인공녹지, 인공호소(人工湖沼), 도시, 도로, 건물, 교량 등의 시설물 경관(일반 건설물, 유적, 여가활용 등)으로서 준 인공경관 또는 조경(造景, landscape architecture)이라 한다. 후자는 대상물에 미의식을 강조시켜 생활공간을 미화하는 실내·실외장식에 관한 것으로 순인공 경관 또는 장식경(裝飾景, ornament scape)이라고도 한다.

생태경관은 동식물의 생태적인 변화가 인식의 대상으로서 자연생태 그대로일 경우와 자연 생태계에 인공적인 요소를 더한 경우가 있다. 전자를 생태경(生態景, ecological scape)이라 하고, 후자를 관상경(觀賞景, enjoyment scape)이라고도 하며 관상수(觀賞樹), 관상견(觀賞犬) 등을 들 수 있다.

1·2·2 개성적 요소에서 본 분류

각기 개성을 지닌 경관은 7가지로 분류되는데, 깊은 계곡이나 산 속의 기암절벽 등의 천연적(天然的) 경관, 넓은 초원이나 바다의 풍경 등의 장관도(壯觀度 ; panorama) 경관, 수목으로 둘러싸인 호수나 들 등의 포위된 경관, 계곡·도로 및 강물 등의 초점적(焦點的) 경관, 하늘을 가린 가로수 도로 등의 터널적 경관, 대상물의 부분적인 것으로 나뭇잎·꽃잎의 생김새 등의 세부적(細部的) 경관, 안개 또는 아침이나 저녁노을 등의 순간적 경관 등을 들 수 있다.

1·2·3 지형학적 측면에서 본 분류

지리학 분야에서는 경관을 지역적인 측면을 중시한 유기적인 생활공간으로 보기 때문에, 경관과 그 변화를 논하는 경우에는 대상경관(또는 景域)의 지리학적 형태와 함께 그것을 구성하는 인문적 요소도 중요한 의미를 갖게 된다. 이 때문에 지역의 문화적 수준, 지리적 구성원인(構成原因), 토지이용 등이 분류의 지표가 된다.

경관을 지역의 문화적 수준으로 분류하면 자연경관과 문화경관, 자연경관과 인공경관으로 나눌 수 있다. 자연경관에는 원시적 경관과 야생적 경관이 있으며, 문화경관에는 농업경관, 공업경관, 도시경관 등이 있다. 또한, 자연경관은 인공을 전혀 가하지 않은 자연적 경관(또는 原始的 自然)이나, 어느 시기에 인공이 약간 가해진 자연경관(2차적 자연)을 뜻하며, 인공경관은 자연요소를 주체로 한 인공경관(농경지 등)이나 인공요소를 주체로 한 인공경관(시가지, 공장지대 등)을 말한다.

경관을 지형학적 성인(成因)을 기준으로 하여 분류하면 융기경관, 침강경관, 퇴적경관, 산호초 경관으로 나눌 수 있다. 융기경관에는 해안평야, 해안단구, 사주 등이 있으며, 침강경관에는 리아스식 해안, 표르드(fiord) 해안 등이 있다. 퇴적경관으로는 삼각주, 선상지 등을 예로 들 수 있으며, 산호초 경관에는 산호초가 포함된다.

토지이용 형태를 기준으로 하여 경관을 분류하면 산업경관, 거주지 경관, 공원경관으로 나눌 수 있다. 산업경관에는 농업, 어업, 공업지 등이 있으며, 거주지 경관에는 촌락, 단지, 시가지 등, 공원경관에는 각종 공원, 여가활용(recreation) 시설 등이 있다.

1·2·4　시지각 측면에서 본 분류

공학분야에서 경관은 일상적인 시지각 현상으로서, 시지각 측면을 중시한 구축적 면으로 보며, 미관과 환경의 구성이 문제가 된다. 따라서, 경관의 분류는 대상공간과 시점의 공간적 관계와 개개의 요소가 갖는 의미를 기준으로 나눌 수 있다. 이러한 관점에서 다음과 같은 분류가 가능하다. 첫째, 경관을 시점과 대상의 위치관계에 의해서 분류하면 올려보는 경관(上向景觀 또는 仰景觀)과 마주보는 경관(水平景觀), 내려보는 경관(下向景觀 또는 俯景觀)으로 나눌 수 있다.

둘째, 주시 대상물의 시각적 중요도에 의해서 경관을 분류하면 주된 경관(또는 主景)과 더해지는 경관(또는 添景), 끌어들이는 경관(또는 借景)으로 나눌 수 있다. 셋째, 경관을 시점과 주시 대상물의 거리를 기준으로 하여 분류하면 근거리경(또는 近景), 중거리경(또는 中景), 원거리경(또는 遠景)으로 나눌 수 있다. 넷째, 시야에 의해서 분류하면 긴 조망(眺望, vista)적 경관과 장관도(panorama) 경관으로 나뉘어진다. 다섯째, 대상 상호간의 위치관계에 의해서 분류하면 전경(前景), 대상경(또는 主景), 배경(背景)으로 나눌 수 있다.

1·2·5　경관의 주제가 되는 요소에서 본 분류

경관의 주제가 되는 요소를 기준으로 하여 분류하면 하천, 호수, 폭포 등의 호소경관과 산악, 화산, 고원, 구릉, 협곡, 분지 등의 산악경관, 섬·해식애(海蝕崖)·암초·모래톱·내해(內海) 등의 해양경관, 사막·사구 등의 사막경관, 삼림·초원 등의 임야경관, 동물·식물 등의 생물경관, 도시·항만·공장 등의 도시경관, 공원·유원지·묘지·박물관·산책로 등의 공원경관, 교량·댐·도로·건축물·터널 등의 구조물경관, 과수원·논·밭 등의 전원경관, 유물·사적 등의 유적경관, 박람회·전람회·축제 등의 전시경관 등이 있다.

그림 1·2 유적경관(독일 로렐라이 언덕)

1·3 경관의 구성요소 및 계획

1·3·1 구성요소

일반적으로 경관구성 요소에 의하여 대상계, 경관장계, 시점계, 상호계로 구분된다. 경관은 인식대상이 되는 사물(또는 對象界), 이를 둘러싸고 있는 환경(또는 景觀場界), 그리고 인식의 주체인 시점(또는 視點界), 대상계, 경관장계 및 시점계를 구성하는 요인과, 성격에 관한 상호성을 규명하고 이들 사이에 존재하는 관계(또는 相互界)가 있다(그림 1·3).

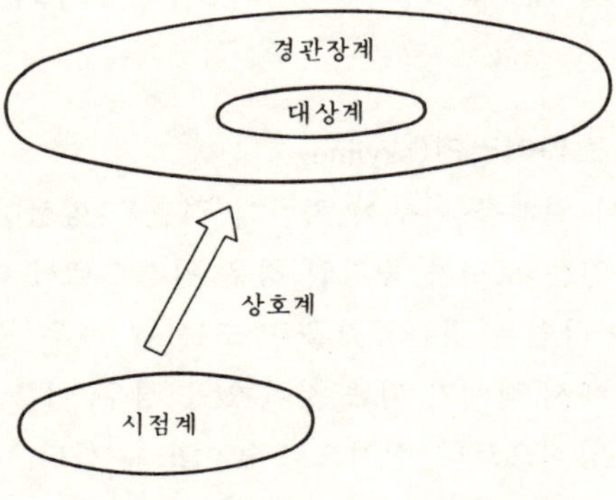

그림 1·3 경관의 구성요소

여기서, 위의 네 가지의 계는 경관의 대상이 되는 대상계에 따라 그 구성요인에 차이가 생기게 된다. 일례로서, 도시 구조물 중 대표적인 도시 고속도로 경관을 대상계로 정하여 다음과 같이 설명할 수 있다.

대상계(對象界)는 인식의 대상이 되는 구조물로서 고가교, 도로 등이 되고, 경관장계는 대상계를 둘러싼 환경으로서 가로, 건물, 하천, 항만 등으로 볼 수 있으며, 시점계는 인식의 주체가 된 시점인 보도, 차도, 건물, 공원, 전망지 등이 되어 상호계는 앞의 세 가지 계 사이의 관계를 말한다.

대상계의 구성요인에는 규모, 형상, 상태, 배치 등이 있다. 규모에는 차선수, 교량높이, 합류 및 분류부 등이 포함되며, 형상에는 곡선반경, 보와 기둥의 종류, 종단곡선의 변화, 노선연장 등이 있으며, 상태의 예로는 환경대(帶)의 유무와 도로구조, 배치에는 거주지, 공업지대, 하천, 항만 등이 있다. 경관장계(景觀場界)의 구성요인으로는 전경, 중경, 배경, 기상조건 등이 있다. 전경의 규모는 건물 등의 크기, 차지하는 정도를 말하며, 상태에는 토지이용, 식생, 인공도가 있으며, 중경의 규모는 건물 등의 크기, 차지하는 정도, 횡단 구조물(도로, 철도 등)의 크기를 말하며, 상태에는 토지이용, 환경대, 가로, 하천, 항만 등이 포함되며, 배경의 규모에는 토지와 공간의 비율, 건물 등 구조물의 크기가 포함되며, 토지이용・식생・인공도는 배경의 상태를 나타낸다. 또한 기상조건에는 천후, 태양광선, 공기의 투명도 등이 포함된다.

시점계(視点界)에는 인간의 속성(예 : 직업, 연령, 건강상태, 성장환경)과 시점의 성격〔예 : 표고, 장관도(壯觀度 ; panorama), 입지조건〕에 관한 내용이 포함된다.

1·3·2 경관공간의 관리대상

[1] 녹지와 개방공간(green & open space)

녹지와 개방공간은 경관의 기본을 이루는 것이며, 또한 경관자원의 근원이기도 하다. 도시의 경우 시가지 내부의 녹지망과 시가지 주변부의 개방공간이 경관정비의 주요대상이 된다.

[2] 원경으로서의 스카이라인(skyline)

시가지와 주변지형이 일체를 이루어 하나의 경관을 형성하는 경우가 많다. 주변지형 중에서도 스카이라인은 도시가 중경일 경우 원경으로서 대단히 강한 인상을 주는 것이다. 따라서, 스카이라인은 경관공간을 만드는 데 매우 중요한 역할을 하는 것이므로, 경관설계의 대상에서 장애가 되는 것이 있을 경우, 이를 녹화하는 등의 방법으로 정비하여 사회활동을 양적으로나 질적으로 높이도록 한다.

[3] 역사적 문화공간(historical monument space)

역사적 문화공간으로는 가로의 보존이 대표적이지만, 역사적 유물이나 사적과 같은 지역 상징물(landmark)도 그 지역을 대표하는 중요한 경관이 된다. 단, 가로보존의 경우에 보존제도가 체계적으로 정비되어 있는 반면, 대상이 되는 구역이나 물체에 한정된 보존이 되기 쉬운 결점이 있고, 주민이 토지이용의 제한을 기피하여 보존이 실시되지 않는 경우도 있다. 따라서, 지역의 활성화를 도모하고 주변지역을 포함한 보존정비를 통하여 경제적 가치를 향상시키게 된다. 이와 같은 예로서 서울의 남대문, 파리의 개선문, 북경의 천안문, 베를린의 브란덴부르크문, 리스본항의 기념비 등과 같은 공공 시설물을 들 수 있다.

[4] 수변공간(水邊空間, waterfront)

바다, 강, 호수 등의 물가선은 시야가 넓어 개방감을 음미할 수 있는 공간이다. 자연이 드문 도시에서 수변공원(水邊公園)은 여가의 장이 될 뿐만 아니라 자연을 시가지에 연속시키는 공간적 연속감의 장이고, 경관상 연속기능을 갖는다.

[5] 도로공간(道路空間, road space)

도로는 인류가 활동하는 기본공간으로 도로정비가 토지의 가치를 높이는 것과 마찬가지로, 가로경관의 정비가 연도건물의 가치를 높이는 데 기여한다. 즉, 지역의 고유성이 가로경관에 단적으로 표현되는 것이며, 개개의 건축물에서는 그렇지 않다. 하나의 건축물이 자유로이 개성이 넘치는 것이라도 주위 분위기와 조화를 이루기 위해서는 그 존재가 사회적 공정성을 해치는 일이 없어야 한다.

단순한 기능주의적 가로만들기는 무의미한 길을 만드는 것이 되며, 토목시설이나 개개의 건축물로 구성된 도시공간의 설계가치는 경제상의 이용가치를 상회하는 것이다. 따라서, 도로공간은 교통처리의 기능에 국한되는 것이 아니라, 귀중한 도시공간의 중요부분을 점하는 것이므로, 도시공간의 여유가 있도록 쾌적한 시각적 측면에도 주의를 기울일 수 있는 거리만들기가 되어야 한다.

[6] 주거와 도시공간(residential & urban space)

주거와 도시공간은 인류생활의 정서 및 의미적 측면을 중시하는 공간이다. 주거공간은 최소의 도시공간이며, 주택지의 인근환경 정비에 따라 개선된다. 또한, 공공의 공간도 많이 존재하지 않는다. 이 주거공간을 질서 있는 도시공간으로 형성하기 위해서는 하나의 단지로 보아 접근하든가, 형태규제, 조망, 일조영향 규제 등을 고려하여 정비하여야 한다.

1·3·3 계획의 대상 및 주체

앞에서 말한 바와 같이 경관이란 물적대상에 의한 순물리적인 현상이 아니라, 대상 또는 대상군을 전체적으로 조망함을 계기로 한 인간의 심적현상이다. 따라서, 경관계획에서는 인간과 물적대상의 양자가 계획의 요소가 된다. 그러나 인간의 심리자체를 조작하는 것은 어려우므로, 경관계획의 경우에 있어서도 역시 물적대상의 취급이 계획행위의 중심이 된다.

그러나 경관계획에서는 일반적으로 공간내 인간의 존재양식이 의식되고, 물적대상이 어떻게 보이며, 또한 사람마다 어떠한 인상을 주고 있는가가 의식되어야 한다. 즉, 경관계획이 취급하는 대상이란, 물적대상은 물론 시각을 매개로 하는 인간과 경관대상과의 관계인 것이다. 그러므로 물적대상 자체가 중요하지만 그것은 계획대상의 한 요소일 뿐이다.

경관을 계획할 때 고려할 두 번째 점은 계획주체에 대한 고려방식이다. 경관이 대상의 전체적 조망이라는 점에서 보면, 첫 번째 계획주체는 역시 다른 토목시설의 경우와 마찬가지로 어떤 공공기관이라고 할 수 있다. 그러나 사람마다 느끼는 경관의 질은 대중이 만들어내는 다양한 구축물이나, 사철변화에 따라 경관이 달라 보이는 것과 같이 자연상태에 따라 크게 달라지게 된다. 따라서, 자연의 변화나 대중까지도 계획주체로 보는 겸허한 마음이 요구된다. 즉, 경관계획의 주체는 자연과 인간 또는 공공기관과 대중이라고 할 수 있다.

1·3·4 토목경관 계획

이제까지 언급한 개념에서 '토목경관 계획'은 인간의 생활공간에 있어서 자연물 및 시설물에 대한 안전성(安全性), 기능성(機能性), 경제성(經濟性)에 못지않게 고조되고 있는 미의식(美意識)을 고려한 공공 시설물의 경관계획(viewscape planning with public facilities and structures)이라 할 수 있다. 즉 "토목시설의 개선, 설치에 따라 발생하는 지역의 경관변화를 보다 질높은 방향으로 이끌어 내는 계획행위"라고 정의할 수 있다. 이에 토목경관 계획을 세부적 측면에서 보면 '공공 시설물의 경관계획(viewscape planning of public facilities and structures)', 즉 "토목시설이 작용하는 경관을 보다 질높은 방향으로 이끌어내는 데 역점을 둔 계획행위"로 정의할 수 있다.

1·4 경관환경의 변화

1·4·1 경관 시설물의 변화

공공 토목시설은 매년 그 규모가 커지고 경관에 대한 영향도 무시할 수 없도록 커지고 있다. 종래에는 토목시설에 대하여 주로 기능성과 내구성만을 추구해 온 경향이 있고, 심미성과 윤리성에 대한 배려가 충분하지 않았다. 이 때문에 토목 시설물이 경관을 악화시킨다는 비난을 받기도 하였다.

물론, 과거에도 경관적 배려가 전혀 무시되었던 것은 아니다. 개인적인 판단이나 관례적인 결정에 따라 경관만들기에 소박하게 공헌한 공공 토목 시설물의 예도 일부 존재한다. 단, 그러한 경우는 창조력과 통찰력이 풍부하고, 추진력을 가진 계획자에 의해서만 실현가능한 것으로, 일반적으로 기대하기는 어렵다는 한계가 있다.

이러한 것은 토목 시설물 설계의 과정에 심미성과 윤리성의 양호함, 더욱이 경관을 평가하는 단계가 빠져있고, 이들의 평가를 심리학, 생리학, 생태학, 사회학, 지리학, 미학 등 다른 분야의 사람들에게 위임해 두고, 토목 기술자는 이에 대한 관심과 지식이 결여되어 있었기 때문이다. 여기서 경관문제뿐만 아니라 국민의 귀중한 재산인 사회기반 시설을 후세에 남는 아름다운 것으로 건설한다는 방침으로, 다소 비용이 더 들더라도 훌륭한 토목 시설물을 만들어야 한다는 생각이 자리잡아야 할 것이다.

그러나 계획하는 단계에서 이들 토목시설의 심미성과 윤리성을 객관적으로 평가하는 것은 일반인의 심리, 신체, 능력, 지각 등을 고려하여, 그 결과를 검토할 필요가 있다. 여기서 문제는 경관과 같은 미적요소가 강한 사상은 평균수준의 사람, 즉 일반인의 감각에 대한 분석이 곤란하며, 또한 사람마다 취향이 각기 다르고 아름다움은 주관성이 강하므로, 공학분야에서 이것을 객관적으로 평가하는 것은 쉽지 않다는 것이다.

한편 토목 시설물이 창출하는 미는 생활활동으로부터 생겨나는 것이며, 공통의 가치관 또는 인상(image)을 기반으로 하여 평가되어야 한다. 또한, 일반인의 가치관 등에 의하여 주관적인 것을 평가할 가능성과 의의를 고려하고, 더욱이 경관평가는 올바르게 이루어져야 하므로, 계량 심리학적 방법 등 여러 가지 수단을 경관평가에 적용하여야 할 것이다.

그에 따라, 어떻게 하면 아름다운 토목 시설물을 만들고, 소박한 경관을 형성할 수 있을까를 사전에 평가계획할 수 있다. 또한, 경관정비의 목표가 애매하거나, 사람들이 납득할 수 없는 결점이 있는가를, 사전평가 방법에 의하여 적극적으로 검토해야 할 것이다. 이렇게 함으로써 토목 시설물이 양적인 것에서 질적인 것으로 변환하는 역사적 전기가 될 수 있을 것이다.

1·4·2 환경과 경관

최근 자연보호 의식이 높아지고, 양질의 생활환경을 요구하는 시민의 소리가 더욱 커지고 있다. 이에 따라 대규모 토목 시설물이 계획되면, 지역주민은 미관적인 환경문제, 나아가 경관문제에까지 눈을 돌리게 된다. 즉, 사람들의 의식이 보다 문화적인 방향으로 이행할수록 자연 풍경지의 경관을 자연보호 문제로서 취급할 뿐만 아니라, 생활환경에서의 경관의 가치에 대하여 지역에서의 생활환경 보전문제로써 정착시키며, 사람들은 지금까지보다 한층 더 주의을 기울이게 된다.

원래 자연 풍경지에서는 그 풍경의 주제, 즉 홍미대상이나 경관자원이 존재한다. 따라서, 개발계획이 밝혀지면 지역주민들로부터 "경관과 조화가 없다"거나 "주경관 대상물과 어울리지 않는다" 또는 "주경관 대상물이 죽는다"는 등의 불만이 나타나게 된다.

종래에는 특별한 문제가 없는 풍경인 지역의 경관에서도 그 곳과 어울리지 않는 대규모 사회기반 시설이 근처에 건설되면, 지역주민은 시각적 · 심리적으로 불쾌감을 받게되는 것이다.

최근 환경문제가 사회, 정치문제로 인식되고, 생활환경도 양에서 질을 추구하는 시대로 이행하여, 고도 경제성장으로부터 인간생활 중시쪽으로 가치관이 큰 변화를 보이게 되었다. 즉, "정신적인 풍요의 추구"와 "지역문화를 향상시킨다"는 목적에 따라 '생활의 쾌적함'이 필수적인 것으로 강조되고 있으며, '도시경관', '역사경관'이 귀중하게 되도록, 음(音)이나 색상 등 감각적 측면까지 포함한 '인간생활의 쾌적함'을 확보하는 사회의 육성을 지향하고 있다.

특히 "살기 좋은 거리 또는 가로(街路)만들기"라는 시점을 넘어, 자신들이 거주하는 거리를 타인들에게 과시할 수 있는 개성적이고 아름다운 도시로서, 새로운 경관을 창출할 필요가 있다.

이상으로부터 각 지역의 발전을 위해서 첫째, 지역주민이 갖는 가치관의 다양성을 전제로 합의형성을 이룬 체계(system)만들기, 둘째, 주민의 봉사활동이나 자체 지원 노력에 대한 지원대책, 셋째, 지역의 역사와 문화자원을 포함한 쾌적 환경요소의 활용, 넷째, 지역의 가로에서 주체성을 갖는 새로운 환경창조 등의 시책이 요구된다고 볼 수 있다.

구체적으로 경관정비의 대상은 "거리에 자연을 불러들인다", "도시경관을 정비한다", "지역개성을 확립한다"는 세 가지 항목 외에, 녹화가 큰 위치를 점하고 있다. 그 내용은 '공공시설의 녹화', '도로와 광장의 녹화', '수목과 수림의 보전', '수변공원, 녹지, 산책로의 정비', '대화의 광장과 공원의 정비', '방치된 자전거와 자재 등의 처리대책', '옥외 광고물 대책', '조망경관의 보전' 등을 들 수 있다.

그러나, 여기서 주의할 것은 경관을 너무 중시하는 디자인만을 추구하여, 각기 본래의 기능을 잃지 않도록 주의하여야 한다. 예를 들면 도로경관 정비를 할 경우에 도로사용의 편리성에 적합하도록 하고, 방호책은 교통안전 시설의 기능을 손상하지 않아야 한다. 즉, 본래 필요한 기능은 훼손되지 않도록 하고, 비용이 더 들더라도 아름다움을 추구하는 '시민을 위한 설계(civic design)'의 근본을 염두에 두어야 한다.

제 2 장 경관의 해석

경관의 해석에는 시각적(視覺的) 측면과 시각현상에 잠재되어 있는 의미적(意味的) 측면을 동시에 고려하여야 한다. 경관을 해석하기 위해서 의미적인 것을 공학적으로 기술하는 것은 매우 어려우나 시각특성(視覺特性), 경관주체(景觀主體)와 대상, 경관유형, 경관 평가지표(景觀評價指標) 및 경관 표현방법(景觀表現方法) 등을 통하여 경관의 정량화(定量化)가 이루어지고 있다.

언덕 위에 올라서 본 항구도시의 야경이 아름답다고 느껴지는 이유를 두 가지 측면으로 나누어 보면, 먼저 시각적인 측면을 중시하는 입장에서는 태양광에 의해 보여지던 여러 가지 번잡한 대상물이 어두움 속으로 사라지고 정렬된 가로등만이 보여질 것이다. 다음으로 의미를 중시하는 입장에서 보면 본래 등은 인간생활을 나타내는 상징으로, 밝은 대낮에는 혼란한 의식 때문에 인간의 심적 상태가 억제되지만, 야경 속의 등으로 인하여 억제된 의식이 소생된다. 이러한 과정을 통해서 인간은 야경을 아름답다고 보는 것이다. 위의 두 가지 견해는 어느 한쪽이 반드시 옳다고 할 수 없으며, 경관현상을 이해하기 위해서는 이 두 가지의 관점이 동시에 필요하다.

2·1 시 각 특 성

2·1·1 사람의 시지각

대상을 바라보는 인간의 시지각(視知覺)이 어떠한 특성을 갖고 있는지를 아는 것은 분석에 있어서 가장 기본적인 지식이므로, 여기에는 시야(視野), 시력(視力), 공간주파수(空間周波數)의 세 가지 요소가 있는데 각각의 특성은 다음과 같다.

[1] 시 야

인간이 대상을 바라보는 경우, 어느 정도의 범위까지 보이는가에 대한 사항이 우선 문제이다. 그림 2·1 에 깁슨(Gibson)이 제시하고 있는 자료를 시야의 한 예로써 나타내었다.

이 자료에 의하면, 동시에 양쪽 눈으로 볼 수 있는 범위는 좌우 각각 약 60°, 상하 각각 약 70° 내지 80°이다. 그림 2·1 은 볼 수 있는 중심적인 주시점을 고정한 경우로서, 시점이 정지하고 있는 정시야(靜視野)이다. 머리와 신체를 움직임으로써 인간은 단시간 안에 보다 넓은 범위의 대상을 볼 수가 있다.

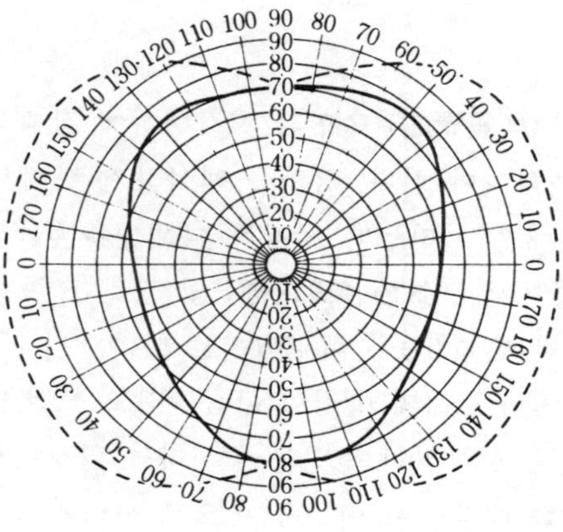

그림 2·1 시야(單眼, 兩眼)

그러나 일반적으로 인간이 어느 대상을 비검색적으로 전망대에서 지점경관을 바라보거나 움직이면서 이동경관을 바라보는 경우에, 바라보는 방향을 스스로 정하는 경향이 있다. 그림 2·2 에서 보이는 시야인 60° 콘설(cone說)은 많이 이용되고 있으며, 우리의 경관체험에서 관습적으로 이용되는 간단한 지표가 되고 있다.

보다 구체적인 설명을 하기 위해서 사진기의 피사각의 예를 인용한 그림 2·3 의

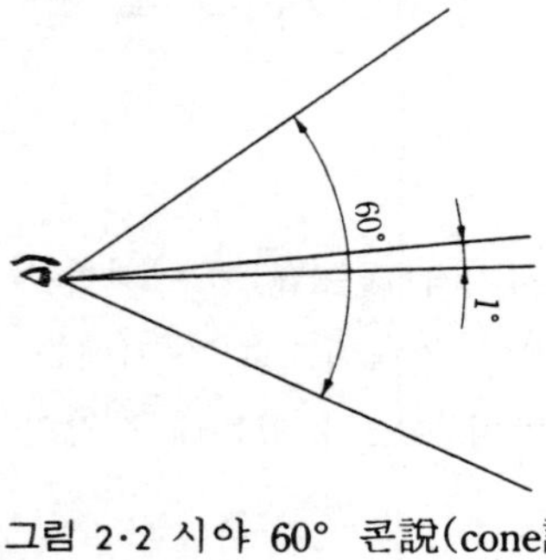

그림 2·2 시야 60° 콘設(cone說)

(a) 초점거리가 25mm인 경우

(b) 초점거리가 40mm인 경우

(c) 초점거리가 55mm인 경우

(d) 초점거리가 100mm인 경우

그림 2·3 초점 거리에 따른 시야의 변화

예에서 보면, 경관의 경우에는 경험적으로 25∼100 mm 의 렌즈초점 거리로 볼 때 한 번에 인식될 수 있는 시야라 할 수 있다.

토목 시설물 경관분석에 있어서 시야를 고려할 때 주의해야 하는 것은, 시점의 이

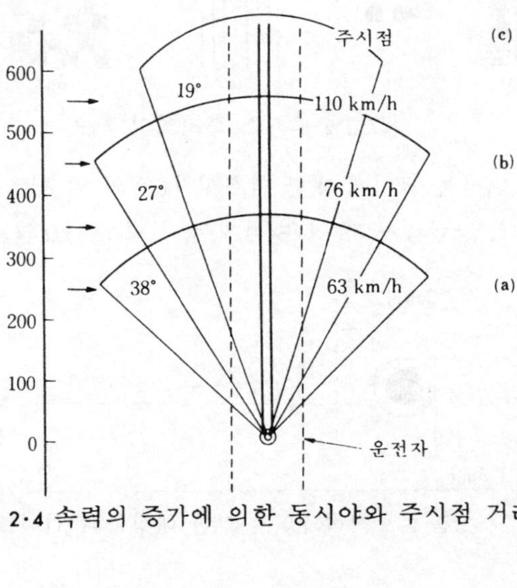

그림 2·4 속력의 증가에 의한 동시야와 주시점 거리변화

동속도에 의해서 시야가 변화하는 동시야이다. 그림 2·4는 속도의 증가에 의한 동시야, 주시점(注視點) 거리변화의 한 예이다. 일반적으로 속력(speed)의 증가에 따라 대상의 세부사항을 보기 어려운 동시력의 저하현상이 나타나고 유효시야는 좁아진다. 이러한 사항은 운전자의 도로경관을 고려할 경우 기본적인 요소이다.

그림 2·4에서 (a)는 운전자의 속력이 63 km/h인 경우로서 동시야각은 38° 이고, (b)는 76 km/h로 달리는 경우로서 동시야각은 27°이다. 또한, (c)는 운전자가 110 km/h로 달리는 경우이며 이 때 동시야각은 19° 이다.

또, 시야와 혼동하기 쉬운 개념에 시계가 있는데, 시계는 교차하지 않는 것으로 어느 일정 이상의 거리나 범위 내의 시공간(視空間)의 유무를 의미한다. 시계가 교차하지 않는다는 것은 안개에 둘러싸인 상태나 수림 등에 가린 상태를 가리키며, 이 경우에 있어서도 인간의 시야에는 변화가 없다.

즉 시계란 시점근접 공간의 상태에 의해서 결정되는 것이다. 경관파악 모형에 의하면, 시계란 시점장소의 상태에 좌우되는 것이며, 보다 구체적으로는 시점장소의 규모, 시점장소의 경계로 규정될 수 있다.

[2] 시 력

어느 정도 크기의 것까지 볼 수 있는가는 경관에 관한 문제에서 기본적인 고려사항이며, 이것을 규정하는 것이 인간의 대상 식별능력이다. 그림 2·5는 리그스(Riggs)에 의한 시력관측을 위한 각종 최소 분리역의 지표이지만, 일반적으로 잘 알려진 것은 랜돌트환에 의한 시력의 정의이다.

그림 2·5 최소 분리역의 지표

시력은 식별가능 대상물 크기에 대한 최소시각(θ) 의 역수로 정의된다. 즉, 시력 $e=1/\theta$(θ는 분단위)이다. 그림 2·6과 같은 예에서, 시력 $e=1.0$일 때 θ는 1′이므로, 거리

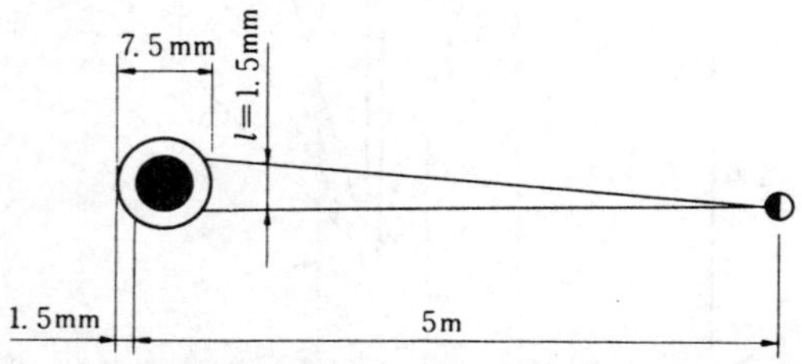

그림 2·6 시력 1.0에 의한 대상물의 인식

D=5m 라면 최소식별 크기 $l = D \cdot \theta(\text{rad}) = D \cdot \frac{\theta'}{\zeta'} = 5000\,\text{mm} \times \frac{1'}{3438'} = 1.5\,\text{mm}$ 이므로 1.5 mm 최소까지 식별할 수 있는 것을 의미한다($\zeta = 1\,\text{rad} = 3438' = 206265''$).

또한, 시력에 관해 주의해야 할 것은, 시력이 망막의 위치에 의해서 좌우된다는 점이다. 그림 2·7 은 관측된 상대시력의 한 예를 나타내었다. 망막중심의 시신경 세포가 가장 조밀히 존재하는 부분을 중심와(中心窩)라 칭하며, 이 부분이 가장 식별능력이 높은 부위이고 주변부는 상대적으로 낮은 능력을 갖는다.

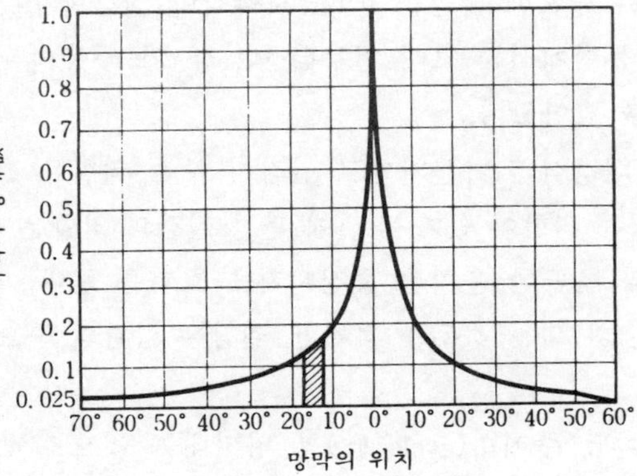

그림 2·7 중심와(中心窩)와 시력의 상대값

예를 들어 시력이 1.0 인 사람이라 할지라도 중심와로부터 각도가 10 도 떨어진 망막상에서는 0.2 의 시력밖에 되지 않는다. 이 자료는 경관의 경우 시력 이상으로 중요할 때도 있다. 경관의 분석이나 계획에 있어서는 시력으로 나타나는 세부 식별능력보다도 오히려, 대상을 일반적인 상태로 조망하는 경우 대상이 얼마나 두드러져 보이기 쉬운지가 문제점으로 될 수 있기 때문이다.

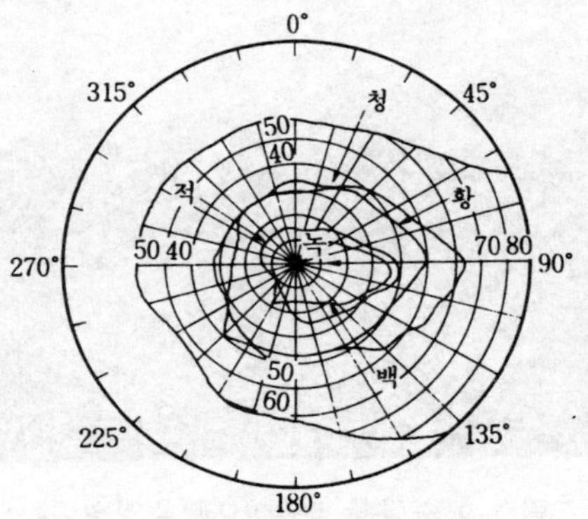

그림 2·8 색 상 한 계

경관의 경우에서는 이러한 개념으로서 대상을 확실히 볼 수 있는 시각인 숙시각(熟視角)이 주로 이용된다. 문헌에 따라서 그 수치는 다르지만, 일반적으로는 시각 1 도 혹은 2 도가 사용되고 있다.

색채를 인식할 때 시력의 경우와 유사한 결과가 나타나고, 그림 2·8 의 예와 같이 중심와에 가까울수록 그 능력은 좋아지게 된다.

[3] 시각계의 공간 주파수 특성(MTF)

질감이란 본래 촉각을 통해서 감지되는 대상표면의 상태를 나타내는 개념이지만, 시각의 영역에 있어서 중요한 역할을 한다. 시각적인 질감의 취급이 실내장식(interior)과 제품 디자인 분야에서는 오래 전부터 벽, 장, 가구 등의 소재와 모양의 디자인상에 세심한 주의를 받아왔다.

경관분야에서도 실내장식과 마찬가지로 질감이 주는 역할은 크지만, 이것에 관한 연구는 약간 등한시되는 경향이 있다. 경관에 관한 질감의 역할은 경관에 정감을 주고 대상에 대해 친숙함과 은근한 운치를 증진시키는 효과를 준다. 일반적으로 질감 자체가 경관주제(theme)가 되는 경우는 적지만, 질감은 경관의 중요한 요소 중의 하나이다.

주파수는 단위 길이당 주기수(cycle 數)를 나타내는 것으로서 일반적으로 볼 때 시간에 관한 개념이며, 공간 내에 균질적인 요소가 배열된다. 이것들이 일정한 형태(pattern)를 형성하고 있는 경우에 이것을 공간 주파수로써 택하는 것이 가능하다. 도시공간에 있어서는 벽돌과 타일 위, 벽면 등이, 자연과 전원에 있어서는 그림 2·9 에 나타난 바와 같이 수림이 만들어낸 음영의 형태가 그 대표적이라 할 수 있다.

이와 같은 형태가 지나치게 멀리 있다면 질감은 인지되지 않는 일정한 형태로 보

그림 2·9 수림이 만들어낸 음영의 형태

그림 2·10 공간 주파수 도표

이고, 역으로 가까이 있으면 전체의 형태보다도 이것을 구성하는 개개의 요소의 방향에 대해서 주목하게 된다.

수림의 예를 들면, 수림의 형태로서가 아닌 한 그루 한 그루의 수목이 주요 고려대상이 된다. 다시 말하면, 질감을 인지하기 위해서는 일정한 거리역이 존재하는데, 문제는 그 거리역에 대한 정량적인 파악이다.

시각계의 공간 주파수 특성(MTF : Modulation Transfer Function)은 대상이 보이는 예민도를 객관적으로 평가하는 것이 가능하므로 매우 유용하게 쓰인다. MTF는 대상의 휘도대비가 인간의 시각계를 통해서 재현된 경우에 변화되는 특성을 나타내는 것으로, 공간 주파수(f)는 영상 전송계를 통과하기 전의 대비(m)와 통과 후의 대비(m')의 비($f=m'/m$)로 구해진다. 공간 주파수가 중간인 경우에 가장 선명하게 보이며(그림 2·10 참조), 가장 선명하게 보이는 주파수는 시거리에 따라 변화한다.

경관의 경우에는 질감을 형성하고 있는 대상의 한 요소인 시각이 20′를 중심으로, 10′~1° 의 범위에서 대비에 대한 감도가 높은 것으로 알려져 있다.

2·1·2 대상의 시각적 특성

대상의 시각속성이란 바라보는 대상이 시각적으로 어떠한 특징을 갖는가를 의미한다. 여러 가지 사항을 고려할 수 있으나 일반적으로 대상의 크기(또는 규모), 형상, 색채, 질감을 주로 고려한다.

[1] 크기(규모, size)

경관에서도 대상의 크기가 중요하다는 것은 주지의 사실이며 일반적으로 대상의 길이, 높이, 폭, 혹은 면적이나 체적으로 표현된다.

크기를 논할 때 중요하면서도 혼동되기 쉬운 개념이 스케일(scale)로서, 스케일이란

그림 2·11 과대 스케일을 가진 댐

물건 혹은 공간의 크기를 다른 것들과의 관계로부터 나타낸 개념이다. 같은 크기를 갖는 대상에 대해서도, 그 스케일은 그것이 설치된 장소 주위의 사물과 공간과의 관계에 의해서 결정되기 때문에 반드시 스케일이 동일시 되지는 않는다. 그림 2·11 은 지형에 대해 과대 스케일(overscale)인 댐에 대한 예이다.

이상은 대상 상호간의 관계에 대한 스케일이지만, 스케일 관측에는 또 하나의 방법으로 사물과 공간의 크기를 사람의 크기와 비교해서 나타내는 인간 스케일(human scale)이 있다. 이러한 개념은 실내공간의 크기와 도시의 가로, 광장 등의 설계와 계획을 할 때에 잊어서 안 되는 사항일 뿐만 아니라, 일반적인 토목시설의 계획이나 설계에 있어서 반드시 고려해야 한다. 이것을 교량의 난간과 하천의 호안등의 경우와 같이 직접적으로 인간에게 이용할 경우, 인간이 보는 방향을 기초로 하여 거리를 지표화한 후 공간계획에 널리 활용하고 있다.

일반적으로 인간 스케일의 경우, 얼굴의 식별이 가능한 최대 거리는 24m 이다.

경관에 있어서는 대상의 크기 자체의 절대값보다도 오히려 대상물의 크기와 인간, 혹은 주변의 사물과의 관계를 나타낸 스케일 개념이 중요하다. 스케일은 물리적·객관적으로 표시되는 것이며, 스케일감은 스케일로부터 받은 인간의 심리적, 주관적 인상을 나타낸 개념이다. 물론, 스케일 그 자체는 평가를 포함하지 않는 개념이기 때문에 과대 스케일(over scale), 과소 스케일(in scale)이라는 것은 엄밀히 스케일감에 기초해서 판별된다고 할 수 있다.

또, 스케일감이 있거나 없다고 하는 것은 경관 전체 혹은 대상 구조물을 평가할 때에 주로 이용된다. 스케일감이 있다고 하는 경우는, 다음과 같은 두 가지 의미를 갖는 것에 주의해야 한다. 즉, 스케일감이 있다는 것은 경관 혹은 대상이 웅장하고 크게 보이는 것을 의미하는 경우와, 대상 또는 경관의 스케일이 물리적인 측면으로 인지되기 쉬운 상태를 가리키는 경우이다.

[2] 형상(shape)

형상은 형태를 뜻하는 것으로 대상에 대한 중요한 속성이다. 대상의 형상이 인간의 심리적, 감정적면에 미치는 효과에 대해서는 일반적으로 디자인 서적, 시각 심리학의 전분야에서 많이 다루고 있으나, 여기에서는 형상에 관하여 경관의 측면에서 서술하고자 한다.

경관에 있어서 대상의 형상을 논할 경우 첫 번째로 주의해야 할 점은, 형상을 바라보는 시점위치가 중요한 의미를 갖는다. 즉, 대상을 손으로 잡고 바라볼 수 있는 작은 사물인 경우에는, 어떠한 각도에서도 볼 수 있다. 따라서, 이런 경우에는 사물의 형상 그 자체가 거의 유일한 의미를 갖는다.

이에 반해 경관의 경우에는 대상이 대규모로, 이것을 바라보는 시점위치가 한정되어 있으므로 대상의 형상과 함께 '보이는 형상'이 중요한 의미를 갖는다. 그러므로 토목 구조물을 계획, 설계하는 경우에는 형상이 주로 어떠한 시점위치에서 바라보이는가에 주의를 기울여야 한다.

형상에 관해서 주의해야 하는 두 번째 문제점은, 비례와 구성을 잘 혼동한다는 것이다. 비례는 동일대상 혹은 동일공간에 관해 다른 차원간의 관계를 나타내고, 보는 방법에는 관계없다는 개념이다. 팔등신 미인(八等身美人)이란 신장을 얼굴의 길이로 나눈 두신지수(頭身指數)가 8인 몸의 균형이 잡힌 미인의 표준을 나타내는 말이며, 이것은 비례관계를 뜻하는 것이다. 그림 2·12는 교량을 예로 들어 다리 길이(橋長), 지간(span), 경간(clear span) 등을 나타내고 있다.

구성은 서로 다른 대상 상호간의 '보는 위치관계'를 나타내는 개념이며, 여기에서는 대상에 대한 시점의 위치가 아주 중요하다. 경관을 한 지점에서의 경치(scene)로서 캔버스상에 표현해야만 하는 회화에서는 구성이 전통적으로 중요시되어 왔다.

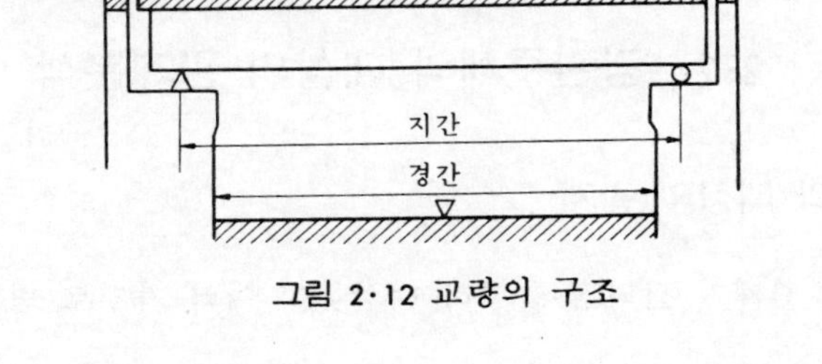

그림 2·12 교량의 구조

디자인이란 궁극적으로 대상의 형상을 결정하는 것이지만, 경관의 경우에는 이외에도 보이는 형상에 충분한 주의를 기울일 필요가 있다.

[3] 색채와 질감

색채는 대상의 크기와 형상에 비해 과학적인 분석이 많이 연구되고 있다. 예를 들면, 색의 파장분석과 먼셀(Munsell)과 오스트발드(Ostwald)의 색채표시 체계, 또 디자인에 응용할 수 있는 색채 조화론에 관해서도 오스트발드, 문(Moon)과 스펜서(Spencer) 등에 의한 색채 조화론이 제시되었으며, 이 기초이론은 형상과 크기 등에 관한 기초이론에 비해 연구된 바가 많다.

그러나 경관에 관해서는 색채의 연구가 활발하지만, 현재 이것이 공학적인 지표로서 정착시키는 데는 많은 연구가 필요하다. 색채는 크기와 형상 이상으로 개인적인 취미에 많이 이용되며, 많은 사람들의 동의를 얻기 어려운 부분이다. 물론, 토목시설에 관한 색채계획은 강교, 송전철탑의 색과 같은 분야에서 활발하게 진행되고 있다.

색채는 일반적으로 색상(色相), 명도(明度), 채도(彩度)의 3속성으로 표시되지만, 종래의 연구에 의하면 경관의 경우에 주의를 기울여야 할 것은 색상보다도 오히려 명도나 채도 쪽이었다. 결국, 토목시설이 경관 중에서 눈에 띄느냐 안 띄느냐는 대상이 갖는 휘도와 채도에 의한 경우가 대부분이었다. 이 사실은 비에 젖어서 어두운 색으로 된 콘크리트 비탈면이 일반적으로 눈에 띄지 않는다는 사실로부터 쉽게 알 수 있다.

토목시설의 경우, 질감이 특히 문제가 되는 것은 콘크리트 구조물과 강구조물이다. 왜냐하면, 자연은 지형의 굴곡과 수목들에 의해서 부드러운 질감을 갖는 것에 비해, 강철과 콘크리트의 표면은 입자가 가늘고 굴곡이 없으며 평평하고 무표정하기 때문이다. 이 질감의 대조를 변화시켜 구조물에 특징을 주는 방법에는 일반적으로 면취(面取)나 상판장출(床版長出)에 의한 음영, 콘크리트 표면의 깎음, 타일과 벽돌 등의 붙임, 격자눈금에 의한 음영 등의 방법이 있다.

이상과 같은 구조물 표면의 질감에 대한 처리를 한 후, 질감의 보기 쉬운 범위(시각 10′~1°)를 고려하여 어떠한 거리에서 바라보아야 하는가를 잘 검토하지 않으면 의도한 효과를 기대할 수 없다.

2·2 경관주체와 대상의 관계분석

2·2·1 시점과 대상의 관계

시점과 대상의 관계가 달라짐에 따라 대상물이 여러 가지로 변화되어 보인다. 이

분야의 연구는 종래의 '사물'과 '공간'의 디자인론에 대해 가장 빈약한 부분이다. 여기서는 이것들 중에서 기본적인 지표에 대한 예상각인 시거리(視距離), 상향각〔上向角, 또는 앙각(仰角)〕, 하향각〔下向角, 또는 부각(俯角)〕, 시선 입사각(視線入射角)에 대해서 언급하고자 한다.

[1] 시거리와 외관의 크기

대상의 외관 크기는 대상자체의 규모와 대상까지의 시거리에 의해서 결정되며, 이것은 대상의 경관적 인상을 좌우하는 중요한 요인이다. 시거리는 시점부터 대상까지의 거리를 나타내며, 외관의 크기(s)는 대상의 크기(S)와 시거리(d)에 의해서 다음과 같이 나타난다.

$$s \propto S/d$$

외관의 크기는 일반적으로 대상의 예상각(대상을 포함하는 시각)으로 나타내는 것이 많고, 대상의 한 변(높이, 폭 등)의 크기를 S, 대상까지의 거리를 d로 하면, 예상시각 a는 다음과 같다.

$$a=S/d(\text{radian}), \qquad a=2\tan^{-1}(S/2d)\ (\text{도})$$

이와 같이 나타낸 예상시각이 앞에서 서술한 인간의 시력(시력 1.0에서 시각 1분) 이하의 경우에는 대상이 식별되지 않는다.

이상은 대상의 외관의 보임에 관한 기본사항이며, 대상 외관의 크기에 관한 정설은 다음과 같다.

(1) 외관의 크기

마어튼스(Maertens)는 조각과 건물의 정면(facade)을 관찰하여, 그 외관상 보임을 대상의 예상시각에 따른 시점에서부터 건물상부까지의 높이(h)와 시거리(d)의 비의 변화와 인상적 특징에 대해 표 2·1에 보이는 바와 같은 법칙을 얻었다. 이것을 일반적으로 '마어튼스의 법칙'이라 부르고, 도시 디자인상의 정설로 되어 있다.

표 2·1 마어튼스의 법칙

각도	d/h	인 상 의 특 징
상향각 12~10°	4.5~4 7	완전히 회화 같은 느낌으로, 건물정면이 원경의 하나로 포함되고 중요하게 느껴지지 않음
상향각 18°	3	건축적인 회화 같은 느낌으로, 원경에 주의를 갖기 시작한다.
상향각 27°	2	전체를 전망하는 위치로, 정면의 세부적인 것과 전체를 동시에 본다.
상향각 45°	1	대상 전체를 볼 수 없고, 건물 정면의 세부를 본다.

경관의 경우에는 산악과 호수 등의 지형적 스케일의 대상을 보는 방법도 건물 이상으로 중요하다.

외관의 크기에 있어서 수직방향이 중요시되는 이유는, 큰 스케일 경관의 경우 일반적으로 수평성이 무시되고 대상의 수직성분 여하가 큰 영향력을 갖기 때문이다. 물론, 수평방향의 크기도 경관상 무시할 수 없는 요인이지만, 지표화하기에 아직 어려움이 많다. 많은 수의 교량을 관찰한 바에 의하면, 수평예상 시각 10° 근방이 당해 대상과 주변 요소군과의 관계가 변하는 기준값이 된다. 즉, 10° 이하에서는 당해대상은 경관의 일부로 되고 그 이상이 되는 경우부터 주대상이 되는 인상을 준다.

(2) 항 상 성

외관의 크기에 관한 분석의 기본은 앞에서 서술한 대상의 예상시각이지만, 주의해야 할 점에 항상성(恒常性)이라는 현상이 있으며, 크기와 관련해서 이것을 정의하면 다음과 같다.

대상에 대한 시거리가 변화하면 대상에 대한 시각은 시각의 법칙에 따라서 변하는 것임에도 불구하고, 외관의 크기는 비교적 항상성을 유지한다.

예를 들면, 같은 신장의 두 사람이 관찰자로부터 5m, 10m 떨어진 곳에 서 있다고 하면, 시각의 법칙에서는 후자의 외관의 크기는 전자의 반이 된다. 그러나 일반적으로 이와 같은 상황을 느끼지 못하며 거의 같은 신장으로 인식하게 된다. 이것을 좀더 상세히 서술하면 실제로는 외관의 크기(s)가 물리적인 실체의 시거리에 의한 것은 아니고, 외관의 거리(d)에 의한 것이다. 즉, $s=\psi \cdot d$의 관계로 표시된다. 단, ψ는 시각이다.

이것에 관한 Gilinsky의 연구내용이 그림 2·13에 나와 있다. 이것에 관해서 글린스키는 위의 식에 근거해 외관의 거리(d), 물리적인 거리(D), 외관의 크기(s), 대상의 실크기(S)의 관계를 다음 식으로 정량화하고 있다.

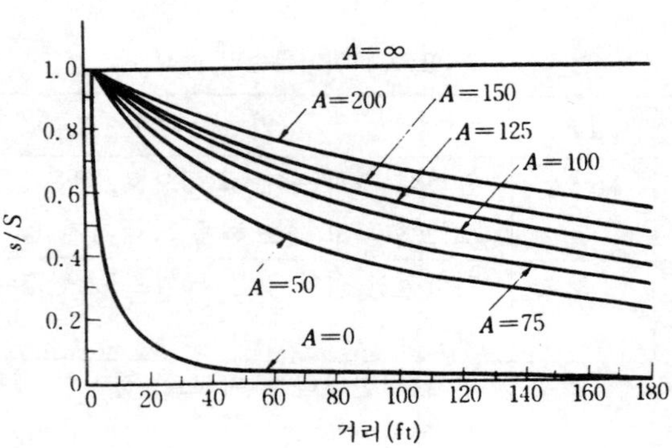

그림 2·13 외관의 거리에 의한 물체의 크기

$$s/S=B/(A+D)$$

여기서 $B=A+\delta$ 인데 A 는 거리 판별이 가능한 가장 먼 거리이고, δ 는 정규 가시 거리(normal viewing distance)로 글린스키에 의하면 약 2 ft이다.

상기의 s/S 를 D 에 대해서 도시화한 것이 그림 2·13 이며, A 가 무한대인 경우는 $s/S=1$ 로 완전한 항상성, $A=0$ 의 경우는 시각의 법칙에 일치하는 쌍곡선이 된다.

일반적으로 A 는 0이 되지 않는 유한값이기 때문에, 우리가 지각하는 외관의 크기는 항상성과 시각의 법칙 사이에 있다고 할 수 있다.

이와 같은 항상성의 경향은 크기만이 아니고 형상, 색채, 밝기, 속도 등에도 존재하는 것으로 알려져 있고, 인간의 지각이 대상의 물리적 사실과 완전하게 평행하지는 않다는 것을 보여 준다. 이것은 뒤에 서술할 착시(錯視)와 함께 경관분석에 있어서 잊어서는 안 될 물리적 사실과 심리적 사실의 차이를 보이는 예이다.

(3) 시거리의 분할

대상의 외관 크기는 대단히 중요한 지표이지만 대상의 물리적 크기에 좌우되기 때문에, 시거리로써 고려하면 상대적인 크기에 불과하다. 대상을 보는 방법에 따라 시거리에 대한 절대적인 기준이 있다면, 경관의 분석에는 매우 편리할 것이다. 그림 2·14 는 인간과 수목을 표준대상으로 한 시거리의 절대적인 분할 예를 나타내고 있다.

그림 2·14 의 상단은 거리의 인간 스케일(human scale)이며, 하단은 전술한 수림의 질감(texture)을 보기 쉬운 장소에 의거하여 근경역(近景域), 중경역(中景域), 원경역(遠景域)으로 분류한 것이다.

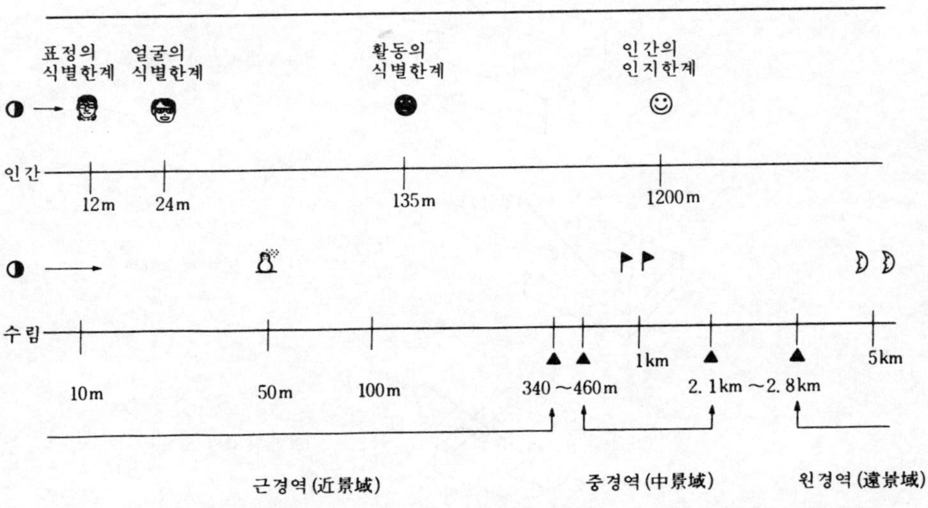

그림 2·14 인간과 수목을 표준대상으로 한 시거리의 절대적인 분할

[2] 시점과 대상의 상하 위치관계

상향각(또는 앙각)과 하향각(또는 부각)은 시점과 대상의 상하 위치관계를 나타내는 지표이며, 상향각은 대상을 위로 보는 경우이며, 하향각은 대상을 아래로 보는 각으로 경관분석에 유용한 수치이다.

(1) 상 향 각

상향각(上向角)은 도시에 대한 주변부의 감각을 나타내는 지표로서 광장과 가로의 분석과 설계에 이용되어 왔으며, 그림 2·15 에 이에 대한 설명이 나와 있다.

벽면의 상향각 45° 에서는 완전한 밀폐감(이보다 큰 상향각에서는 일반적으로 밀실공포증이 생김), 18° 에서는 밀폐감의 최소값, 14° 에서는 밀폐감이 없어진다.

구조물의 경우, 상향각은 압박감을 나타내는 지표로서 자주 이용되고 있다. 압박감의 유무를 규정하는 것은 확실히 시점과 대상의 관계를 나타내는 요인군(要因群)이다.

대상의 외관면적을 관측하는 방법으로 사진상의 격자망(mesh) 수를 관측하는 경우가 있다. 외관면적과 우선 평행한 관계에 있는 상향각이 공학적인 지표로써 활용

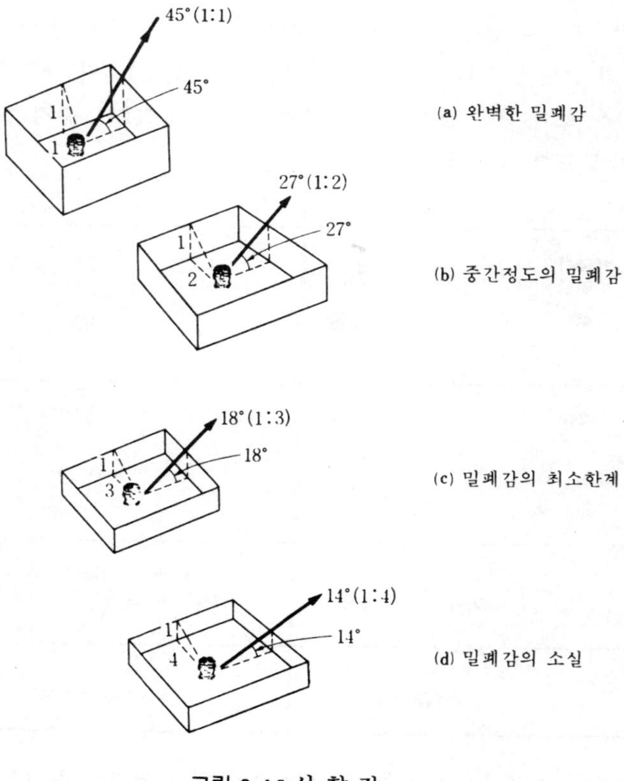

그림 2·15 상 향 각

되고 있다.

(2) 하 향 각

시점이 높은 곳에 있어서 대상을 내려다 볼 경우, 주대상에 대한 하향각(下向角)의 크기에 따라 경관이 크게 변화하며, 주대상이 평면인 경우 하향각의 목표를 그림 2·16 에 나타냈다.

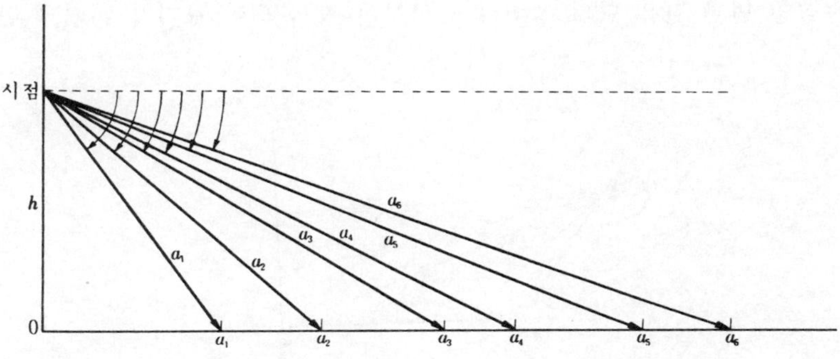

그림 2·16 하향각의 변화에 따른 경관변화 시점

이 수치는 항만 및 도시의 전망경관의 실측에서 얻어진 것이다. 항만의 경우, 하향각 8~10° 정도의 시선이 수면에 도달하고 있는지의 여부가 주대상인 수면과의 관계를 나타낸다.

호수의 전망대에서 조사한 바에 의하면, 전망대에 대해서 수면 물가선의 하향각은 10° 이상이 되며 하향각 8~10° 의 중요성이 입증되었다. 이 하향각에 따른 각 영역의 경관특징을 정리하면 표 2·2 와 같다.

표 2·2 하향각에 따른 경관적 특징

각도	d/h	경 관 적 특 징
$-45°(a_1)$ 이하	1 이하	하향각에 의한 부감의 최대 하한값으로, 이 이하는 사공간(dead space)가 된다.
$-30°(a_2)$~$-10°(a_3)$	1.7~5.7	하향각에 의한 일반적인 하한값(−30°)과 중심선(−10°) 사이로 시각적으로 가장 중요한 영역이 된다.
$-10°(a_3)$~$-8°(a_4)$	5.7~7.1	하향각의 중심선으로 중심영역이 된다.
$-8°(a_4)$ 이상	7.1 이상	이 이상은 원경영역이 된다.
$-3°(a_5)$~$-2°(a_6)$	19~29	원경영역에 포함되며 일반적인 부감의 상한값이 된다.

[3] 시선 입사각

경관을 구성하고 있는 대상을 가지각색의 크기와 각도를 갖는 면의 집합으로 생각할 수 있다.

깁슨(Gibson)은 면의 형태를 시점에 평행한 면 및 수직인 면으로 생각하여, 그것을 보는 방향에 따른 특징을 논했다. 그림 2·17 에 나타낸 바와 같이, 시선에 평행한 면에서는 수직인 면과 같은 단위 길이라도 시각이 작게 되어 보기가 어렵게 된다.

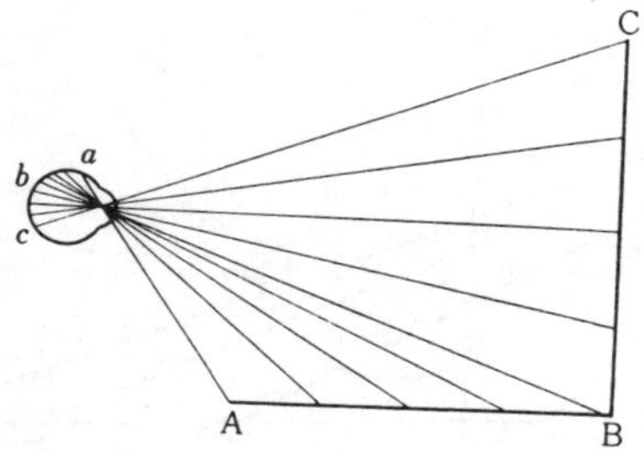

그림 2·17 시점과 평행 또는 수직한 면의 형태

그림 2·18 은 시선 입사각의 변화를 대상을 보는 방향에 따라 나타낸 것이고, 입사각(시선과 면의 교각)이 90° 인 경우 대상은 가장 잘 보이고, 입사각이 작게 됨에 따라 점검대상은 보기 어렵게 된다.

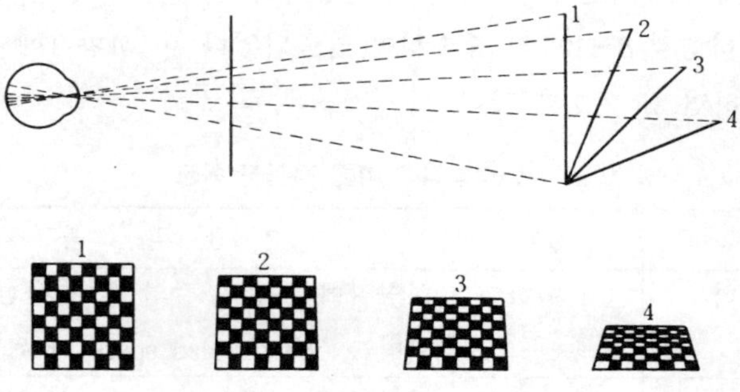

그림 2·18 대상을 보는 방향에 따른 시선 입사각의 변화

산의 사면을 대상으로 해서 경관에 대한 면을 보는 난이도를 검토한 결과 경사 30° 정도가 사면을 보기에 가장 쉬운 값으로 나타났다.

구조물을 대상으로 한 경우 시선 입사각의 중요성을 나타내는 예로서, 교량설계에서는 측면경간의 비율(proportion)을 평가하는 경우가 많지만, 실제로는 각기 다른 시점으로부터 바라보아야 한다.

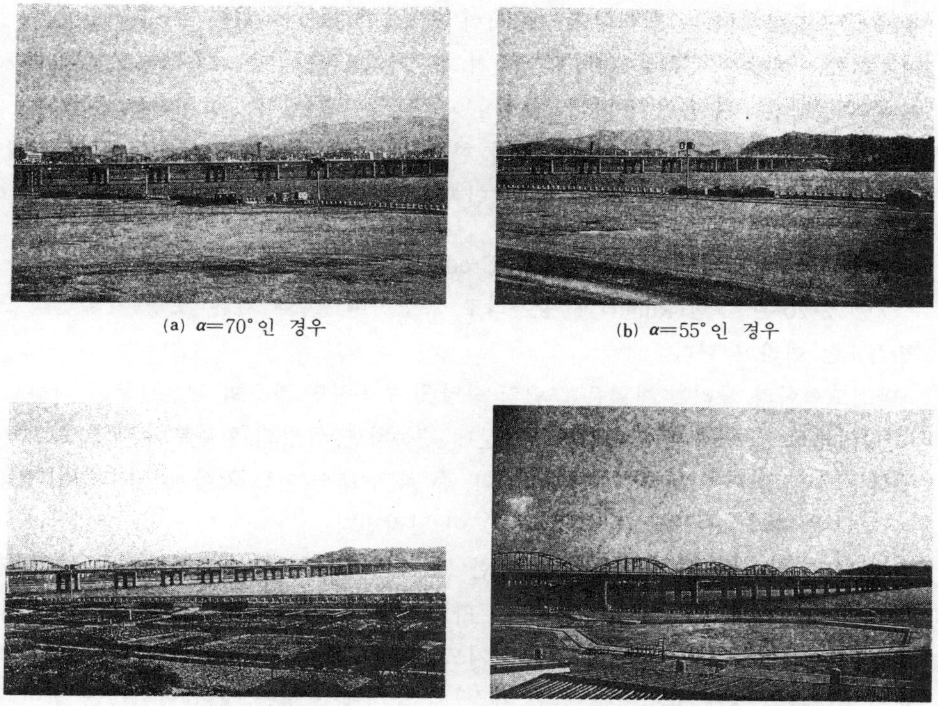

(a) α=70° 인 경우

(b) α=55° 인 경우

(c) α=25° 인 경우

(d) α=15° 인 경우(단 α는 시선 입사각)

그림 2·19 시선 입사각에 따른 입체감의 변화

이와 같이 시점의 변화에 따른 입체감의 변화를 나타내면 그림 2·19과 같이 된다. 이것은 교량의 수평시각(θ)과 시점고(H)를 일정하게 하여, 교량축에 대한 시선 입사각의 값을 변화시켰을 때 보이는 형상과 입체감의 변화를 나타낸 것이다. 구조물에 대한 시선 입사각이 대상을 바라보는 방향을 규정할 때 매우 중요함을 알 수 있다.

도로노면과 같이 지형밀착이며 평면적인 형태의 시설은 일반적으로 시선 입사각이 작아져서 보기 어렵고, 지형밀착이며 입면적인 형태의 시설은 큰 시선 입사각을 가져서 눈에 띄기 쉽다.

2·2·2 대상 상호간의 관계

대상물의 상호관계에서는 경관의 기본적 성격을 규정하는 주대상(O_p,O_s) 간의 관계와 시점장과 대상들과의 관계 두 가지로 나눌 수 있다.

구조물이 경관상의 문제를 일으키는 경우가 많은 것은 전자에 속하며, 예를 들어 산이나 호수 등의 자연이 주대상이 되며, 여기에서 대규모의 구조물이 삽입된 경우이다. 이 경우 우선 문제가 되는 것은 어떠한 조건이 준비되면 구조물이 잘 보이며,

다음에 구조물이 다른 경관대상에 어떠한 영향을 미치는가이다.

여기서는 이것들의 현상을 해명할 때의 기본적인 고찰방식을 게슈타르트 심리학의 분야에서 얻어진 의견을 이용하여 '대상'과 '배경', '대상'의 상호작용(군집화와 착시), 깊이의 인식에 대해서 서술하고자 한다. 경관공학 분야의 연구에서 시점, 대상간을 비교해서 어느 것을 지표로 할 것인가와, 또한 지표의 정량화가 요망되고 있다.

[1] 대상과 배경(지면)(Figure and Ground)

그림 2·20 은 루빈(Rubin)의 항아리로 유명하며, 이와 같은 도형은 일반적으로 '반전도형'이라 불린다.

반전도형이라 불리는 까닭은 그림의 중앙을 주목하면 좌우의 검은부분이 배경으로 되어 항아리로 보이고, 좌우의 검은 부분에 주목하면, 중앙의 흰부분이 배경으로 되어 마주한 2 개의 얼굴이 보여지기 때문이다. 즉, 흑과 백의 어느 쪽이 배경인 '지면(地)'이 되느냐에 따라 보이는 '대상(figure)'이 달라진다.

그림 2·21 은 이런 종류의 도형에 대한 보다 재미 있는 예로서 다의도형(多義圖形)이라 불린다. 보는 사람의 심리상태에 따라 대상은 옆쪽에서는 노인으로 보이기도 하고, 혹은 맞은편 얼굴은 소녀로 보이기도 한다. 또, 이들 도형을 볼 때 주의해야 할 점은, 1 개의 도형에 있어서 2 개의 '대상'이 동시에 보이는 것이 아니라는 점이다.

이상의 두 예는 특별한 경우로, 일반적으로 어떤 특정 대상물이 '대상'으로 보이고, 그 이상은 '배경'으로 의식된다. 예를 들면, 하늘에 떠 있는 구름은 일반적으로 대상으로 보이고 하늘은 그 배경이 되고, 이 관계가 바뀌는 것은 드문 일이다.

무엇이 '대상'으로 보이고, 무엇이 '지면'인 배경이 되는가는 게슈타르트 심리학의 분야로 오래 전부터 연구되어 왔으며, '대상'과 '지면'을 특성에 따라 다음과 같이 나눌 수 있다.

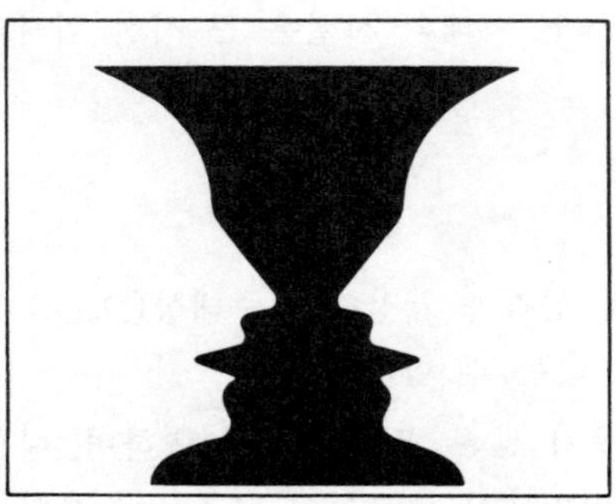

그림 2·20 반 전 도 형

그림 2·21 다 의 도 형

루빈(Rubin)에 의한 '대상'과 '배경'의 현상적 차이는 첫째, 대상이 된 영역은 형태를 지니지만 배경이 된 영역은 형태를 가진다고 말하기 어렵다. 또, 그 때까지 배경이었던 영역이 대상이 된다면, 새로운 대상물이 추가된 인상을 준다. 둘째, 2개의 영역을 나누는 경계선은 대상으로 된 영역의 윤곽선이 되며, 대상에 소속되고 배경의 영역에는 소속되지 않는다. 셋째, 배경은 대상의 배후까지 넓게 깔려 있는 인상을 준다. 넷째, 대상은 물질의 성격을 가지고, 배경은 재료의 성격을 가진다. 다섯째, 대상으로 된 영역은 배경으로 된 영역에 비해 보다 풍부하고, 보다 세분화된 구조를 가지며, 하나하나의 영역이 개성적이다. 여섯째, 배경으로 표현된 경우보다 대상으로 표현된 쪽의 색이 딱딱하고 빈틈이 없으며 위치가 확정적이다. 일곱째, 일반적으로 대상은 전방에 위치한다. 여덟째, 배경보다도 대상쪽이 박력적(迫力的)으로 관심을 끌기 쉽다.

심리학자인 아른바인(Arnbein) 도 '대상'과 '배경'의 개념이 3차원 공간으로 확장 가능하다는 것을 서술하고 있다.

지금까지, 대상과 배경에 대한 설명을 한 이유는, 대상 상호간의 관계가 어떤 대상이 보이고, 어떤 대상이 배경으로 되는가를 규정하는 가장 기본적인 요인이기 때문이다. 일반적으로 구조물의 경관계획을 할 때에는 구조물의 존재를 강조하거나, 혹은 주변에 삽입되어 있는 대상속성인 형태, 색 등의 취급지침을 제시해야 한다.

또한, 구조물이 경관의 측면에서 대상으로 되는가 배경인 존재로 되는가를 좌우하는 것은, 구조물이 갖는 크기, 형상, 색채, 질감 등의 시각속성과 주위 요소간의 대비 여하에 달려 있다.

[2] 대상의 군집화

경관에 있어서 보이는 대상은 일반적으로 복수이다. 따라서, 보이는 대상끼리는 서로 시각적인 경향을 미치게 되고, 일반적으로 그 관계에 의해 경관의 질이 크게 좌우된다. 이 관계에서 가장 큰 문제는 전술한 주대상 O_p 와 마이너스로 작용하는 부대상 O_s 의 관계라 할 수 있다.

이와 같은 관계에 대해서는 게슈타르트 심리학의 분야에서 '대상'의 상호작용에 의한 통합방법에 군집화의 법칙이라고 하는 것이 있는데, 이는 평면도형 연구로부터 나온 것이다.

(1) 근접의 법칙

다른 조건이 일정하면, 가까이에 있는 대상은 정리되어 보인다(그림 2·22). 그림 2·22 는 6개의 반점이 아니고 3개의 반점이 2개이다. 즉, 서로 이웃하고 있는 2개의 군으로 정리된다. 다르게 나누어 보는 예를 들면 3개의 쌍으로 보려고 할 때는 인위

그림 2·22 근접성의 법칙

적인 노력을 필요로 하고, 긴장을 풀면 곧 다시 2쌍으로 분해된다〔라블러에 의함〕.

등질성의 법칙과 근접성의 법칙은 서로 상반된다. 근접성은 왼쪽의 3개 반점과 오른쪽의 3개의 반점을 하나의 군으로 정리하려고 하며, 등질성은 위쪽에 있는 사선으로 된 3개의 반점과 색칠된 아래쪽 3개의 반점을 하나의 군으로 정리하려고 한다.

그림 2·23 등질성의 법칙

그림 2·24의 맨 왼쪽 그림은 교차한 2개의 원으로 볼 수도 있고, 다음과 같은 두 가지 방법으로 볼 수도 있다. 그림 2·24 (a) 의 오른쪽에서 촉각(觸覺)은 그림이 실제로 교차한 두 원 이외의 것으로도 있을 수 있음을 나타낸다. 즉, 이것은 소형팬의 형을 이룬 외각과 편도(扁桃)의 형상을 한 중핵이 있다. 또한 그림 2·24 (b) 는 초승달을 그린 것으로도 볼 수 있다.

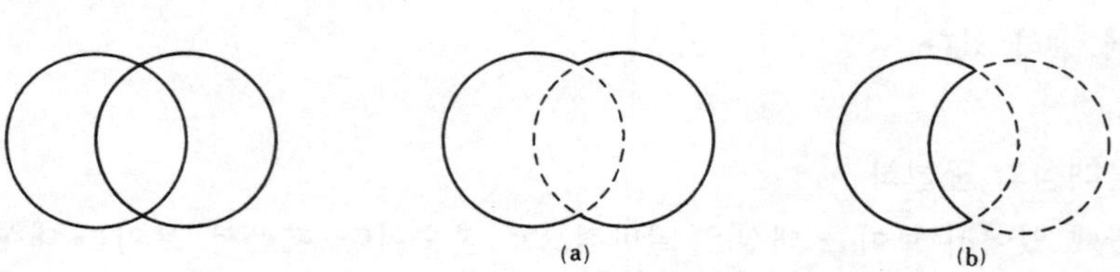

그림 2·24 교차한 2개의 원

(2) 등질의 법칙

다른 조건이 일정하면 닮은 대상은 통합되어 보인다(그림 2·23).

(3) 연속선의 법칙

연속한 선은 하나로 통합되어 보인다(그림 2·25). 그림 2·25 (a) 에서는 선이 연속되어 있으므로 하나로 통합되어 보이고, 그림 2·25 (b)에서처럼 단절된 선에서 나타나는 4라는 숫자가 쉽게 찾아지지 않는다.

(4) 폐합의 법칙

폐합된 영역은 하나의 덩어리로 보인다.

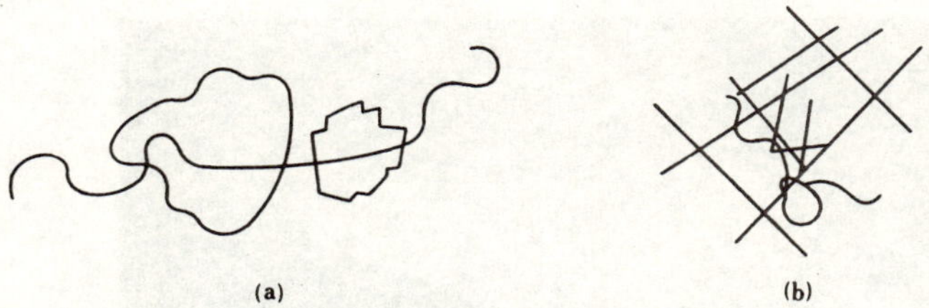

그림 2·25 연속한 2개의 선

(5) **공동운명의 법칙**

운동이나 변화의 운명을 같이하는 것이 통합되어 보인다.

(6) **간결성의 법칙**(프레그난츠의 법칙)

인간은 대상을 가능한 간결한 형태로써 이해하려고 한다(그림 2·26).

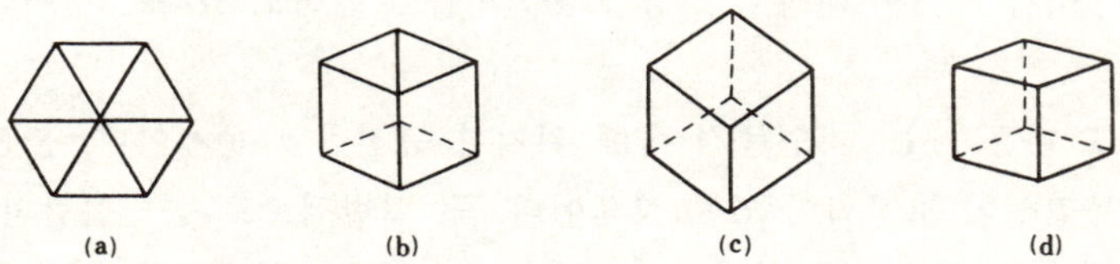

그림 2·26 간결성의 법칙

그림 2-26에서 입면체의 4개의 선으로 된 그림인 평면도가 규칙성, 단순성, 긴밀성을 잃게 되면 깊이 효과가 강하게 된다.

① 6개의 대칭축, 모두 동일한 각, 3개의 관통하는 직선으로 이루어지며, 이것들은 공간적 도형으로 옮겨갈 때에 중앙에서 잘려나가며, 아주 다른 깊이로 바꾸어 놓지 않으면 안 된다. 여기에는 공간적인 효과는 전무하다〔그림 2·26(a)〕.

② 2개의 대칭축, 1개의 관통한 직선으로 이루어지며, 이것은 부분적으로 2중이 되고, 서로 다르게 되지 않으면 안 된다. 공간효과는 흔적정도이다〔그림 2·26(b)〕.

③ 2개의 대칭축, 단 관통하는 직선은 존재하지 않는다. 깊이효과는 현저하다〔그림 2·26(c)〕.

④ 대칭축도 없고 관통한 직선도 없으며, 공간효과는 가장 선명하다〔그림 2·26(d)〕.

여기에 열거한 여러 가지 법칙들은 간결성에 의한 법칙들을 나타낸 것이며, 이 경우를 광의의 게슈타르트의 법칙이라고 부른다.

군집화의 한 예로, 하나의 섬에서는 그 크기가 경관을 지배하는 주대상이 될 수 없지만, 같은 모양의 섬이 무리지어 있기 때문에 독특한 장소의 경관을 형성할 수

그림 2·27 규칙적인 배열을 가지는 송전 철탑군

있다. 이 경우, 이들 개개의 대상이 적당한 근접성을 보유하고 있다는 것이 전제되어야 한다.

군집화의 또 다른 예는, 자연풍경 속에 위치한 송전철탑 문제이다. 송전철탑은 그 단위요소의 등질성이 보장되어 있는 상태이다. 즉, 일반적으로 송전철탑의 형태는 장소의 경관특징으로 고려되는 경우가 드물고, 재료·구조·색채가 동일하고 규모도 거의 같다. 따라서, 송전 철탑군은 항상 동질의 법칙에 의해 무리를 형성하고, 경관의 주대상으로써 강력한 영향력을 발휘하게 된다.

[3] 대상에 대한 착시(錯視)

대상의 상호작용에 관해서는 심리학의 분야에서 '착시'라고 불리는 중요한 현상이 있다. 착시라는 것은 간단히 말해 해당대상이 그 주위의 대상(군)에 의해 영향을 받고,

그림 2·28 불규칙적인 배열을 가지는 송전 철탑군

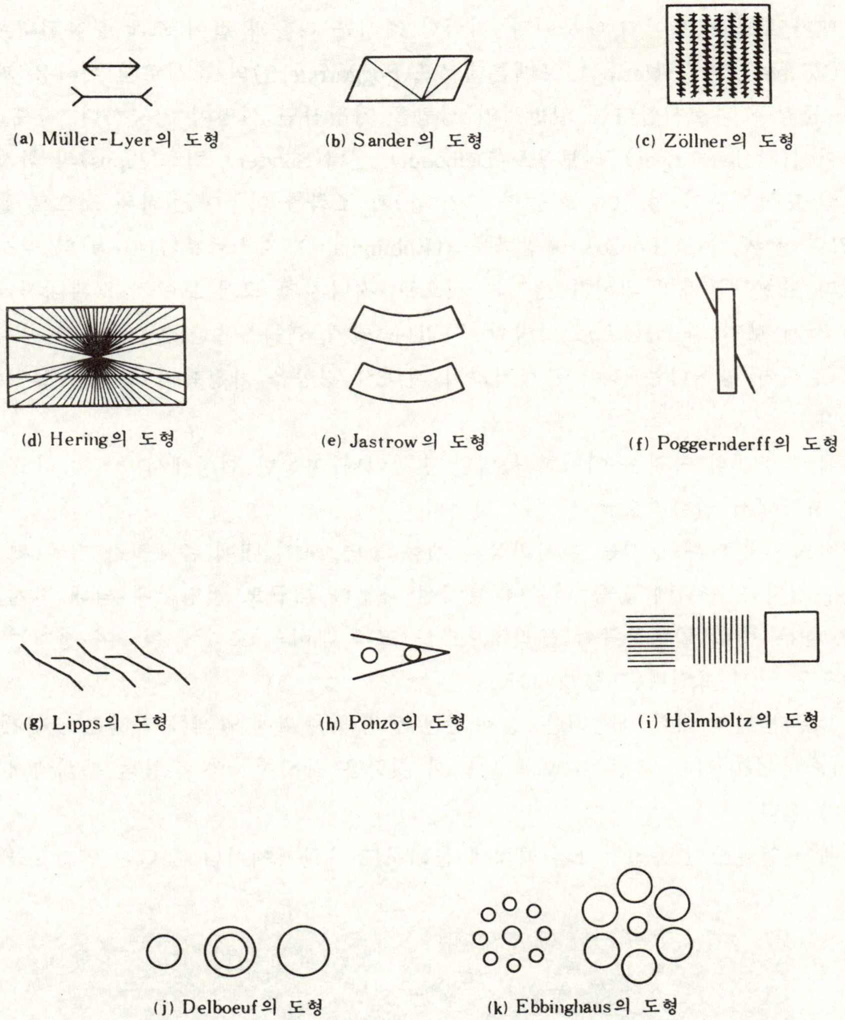

그림 2·29 기하학적 착시도의 예

단독으로 존재하는 경우와 다르게 보이는 것이다. 그림 2·29는 대표적인 기하학적인 착시도이다.

이와 같은 송전 철탑군이 형성하는 시각질서는 장(場)의 경관이 본래 가지고 있는 시각질서와 서로 관련되어 경관을 파괴할 수도 있고 조화감을 이룰 수도 있다.

이들 중에서 가장 유명한 뮬러－라이어(Müller－Lyer)의 도형에는 물리적으로 같은 길이를 갖는 직선이 좌우단의 화살표에 의해 영향을 받아 다른 길이로 보인다. 또, 헤링(Hering)의 도형에서는 방사선군의 존재에 의해 물리적으로는 평행한 직선이 가운데가 부풀어 보이기 때문이다. 이러한 착시는 다음과 같이 크게 분류된다. 첫째, 죌너(Zöllner), 헤링(Hering), 포게른데르프(Poggerndorff)의 착시로서 예각을 과대시하고, 둔각을 과소시한다는 일반적인 경향을 가정하면 설명이 가능하다. 둘째, 뮬러-라이어(Müller-Lyer), 델보우프(Delboeuf), 샌더(Sander), 립스(Lipps)의 착시로서 주위의 도형부분의 성질(예를 들면 크기 등)과 조화를 이루어 동화된 것으로 설명할 수 있다. 셋째, 폰조(Ponzo), 에빙하우스(Ebbinghaus), 자스트로(Jastrow)의 착시로서 주위의 도형부분과의 대비가 생기는 것으로, 지나치게 크게 보이거나(과대시) 지나치게 작게 보임(과소시)으로 설명할 수 있다. 넷째, 헬름홀츠(Helmholtz)의 착시로서 전체 길이가 늘어나는 것이 분할거리의 과대시 경향을 가정함에 의하여 설명이 가능하다.

위에서 소개한 착시는 어떠한 특별한 현상이나 이상한 현상에서만이 아니고, 평상시의 시각에서 일반적으로 생기는 것이다.

대비효과에 의해 생기는 착시현상의 예를 들면, 도시 내에 존재하는 정자(亭子)로서, 이 정자는 주위에 숲을 이루어 늘어선 나무나 대규모 빌딩군에 의해 작게 느껴진다. 물론, 주위 빌딩군쪽이 물리적으로도 크나 대비의 효과에 의하여 정자는 실제 이상으로 작게 보인다(그림 2·30).

이같은 문제에 대한 해결책은, 정자 같은 상징물 주위에 규제를 가하는 것이겠지만, 그 기준의 실마리는 그림 2·29 에 나타낸 것같은 착시현상의 정량적 분석에서 찾아보아야 한다.

앞에서 언급했던 송전철탑의 배치에 관해서도 마찬가지이다. 철탑이 인간 스케일의

그림 2·30 빌딩과 정자(亭子)의 배치에서 나타나는 대비효과

그림 2·31 철탑과 집에서 나타나는 대비효과

대상에 접근하는 경우에 철탑의 스케일은 보다 강조되고, 역으로 집은 심하게 눌린 것처럼 느껴진다.

역으로, 똑같은 철탑이 큰 스케일의 지형 안에 있다면 의외로 작게 보인다. 결국, 착시란 물리적 사실로부터 지각의 왜곡, 즉 보는 방법의 잘못을 가리키는 말이지만, 경관에 있어서는 오히려 그것을 보는 방법이야말로 존중되어야 할 현상적 진실(심적 진실)이라 할 수 있다.

따라서, 계획자는 이 착시현상을 극복하고, 오히려 역으로 이용함으로써 경관적 질서를 형성하는 법칙을 개발해야만 한다.

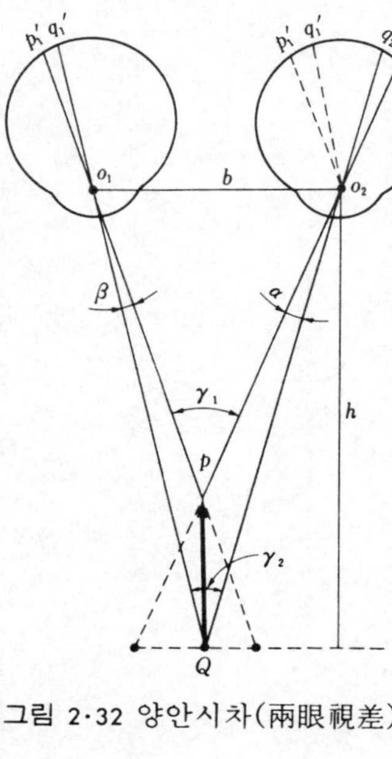

그림 2·32 양안시차(兩眼視差)

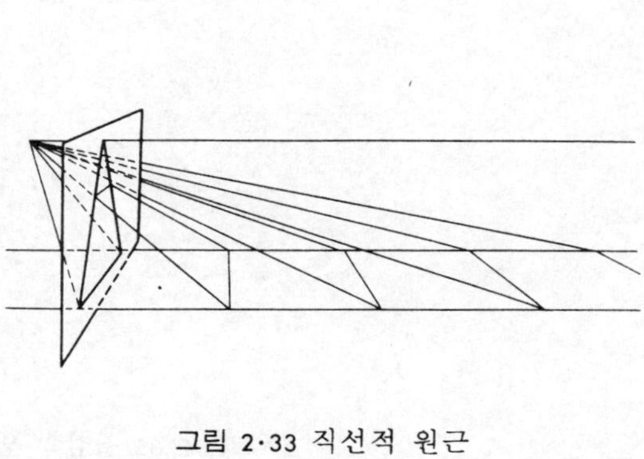

그림 2·33 직선적 원근

[4] 깊 이 감

경관에 있어서 깊이감(안길이감 또는 깊이라고도 함)의 유무는 중요하다. 깊이(안길이)의 지각은 일반적으로 아래와 같이 정리되어 있으나, 경관적인 스케일에 있어서 이에 대한 결정방법은 대상 상호간의 관계를 이용한다.

① 수정체 조절(렌즈의 핀트 맞춤) : 약 2m 까지

② 양안 폭주(兩眼輻輳 : 양안에서의 광선이 이루는 각도) : 약 20m 까지

③ 양안 시차(兩眼視差 : 좌우의 망막상의 차이) : 일반적으로 600m 이상이 되면, 깊이차의 구별이 되지 않는다고 한다. 좌우의 망막상 차이에 의해 원근감이 생긴다(그림 2·32).

④ 보이는 대상의 크기에 의해 판단(크기를 알고 있는 경우)

⑤ 보이는 대상의 직선적 원근(통과 효과, 그림 2·33)——일반적으로 위쪽으로 보이는 대상이 멀리 있는 것처럼 보인다.

⑥ 보이는 대상의 겹침——끊어진 대상이 멀게 있는 것처럼 보인다(그림 2·34).

⑦ 보이는 대상의 명료(공기 원근법)

⑧ 그늘에 의한 요철

⑨ 보이는 대상의 질감의 밀도경사——먼 곳일수록 밀도가 높아진다(그림 2·35).

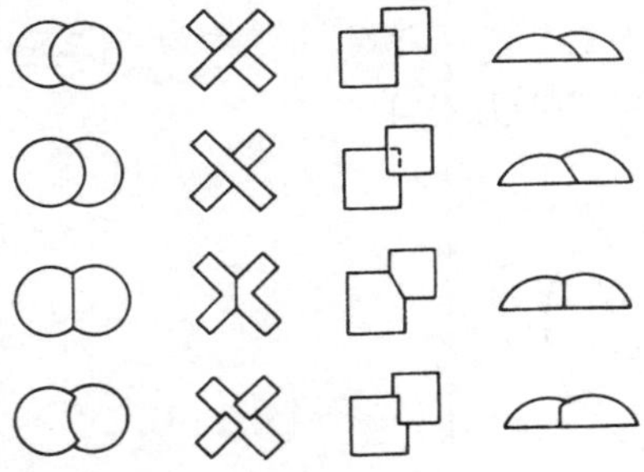

그림 2·34 겹 침

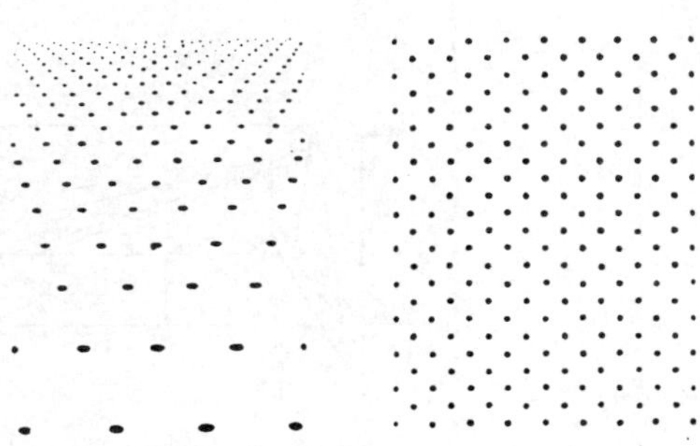

그림 2·35 질감의 밀도경사

그림 2·36 상 대 운 동

⑩ 보이는 대상의 상대운동──먼 쪽의 대상은 운동백터가 작다(그림 2·36).

위의 것 중 ①~③ 은 시점과 대상의 관계에 의한 것이다. ④~⑩ 은 깁슨(Gibson)에 의해 정리된 간접적 단서로서, 이 중의 ④번 이외에는 모두 대상상호의 관계에 의한 것이다.

2·3 경관의 유형해석(Viewscape type analysis)

2·3·1 유형분석의 역할

경관을 그 구성 요소별로 분해하고 그들 요소간의 관계를 지표화하여 취급하는 방법은 명쾌하지만, 이것만으로 경관을 이해하기에는 무리가 많다. 그래서 지표적인 파악과 동시에, 경관을 구성요소의 조합, 즉 경관의 유형으로 파악하는 관점이 필요하다.

경관을 유형으로써 이용하는 이 점은 다음과 같다. 첫째, 경관에 대한 이해를 할 때 유형적인 사고방식을 사용하여 우리들의 주위에 축적되어져 있는 여러 가지의 경관 유형을 일반적으로 분석의 도구로써 사용한다. 둘째, 지표를 이용한 분석은 정량화가 용이하고 부분적인 경관검토에는 효력이 있지만, 경관 전체에 대한 총체적인 검토에는 사용되기 어렵다. 개개의 요소나 경관의 세부적인 측면에 대한 분석에는 매우 효과적이지만, 막상 계획 대상지 전체의 경관을 논할 경우, 그 파악이 매우 애매함을 자주 발견하게 된다. 경관을 유형에 의하여 처리하는 것은 경관에 관한 분석, 계획의 전체적인 절차(또는 순서)에 있어서 매우 중요하다.

이와 같이, 경관유형에 대한 개념은 지표적인 이해와 함께 경관분석의 기초지식이지만, 그 적용에 대하여는 다음과 같은 점에 유의해야 한다. 첫째, 스케일의 문제이다. 경관유형의 요점은 이것을 구성하는 요소의 관계를 생각하는 방법이나 분포형태의 유형에 있지만, 이를 정량적으로 나타내는 것은 꽤 어렵다. 따라서, 그 정성적 형태

(pattern)를 현실에 삽입하여 분석하거나, 이것을 근거로 디자인을 할 때에는 유형이 존재하는 스케일의 유효범위를 반드시 고려해야 한다.

둘째, 유형이 성립하는 전제조건을 모호하게 하고, 유형개념을 자주 활용하는 경향이 있다. 이 단계에서 고려해야 할 사항은 해당유형이 성립하는 시점의 범위를 한정짓는 작업이다.

2·3·2 경관해석 유형

[1] 시점을 포함한 경관유형

지점경관이나 이동경관 등이 여기에서 말한 시점을 포함한 경관유형(viewscape type)이다. 시점을 포함한 경관유형은 바라보고 있는 대상 상호간의 관계가 어떠하냐가 중요하나, 장(場)의 경관일 경우 유형과의 결정적인 차이는, 해당유형이 성립하는 시점위치가 중요조건이다. 예를 들면, 장관도(壯觀度 ; panorama)란 시점이 어떤 높이에 존재하여 대상군을 내려볼 때를 말하며, 단순히 장소 안에 약간 높은 지형(혹은 건물)이 존재하는 것만으로는 상태를 장관도라고 할 수 없다. 긴 조망(眺望 ; vistar)이라는 유형도 마찬가지로, 측방이 시각적으로 한정된 방향성이 있는 공간이 존재하는 것만으로는 불충분하다. 그 내부에 시점이 존재하여 방향성 있게 바라볼 수 있을 때 이를 긴 조망이라 할 수 있다.

이동경관에 있어서 보였다 안 보였다라고 하는 상황도 마찬가지이다. 즉, 보이려고 하는 대상과 시점의 가시 또는 불가시의 관계가 번갈아 리듬을 갖고 나타나는 것이 이 기법상에서 매우 중요하며, 이를 위해서는 시점위치가 일정한 범위에 한정되어야 한다.

[2] 시점을 포함하지 않는 경관유형

여기서 말할 때 시점을 포함하지 않는 경관유형은, 장의 경관의 범주에 속한 유형이다. 이들 유형의 특성은 한결같이 대상군의 속성에 의해 결정되고, 시점의 위치는 그다지 중요한 의미를 갖고 있지 않다.

이 유형분류에서 가장 단순한 것은, 예를 들면 상원(上原)이라는 "풍경의 요소"로서 그 분류의 기준은 주대상으로, 예컨대 산악과 산림 등이 있다.

공간형에서는 건물주위의 공간의 상태가 문제로 되고, 충실하게 둘러싸인 공간을 P공간(Positive space), 비한정으로 정리되지 않은 공간을 N공간(Negative Space), 그 중간을 P－N 공간이라 한다. 또, 골드핑거(Goldfinger)는 대상의 형에 의해서 공간을 3개의 기본형태로 분류하였다. 즉, 볼록형의 대상은 원뿔공간, 오목형의 대상은 오목한공간을 만들고, 평면적인 대상은 회화적인 공간이 된다.

2·3·3 변화요인

경관은 대다수가 실외공간에 있는 현상이기 때문에, 당연히 계절이나 기후의 변화에 의해 그 양상이 크게 달라진다. 대상의 속성이나 시점과 대상과의 관계, 대상 상호간의 관계가 경관의 기본 고려사항이지만, 여기에서 서술한 변화요인도 경관을 계획할 때에 빠뜨려서는 안 될 요인이다.

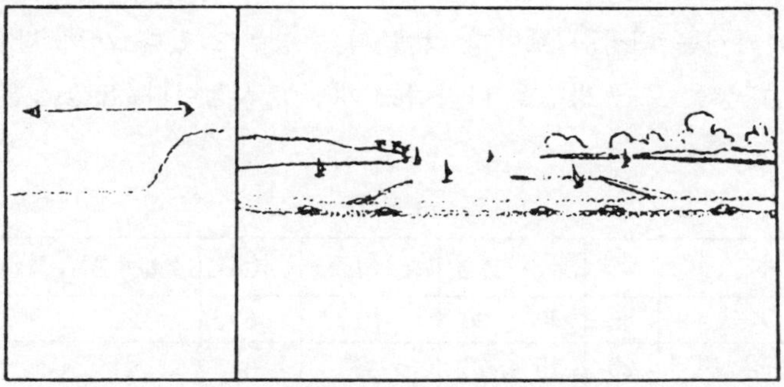

(a) 장관도 (panorama)

(b) 긴 조망 (vistar)

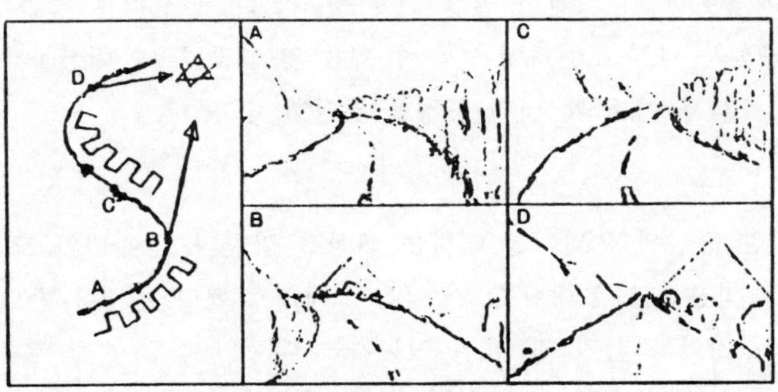

(c) 通視과 不通視

그림 2·37 시점을 포함한 경관유형 예

여러 가지의 변화요인 중에서, 시정(視程), 기후, 시각, 계절, 첨경(添景 : 풍경화나 풍경사진속에 넣는 인물이나 동물), 차경(借景)에 대하여 그 개요를 서술한다.

[1] 시 정

경관의 경우, 그 경치의 스케일(시거리)은 도시 내의 수십 미터 정도에서부터 자연풍경지의 수십 미터에 미치는 큰 폭을 갖고 있다. 전망하는 대상에 대한 시거리가 10km 이상까지 이르게 되면, 대기의 혼탁이나 기후의 상태가 시거리의 제약조건이 되고, 경우에 따라서는 대상이 보이지 않게 되는 경우도 있다. 이와 같은 기후나 시각에 좌우되는 대상을 보는 방법을 나타내는 개념이 시정이다. 표 2·3 은 표준시정에 관한 것이다.

표 2·3 표 준 시 정

날 씨		쾌청	맑음	흐림	소우(小雨)	비(雨)	소설(小雪)	대설(大雪)	안개
시정(視程)	낮	45	40	30	10	6	7	2	0.6
	아침, 저녁	20	15	10	8	3	4	1	0.3

시정이란 시력 등과 비교하면 약간 애매한 개념이며, 다음과 같이 정의 되고 시정은 지역의 미미한 기상에 크게 좌우된다.

시정은 대기의 혼탁을 나타내는 양으로 목측에 의한 길이(시거리의 의미)에 의해서 나타낼 수 있다. 목표물로 선택한 독립수와 건물을, 독립수로써 또는 건물로써 인식할 수 있는 최대 거리이다. 그리고 목표물의 크기는 수직방향의 시각 0.5° 이상 좌우의 폭 5° 이하에서 선택해야 한다. 실내에서만 계획할 경우, 경관의 질을 규정할 만한 주대상이 장소나 계절 및 시정에 의해 미치는 영향을 반드시 고려되어야 한다.

[2] 기후, 시각, 계절

기후, 시각, 계절도 역시 경관의 질을 크게 좌우한다. 인상깊은 경관은 오히려 일반적인 기상상태와는 다른 조건하에 얻을 수 있는 것이 많다. 또, 대상물과 변화요인의 적절한 변화가 조화를 이룰 때 멋진 풍경을 감상할 수 있다.

[3] 첨 경

첨경(添景)이란 경관에 분위기를 더하는 대상을 말한다. 경관파악 모형에 따르면, 플러스 법칙으로 작용하고, 부대상 O_s가 작은 스케일로 된다. 첨경은 반드시 변화하는 요소일 필요는 없지만 기러기, 배 등의 이동하는 대상이 첨경이 될 경우가 많다. 이 첨경은 경관에 움직임을 주고, 보다 친밀감있는 경관을 연출한다. 예를 들면, 하늘에 무리지어 날아가는 기러기는 그 풍경을 보다 정취있게 만든다. 즉, 첨경은 경관의 분위기 만들기에 없어서는 안 될 요소라 할 수 있고, 경관계획에 있어서는 이들의 이동요소의 종류, 밀도, 출현빈도 등의 파악이 성패의 열쇠가 된다.

[4] 차 경

차경(借景)은 범위가 제한되어 있는 조경에서 이용되는 방법으로, 경치를 끌어 들이는 것이다. 차경의 대상으로는 원거리에 위치한 산이나 바다, 호수, 삼림, 섬, 하천 등을 들 수 있다. 차경의 특징은 제한된 장소만을 이용할 경우, 경관의 대상으로 삼기에 매우 협소한 느낌을 주게 되므로, 그 지점의 주변에 위치한 좋은 경관을 이용한다는 것이다.

2·4 경관의 지표적 방법에 의한 정량적 분석

2·4·1 각과 위치에 의한 경관도의 정량화

정량평가를 위한 평가지표로는 식별의 명확, 보는 범위에 따르는 시설물의 규모에서 받는 인상, 형태에 의한 인상, 부재구성의 아름다움으로부터 받는 인상 등을 기준으로 하여 가시(可視), 불가시(不可視), 식별도(識別度), 위압감, 스케일감(規模感, scale), 입체감(立體感), 변화감, 조화감의 7개항으로 나눌 수 있다.

경관평가를 규정하는 기본요인으로는 관점과 주시 대상물의 위치관계에서 기인하는 요인과, 시점의 배경관계에서 기인하는 요인으로 나눌 수 있으며 배경관계에 따른 요인은, 대상물을 보는 각도(수평시각과 수직시각)와 대상물의 축선과 시축이 이루는 각 및 기준면에 대한 시점의 높이로 나누어진다. 이 때 시각은 주시 대상물 전체를 보는 시준선의 교각을 말하고, 수평시각(水平視覺)은 대상물에 대한 수평방향의 시점과 종점을 시준할 때의 각도를 말한다. 그리고 수직시각(垂直視覺)은 대상물의 특정부분의 상하단(예를 들어, 교량의 교탑의 정상과 수면)을 시준하는 각도이다.

시설물을 보는 각도는 시설물이 시계(視界)내에서 차지하는 비율을 규정하고, 시설물 경관의 주제를 규정함과 동시에 스케일감을 결정하는 기본적 요인인데, 첫째, 수평시각(水平視覺 : θ_H)의 경우 $0° < \theta_H \leq 10°$ 사이에서 시설물은 주위환경과 일체가 되고, 경관의 주제로서 대상에서 벗어난다. $10° < \theta_H \leq 30°$에서는 시설물의 전체 형상을 인식할 수 있고 경관의 주제로서 적당하다. $30° < \theta_H \leq 60°$ 사이는 시설물의 시계 중에 차지하는 비율은 크고, 강조된 경관을 얻는다. θ_H가 60°보다 크면 시설물 자체가 시야의 대부분을 차지하게 되고, 시설물에 대한 압박감을 느끼기 시작한다.

둘째, 수직시각(θ_V)의 경우 $0° < \theta_V \leq 15°$일 때 시설물이 경관의 주제가 되고, 쾌적한 경관으로 인식된다. θ_V가 15° 보다 커지면 시계에서 차지하는 비율이 커져서 압박감을 느끼고 쾌적한 경관으로 인식되지 못한다.

시설물의 1점을 시준할 때 시준선과 대상물 축선이 이루는 각(α)은 크기에 따라 입체감에 변화를 주는 것으로, 시설물의 규모 및 전체 계획을 결정하는 기본적인 요인으로 취급된다. 시준선과 대상물 축선이 이루는 각(α)인 경우 $0° \leq \alpha \leq 10°$일 때 특이한 시설물 경관을 얻고 시점이 높게 된다. $0° \leq \alpha \leq 30°$이면 입체감 있는 계획이 잘된 경관을 얻지만, $30° \leq \alpha \leq 90°$에서는 입체감이 없는 평면적인 경관이 된다. 기준점에 대한 시점의 높이(ΔH)에 대한 영향은 시설물 경관의 주된 구성요소의 하나로 인식되며, 대상물의 어느 부분이 주제가 되는가를 결정하는 요인으로, 앞에서 설명한 시각과 시준선과 시설물 축선이 이루는 각의 조합에 의해 현저하게 인상이 변한다. 일반적으로 시점의 위치가 낮은 쪽이 활동적인 인상을 받고, 높게 됨에 따라 정적인 인상이 강하게 된다. 이 경향은 시준선과 대상물 축선이 이루는 각(α)이 작고, 시각(θ)이 큰 경우 특히 강하게 보인다.

일반적으로 인간의 시선(視線)은 대상물과 수직인 상태에서 수평보다 약 10° 하향이며, 상향각(또는 仰角)은 0~27°, 하향각(또는 俯角)은 8~30°가 머리를 움직이지 않고 대상물을 볼 수 있는 각도이다.

시설물의 식별은 시설물과 시점 사이의 거리(D)에 의해 크게 변화한다. 대상물과 시점 사이의 거리에 대한 영향은 시점이 대상물에 가까울 때 상세하게 인식되지만, 경관의 주제는 대상물의 국부적인 구성부재가 대상이 되어서 대상물 전체의 형상은 영향이 없다. 시점이 멀어지면 경관의 주제는 대상물의 부분구조에서 점차 시설물 전체의 형상으로 바뀌어 구성부재의 세부는 문제되지 않고, 경관도에 주어진 영향은 크다. 대상물의 색채, 재질 등에 대한 식별에 있어서 거리에 따라 크게 변하고, 자연과의 조화면에서도 받는 인상은 현저하게 다르다.

시점과 배경의 위치관계(F_B)에 기인하는 요인은, 배경의 다양성으로 심리적 영향에 따라 인상이 크게 변하기 때문에 정량적 분석은 매우 곤란하다. 따라서, 어느 시점에서 시계 내에서 잡은 전망에 대한 배경의 영향은 시점의 상태에 따른 영향, 배경과 대상물의 위치관계에 따른 영향, 배경의 상태에 따른 영향, 기상조건에 따른 영향의 5개항으로 나누어 배경과 경관도의 관계를 추출할 수 있다. 이 항목에 의하여 주시대상(注視對象)의 주위에 대한 환경상태(배경의 경관도)는 8개항에 따라서 규정한다. 즉 입지조건, 시준율, 대상 시설물의 시준범위, 시점과 배경과의 거리, 하향각 및 상향각, 육해공(陸海空)의 비율, 배경의 시준범위 및 기상조건 등이다.

2·4·2 평가함수에 따른 경관도의 정량화

시설물 경관의 평가지표는 앞에서 설명한 7개항(가시・불가시,식별도, 위압감, 스케일감, 입체감, 변화감, 조화감)으로 X_i, 이 지표에 의한 경관규정 요인은 수평시각(θ

$_H$), 수직시각(θ_V), 시준선과 대상물 축선이 이루는 각(α), 기준면에 대한 시점의 높이(Δ_H), 대상물과 시점간의 거리(D), 배경의 경관도(F_B)로 Y_j이다. 그러므로 시설물 경관의 경관도를 E로 표시하면

$$E\langle f(X_i) \quad (i=1\sim M)$$
$$X_i=g_i(Y_j) \quad (j=1\sim N),\ (i=1\sim M) \qquad (2\cdot1)$$

의 관계식이 된다. 윗식에서 함수형을 결정하는 것이 경관도를 정량화하는 것이다. 여기서 각 인자의 결합은 1차 관계인 것으로 가정하면, 윗식은 다음과 같은 형으로 표시된다.

$$E=X_1(\sum_{i=2}^{M} a_iX_i+a_0)$$
$$X_i=(\sum_{j=1}^{N} b_{ji}Y_j=b_{0i})(j=1\sim M) \qquad (2\cdot2)$$

윗식의 1항에서 X_1(가시, 불가시의 항)을 곱한 것은 대상물이 보인다는 것을 전제로 하기 위한 것이다. 대상물이 보이지 않을 경우 대상물 경관으로는 무의미하므로 경관도는 0이 된다. 즉, 대상물이 보일 경우 $X_1=1$, 보이지 않을 경우 $X_1=0$이 되는 것이다. 식 (2-2)에서 각 인자에 걸쳐 있는 경중률(輕重率, weight) a_i 및 b_{ji}를 결정하는 것이 목적이다. 식(2-2)를 **평가함수**라 부르며, 사례를 중회귀 분석함에 따라 결정된다. 평가함수에 따라 얻어진 경관도(景觀度)의 값(E)이 클수록 대상물의 경관도로서의 평가는 높다.

배경의 경관도(F_B)는 대상물 주변의 환경상태를 종합적으로 취하여 평가지표의 크기를 규정하는 항목의 하나이다. 각 요소가 배경의 경관도에 미치는 영향의 정도를 5등분하여 평가(가장 좋은 경우 5, 최악의 경우 1)하는 것으로, 전체 요소의 평가점을 평균하여 배경의 경관도를 평가하는 것으로 생각한다. 즉, 배경의 경관도(F_B)는 그것을 규정하는 요소를 $f_{Bi}(i=1\sim K)$로 하면 다음 식으로 표시된다.

$$F_B=\sum_{i=1}^{K} f_{Bi}/K \qquad (2\cdot3)$$

여기서 규정요소는 입지조건(f_{B1}), 시준율(f_{B2}), 대상물의 시준범위(f_{B3}), 시점과 배경과의 거리(f_{B4}), 하향각 및 상향각(f_{B5})의 5개항이다.

평가함수의 계수를 유도하기 위하여 많은 수의 사례분석을 하고, 평가지표에 주목되는 항목을 설정한다. 기존 시설물에 대한 각도, 높이, 거리에 따른 평가규정 요인별로 많은 현지사진을 촬영하여, 이들 사진에 대하여 각 시점별로 무차별 추출한 경험자에게 보여 사진에서 받은 인상에 대해 설문항목에 따라 5단계로 평가한 회답을 얻고, 이것을 통계처리하여 결정한다.

앞에서 설명한 평가지표와 경관도 규정요인에서 경관도의 평가함수는 다음과 같이

쓸 수 있다.

$$E=X_0(\sum_{i=1}^{7}a_iX_i+a_0) \tag{2·4}$$

$$X_i=\sum_{j=1}^{6}b_{ji}Y_j+b_{0i}(i=1\sim7)$$

여기서 E는 대상물 경관의 경관도, X_0는 가시 · 불가시(보이면 1, 보이지 않으면 0), $X_1\sim X_7$는 차례로 위압감, 스케일감, 입체감, 색의 식별, 형의 식별, 변화성, 조화성이 된다. 그리고 $Y_1\sim Y_6$는 차례로 대상물과 시점 사이의 거리(D), 기준점에 대한 시점의 높이(δH), 시준선과 대상물 축선이 이룬 각(α), 수직시각(θ_V), 수평시각(θ_H), 배경의 경관도(F_B)이다.

a_i, b_{ji}는 회귀계수이고 사례분석 결과로 얻어지며, 윗식의 결합인 경관도 E와 경관도 규정요인 Y와의 관계를 구하면

$$E=X_0(\sum_{i=1}^{6}A_iY_i+A_o) \tag{2·5}$$

으로 나타난다. 여기서 $A_1(i=0\sim6)$은 회귀계수(回歸係數)이며, 윗식은 대상물 경관의 평가함수이다. 이 식으로부터 얻어진 값은 평점이며, 이 평점이 높을수록 그 지점의 경관도는 높다.

2·5 경관 표현방법에 의한 경관도 예측

경관의 예측은 경관정비 및 개발계획에 따른 경관특성의 변화 및 사회기반 시설의 새로운 건설에 따른 조망의 방해여부를 예측하는 과정이다. 이 과정에서 현황조사에 의해 설정된 예측 대상지역에 대하여 주요 조망지점을 시점으로 도로경관, 도시경관, 하천및 수변공간 경관, 자연경관 등에 대한 인공적 변화에 따른 영향을 예측하는 것이다. 가시영역 내에 주요 조망지점이 포함되는 경우에는 경관의 영향예측을 수행한다.

경관예측은 현재상황의 경관과 경관, 정비 후 또는 개발계획에 의한 건설 후의 경관과 비교하여 계획지 내의 경관 구성요소 변화를 변화 정도에 대해 정성적 및 정량적으로 대비하는 데 큰 영향을 미친다. 또한, 경관예측은 주요 조망지점으로부터의 조망에 대하여 예측하는 것 이외에도, 자연환경 보전상 특히 필요한 야외 여가활용(recreation)장소에 대해서 미치는 영향도 예측하여야 한다.

경관예측의 방법으로 현재의 경관을 이루고 있는 경관구성 요소에 대하여, 경관정비의 경우에는 새로운 경관구성 요소를 첨가해 수행하며, 개발계획의 경우에는 평가대상을 첨가해서 자유롭게 이들을 변화시키는 방법으로 수행한다.

2·5·1 경관의 예측방법

일반적으로 이용되는 경관의 예측방법으로는 도면을 이용한 완성 예상도에 의한 방법, 사진 및 영상에 의한 방법, 전산기를 이용하여 영상처리를 수행한 투시도에 의한 방법 및 모형에 의한 방법 등 여러 가지 방법뿐만 아니라 유사한 사례를 이용하는 방법도 이용된다.

[1] 정사투영도에 의한 방법

정사 투영도에 의한 방법은 설계자료를 그대로 이용할 수가 있어 조작하기에 용이하고, 모든 조건을 정량적으로 판단할 수 있다고 하는 장점이 있지만, 입체적 파악이 어려워 시각적인 면에서 현실성이 결여된다는 단점이 있다.

[2] 스케치 및 회화에 의한 방법

개략적인 스케치는 각각의 영상을 개략적으로 파악하는 방법이며, 담채 스케치는 설계 비교안을 간단한 첨경과 함께 영상화한 다음 스케치상에 엷게 채색(coloring)하는 방법이고, 채색은 설계 비교안을 주변의 경관과 함께 상세하게 색으로 그리는 방법이다.

스케치 및 회화에 의한 방법은 처리방법이 간단하여 조작성이 좋지만, 정확성 및 정량적인 분석이 부족한 결점이 있으며, 설계자가 강조하고 싶은 사항을 전달하기 용이하나 설계자의 주관이 들어가기 쉽고 현실성이 결여되는 경우가 많다.

[3] 투시도에 의한 방법

투시도에 의한 방법은 다른 시점에서 합쳐진 작도가 가능할 뿐 아니라, 시각성이 양호하여 판단하기 쉬운 장점이 있으나 설계자의 주관이 포함되기 쉬우며, 자연조건까지 포함하는 데는 제약이 따르는 단점이 있다. 투시도에 의한 방법은 투시도 제작에 시간이 많이 소요되지만, 가장 많이 이용되고 있는 방법이다.

[4] 사진 몽타지(photo montage)에 의한 방법

사진 몽타지(montage)에 의한 방법은 경관정비의 경우에는 새로운 경관 구성요소의 그림을, 개발계획의 경우에는 완성예정인 구조물과 주변의 조형부분의 그림을 현황사진에 합성한 몽타지 사진과 비교해서 영향의 정도를 평가하는 방법이다.

천연색 사진합성은 현지사진 가운데 사진과 동일시점, 동일 시준선, 동일축척으로 그린 투시도를 중합시켜 채색한 것이다. 채색기법의 발달로 이것은 자연환경과의 조화, 색채, 재질면에서 신빙성 있는 사전평가로 이용된다. 합성사진은 항공사진, 지상사진 어느 것이나 이용할 수 있다.

사진 몽타지에 의한 방법은 시각성 및 현실성이 좋고 실제의 형태를 느낄 수 있는

점 및 현장감을 잘 표현할 수 있음은 물론, 주위의 풍경이 추가되어 실제에 가까운 색채가 나오는 장점이 있으므로, 설계안의 비교 및 변경이 용이하여 자주 사용되는 방법이다.

그러나, 이 방법은 가상의 시점설정이 불가능할 정도로 어렵고, 많은 설비 및 기술이 필요한 단점이 있으며, 또한 시야가 사진기의 렌즈에 의해 제한을 받기 때문에 가능한 한 광각렌즈를 사용하는 것이 좋다.

[5] 색채 모의관측(color simulator)에 의한 방법

구조물 색채 및 재질을 사진 내에 투영하여 입력한 요소를 광학적으로 처리하거나 변화시켜 검토하는 방법을 색채 모의관측이라 한다.

천연색 사진 모의관측은 사진합성으로 각종 검토단계에서 시설물의 색채, 또는 각 부재간의 색채와 재질을 자유자재로 변화하여 검토하는 데에 시간적, 경제적인 면에서 문제가 있을 때에 유효하다. 이것은 양화필름을 작성하여 색채변환 및 재질변환을 할 곳을 선정하고, 사진의 색채수정(masking)을 한 다음 천연색 사진 모의관측을 한다. 모의관측 작업은 색채에 대해서는 조화색 · 강조색 · 안정색이고, 재질에 대해서는 콘크리트, 석재 등으로 나누어서 변환해 보는 것이 좋다.

이 방법은 영상의 주위부분에 대하여 색깔을 모의관측할 수 있기 때문에 시각성, 현실성 및 조작성이 좋고, 색채의 상세한 설계가 가능하다고 하는 장점이 있지만, 사진 몽타지에 의한 방법보다는 특수한 설계 및 기술을 요하는 단점이 있다.

[6] 비디오 영상에 의한 방법

비디오 영상에 의한 방법은 비디오에 의한 영상합성을 이용하는 방법으로, 몽타즈가 비교적으로 용이하고 장관도(panorama) 경관 및 이동경관 등 시야가 연속적으로 변화하는 동경관(動景觀)을 처리할 수 있는 장점 이외에, 시각성 · 현실성 · 정량성이 우수한 장점이 있다.

그러나, 이 방법은 사진에 비해서 고가의 장비가 필요하며, 색채의 질이 떨어지고 영상의 질도 약간 나쁜 단점이 있다.

[7] 영상처리에 의한 방법

전산기를 이용한 영상처리에 의한 투시도법은 우선 지형 및 구조물 등의 표고 및 위치 등 3차원 자료를 전산기에 입력하고, 수치지형 모형(DTM)의 투영법에 의해 임의의 지점으로부터 조망한 투시도를 작성해서 조망지점에서의 조망을 나타내는 방법이다.

이 방법은 투시도를 연결해서 활동화(活動畵 : animation)를 만들고, 실제의 주행속도를 체험하는 것도 가능하며, 조작성이 좋기 때문에 수치지형 모형에 경관정비의

새로운 경관 구성요소의 제원 또는 개발행위인 평가대상의 계획제원을 입력하면 전산처리만으로 새로운 경관 구성요소 또는 대상의 위치 및 형태 등을 자유로 이 변화시키거나, 조망지점을 자유로이 변화할 수 있는 장점이 있고 비교검토하기 쉽다. 또한, 조감도도 쉽게 작성할 수 있으나, 조감도의 시점은 사람들이 일반적으로 볼 수 있는 위치가 아닌 경우가 많기 때문에, 경관으로서는 사용하는 데는 어려움이 많다.

또한, 이 방법은 현장에서 촬영된 경관사진을 원통 스캐너(drum scanner)로 수치화하여 전산기에 입력함으로서 경관사진을 수치영상으로 기록하며, 경관영상 중의 경관 구성요소인 구조물, 수목, 초지, 전주 및 간판 등을 자유롭게 제거하거나 추출해서 가공의 경관을 작성하는 것도 가능하다.

영상처리에 의한 방법은 전산도형 해석(computer graphics)에 의한 활동화로 경관변화를 시각화하는 것으로, 이동경관의 검토에는 최적인 방법이다. 경관사진을 합성할 필요가 있을 때 크기, 위치, 시점 등을 조합할 목적으로 영상의 확대, 축소, 회전, 평행이동 등의 조작이 가능하며, 계절에 따른 변화를 보기 위해 영상 전체의 색조를 바꾸거나 합성할 수 있다. 또한, 합성된 영상은 요소의 접속부분에 인공적인 선형태의 잡음(noise)이 남아서 부자연스럽게 되기 때문에 이것을 제거한다.

이와 같이 전산기에 의한 영상처리에서는 경관 구성요소의 삽입, 변경, 제거를 용이하게 할 수 있는 것 이외에, 조망지점의 위치를 용이하게 바꾸어서 볼 수 있기 때문에, 경관의 평가에 적당하고 많은 추측가능한 계획에 대한 영상을 조사 대상자에게 보여 주어 평가를 받고 비교하는 것이 가능하다. 이 방법은 고속처리에 의해 시행착오를 줄일 수 있으며, 조작성과 정량성이 우수한 장점이 있어 가장 많이 이용되는 방법이나, 자료의 작성에 시간이 걸리고 자세한 표현이 어렵다는 단점도 있다.

[8] 모형에 의한 방법

모형(model)에 의한 방법은 구조물 및 지형 등을 모형재료에 의해 3차원 모형으로 표현하는 방법이다. 경관정비 및 개발계획 사업의 계획단계에서는 지형모형을 용이하게 만들 수 있으며, 경관정비의 새로운 경관 구성요소 또는 구조물과 주변의 조형부분의 모형을 더하여 경관 및 전망을 검토하는 방법이다. 그러나, 이 방법은 모형의 크기가 적합하지 않으면 안 된다.

이 방법은 입체적인 파악과 설계가 가능하고 시각성이 좋고 시각적 및 직감적 판단이 가능하다고 하는 장점이 있으며, 유리섬유 내시경(fiberscope)을 병용하는 방법도 이용되고 있으나, 실물을 보는 경우에 비해 사진을 촬영하는 경우와 같이 시점의 위치설정이 어려워 표현이 쉽지 않으며, 비용과 소요시간이 많이 걸리는 단점이 있다.

모형을 사용한 경관검토의 방법에는 직접 관찰하는 방법, 사진을 매개체로 하는 방법, 방향의 교환이나 배치전환 등 모형자체를 변화시키는 방법이 있다.

제 3 장

경관분석의 공학적 접근방법

경관을 계획하기 위해서는 경관을 공학적으로 다룰 수 있는 방법론이 요구되며, 이에 대응하는 경관에 대한 이해가 필요하다. 본장은 경관의 공학적인 파악방법에 대하여 기술하고, 경관현상에 대한 공통적인 인식을 구체화하는 데 목적이 있다.

3·1 경관현상의 파악

3·1·1 경관의 현상적 분류

경관의 성립에 대해서는 각종 접근방법이 있으나, 본장에서는 경관은 대상 또는 대상군의 전체적인 전망이며, 이를 계기로 형성되는 인간의 심리적 현상으로 보는 관점에서 기술한다. 일반적으로 경관은 포괄적인 현상을 개별요소로 분해하고, 이들 요소와 관계가 있는 요소를 통해 전체를 재구성하려고 하는 요소주의, 구성주의 또는 대상군적인 접근방법으로 분류한다.

경관의 현상적 분류는 치점경관으로부터 시작한다. 즉, 임의의 고정적인 시점에서 대상 또는 대상군을 전망하는 경우를 경관현상의 기본형으로 보고, 여기에 시점의 이동, 공간의 범위, 시간의 경과 등의 현상이 더해져서 어떠한 포괄적이고 복잡한 경관현상이 성립하느냐에 따라서 나누어진다.

먼저, 경관현상을 시간의 경과가 단기인 경우와 장기인 경우로 나눌 수 있으며, 시간의 경과가 장기간에 걸쳐서 나타나는 경관현상을 변천경관이라 하고, 시간의 경과가 단기간인 경우는 다시 공간상의 변화상태로부터 시점을 한정하는 경우와 시점을 한정하지 않는 경우로 나눌 수 있다. 시점을 한정하지 않는 경우, 시점 비한정인 경관을 장(場)의 경관이라 하고, 시점한정인 경우는 다시 시점의 고정성의 여부에 따라 시점이 한 점에 고정된 경관을 **지점경관**, 시점이 고정되지 않고 이동할 때 나타나는 경관현상을 **이동경관**이라 한다.

또한, 이러한 분류와 더불어 경관현상을 파악하는 관점으로는 실체론적인 경관의 파악과 의미론적인 경관파악의 두 측면으로 분류를 할 수 있다. 이와 같은 경관파악의 관점에 따른 경관의 분류에서 주의해야 할 점은, 의미론적인 경관의 취급에서도 실체론적인 파악과 같이 앞에서 분류한 각각의 경관현상들이 존재한다.

[1] 지점경관

관광지나 도시의 전망대에 올라 "멋있는 전망이다." 또는 "뛰어난 경치구나"라고 할 경우, 이는 고정적인 시점에서 얻을 수 있는 경관을 의미하며, 이와 같은 종류의 경관을 **지점경관**이라 한다.

지점경관은 고정적인 시점에서의 투시도적 또는 사진적인 전망으로, 시간적으로는 비교적 단시간의 현상이다. 지점경관을 이와 같은 의미로 표현한 말로는 전망, 경치, 구도, 투시형태 등이 있다(그림 3·1)

[2] 이동경관

자동차를 운전할 때와 같이 시점을 이동시켜 차례로 변해가는 장면을 잇달아 체험해 가는 경관은, 시간적으로는 그다지 길지 않고 대상 또는 대상군 자체의 형상은 변화하지 않는 특성을 나타낸다.

일반적으로 경관의 변화는 시점의 변화에 따르며, 이와 같은 종류의 경관을 이동

그림 3·1 지점경관의 예

(a)

(b)

(c)

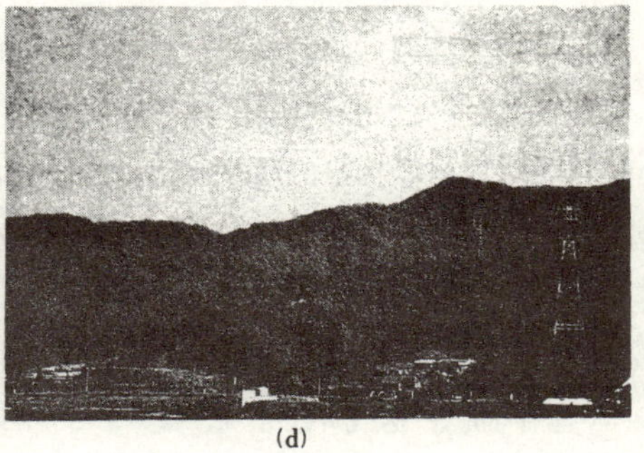

(d)

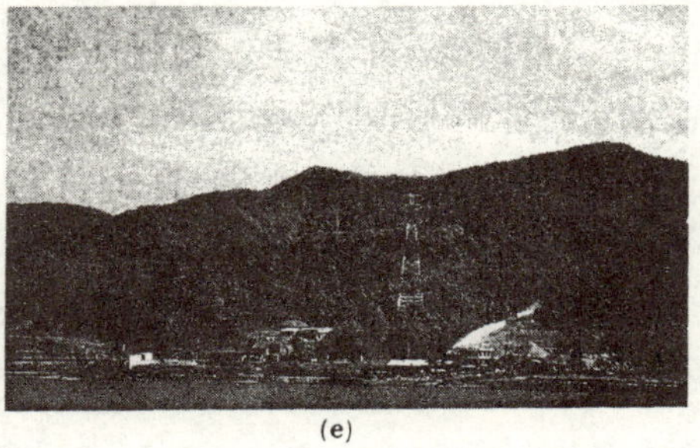

(e)

그림 3·2 이동경관의 예

경관이라 한다. 물론, 인간이 이동하는 동물인 이상 우리들이 볼 수 있는 경관은 대부분이 이동경관이라 할 수 있으나, 특히 시간에 따른 경관의 변화가 현저하거나 시점의 이동경로가 한정되는 경우를 이동경관이라 한다. 그림 3·2(a)～(e)까지는 호수의 한쪽편에서 계속 걸어가면서 반대편의 전경을 연속촬영한 것이다. (a)는 호수가의 맨 왼쪽에서 촬영한 것이며, (e)는 호수가의 맨 오른쪽에서 촬영한 것이다.

[3] 장(場)의 경관

지점경관 및 이동경관에 있어서 시점의 위치나 이동양식(속도, 방향 등)은 중요한 의미를 지니고 있다. 이에 비해 달리는 자동차 차창으로 전개되는 삼림, 연못, 농촌

풍경 등을 보고 "훌륭한 전원풍경이다"라고 전체의 인상을 논하는 경우나, '파리의 도시경관' 등과 같은 경우는 한정된 시점에서의 전망이 아니라 복수 또는 불특정의 시점에서의 전망을 종합한 전망의 총체를 의미하고 있다.

일반적으로 이와 같은 형태의 경관을 장의경관이라 하며, 깊은 의미없이 사용되는 삼림경관, 전원풍경, 도시경관이란 말은 장의경관을 가리키고 있다. 장의경관은 일정한 지점경관이나 이동경관 등의 출현 가능성을 보장하는 대상, 또는 대상군의 공간적 구조(대상상호의 공간적 관계의 수단 및 방법)에 역점을 둔 경관에 대한 이해 및 포괄방법이라 할 수 있다.

[4] 변천경관

경관현상에서 비교적 긴 시간의 경과에 따라 대상이 변화해 가는 경관을 변천경관이라 한다. 일반적으로 태양의 이동에 따른 변화나 사계절의 변화에 의한 경관의 변화는 변천경관에 포함시키지 않으며, 이와 같은 변화는 변동요인에 의한 경관의 변화로 분류한다.

경관에 대한 용어를 영어로 표현할 경우 viewscape라고 하나 주로 지점경관과 임의범위에 대한 풍경의 총체, 즉 장의 경관인 풍경으로 구별되고 있다. 우리가 자주 이용하는 '이미지(image)' 또는 '경관 이미지(viewscape image)'라는 용어와, 앞에서 서술한 네 가지 경관현상과의 상관성을 분석하면, 앞에서 서술한 4종류의 경관현상 모두가 대상지역의 경관 이미지의 결정에 관련을 갖고 있으나, 상관정도는 대상지역의 특성에 따라 다르며, 일률적으로 어떤 종류의 경관현상이 중요하다고 결정할 수는 없다. 즉, 어떤 경우에는 한 장면의 강렬한 지점경관이 전체의 이미지를 결정할 수도 있으며, 어떤 경우에는 장의 경관을 지배하는 탁월한 대상의 존재(예를 들면 어디에서도 눈에 띄는 산봉우리)경관 이미지를 결정할 수도 있다.

앞에서 분류한 4종류의 경관현상에 대한 상관관계의 특징을 간단히 언급하면, 경관을 지점경관으로 포착하고 이를 감상의 대상으로 여기는 것은 전통적으로 동양인의 특징이라 할 수 있다. 이와 같은 경우에는 동일한 대상을 고정적인 시점에서 자연현상의 미묘한 변화와 함께 즐기는 경우(계절의 변화, 태양광선이나 구름의 움직임)나 전망을 시점근처의 설계에 의해 풍부한 체험으로 느끼는 경우(예를 들면, 먼 산의 경치를 정원의 일부처럼 이용하는 경우 차경의 기법, 보이게도 하고 보이지 않게 하는 기법) 등이 있다.

또한, 일반적으로 이동경관에 대해서 많은 관심을 가지고 사찰이나 도시 진입로의 경관에서 극히 세련되게 처리를 하고 있다.

반면에 대상 또는 대상군의 전체를 총체로 이해하고 그 질을 유지하는 것이나, 변천경관의 조정은 상대적으로 무관심한 경우가 많았으며, 이와 같은 현상은 도시나 촌락의 계획 및 설계에 있어서 장기적이고 포괄적으로 고려하지 못한 결과라 할 수 있다.

3·1·2 분야별 경관개념

경관에 관련이 있는 분야에는 경관 지리학과 같은 지리학 분야, 식물 사회학과 같은 생태학 분야, 일반적으로 대상의 관찰을 중요한 연구수단으로 하는 과학분야, 정원 조성학, 도시계획 및 설계, 토목공학, 건축학, 회화(풍경화), 문학(시가, 산문) 등을 들 수 있다.

이와 같은 각 분야의 경관개념은 경관을 목적으로 보는 경우와 수단으로 보는 경우로 대별할 수 있다. 경관을 목적으로 보는 분야는 경관의 창조, 개선, 활용, 보전, 보호 등을 주요목적으로 하는 경우로서, 정원 조성학·도시계획 및 설계, 토목학·건축학 등의 응용적인 분야가 여기에 해당한다.

이에 비하여 경관을 수단으로 보는 분야는, 해당분야의 목적이 별도의 목적에 도달하기 위해 경관을 수단으로 이용하는 경우로, 인문 지리학에서 임의토지에 전개되고 있는 생활내용을 파악하기 위해 생활내용을 시각적으로 표시하고 방법을 이용하는 경우나, 식물 사회학에서 토지의 생태 잠재력 및 가능성을 나타내는 식물군의 상태를 분석하는 경우가 이에 해당된다.

문학이나 회화(풍경화)에서의 경관의 역할은 목적이나 수단으로 단정지을 수 없으며, 예술적인 측면에서 풍경의 묘사는 그 자체가 목적이라 할 수 있고, 풍경은 예술가의 감정을 표출하기 위한 매체라고도 할 수 있기 때문이다.

구체적인 예로 시골의 민가에 대해 이와 같은 경관을 각각의 분야에서는 어떠한 관점에서 대상을 포괄하고 이해하는지를 각 분야의 특징을 표현하면 다음과 같다. 첫째는 인문 지리학적 접근방법 및 이해로서, 가옥의 형식에 집착하여 이전의 생활양식, 건축재료의 유통권 등에 흥미를 나타낸다. 둘째는 도시설계, 경관 계획적 접근방법 및 이해로서 민가가 구성된 전통적 거리배열의 아름다움, 또는 그 예술적 가치에 흥미를 갖고 이를 보호, 보존하는 방법의 고안에 역점을 둔다. 셋째는 풍경화적 접근방법 및 이해로서 민가의 아름다움에 감동하고 "그림이 될 수 있는" 계절, 시각, 일기, 각도 등에 주의를 기울여야 한다.

3·2 경관현상의 모형화

본절에서는 먼저 경관을 모형화(modeling)하여 파악하고 이해하는 의의를 간단히 서술하고, 다음으로 일반적으로 많이 이용되는 경관파악 모형을 소개한다.

3·2·1 모형화의 의의

대상을 분석 또는 계획, 설계할 경우 대상의 한 측면을 중시하고, 그 측면에 한정하여 대상을 이해하거나 포착하는 모형화를 수행하는 경우가 많다. 예를 들면, 재료의 강도시험을 할 경우의 콘크리트 시료나 건축평면 계획을 할 경우의 동선도 등이 이에 속한다.

대상을 이와 같이 모형화하는 의의는 대상이 갖는 각종 특성 중에 계획 및 설계에 필요한 정보만을 한정적으로 추출함으로써 의도하고 있는 효과와 요인, 또는 피설명변수와 설명변수의 관계를 명확하게 하고 대상을 조작할 수 있는 형태로 만들어 대상을 명확히 파악하고 이해하는 데 있다. 이와 같은 대상의 모형화는 토목의 각 분야에서 많이 이용되고 있지만, 경관과 같이 인간의 심리나 감정이 소재가 되는 경우는 모형화가 그다지 용이하지는 않다.

경관현상의 모형화가 필수적으로 필요한 이유는 크게 두 가지로 분류할 수 있다. 첫째는 설계자 개인의 창조력이 중요한 위치를 차지하는 건축이나 정원조성의 분야에서조차 인간행동과 공간관계를 중심으로 모형화가 도모되고 있다. 이는 예술적인 감각과는 달리 과학적, 합리적으로 처리가능한 부분을 가능한 한 증대시켜 설계의 효율성을 확보하는 데 의미가 있다. 이와 같이 현상적으로 복잡하여 모형화가 어려운 경관에서도, 모형화의 방법이 초보적이고 유치할지라도 모형화의 의의는 크다고 할 수 있다. 둘째 이유로는 경관이 대중의 공유재산이며 또한 계획에 많은 주체가 참여하므로, 계획자 상호간 또는 계획자와 대중 사이에 최저한의 공통의식이 존재하지 않으면 경관계획은 순조롭게 진행시킬 수 없다.

이와 같은 이유에 의해 경관현상을 모형화하는 방법은, 다음에서 서술할 경관파악 모형이다.

3·2·2 모형의 내용

[1] 모형화의 조건

그림 3·3은 일반적인 경관파악 모형을 나타낸 그림으로, 이 경관파악 모형은 다음과 같은 전제조건을 통해 성립된다.

① 설계자(계획, 설계)의 입장에서 경관을 포착하고 이해한다.

② 경관의 각종 현상 중에서 지점경관을 기본형으로 하여 이를 파악하는 것부터 출발한다.

③ 전통적인 경관 설계기법은 통일적으로 설명이 가능하여야 한다.

그림 3·3에서 경관 구성요소를 크게 시점(V), 시점장(L_{SH}), 주대상(O)—주대상은

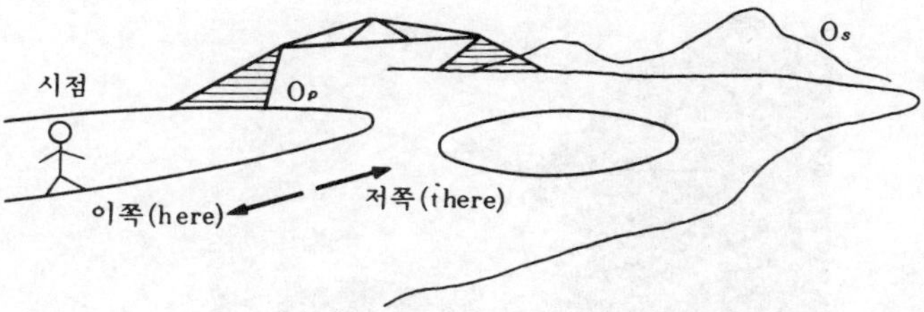

그림 3·3 경관파악 모형 시점 이쪽(here)

다시 주대상(O_p : primary object)과 부대상(O_s : secondary object), 대상장(L_{ST})의 네 가지로 나누며, 이 경관구성 요소들의 관계성은 시점과 시점장, 시점과 주대상(O), 시점과 대상장, 시점장과 주대상(O), 시점장과 대상장, 주대상(O)과 대상장 및 주대상(O_p)과 부대상(O_s)의 7개의 관계를 고려하고 있다.

일반적으로 경관을 계획하고 설계하기 위해서는, 첫째로 계획 및 설계자가 경관을 어떠한 대상으로 취급할 것인가를 결정하는 조작성의 한 대상을 발견하고, 둘째로 대상을 어떻게 취급하면 의도하고 있는 좋은 효과가 얻어지는가를 결정하는 효과와, 조작의 인과관계를 명확히 하는 것이 중요하다.

이와 같은 과정이 앞의 ①의 내용이며, 또한 후자의 효과와 조작의 인과관계를 분명히 하기 위한 자료로 ③의 조건을 덧붙인 것이다.

[2] 경관 구성요소

지점경관의 구성요소로 시점, 시점장, 주대상 및 대상장을 들 수 있다.

(1) 시 점

경관은 인간이 물리적 대상을 보는 것에 의해 비로소 성립되는 현상임에 따라, 인간의 존재가 경관을 구성하는 중요한 요소가 된다. 따라서, 경관의 모형화 과정에서는 다음과 같은 이유에 의해 인간의 존재를 시점위치로 대표하고 있다.

① 동일한 대상이라도 그것을 전망하는 위치에 따라 지점경관은 크게 달라진다. 따라서, 시점(view point)위치는 경관의 성질을 규정하는 가장 기본적인 요인이며, 전통적으로 좋은 풍경(scene)을 얻을 수 있는 시점위치를 선정하는 것이 경관설계의 중요한 부분을 차지하고 있다.

② 경관 구성요소로서의 인간은 기호 및 감정으로 변화되는 것이 불가능하지는 않지만(광고, 선전 등에 의한 방법), 공학적인 수준에서는 인간의 존재를 시점으로 대표하는 것이 통례이다.

(2) 시 점 장

전망할 수 있는 물리적 대상 또는 대상군은 시점으로부터의 거리에 따라 시점장

(a) 표고 16m에서의 독수리상 조망

(c) 표고 3m에서의 독수리상 조망 (b) 표고 6m에서의 독수리상 조망

그림 3·4 시점위치(높이차)에 따른 경관의 효과

(viewscape setting here, view point field)과 대상장(viewscape setting there)의 두 가지 구성요소로 분류된다. 즉, **시점장**이란 경관을 얻을 때의 시점이 존재하는 '장'으로서 시점부근의 공간을 의미한다. 이와 같은 분류의 개념은 다음과 같다.

① 시점부근의 공간상태는 시점에서 얻을 수 있는 경관의 성질을 규정한다. 아무리 좋은 풍경이 펼쳐져 있어도 산림이나 건물에 구속되어 볼 수 없는 일은 자주 경험할 수 있는 일이다.

② 전망하고 있는 물리적 대상을 조작성의 관점에서 포괄해 보면, 일반적으로 시점장은 조작성이 극히 높은 부분으로서 대상의 모든 것을 경관을 위해 조작하는(보호, 보존, 개선, 창조) 것이 일반적으로 불가능하므로(각각의 대상은 몇 가지의 실용적 기능을 갖고 있으며, 경관을 위해서만 존재하는 것은 아니다), 경관을 계획하고 설계할 때는 조작성이 높은 시점장의 취급이 중요하게 된다.

또한, 시점장에 대해 강조하여야 할 사항은 다음과 같다. 첫째, 시점장의 축척을 시점에서 일관적으로 몇 미터라고 정의하는 것은 현재로는 불가능하고, 경우에 따라 다르기 때문이다. 예를 들면, 차경(借景)정원에서는 정원의 길이는 약 40m로 기껏해야 200m 정도이다. 둘째, 시점장을 확정하는 경계는 항상 존재하는 것이 아니며, 시점장과 대상장이 연속된 경관도 많다. 끝없이 계속되는 초원을 지날 때의 경관이 이 경우에 해당된다.

(3) 주 대 상

경관의 성격 및 특징은 경관의 주제로써 파악할 수 있다는 점으로, 경관의 주제는 독립된 산봉우리, 하천 및 댐과 같은 물리적 대상, 또는 대상군의 경우와 물리적 대상군 사이의 공간인 경우로 분류된다. 전자의 경우에 대한 예로는 공간의 웅대한 전망을 들 수 있으며, 후자의 예로는 알맞게 둘러싸여 있는 광장공간의 전망 등을 들 수 있다.

주대상(dominant object)은 경관의 주제가 물리적 대상 또는 대상군인 경우의 해당 대상, 그리고 대상군을 의미하며, 주제가 공간인 경우는 주대상이라 부르지 않는다.

종래의 경관파악 모형에서는 주대상을 하나의 범주로 취급하였으나, 그림 3·3 에서 제시한 개량형의 모형에서는 토목 이외의 건설행위에 동반하여 생기는 경관변화를 쉽게 다루기 위하여, 주대상을 다음 두 가지의 부수적인 부류로 나누고 있다. 즉, 1차적인 영향력을 갖는 주대상을 주대상(O_p), 2 차적인 영향력을 갖는 주대상을 부대상(O_s)으로 나눈다.

주대상에 대해 강조하여야 할 사항은 다음과 같다.

① 경관의 성격에 따라서는 그 안에 주대상을 생각하지 않을 경우도 있다(공간이 경관의 주제로 되어 있는 경우나 평범한 풍경의 경우)

② 주대상의 동정(identification)은 시점이나 시점장과 같이 용이하다고 한정지을 수 없으며, 미묘해서 애매한 경관의 경우에는 경관에 관한 풍부한 경험이 요구되는 일이 많다.

③ 주대상의 경관에 대한 작용은 양(+)적 및 음(−)적인 두 경향이 있으며, 이와 같은 경향은 시점장의 경우도 마찬가지이다.

그림 3·5 주대상의 예(주대상 O_p : 남산, 부대상 O_s : 한강)

그림 3·6 광장공간의 전망

(4) 대 상 장

대상장(viewscape setting there)은 전망하고 있는 대상군에서 전술한 시점장과 주대상을 제외한 모든 대상을 의미하며, 지점경관의 '배경' 즉 주역이 되는 요소를 떠올리게 하는 배경적 부분을 나타낸다. 일반적으로 대상장은 면적으로나 대상의 종류에 있어서도 전망의 대부분을 차지한다.

[3] 경관파악 모형의 특성

이상과 같이 정의한 경관파악 모형을 적용할 경우, 혼돈을 피하기 위해 본절에서 다루고 있는 경관파악 모형의 성격 및 특징은 다음과 같다.

(1) 일반적으로 모형은 대상모형과 이론모형으로 나눌 수 있다. 전자는 실물의 축척모형·지도·도면 등이 포함되며, 후자는 언어모형, 수리모형 등을 의미한다. 이론모형은 경관(지점경관)을 도식적으로 모형화한 것이므로, 대상모형의 범주에 해당된다.

(2) 본단원에서 취급하는 모형은 경관현상을 공간적 측면으로 한정하여 모형화한 것이므로, 시간의 흐름에 따라 변천하는 경관을 다루지는 않고 있다. 또한, 이 모형은 첫째로 시점이 고정적인 장면경관을 포괄하기 위한 모형이다. 따라서, 어떤 대상이 A의 지점경관에서는 시점장으로써 작용하고, B의 장면경관에서는 주대상으로 작용하는(예를 들면, 랜드마크(landmark)가 되는 전망대)것도 가능하다. 즉, 대상과 대상요소가 항상 1：1로 대응하는 것이 아니며, 이동경관 및 장의경관을 본모형으로 다룰 수는 없으며, 나머지 경관의 모형취급에 대해서는 다음 절에서 다루고자 한다.

(3) 본모형은 경관을 구성하는 요소간의 공간적 관계를 중시한 모형으로 경관의 성질을 규정하는 중요한 요소로는 대상 그 자체의 형태, 색채·재질과 그것이 갖는 의미 등이 있으나, 본모형에서는 이들 대상의 시각적 속성보다 그들 대상간의 관계를

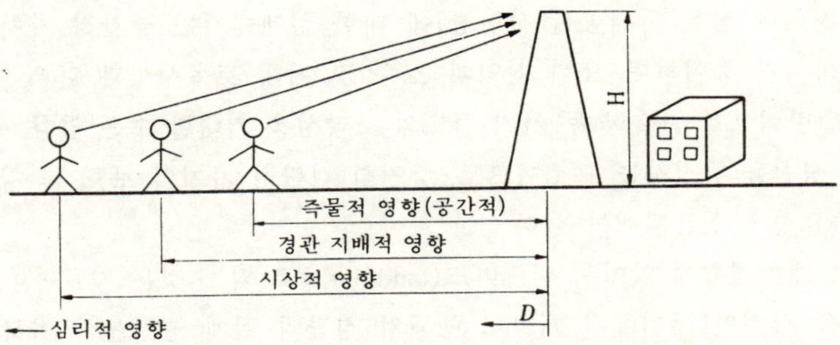

- 측물적(공간적) 영향권 : 토목 구조물의 시각적 역량성(흡인력, 반발력)(친밀감, 숭고감, 압박감)
- 경관 지배적 영향권 : 경관의 주제성(토목경관의 형성, 지배감—주경감)
- 시상적 영향권 : 경관의 조화성(눈에 거슬리는 느낌, 장해감—첨경감(添景感)
- 심리적 영향권 : 토목 구조물의 경관적 의미성(존재감)

(a) V—O의 상향조감 관계(O의 영향 모형화)

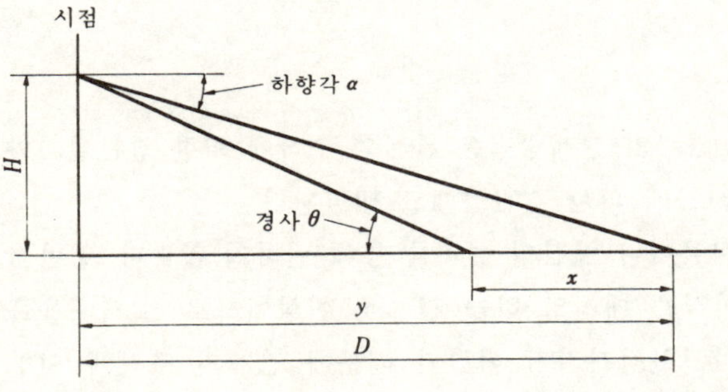

1. 부지경계와 시점이 이루는 각 α
2. 부지의 안쪽 길이(시점의 높이차 H)
3. 부지의 보여지는 면의 분할 x/y
4. 부지표면의 질감(texture)
5. 시야의 조리개 β

(b) L_{SH}—O, L_{ST}의 관계(L_{SH} 설계를 위한 모형화)

그림 3·7 부수적인 경관파악 모형의 예

중시하고 있다.

(4) 본모형은 포괄적인 개념을 내포하는 있는 모형으로, 그림 3·7의 모형은 본 모형의 부수적인 모형을 나타낸다.

3·2·3 모형의 계획·설계

본절에서는 경관파악 모형의 각 구성요소에 대한 설계에서 각 구성요소의 역할을 설명하면 다음과 같다.

[1] 경관 구성요소의 조작성

전술한 구성요소 중 시점(V), 시점장(L_{SH}), 주대상(O_p, O_s)은 경관적 가치를 유지하고 증대하기(보호, 보전, 활용, 개선, 창조)위해서 조작가능한 요소이다. 물론, 경관의 조작성은 편리성과 안전성 및 경제성과 같은 실용적 가치와 경관적 가치와의 관계에 의해 결정된다.

시점의 선정이나 작은 축척공간(시점장)에 대한 설계에서는 공간적 가치를 우선적으로 취급하기가 용이하며, 또한 산악과 호수 및 거대 토목시설과 같은 주대상의 취급에서는 일반적으로 전술한 두 가지 정도의 조작성을 기대할 수는 없다. 주대상은 전체 경관의 성질을 규정하는 요소이므로, 당연히 경관적 가치의 보호 및 창출을 수행할 경우 중요하게 취급되어야 한다.

일반적으로 개발계획에 있어서 랜드마크(landmark)로 되는 것은 지표면이므로, 경관적인 역할은 작지만〔여기에서 개발이 행해져 경관의 질에 영향을 부여하는 경우에는 모형에 따라 해당시설이 주대상(대부분의 경우 부대상 O_s)으로 된다〕 인간이 생활을 영위하기 위한 실용적 대상이 탁월한 부분이므로, 무리하게 조작할 수 없다. 이 때문에 경관설계에서는 일반적으로 시점, 시점장 및 주대상(O_p, O_s)이 조작의 대상이 된다.

[2] 경관설계의 위상

경관파악 모형을 전제로 할 때 경관의 설계방법은 관계의 조작에 의한 경관설계와 대상의 전환(보호, 보전, 개선, 창조)에 의한 경관설계로 대별된다.

후자의 설계개념은 일반적인 사물이나 공간의 설계를 통해 변하지 않는다. 일반적인 경관설계는 경관이 인간의 시각을 매개로 하는 전체적 현상이므로, 설계내용을 사물이나 공간과 같이 대상만으로 한정시키기 어렵기 때문에 관계의 조작에 의한 경관설계를 수행하여야 한다.

즉, 전망하고 있는 대상과 시점의 관계나 전망하고 있는 대상 상호간의 관계는 경관에서 무시할 수 없는 본질적인 부분이며, 이를 설계측면에서 보면 대상의 개선없이(예를 들면, 좋은 시점을 선택하는 일, 시점장의 경계를 기술적으로 취급하는 일, 일정한 감상형태(pattern)에 따라 주대상 상호간의 관계를 이미지로써 정리하는 일)경관을 설계하는 것이 불가능하다는 것을 의미한다.

물론, 이와 같은 상황은 대상의 개선에서 대부분의 경우 제약조건으로 작용하는 것이며(예를 들면, 현재의 경관가치를 유지하기 위해 기존의 시점이나 주대상과의 관계에 의해 개발의 위치나 규모 또는 구조물의 설계를 제약하는 경우), 사물에 대한 경관의 계획 및 설계인 경우에는 전자의 경우를 제외한 후자와 같은 설계행위는 생각할 수 없다.

[3] 관계조작에 의한 경관설계의 주요사항

경관 구성요소 사이의 공간적 관계를 조작하여 경관설계를 수행할 경우, 고려하여야 할 주요사항은 다음과 같다.

(1) 시점과 주대상(O_p, O_s)과의 관계

시점과 주대상의 거리——방향, 시점과 주대상의 상하관계 등은 경관설계 때의 주요사항으로, 이들의 관계에 따라 시점위치는 결정되며, 경관에서 대상과의 일체감, 긴장감, 형상 및 전망의 우월성 등이 변하게 된다.

(2) 시점장과 주대상 및 대상장과의 관계

경관설계 때에는 시점장과 그 외에 범위인 대상과의 시각적, 물리적 연속성의 취급이 주요요소가 되며, 그 효과는 경관의 안정감, 주대상의 강조, 폐쇄 및 개방감, 대

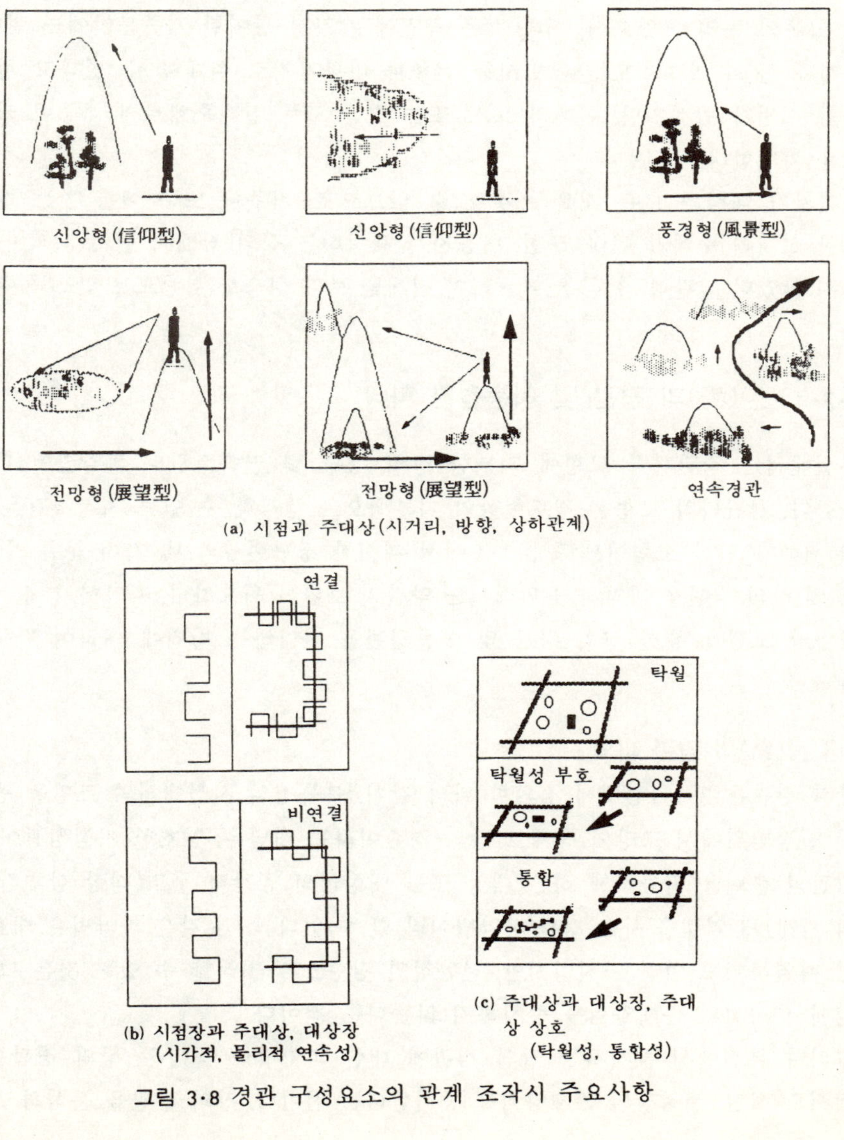

그림 3·8 경관 구성요소의 관계 조작시 주요사항

상의 격리감, 방향성의 강조 등으로 나타난다.

(3) 주대상과 대상장 또는 주대상 상호간의 관계

주대상 상호간 또는 주대상의 대상장에 대한 탁월성의 부여, 또는 소거 및 그에 따른 경관의 통합성이 경관설계의 주요사항이 되며, 이에 따른 효과는 경관의 조화성 및 주제의 연출에 관련되어 나타난다.

[4] 경관설계의 방법론적 특징

경관에는 토목 구조물이나 건물을 설계·계획하는 경우와 달리, 계획대로 될 수 없는 고유의 논리가 있으며, 이와 같은 측면에서 가장 상이한 기존분야에는 현대 도시설계를 들 수 있다. 오늘날 도시를 건물과 마찬가지로 설계할 수 있다고 한다면 오해의 소지가 있겠지만, 현대의 도시 또는 경관 모두 설계주체로써 대중이 커다란 역할을 차지한다.

계획자가 대상의 모든 것을 조절할 수 없으므로, 거주자 또는 이를 찾는 대중도 중요한 설계의 주체가 된다. 또한, 이용자가 해당하는 장의 잠재적 위치(계획자가 의도하지 않았던 경관적 가치)를 발굴하여 전체를 보다 성숙한 경관으로 만드는 경우도 많다.

3·2·4 장(場)의 경관 및 이동경관 파악

본절에서는 경관파악 모형에 기초한 장의 경관 및 연속경관의 파악법에 대하여 서술한다. 경관파악 모형은 경관현상의 기본형으로 생각할 수 있는 지점경관을 파악하기 위해 고안한 모형이므로, 3·1·1 에서 제시한 경관현상의 네 가지 분류 중 이동경관 및 장의 경관을 파악하기 위해서는 약간의 보완이 필요하다. 따라서, 본절에서는 경관파악 모형을 통한 장의 경관 및 이동경관을 파악하는 방법에 대하여 다루고자 한다.

[1] 장(場)의 경관 파악

장의 경관은 3·1·1절에서 정의한 바와 같이, 불특정의 시점에서의 조망을 종합한 어떤 일정범위에서 조망의 총체로 장의 경관이라는 개념은, 양호한 지점경관이나 이동경관의 출현을 가능하게 하는 대상 또는 대상군의 공간적 구조(대상 상호간의 공간적 관계)에 역점을 두는 경관 파악법이라 할 수 있다. 이와 같은 파악법은 대표적인 것만 나열하여도 여러 가지이지만, 전반적인 경향으로 지적할 수 있는 것은 그 파악방법에서 시점의 존재양식을 중시하지 않는다는 점이다.

그러나 본절에서 제시하는 장의 경관에 대한 파악법의 특징은, 장의 경관분석에 있어서도 시점, 시점장의 존재양식을 중시한다는 점이다. 장의 경관을 분석하고 계획하는 경우에 있어서 경관파악에 대한 계층을 살펴보면, 시점장으로 시점(V)과 지점장(L_{SH}), 주대상으로 주대상(O_p)과 부대상(O_s), 그리고 대상장(L_{ST})의 각 요소가 하부구조를 이루고, 이 요소들의 집합으로 그 상부구조를 이루게 된다.

이해를 돕기 위하여 도로나 댐과 같은 토목시설을 건설하는 경우를 예로 하여 설명하면 다음과 같다. 일반적인 계획과 마찬가지로 토목시설의 경관계획에 있어서도 토목시설의 건설이 행해지는 장소를 계획 대상지(직접, 간접으로 영향이 미치는 범위를 취해야 하는 일도 있다)로 하지만, 경관의 경우에는 통상적인 지리적 공간구분을 초월한 가시적인 대상의 모든 것이 대상지가 되므로, 일반적인 계획 대상지보다 한층 스케일을 높인 범위가 계획지구가 되지 않을 수 없다(예를 들면, 멀리 있는 랜드마크—산악이나 대상공간 외에 유명한 전망대 등이 있는 경우, 이들을 포함해서 계획지역으로 한다).

설정된 경관계획 지역이 커지게 되는 경우에는 이를 몇 가지의 장의 경관단위로 분할하는 것이 계획에 유리하다. 이 분할법에는 현재 계획지역의 설정법과 같이 확립된 방법은 없지만, 일반적으로 다음과 같은 방법으로 수행되고 있다.

(1) 장의 경관에 존재하는 주대상의 시각적 영향력으로 단위를 결정

주대상과의 관계에서 시점 또는 시점장의 유사성으로 단위를 정해나가도 된다. 예를 들면, 랜드마크의 고립된 봉우리가 앙각 $\alpha°$ 이상에서 보이는 범위라고 하는 예가 이에 해당한다.

(2) 경관의 시각적 한정성에서 단위를 결정

구체적으로는 장을 둘러싼 산줄기 등의 산등성이를 경계로 하는 방법이 가장 일반적인 방법이다.

(3) 활동영역의 범위에서 단위를 결정

구체적으로는 동일한 토지이용이나 식생분포를 하나의 단위로 하는 경우로서, 지리학이나 식물 지리학에서 흔히 이용되는 방법이다.

이와 같은 대상지에 대한 분할을 행하는 이유는, 같은 토목시설일지라도 그것이 설치되는 장에 의해 경관적인 영향력이 다르기 때문이다. 일반적으로 이와 같은 장의 경관에 토목시설이 건설되면, 이것은 이미 서술한 바와 같이 새로운 시점장이나 주대상으로 작용하며, 어떤 때에는 기존의 주대상을 침해하는 것(부대상, O_s)이다. 또한, 어떤 경우는 범용적 대상을 지배하는 주대상(O_p)이 되어 출현하는 경우도 있다. 시점장의 상황파악은 상기한 요소와 공간의 축척이 다르기 때문에 보다 미시적인 수준에서 파악된다.

[2] 이동경관의 파악

이동경관의 분석법에서는 토목시설인 도로의 건설에 따른 이동경관 계획을 주대

상으로 경관파악 방법을 다루고자 한다.

일반적으로 이동경관을 계획하는 계획작업은 다음 세 단계로 나눌 수 있다.

(1) 연속된 시점의 설정(그 중에서도 특히 주요 조망시점을 설정하는 것이 첫째의 작업이 된다)으로 도로의 경우에는 노선선정, 서비스 영역, 주차영역 등의 휴게시설 구역과 선형설계가 이에 해당한다.

(2) 설정된 연속시점에 대한 주대상 등의 조망대상을 조작한다.

(3) 시점장, 특히 시점장 경계부의 취급, 예를 들면 경계부분을 식재하여 외부에 대한 조망을 변화시키거나 반대로 연도수림을 벌목하여 긴 조망(眺望, vista)을 만들어 내기도 하는 기법이 여기에 해당한다.

첫 번째 방법을 실행하기 위해서는 조망하여야 할 주대상의 위치나 규모 또는 경관상 피하여야 할 지역 등을 미리 파악해 두어야 한다. 즉, 전술한 장의 경관구조를 파악해 둘 필요가 있다.

두 번째 방법은 크기가 작은 정원이나 공원에서는 비교적 용이하지만, 일반적으로 지형이 경관 구성요소로 탁월한 곳에서는 그 효과를 커다란 크기의 경관 속에서 기대하는 것은 곤란하다. 그러므로, 대상을 토목시설에 한정하지 않는다면 거리의 초점이나 일반도로의 곡선을 기념물이나 수림으로 수경하는 방법으로 충분히 가능하다.

세 번째 방법은 노선위치가 사회적 제약으로 결정되는 일이 많은 우리 나라에서는 가장 실행성이 높은 방법이며, 이 방법을 실시하기 위해서는 장의 경관분석에 있어서 한층 더 정확하게 노선근처의 공간상황을 파악하여야 한다.

특히, 이동경관의 경우에는 시점장의 주위에 대한 비고 및 물의 존재와 그 형태 등의 파악에 유념하여야 한다.

3·2·5 토목경관 현상파악

본절에서는 앞에서 설명한 경관파악 모형을 토목시설에 적용하여 토목경관의 파악방법을 보다 구체적으로 다루고 있다. 본절에서 의미하는 토목경관은 토목시설이 시각적으로 중요한 역할을 행하고 있는 경관을 나타낸다.

일반적으로 토목시설의 역할을 경관파악 모형에 의해 분류할 경우, 토목시설은 전술한 시점장, 주대상(주대상 O_p, 부대상 O_s)이 된다. 이와 같은 분류에 따라 토목경관을 파악하는 방법은 다음과 같다.

[1] 토목시설이 시점장이 되는 경우

일반적으로 시점장이 될 수 있는 토목 시설물 중에서 가장 대중적인 것은 도로이다. 물론, 도로의 본래 역할은 어떤 장소로 도달하기 위한 통로이지만, 동시에 우리가 일상적으로 이용하고 있는 가장 공공적인 공간이며 동시에 중요한 시점장이 된다.

시점장으로써의 도로의 특징은, 첫째로 연속적인 공간이라는 것과 둘째로 방향성을 갖는 시점장이라는 것으로서, 첫째 특징은 도로가 시점장인 경우 필수적으로 이 곳에 이동경관이 존재함을 나타내는 것이며, 두 번째의 특징은 시선방향이 일반적으로 진행방향, 즉 도로의 선형에 평형하고, 시축(視軸)이 이 방향으로 한정되는 것을 의미한다. 이와 같은 도로의 특징을 활용한 적지선정 및 선형설계를 일반적으로 이동경관의 설계라 한다.

또한, 중요함에도 잊기 쉬운 시점장은 교량이며, 최근 자주 볼 수 있는 고가다리, 고가의 플랫폼도 이에 해당된다. 일반적으로 교량은 수면 위에 걸쳐져 있는 것이므로, 다리 위의 시점에서서는 부근의 공간이 확보되어 있다. 그러므로 교량은 전망의 위치가 높은 시점장이라 할 수 있다.

도로와 다리가 시점장으로써 대표적이지만, 이들 외에도 호안, 방축, 방파제 등의 실용 구조물 역시 계획자의 의식을 넘어 실제로는 대중에게 시점장으로 활용되고 있는 토목시설 경관계획에서는, 이들 토목시설이 갖는 위치를 최대한으로 활용하여야 한다.

[2] 토목시설이 경관대상으로 되는 경우

토목시설이 경관대상의 일부로써 전망되는 경우, 그 역할은 다음 세 가지의 경우로 나누어 볼 수 있다.

① 토목시설이 주대상 O_p가 되어 경관의 성질을 규정하고, 다른 대상 또는 대상군을 지배하는 경우

② 토목시설이 부대상 O_s가 되어 주대상 O_p에 시각적 영향을 부여하는 경우

③ 눈에 띄는 존재는 되지 못하고 대상자에 존속되는 경우

③의 경우는 중요한 부분이 아니므로 ①과 ②의 경우를 예를 들어 설명하면 다음

그림 3·9 연속경관의 실례 그림

그림 3·10 제방 아래의 조망

과 같다.

(1) **토목시설이 주대상 O_p가 되는 경우**

토목시설이 주대상으로 되는지의 여부는 토목시설이 설치된 장에서 경관의 특징과 시설에 대한 시점위치의 관계에 의해 결정된다. 토목시설이 주대상의 조건을 완비하는 것은 어려운 일이지만, 일반적으로는 다음과 같이 말할 수 있다.

① 토목시설이 설치된 장이 경관적으로 평범한 경우(예를 들면 단조, 무성격, 기존 주대상이 부재)

② 토목시설이 설치된 장의 크기에 비해 대규모인 경우. 특히, 토목시설이 지형의 위에 위치한 경우(예를 들면, 장대교가 이에 속한다)

③ 일정 이상 규모의 토목시설이 장의 경관에 대하여 색체, 형태의 면에서 강한 대조를 갖는 경우(예를 들면, 자연적인 해안에서의 발전시설이 이에 속한다)

그림 3·11 주대상 O_p로서의 교량

그림 3·12 주대상인 고가교와 부대상인 교량

④ 토목시설이 지점경관의 초점적인 위치에 있는 경우(예를 들면, 협곡경관의 초점에 있는 댐이 이에 속한다)

⑤ 저명한 시점에 토목시설이 근접되어 있는 경우

이와같은 ①~④는 토목시설이 주변의 대상 또는 대상군에 대하여 규모, 형태, 색채, 설치위치(때로는 시설이 갖는 이미지, 의미도 포함하여) 등의 면에서 탁월한 경우에 대한 구체적인 예를 든 것이며, ⑤는 이들 조건을 충족시키지 못하는 경우에 토목시설이 시점과의 관계에서 주대상이 될 수 있는 경우를 나타낸 것이다.

그리고 토목시설이 주대상이 될지 다음에서 논의할 부대상이 될지의 여부는 기존의 주대상(예를 들면, 산악이나 호수)과의 관계여하에 따라 결정됨을 알 수 있다.

이에 대한 실례로 그림 3·13은 교량인 토목시설이 규모의 웅장함과 멋있는 형태가 더해져 당당한 경관의 주대상이 되는 경우이다.

그림 3·12는 토목시설이 경관에 미치는 양적 및 음적인 영향이 동시에 존재하는

그림 3·13 도시내 하천의 양쪽에 위치한 도로

상징적인 예로, 중앙에 보이는 교량은 상징적인 존재이며 경관의 주대상이고, 교량 위에 가설된 고가교는 규모와 높이에 의해 주대상의 역할을 빼앗고, 수로와 다리에서 구성되어 있던 경관을 지배하고 있다. 아래 교량이 양적측면이라면 고가교는 토목시설이 경관에 마이너스(陰, −)적으로 작용한다고 할 수 있다. 또한, 그림 3·13 은 같은 상황에서 토목시설이 경관에 나쁘게 작용하는 요소를 피한 예이다.

(2) 토목시설이 부대상 O_s가 되는 경우

토목시설이 부대상으로 되는 경우는, 시설이 별도로 존재하여 주대상 O_p 정도의 영향력을 갖지 못하고 주대상 O_p 및 경관 전체에 영향을 미치는 경우로서, 그 조건은 전술한 주대상의 경우에 해당된다고 볼 수 있다.

종래의 예에 의하면 토목시설은 자연경관 속에서 나쁜 영향을 미치는 측면으로 작용하여 부대상이 되는 경우가 많다. 개발계획에서 계속적으로 설정되는 경관영향의 예측이나 평가를 행하는 경우는 이 경우에 해당하는 일이 많다.

이와 같이 토목시설이 경관에 플러스(陽, +)적인 부대상이 되는 정원조성의 분야에서는 종래부터 첨경(또는 점경)이라 하였으며, 이것은 주요경관을 돋보이게 하고 풍경에 채색을 더하는 존재임을 의미하는 것이다.

토목 시설물의 경관 구성요소로서의 현상을 플러스적인 측면과 마이너스적인 측면으로 나누어 일반론적으로 살펴보면 다음과 같다.

구성요소 중 시점장으로서는 도로, 교량, 철도 플랫폼, 하천방제, 호안, 방파제, 탑 등을 들 수 있으며, 시점장은 플러스 또는 마이너스 측면 양쪽으로 작용할 수도 있다.

주대상과 부대상은 대상·상호간의 관계에 따라 결정되며 경우에 따라 달라질 수 있지만, 일반적으로 주대상(O_p)으로 플러스적인 측면의 예는 거대한 탑, 장대교량, 탑, 하천, 항만 등을 들 수 있고, 마이너스 측면의 예는 발전소, 변전소, 연속 고가교량, 거대한 매립지, 여러 개의 경사면, 송전 철탑군 등으로 볼 수 있다. 그리고 부대상(O_s)으로 플러스적인 측면으로 작용하는 예는 소규모 교량, 취수뚝이나 사방뚝 등이며, 마이너스 측면의 예는 송전철탑, 방호시설, 방음벽, 절토 경사면, 옹벽, 콘크리트 호안, 굴뚝 등이다.

물론, 토목시설의 경관적 작용은 시설이 입지한 장의 경관적 특징이나 토목시설이 전망되는 방법에 따라서 일반적으로는 논할 수 없는 점도 있다.

이와 동시에 토목시설을 지형과의 관계 및 형태상으로 분류하면, 지형과의 관계에서 돌출형과 지형 밀착형으로 나누고, 지형 밀착형은 다시 수직면으로 구성되는 것과 수평면으로 구성되는 것으로 나눌 수 있으며, 형태상으로는 세로로 긴 형태, 가로로 긴 형태 및 집단형(mass型)의 세 가지로 나눌 수 있다. 예를 들면 돌출형으로서 세로로 긴 형태는 탑·굴뚝·송전철탑·가로로 긴 형태는 교량·고가 연속교량, 집단형으로는 화력 및 원자력 발전소 등이 있다. 지형 밀착형으로서 세로로 긴 형태의 수압철관은 수직면으로 구성되고, 도로노면과 방파제는 수평면으로 구성되며, 가로로 긴 형태이면서 수직면으로 구성되는 것에는 옹벽, 하천호안, 제방, 성토 경사면, 가드레일 등이 있다. 그리고 지형 밀착형이면서 집단형인 것은 절토 경사면, 옹벽, 댐 등이 수직면으로 구성되고, 매립지·공항·항만 등이 수평면으로 구성된다.

토목시설은 일반적으로 돌출한 형태, 입면적인 것만큼 눈에 띄기 쉽고, 주대상이 되기 쉽다는 것은 경험적으로 이해할 수 있다. 도로의 예를 보면, 가장 눈에 띄지 않는 것은 노면으로, 여기에 보호난간(guardrail) 등의 보호방지 시설이 이루어지면 경사면(특히 콘크리트 계통의 것), 교량·고가 연속교량처럼 돌출한 형태로 됨과 동시에 전망할 수 있는 대상으로서의 영향력은 더욱 커지게 된다.

[3] 경관설계에서 토목시설의 취급방법

경관적인 측면에서 토목시설인 교량을 설계할 경우, 일반적으로 강조법, 음화법, 소거법 등의 방법을 다루고 있다. 토목시설을 대상으로 다루는 경우는 시설의 존재를 강조하든지, 주변의 대상과 일정한 조화를 갖게 하든지, 또는 눈에 띄지 않게 하는 등의 방법을 취하여야 한다. 본절에서는 토목시설을 전망할 수 있는 경우만을 기술하고 있으며, 이 방법은 시점장의 설계에서도 충분히 통용되는 방법이다.

도로를 계획 및 설계과정의 각 단계(위치선정, 형상설계, 표면처리, 주변처리, 수정)에 걸쳐서 적용할 수 있다. 특히, 토목시설이 주대상·부대상이 되어 주대상과의 관계가 문제시되는 경우에 토목시설을 다루는 방법은 중요한 문제가 되며, 구체적인 사례는 상황에 맞추어 처리한다.

강조법은 시점장으로는 평면선형에 따라 랜드마크를 결정하며, 종단선형에 의해 장대한 장관도(panorama)를 만들어 낸다. 주대상(O_p, O_s)은 형태가 좋은 교량의 색채, 서비스 시설의 구조물을 단조로운 경관의 랜드마크로 한다.

융화법은 시점장으로는 도로식재나 원형 교차점(rounding)에 의해 주변과의 연속성을 유지하며, 수경(修景)을 이용하기도 한다. 주대상은 방호시설(가드 로프 등), 옹벽 등의 재료선택 및 처리에 의해 주위와 친숙해지게 한다.

소거법은 시점장으로는 관계없는 지역의 통과를 피하며, 식재를 실시한다. 주대상으로는 물매면의 녹지화 또는 은폐식재를 고려한다.

3·2·6 토목시설의 경관적 특징

전술한 내용은 토목시설이 형성하는 토목경관의 파악법에 대하여 다루었으나, 토목시설 이외에도 경관에 커다란 영향을 미치는 요소는 많다. 본절에서는 다른 인공 구조물과 비교하여 토목시설이 갖는 경관적 특징을 다루고자 한다.

인간이 접하는 경관의 형성요소를 대략적으로 정리하면, 자연요소와 인공요소, 인간 등으로 나눌 수 있다. 자연요소로는 지형, 지질, 물, 식물 등의 고정적 요소와 태양, 달, 별, 대기, 기상 등의 변동적 요소, 동물과 같은 이동적 요소로 나눌 수 있다. 인공요소로는 토지이용, 토목시설, 건물, 공작물 등의 고정적 요소와 자동차, 기차 등의 고정적 요소로 나눌 수 있다. 이러한 요소 중 경관에 가장 큰 영향을 미치는 것은 지형과 지물 및 실물 등의 고정적인 자연이라 할 수 있지만, 인공 구조물 중에서는 토목시설이 많은 면적을 차지함에 따라 토지이용에 이어, 경우에 따라 그 이상의 커다란 역할을 담당하는 요소이다. 그것은 토목시설 자체가 대규모로 눈에 쉽게 띄는 대상이기 때문이다.

토목시설에 대해서는 일반적으로 공공성, 대규모, 장수명, 기반성과 같은 기능적 및 물리적 특징을 나타낸다.

첫째로 공공성으로 분명히 나타나는 특징도 경관적으로는 중요성을 재확인해 두지 않으면 안 된다. 즉, 이것이 아무리 뛰어난 경관이라 할지라도 개인의 주택에서만 조망할 수 있는 경관은 일반대중의 공유재산이 될 수는 없다. 따라서, 토목시설이 형성하는 경관은 일반대중에 개방되어, 좋든 싫든 항상 대중의 공유재산으로서의 기능을 갖고 있다는 것이다. 두 번째의 특징으로는 대규모적인 토목시설의 경관적 의미이고, 세 번째 경관적 특징은 토목시설의 수명에 대한 사항으로 존속적인 개념을 나타내는 것인데, 토목시설의 영속성을 변천해 가는 경관 속에서 장의 영속성을 전달하는 귀중한 요소이다.

이상 서술한 토목시설의 세 가지 경관적 특징을 요약해 보면, 이용·공간·시간의 각 관점에서 본 토목시설이 갖는 경관형성의 중요성과 독자성을 나타내는 것이다. 그러나 상기의 세 가지는 단순하게 토목시설 분야에 나타나 있는 작용을 표시하는 데 불과하다고 할 수 있으며, 간과할 수 없는 또 하나의 중요한 측면은 경관형성에서 토목시설이 갖는 잠재적인 영향력이다.

일반적으로 토목시설은 사회기반 시설(infrastructure)이라 한다. 물론, 이와 같은 표현은 토목시설에 대한 기능적 특징을 가리키는 것이지만, 경관적으로도 역시 토목시설은 기반시설의 작용을 나타낸다.

이와같은 예로 옛날의 거리(또는 가로)와 촌락의 관계를 들 수 있다. 거리가 정비되고 사람이나 물건이 왕래하면 그에 따라 가옥이 거리에 연하여 형성되고, 또한 숙박장소가 형성된다. 가로는 다른 경관 구성요소를 발생하고 성립시키는 작용을 하며, 이와 같은 작용을 가리켜 **토목시설의 경관적인 잠재력**이라 한다.

물론, 다른 인공 구조물도 부분적으로 상기와 같은 경관적인 작용을 나타낸다. 예를 들면 도시공원은 토목시설에 버금가는 공공성을 갖추고 있으며, 역사적인 건물은 경우에 따라 보다 명쾌한 장의 역사성을 전달하는 요소로 된다. 그러나 지금까지 서술해 온 네 가지의 특징인 이용, 공간, 시간, 잠재력의 각 측면에서 보아, 토목시설은 인공 구조물로서 가장 커다란 경관적 영향력을 갖는 존재이며, 문명화된 현대에서 그 영향력은 물론, 지형이나 식물로 대표되는 자연에서조차 무시할 수 없는 존재가 되고 있다.

제 4 장 지형분석

토목 구조물을 비롯한 시설물 등에 의한 문화경관 및 인공경관 등은 일반적으로 지형을 배경으로 하여 구성되며, 인공이 가미되어 있지 않은 자연경관은 지형자체가 경관을 이루는 것으로, 경관의 파악과 계획에는 먼저 지형의 분석이 이루어져야 한다.

지형의 분석은 지형측량에 의한 지형도 작성과 지형도 읽기에 의한 지형파악, 수치지형 모형에 의한 지형의 입체영상과 모의관측 등으로 이루어진다. 따라서, 본장에서는 지형분석을 위한 지형측량과 수치지형 모형에 대해 간략하게 설명한다.

4·1 지 형 측 량

지표면상의 자연 및 인공적인 지물·지모의 상호위치 관계를 수평적(x, y) 또는 수직적(z 또는 h)으로 관측하여, 그 결과를 일정한 축척과 도식으로 도지에 표시한 것을 지형도(地形圖 : topographic map)라 하는데 이 지형도를 작성하기 위한 측량을 **지형측량**(地形測量 : topographic survey)이라고 한다.

지형도상에 표현되는 것에는 지물과 지모의 두 가지가 있는데, 이 두 가지를 총칭하여 **지형**이라 한다. **지물**이라는 것은 지상에 있는 도로·하천·철도·시가·촌락 등의 실제의 형을 일정한 축척으로 나타낸 것인데, 나타나지 않은 작은 물체나 지상물의 성질과 상태를 기호화한 것도 이에 포함된다. 지모는 산정·구릉·계곡·평야·경지 등 토지의 기복을 말하며 등고선으로 표시된다. 따라서, 이와 같은 내용을 가진 지형도는 다목적으로 이용되고, 각종 편집도나 토지 이용도 등의 주제도 작성 등의 기초가 된다.

4·1·1 지형의 표시방법

지형의 표시방법에는 자연적 도법과 부호적 도법이 있다. 자연적 도법은 태양광선이 지표면을 비칠 때에 생긴 명암의 상태를 이용하여 지표면의 입체감을 나타내는 방법이다.

부호적 도법은 일정한 부호를 사용하여 지형을 세부적으로 정확히 나타내는 방법이다. 널리 이용되는 국립지리원 발행의 1/50,000, 1/25,000의 지형도는 부호적 방법에 의한 것이다.

[1] 자연적 도법

자연적 도법에는 영선법과 음영법이 있다.

(1) 영선법(影線法, hachuring)

이 방법은 그림 4·1에 표시한 바와 같이 '게바'라 하는 단선상의 선으로 지표의 기복을 나타내는 것이다. 그러므로 이것은 일명 게바법이라고도 한다. 게바의 사이, 굵기, 길이 및 방법 등에 의하여 지표를 표시한다. 급경사는 굵고 짧게, 완경사는 가늘고 길게 표시한다. 그러므로 기복은 잘 판별되나 제도방법이 복잡곤란하고 고저가 숫자로 표시되지 않으므로 토목공사에 별로 사용하지 않는 지형도에 이용된다.

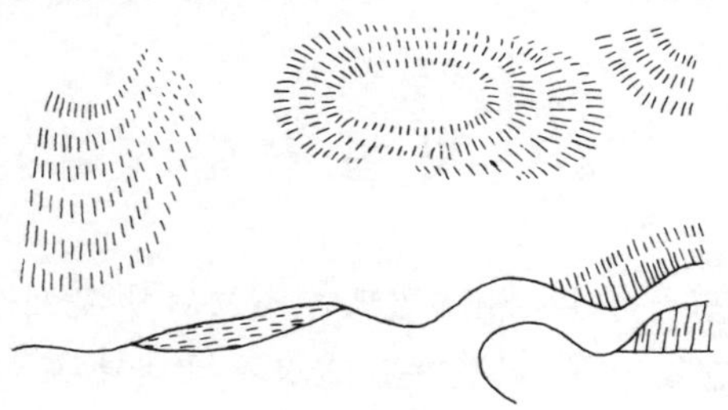

그림 4·1

(2) 음영법(陰影法, shading)

음영법은 태양광선이 서북쪽에서 경사 45°의 각도로 비친다고 가정하고, 지형의 기복에 대하여 그 명암을 도상에 2~3색 이상으로 채색하여 지형을 표시하는 방법이다.

[2] 부호적 도법

부호적 도법에는 단채법, 점고법과 등고선법이 있다.

(1) 단채법(段彩法, layer system)

이 방법은 등고선상 대상의 부분을 색으로 구분하고 채색하여 높이의 변화를 나타내게 하는 것이다. 채색의 농도를 변화시켜서 지표면의 고저를 나타내는 것으로 지리관계의 지도에 사용된다.

(2) 점고법(點高法, spot system)

지표면상 임의점의 표고를 도상에 있는 숫자에 의하여 지표를 나타내는 방법이며, 해도, 하천, 호소, 항만의 심천을 나타내는 경우에 사용된다.

(3) 등고선법(等高線法, contour system)

이 방법은 동일표고의 점을 연결한 곡선, 즉 등고선에 의하여 지표를 표시하는 비교적 정확한 지표의 표현방법이다. 여기에서 등고선은 그림 4·2와 같이 지표면을 일정한 높이의 수평면으로 자를 때에 이 자른 면의 둘레의 선이다. 등고선에 의하여 지표를 나타낸 경우는 등고선의 성질을 파악하지 않으면 안 된다.

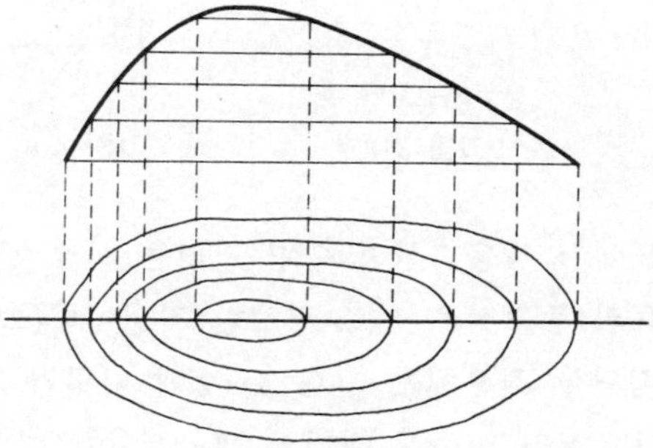

그림 4·2

[3] 등고선의 성질

등고선의 주요한 성질은 다음과 같이 도해하여 요약할 수 있다.

① 동일 등고선상에 있는 모든 점은 같은 높이이다(그림 4·3 참조).

② 등고선은 도면 내에서나 도면 외에서 폐합하는 폐곡선이다. 단, 지도의 도면내에서 폐합하는 경우와 폐합하지 않는 경우가 있는 것은 물론이다(그림 4·4 참조).

③ 지도의 도면 내에서 폐합하는 경우 등고선의 내부에는 산꼭대기(山頂) 또는

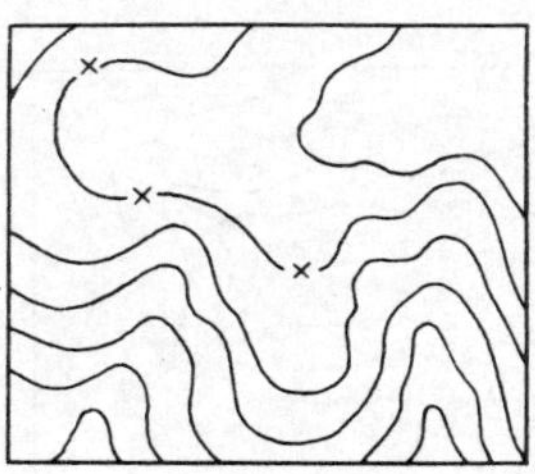

그림 4·3

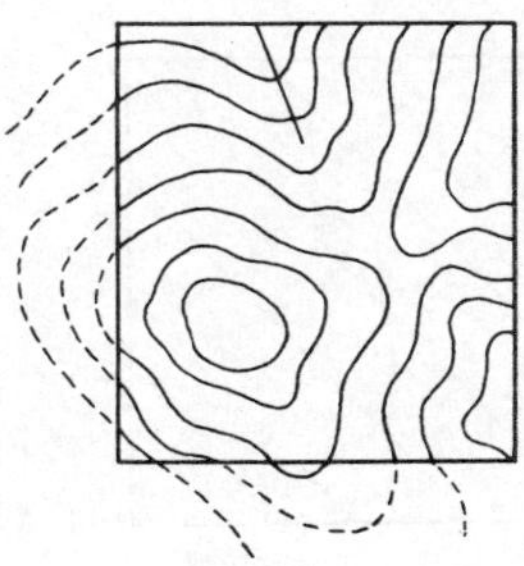

그림 4·4

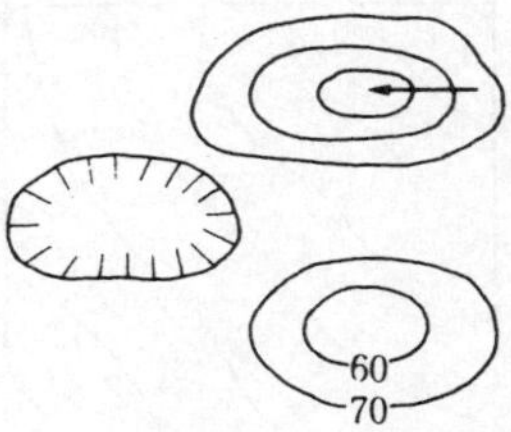

그림 4·5

분지(凹地)가 있다. 요지에는 호소(湖沼)가 있는데, 물이 없는 경우에는 그림 4·5와 같은 방법으로 표시한다.

④ 그림 4·6과 같이 두 쌍의 등고선 볼록부가 상대하고 있고, 다른 한 쌍의 등고선의 바깥쪽으로 향하여 내려갈 때 그 곳은 고개이다.

⑤ 일반적으로 솟아오른 절벽이 있는 곳 이외에는 등고선은 그림 4·7과 같이 서로 만나는 곳이 없으며, 또 그림 4·8, 그림 4·9와 같은 등고선은 없다.

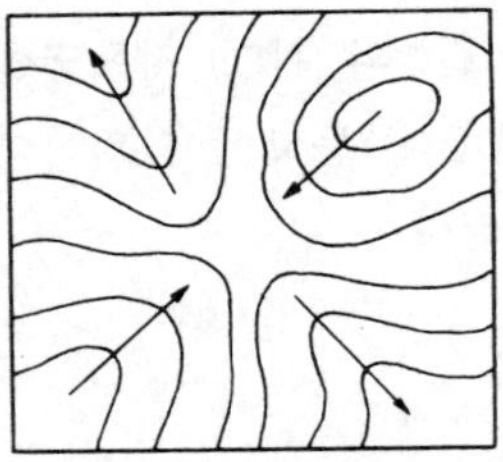

그림 4·6

그림 4·7

그림 4·8

그림 4·9

⑥ 동등한 경사의 지표에서 양등고선의 수평 거리는 서로 같다(그림 4·10 참조).

⑦ 평면을 이루는 지표의 등고선은 서로 평행한 직선이다(그림 4·11 참조).

⑧ 등고선은 계곡을 횡단할 경우에는 그림 4·12에 나타난 것과 같이, 그 한쪽을 따라 올라가서 유선을 가로질러 또다시 내려와 대안에 이른다.

⑨ 등고선은 그림 4·13에 나타난 것과 같이 늘 최대 경사선과 직각으로 만나고, 그림 4·12와 같이 유선을 횡단하는 점에서 유선과 직각으로 만난다.

⑩ 등고선은 분수선(稜線)과 직각으로 만난다(그림 4·13 참조).

⑪ 일반적으로 산꼭대기와 산밑(산저)은 산중턱(山腹)보다도 완경사이므로 등고선의 수평 거리는 산꼭대기와 산밑에서는 크고, 산중턱에서는 작다(그림 4·14 참조).

⑫ 수원에 가까운 부분은 하류보다도 경사가 급하다. 따라서, 등고선은 그림 4·12와 같이 수원에 가까운 부분에서는 가까워지고 하류에서는 멀어진다.

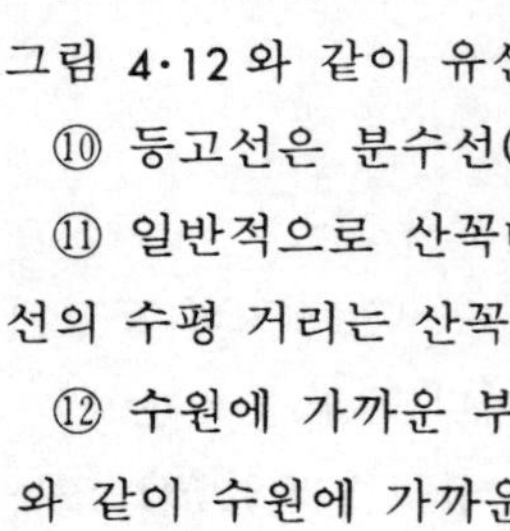

그림 4·10

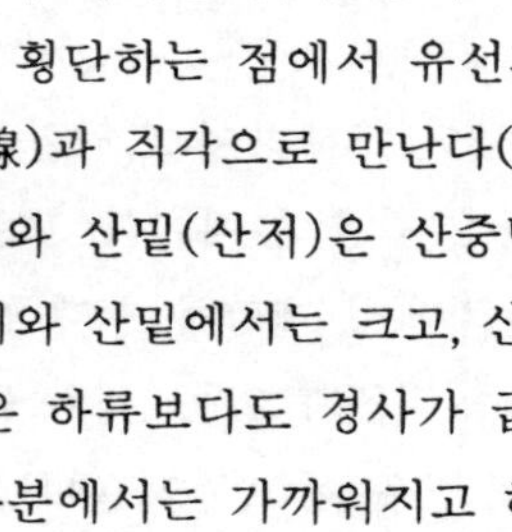

그림 4·11

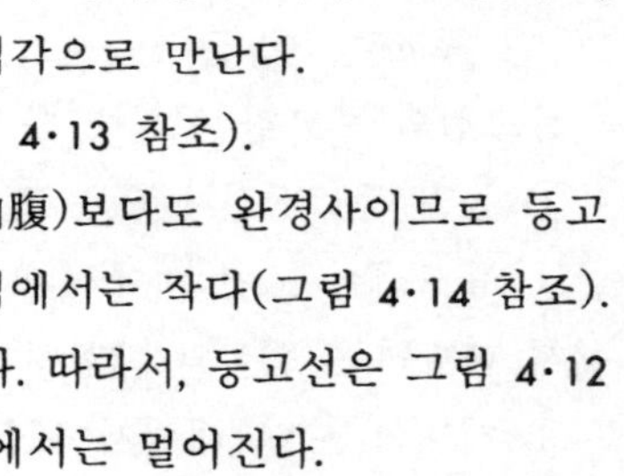

그림 4·12

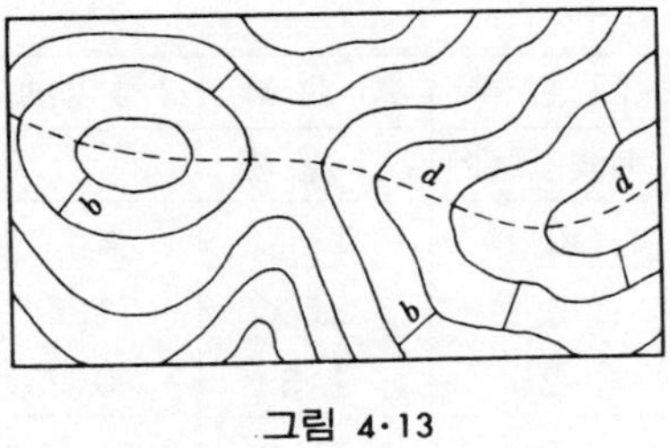

그림 4·13

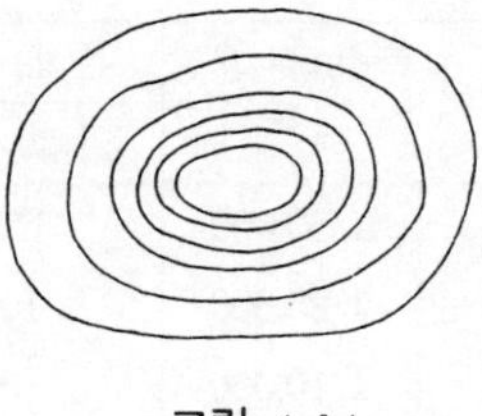

그림 4·14

[4] 등고선의 간격 및 종류

일반적으로 등고선 간격의 기준이 되는 곡선을 **주곡선**이라 말하고 실선으로 표시한다. 그림 4·15에 나타난 바와 같이 완만한 경사지에는 등고선의 평면 거리가 길기 때문에 국부적으로 지형의 변화가 불분명하다. 그러므로 이와 같은 경우에는 등고선 간격의 1/2 또는 1/4의 간격으로 보조적인 등고선을 사용한다. 지형에 있어서 안정될 수 있는 최대경사는 45°이며, 이 경사 이내에서 근접한 2선의 육안식별 한계는 0.2 mm이고, 곡선의 굵기는 0.1 mm로 두 곡선의 중심간격이 0.3 mm로 되어 있으나 안전율을 고려하여 0.4~0.5 mm를 택한다. 예로서 축척 1/10,000 에서 0.4~0.5 mm에 대한 실거리는 4~5 m이고, 이를 m 단위로 표시할 경우 축척 분모수의 1/2500~1/2000 에 해당된다. 일반적으로 말하는 등고선은 주곡선(主曲線)로, 주곡선의 간격은 축척 분모수의 1/2500~1/2000(단, 대축척인 경우는 1/500~1/1000로 한다)로 정하고 있다. 주곡선(세 실선으로 표시)의 간격은 1/50,000 지형도의 경우 20 m 이고, 10 m 간격으로 나타낸 보조곡선을 간곡선(間曲線 ; 세 파선으로 표시)으로 하고 20 m 의 1/4, 즉 5 m 간격으로 나타낸 간곡선의 역할을 보조하기 위하여 조곡선(助曲線 ; 세 점선으로 표시)을 사용한다. 또, 등고선수의 읽기를 쉽게 하기 위하여 주곡선을 5개마다 굵게 하여 이것을 계곡선(計曲線 ; 2호 실선으로 표시)이라 한다. 국립지리원 발행의 지형도에서 나타낸 등고선 간격은 표 4·1, 4·2에 있다.

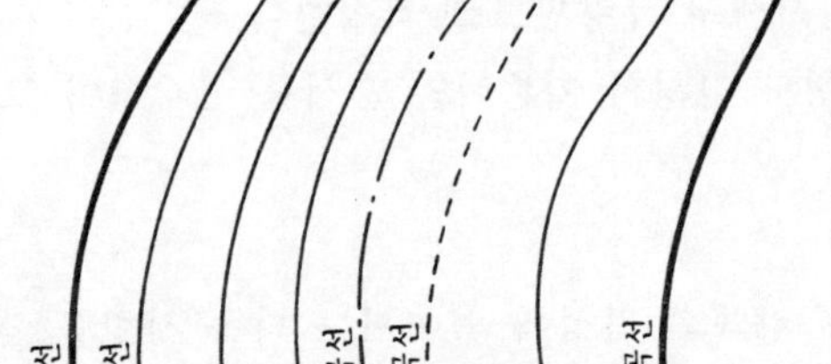

그림 4·15

표 4·1 등고선 간격 〔단위 : m〕

축척 \ 等高線 종별		主曲線	計曲線	間曲線	助曲線	2차 助曲線
표시법		細實線	2号實線	細波割(線)	細點線	
地	1/50,000	20	100	10	5	2.5
形	1/25,000	10	50	5	2.5	1.25
圖	1/10,000	5	25	2.5	1.25	0.625
지세도	1/200,000	100	500	50	25	

표 4·2 토목공사용 등고선 간격 〔단위 : m〕

축척 \ 축선 종별	主曲線	計曲線	間曲線	助曲線
1/5,000	5	25	2.5	1.25
1/2,500	2	10	1.0	0.50
1/1,000	1	5	0.5	0.25
1/500	1	5	0.5	0.25

4·1·2 지형도 작성방법

지형도 작성방법은 종래의 지상측량에 의한 방법과 항공사진과 지상사진에 의한 방법 및 인공위성 측량방법으로 대별되는데, 항공사진과 지상사진 및 인공위성 사진 등에 의한 방법은 정밀입체 도화기를 이용한 지형도 작성, 사진집성에 의한 사진지도 작성방법, 사진판독에 의한 지형분석 방법 등이 있으며, 최근에 전산기가 급속히 발전함에 따라 지형을 수치화하여 전산기를 이용, 지형을 분석 및 처리하는 수치지도 제작방법이 활발히 연구되고 있다.

[1] 종래의 지상측량에 의한 방법

삼각측량, 삼변측량, 또는 고저측량 등을 이용하여 기준점 측량을 실시해서 기준점을 정하고, 삼각측량·고저측량·다각측량 등에 의해 도근점 측량을 하여 일정한 간격의 도근점을 설치한 다음, 이 도근점을 기준으로 평판측량, 시거측량, 지형측량 등을 이용하여 세부측량을 실시해서 측량원도를 작성한다.

여기에 다시 한번 지형도 작성의 기본적인 순서를 생각하여 보면 그림 4·16과 같다.

(1) 측량계획

지형도 작성을 위한 측량계획 작성에 있어서는 다음 사항을 검토하여 결정한다.

① 지형도 작성의 목적에 적합한 측량범위, 축척, 도식, 정확도 등

② 지형도의 작성을 위해서 이용가능한 자료를 수집

①, ② 를 기초로 한 작업원 편성, 일수, 기계 등이며 주의할 점은 축척이다. 일반적으로 토목공사와 같은 공공사업에는 1/500 정도의 대축척 지형도가 필요하지만, 지역계획의 입안을 위해서는 1/2500～1/5000이 적당하며, 보다 넓은 지역을 대상으로 하는 경우에는 1/10,000～1/25,000 이 적당하다.

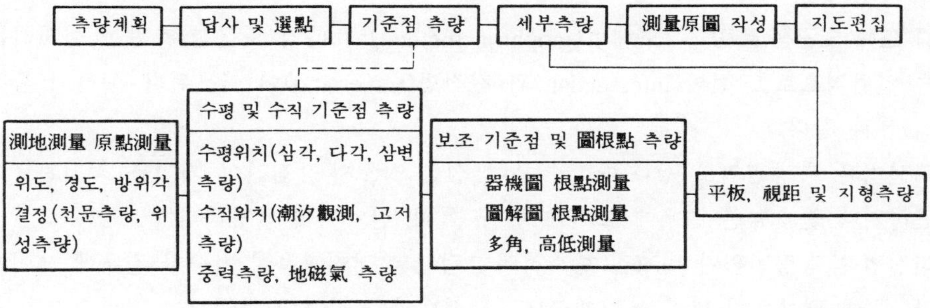

그림 4·16 지형도 작성의 순서

(2) 도근점 측량

1) 도근점 측량의 종류 도근점(supplementary control point)이라는 것은 기설의 기준만으로는 세부측량을 실시하기에 부족(단위 체적당의 수가 불충분함)할 경우, 기설 기준점을 기준으로 하여 새로운 평면위치 및 높이를 관측(도근점 측량)하여 결정되는 기준점을 말한다. 도근점의 설치에는 삼각-다각측량을 실시하여 도근점의 위치와 높이를 관측하고, 이것을 평판상에 전개(위치를 평판 위에 옮기는 작업)하는 기계 도근점 측량과 평판측량에 의해 직접 도해하여 전개하는 도해 도근점 측량이 쓰이게 된다. 기준점의 밀도가 낮은 경우는 기계도 근점측량을, 높은 경우는 도해 도근점 측량을 이용한다. 도근삼각 및 다각측량 방법은 삼각 및 다각측량 요령과 같으므로, 여기서는 도해 도근점 측량에 관해서 기술한다.

2) 답사 및 선점 현지에서 선점을 하기 전에 먼저 도상선점을 실시한다. 이를 위해서는 될 수 있는 한 많은 기준자료를 이용하는 것이 바람직하다. 도상선점은 1/50,000, 1/25,000 등의 국토 기본도, 항공사진 등을 이용하는 것이 효과적이나, 국토 기본도가 없는 경우에는 지방 공공단체에서 작성한 것을 될 수 있는 한 참고로 한다. 또, 항공사진을 입체시함으로써 시준선의 유무를 확인하는 경우가 있으므로, 항공사진은 빼놓을 수 없는 좋은 자료가 된다. 도근점의 배점 및 밀도는 일반적으로 도상 5 cm 당 한 점을 표준으로 한다. 도근점의 위치를 택하는 데 적당한 것은 기설의 기준점 분포와의 관계, 현지의 지형·지물의 분포상황을 충분히 고려할 필요가 있으며, 표현하려는 대상이 많은 경우에는 배점밀도를 약간 높게, 작은 부분은 약간 낮게 택한다. 도상선점 다음에 현지선점을 실시하는데, 현지에서는 특히 시준선의 유무에 주

의하고 편심은 될 수 있는 한 피하도록 한다.

평지부에 있어서 높은 탑, 굴뚝, 고압선 등 주위로부터 쉽게 시준할 수 있는 건축물은 세부측량을 실시하는 데 대단히 유효하므로, 될 수 있는 대로 건축물을 이용한다. 도근점의 선점에 있어서는 항상 후속의 세부측량에 어느 정도 이용되는가를 판단기준으로 삼아야 한다.

3) **도해 도근점 측량** 도해법(graphical method)에 따라 도근점 측량을 실시하는 데는 일반적으로 교선법(intersection)과 전진법(traversing)이 이용된다. 이들의 특징은 다음과 같다.

교선법은 측량범위가 광대하고 기복이 심한 장소와 2점간의 거리를 직접관측이 곤란하거나 불가능한 경우에 쓰이게 된다. 특히, 산악지에 적당하다.

전진법은 측량범위가 비교적 협소하여 2점간의 거리관측이 가능한 경우에 쓰이게 된다. 특히, 평야에서 많이 쓰이게 된다. 교선법과 전진법에 관해서는 평판측량을 참고하기 바란다.

(3) 세부측량

1) **계획** 세부측량은 표현할 지물의 위치, 형상, 지모의 형상을 정해진 도식을 이용하여 평판상에 작도하는 작업이다. 세부측량을 능률적으로 실시하려면 다음 사항에 주의하여야 한다.

① 작업에 중복이 없도록 면밀한 계획을 세울 것. 예를 들면 동일한 노선을 반복하지 않도록 관측순서를 정할 것

② 기설의 기준점은 빠짐없이 사용할 것

③ 다른 측량구역과 접합부에서 어긋나지 않도록 할 것. 접합부에서는 인접구역과 공통된 기준점을 이용하며, 또 공통된 측점을 설치할 것

④ 측점수를 적게 하기 위해서는 될 수 있는 한 전망이 트인 장소에 측점을 설치할 것.

이상의 기술한 조건을 만족시키기 위해서는 먼저 도근점 측량에서 기술한 것과 같은, 이미 만들어진 지형도나 항공사진 등을 수집하는 것과 기설 기준점의 유무에 따른 충분한 조사를 하는 것이 필요하다. 도식은 작업 전에 정해지므로 측량을 시작하기 전에 알아두면 효율적인 작업을 할 수 있다.

2) **세부측량의 작업방법** 세부측량에 이용하는 방법은 평판측량(교선법, 전진법, 방사법)과 지거법(支距法, offset) 등이 있으나, 이에 관한 것은 측량서적을 참고하기 바란다.

3) **지물측량의 진행방법** 도로는 주요도로로부터 고속도로, 일반국도, 특별시도, 지방도, 시·군도 등의 순으로 측량한다. 주요도로의 중심선을 따라 전진법에 의하여

기준점을 설치하고, 이것을 골격으로 하여 이 점으로부터 도로에 접한 부근의 지물을 방사법 등으로 결정한다. 대축척도의 경우는 도로표시로써 실제의 폭을 줄여 표시한 것(직폭도로)과 기호에 따라 나타낸 기호도로가 있다. 도로와 철도의 주요점은 곡선부의 변환점과 곡률 반지름 등이다.

시가지, 촌락 등은 구조물이 많아 시야가 가려지는 경우가 많다. 따라서, 먼저 전진법·교선법 등에 따라 굴뚝, 높은 탑, 고층 건축물의 위치를 결정하면 후속작업이 용이하게 된다. 시가지의 내부에서는 교선법과 전진법으로써 주요가로를 따라서 기준점을 설정하고, 이 점을 기준으로 부근지물의 위치를 방사선법, 지거법에 의하여 정한다.

하천은 평수시의 형상을, 그리고 합류점·만곡점 등 주요점은 교선법에 의해 결정한다. 특히 유의할 것은, 절벽의 주요점을 정하는 경우에 해안의 지물, 수애선의 주요물도를 정해 놓으면 후속작업과의 연결이 용이하게 된다. 호수·항만 등에 관해서는 주위의 기준점으로부터 수애선의 주요점을 교선법에 의하여 정하고, 수면의 표고를 주위의 기준점으로부터 구하여 설치한다.

해안선을 따라서는 전진법에 의하여 결정된 점을 중심으로 하여, 연안의 주요부를 주로 교선법으로 결정한다.

4) 지모의 측량 지모, 즉 토지의 기복상황은 장소에 따라 현저히 다르다. 따라서 항상 일정한 표현법에 따라 기복상황을 표시하는 것은 어려운 일인데, 최근에 이용되는 일반적인 표현법은 등고선법이다. 산악지와 같은 복잡한 지형에서는 지형의 상황을 상세히 측량하는 것이 곤란하므로, 산악지형 상황의 골격이 되는 지성선(地性線)을 도시한다. 이 선상의 대표점에 표고를 관측하여 연결한 등고선을 구하는 경우가 많다. 이와 같은 지모측량에 의하여 측량원도가 작성되어진다.

[2] 사진측량에 의한 방법

사진측량에 이용되는 사진은 취득방법에 따라 항공사진, 지상사진, 위성사진 등으로 분류되는데, 일반적으로 지형도 작성에는 항공사진이 주로 이용되고, 지상사진은 특수한 목적에 의해 소규모 지역에 대한 지형도를 작성하거나, 또는 항공사진에 의한 지형도 작성에 있어 세부적인 지역에 대해 보조자료로써 이용되고 있으며, 수평촬영을 한다는 점에서 항공사진과 구분된다.

최근에는 인공위성의 기법이 발달함에 따라, 광역에 대해 손쉽게 촬영을 할 수 있는 위성사진을 이용하여 지형도를 제작하는 방법이 연구되고 있다.

(1) 항공사진 및 지상사진에 의한 방법

항공사진에 의한 지형도 제작은 일반적으로 촬영, 기준점 측량, 세부도화의 세 과정에 의한다. 먼저, 촬영은 능률적이며 경제적으로 하여야 하며, 소요의 정확도에 의한 촬영기선 길이, 촬영고도, 소요 사진축척 등을 고려하여 촬영계획을 세워, 촬영할 때 음화필름을 얻는다.

촬영에서 얻어진 음화로부터 세부도화에 필요한 양화필름과 지상 기준점 측량에 필요한 밀착 인화사진 및 현지조사에 쓸 확대 인화사진을 제작한다.

기준점 측량은 세부도화에 필요한 수평위치 기준점(planimetric control point ; *x*, *y*) 및 높이 기준점 좌표(height control point ; *h*)를 얻기 위해 지상측량 방법에 의한다. 경우에 따라 항공 삼각측량을 행하여 필요한 점의 좌표를 구한다. 세부도화는 투명양화를 정밀입체 도화기에 장치한 다음 내부, 상호표정을 거쳐 입체상을 얻고, 그리고 기준점 성과를 이용하여 절대표정을 한다. 절대표정을 하면 사진상의 상과 대응되는 대상물과 상사관계가 이루어진다.

절대표정이 끝난 후 대상의 지형지물을 최종 도면축척으로 세부도화를 함으로써 지형에 관한 측량원도가 작성된다. 또한, 필요에 따라 현지 지형조사 및 지상사진 등에 의해 보완을 한 후, 최종편집을 거쳐 색분리 제도, 식자 등의 제반작업을 마친 후 인쇄하여 지도를 얻을 수 있다. 등고선 지도의 제작방법은 사용 사진기와 도화기의 종류에 따라 약간의 차이가 있으나 일반적인 지형도 제작과정의 흐름도는 그림 4·17과 같다.

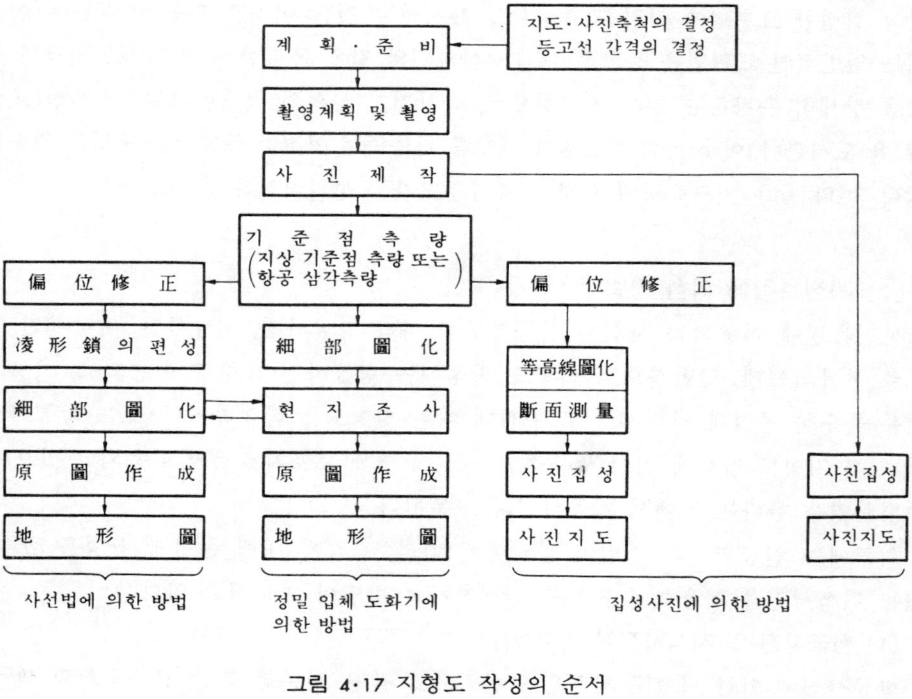

그림 4·17 지형도 작성의 순서

(2) 사진지도에 의한 방법

사진집성에 의하여 약조정, 반조정 및 조정집성 사진지도가 있으며, 또한 정밀입체 도화기와 연동시키거나 또는 해석적 방법에 의한 정사투영 사진지도 등이 있다.

(3) 위성사진에 의한 방법

1950년대 후반부터 인공위성 기법이 개발됨에 따라 지구, 달, 혹성 및 태양계에 의한 인간의 지식발전에 많은 공헌을 하였고, 특히 위성사진 측량의 이론적 측면에서도 매우 큰 진전이 이루어져 왔다.

위성사진과 항공사진의 차이점은, 항공사진이 중심 투영체계에 의해 얻어진 렌즈형(lense type) 방식인 데 반하여 위성사진은 정사투영 체계에 의한 전자기파 주사방식(scanner type)에 의해 수치화된 영상을 얻는 것이다. 이는 여러 가지 수치영상 처리방법을 거쳐 토양도, 산림도, 작물 현황도 등의 주제도(thematic map) 등을 작성하는 데 이용할 수 있다.

또한 SPOT, Landsat 등의 위성으로서는 소축척의 지상도면 제작이 가능하며, 특히 SPOT 위성의 경우는 동일지역에 대하여 수렴촬영에 의해서 입체시 영상을 얻을 수 있으므로, 이를 이용하여 지형도를 제작하는 방법이 활발히 연구되고 있다.

위성사진은 그 자료형태 및 영상의 기하학적 조건이 개개의 위성에 따라 다르므로, 이에 대한 해석방법도 다르게 다루어진다. 그러나 사진의 형태를 취한다는 점에서는 근본적으로 사진측량의 개념을 벗어나지 않는다.

[3] 수치지도 제작에 의한 방법

수치지도는 항공사진이나 위성영상의 중복촬영에 의하여 입체시된 정보의 내용을 해석 도화기를 이용해서, 촬영대상의 도형정보를 점, 선, 면 및 심벌의 형태로 수치화하고, 각 위치에 관련된 속성자료와 연결하여 지형도를 제작하거나 목적에 맞는 주제별 지도를 작성하여 출력한다. 사진이나 지도의 위치정보를 찾아내어 수치자료로 처리할 수 있는 전산기 체계가 개발되어, 일정한 원칙하에 모든 자료를 수치화하여 수치지도를 그려낸다.

수치지도 자료취득 방법으로는 종래의 지도작성 방법으로 완성된 지도를 디지타이저(수치좌표 관측기, digitizer) 또는 스캐너(주사기, scanner) 등의 관측기를 사용하여 수치화하는 방법과, 항공사진이나 인공위성 영상을 스캐너나 도화작업 때에 해석 도화기를 이용하여 수치지도 자료를 직접 취득하는 방법 등이 있으나, 지도작업의 과정에서 사진을 이용하여 직접 자료를 취득하는 후자의 방법을 일반적으로 사용한다.

수치 도면화 체계는 항공사진 및 인공위성 영상을 스캐너나 해석도화에 의한 지도자료의 초기입력부터 처리분석 및 출력에 이르기까지 전산기 도면처리 체계에 의한 수치적 표현에 의하여 구성되고 있다.

수치지도 제작의 입력체계 설계에 있어서는 스캐너나 해석 도화기에 의한 수치자료의 취득이 가장 중요한 요건이 되며, 지도제작을 위하여 현지조사 자료의 삽입 및 도식규정에 의한 지도편집의 과정에 있어서는, 정확한 위치의 설정에 의하여 필요한 정보의 입력과 편집원칙에 따라 대화적으로 전산기에 의하여 이루어진다.

4·1·3 지형도를 읽는 방법

[1] 지성선(topographic line)

지형도는 얼핏 보기에 복잡하여 지표면의 형상은 불규칙하게 된 것처럼 보인다. 그러나 자세히 보면 지표는 많은 철선(凸, 능선), 요선(凹, 곡선), 경사 변환선 및 최대 경사선으로 구성되어 있다. 이와 같이 지성선은 지표면을 다수의 평면으로 이루어졌다고 생각할 때 이 평면의 접합부, 즉 접선을 **지성선**(地性線) 또는 **지세선**(地勢線)이라고 한다.

(1) **철선**(능선)

철선(凸線)은 지표면이 높은 곳의 꼭대기 점을 연결한 선으로서 빗물이 이것을 경계로 하며, 좌우로 흐르게 되므로 **분수선**(分水線), 미근(尾根) 또는 **능선**이라고 한다. 그림 4·21의 *AD, AE, AB, BC, CG, CF, BH*는 모두가 철선이다. 철선은 지표면상에서 중요한 선으로 등고선을 그릴 때에 그 위치, 방향, 분기점(*BC* 등)을 정확히 그려야 한다. 철선은 일반적으로 직선이며, 산꼭대기 이외에서는 1점에서 동시에 3방향으로 분리되지 않으며, 구부러질 때는 반드시 지선(枝線)이 다시 만들어진다.

(2) 요선(계곡선)

요선(凹線)은 지표면이 낮거나 움푹 패인 점을 연결한 선으로서, 합수부와 **곡선** 또는 **합곡선**이라고 한다.

곡저(谷底)나 하천은 모두 요선으로서 사면을 흐른 물이 이 요선을 향하여 모이게 되므로 **합수선**(合水線)이라 한다. 그림 4·18의 *AB, AC, AD*는 요선이다. 철선은 요선의

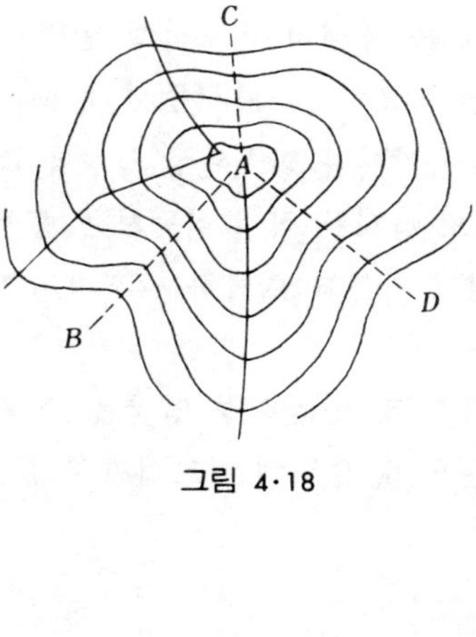

그림 4·18

사이에 있으며, Y형으로 변화하는 경우가 많으며 곡선을 이룬다.

(3) 경사 변환선

같은 방향의 경사면에서 경사의 크기가 다른 두 면의 접합선(평면교선)을 **경사 변환선**이라 말한다.

그림 4·19 (a)의 *CD*는 완경사에서 급경사로, *EF*는 급경사에서 완경사로 변화한 경사 변환선이 된다. 또, 그림 4·19 (b), (c) 중에서 쇄선은 모두 경사 변환점이다.

요선 및 철선상에서 경사가 변화한 점을 **경사 변환점**이라 말한다. 그림 4·19 (a)의 *C, E, G, I*의 각 점은 이 예이다.

주제도의 표고를 알면 지성선을 기준으로 하여 등고선을 그릴 수 있다.

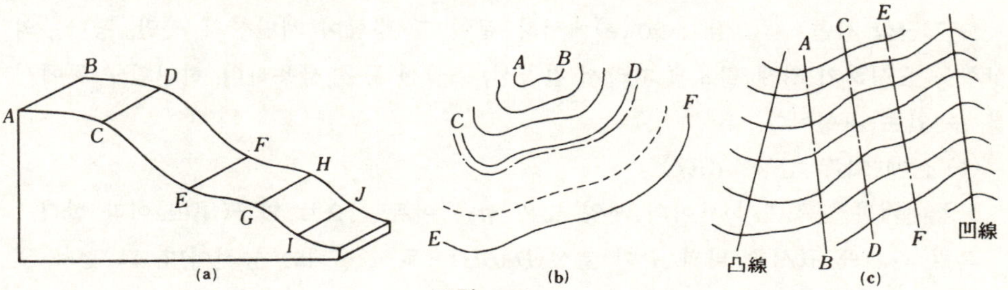

그림 4·19

(4) 최대 경사선

지표의 임의의 1점에 있어서 그 경사가 최대로 되는 방향을 표시한 선을 말하며, 등고선과 직각으로 교차한다. 이것은 물이 흐르는 방향이라는 의미에서 유하선(流下線)이라고도 한다.

[2] 지형의 형상

지형의 기본적인 형과 등고선과의 관계를 표시하면 다음과 같다. 이것에 의하면 지형도의 판독이 용이하며, 지형을 보고 지형도의 약도를 그릴 수도 있다.

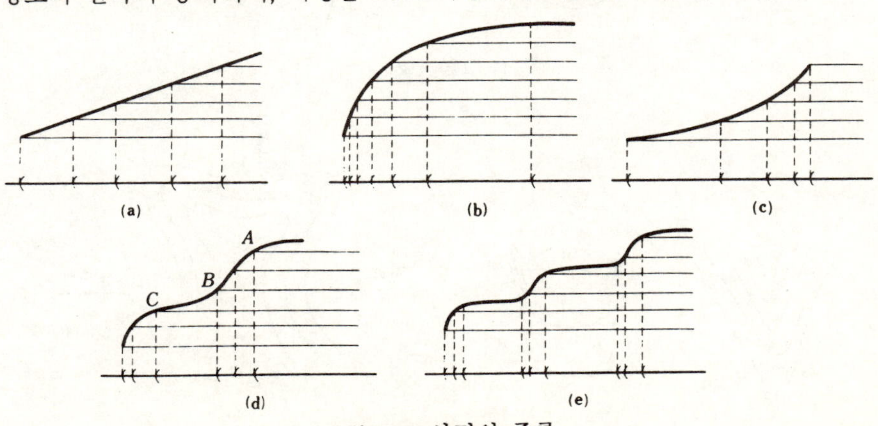

그림 4·20 사면의 종류

(1) 사 면

사면에는 다섯 가지 형이 있다.

1) **등경사면** 그림 4·20 (a)와 같이 등고선 상호의 거리가 같은 사면

2) **철(凸)형사면** 그림 4·20 (b)와 같이 상부에서는 등고선간의 거리가 넓고 하부에서는 좁은 사면

3) **요(凹)형사면** 그림 4·20 (c)와 같이 상부에서는 등고선간의 거리가 좁고 하부에서는 넓은 사면

4) **요(凹)철사면** 그림 4·20 (d)와 같이 등고선 상호거리에 광협이 있는 사면경사 변환점 *A, B, C*는 간곡선이나 조곡선으로 표시한다.

5) **계단상 사면** 그림 4·20 (e)에서와 같이 그 형상이 계단상의 사면, 평단부의 상황을 표시하기 위해 필요에 따라서 간곡선, 조곡선 등을 사용하며, 하안단구 등에서 볼 수 있는 지형이다.

(2) 산배(山背, 산능 : 山稜)

산꼭대기와 산꼭대기 사이의 제일 높은 점을 이은 선으로 미근(尾根)이라 한다.

그림 4·21에 표시한 바와 같이 철선(*DABH*)으로 표시되는 능선이며, 그 경사 및 방향은 변화하고 분기하여 있다.

그림 4·22 (a)는 평평한 미근과 급한 미근의 일례를 표시한다. 또, 그림 4·22 (b)는 산배선(山背線)의 말단부의 형태로서, 계곡의 합류부에는 3 방향에서 철선의 발단이 집합하여 있는 모양을 표시하고 있다.

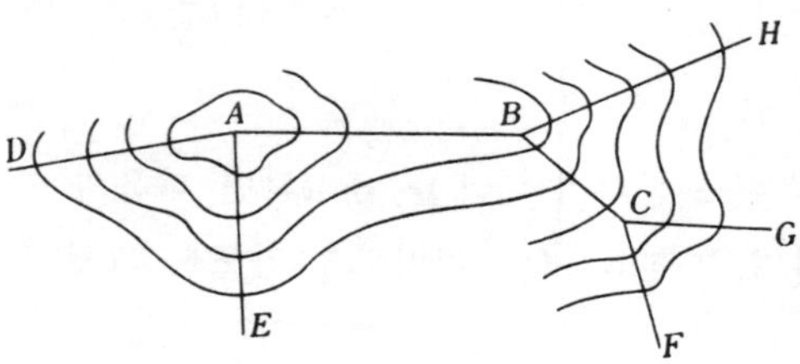

그림 4·21

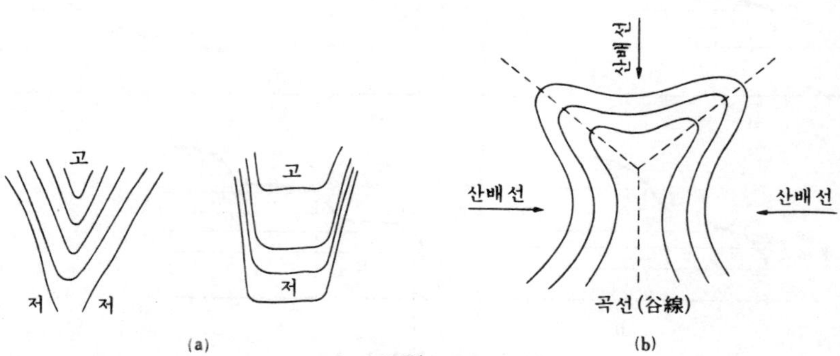

그림 4·22

(3) 안부(鞍部)

그림 4·23의 C와 같이 서로 인접한 2개의 산꼭대기 A, B가 서로 만나는 곳으로, 좋은 교통부가 되는 고개부분을 안부라 말한다.

안부 C 보다 높은 등고선은 a, b와 같이 각각 환상으로 표시한다. 안부는 산배선과 곡선의 지성선이 교차한 곳으로, 등고선은 안부를 경계로 하고 쌍곡선상(雙曲線狀)의 곡선을 나타낸다. 요선으로 표시한 곡선은 안부 가까이에서 곡률이 작고 계곡 밑으로 감에 따라(곡이 깊게 되므로) 곡률은 크게 된다.

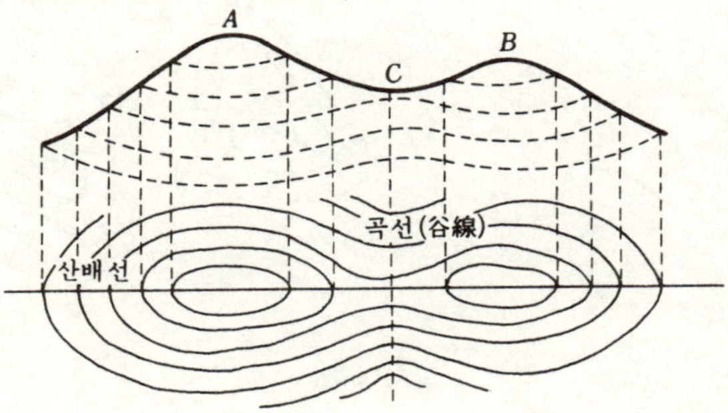

그림 4·23

(4) 계 곡

계곡은 요선으로 표시되며, 계곡의 종단면은 상류가 급하고 하류가 완만하게 된다. 그러므로 등고선 사이의 거리는 그림 4·24 (a)와 같이 상류가 좁고 하류가 넓게 된다. 계곡의 횡단면과 등고선의 관계는 다음과 같이 된다.

그림 4·24 (b)는 첨저곡(尖低谷 또는 V字谷)이라 하며, 곡저(谷低)는 좁고 양측사면이 급하고, 등고선도 곡선상 급하게 구부리는 것같이 된다. 그림 4·24 (c)는 요저곡(凹低谷 또는 U字谷)으로 곡저는 약간 넓게 됨을 하천의 중류부에서 잘 알 수 있다. 등고선의 곡률은 첨저곡에 비교하여 약간 작게 된다.

그림 4·24 (d)는 평저곡(平低谷)으로 곡저는 넓고 평평하며, 하천의 침식이 끝난

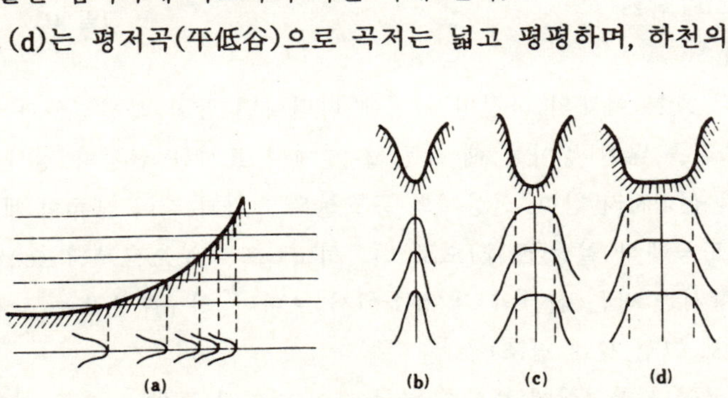

그림 4·24

하구부근 상태로서의 등고선은 곡저가 직선이나 상류쪽에서 약간 볼록(凸)하게 된다. 계곡의 경사는 완만하게 되고 등고선 간격은 상당히 크게 된다.

(5) 요지(凹地)와 산정

화산의 화구, 함몰지대의 등고선에는 특히 최대 경사선의 방향에 화살표를 붙여두고 그림 4·25(a)와 같이 표시한다. 산꼭대기는 그 높은 곳으로부터 철선(능선)과 요선(곡선)이 뻗어 있다(그림 4·25(b) 참조).

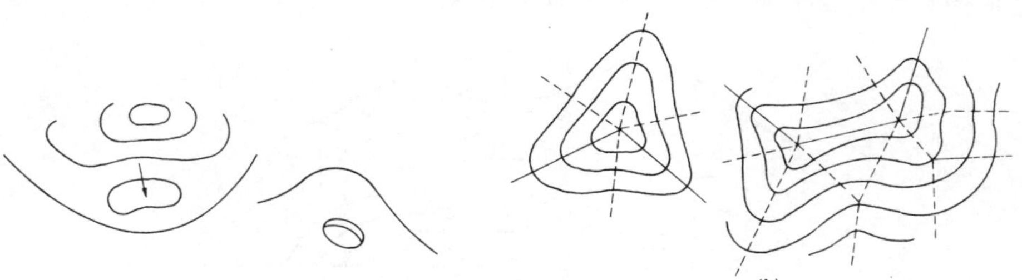

(a) (b)

그림 4·25

(6) 대지(臺地)

대지에서 산꼭대기는 평탄하고 사면의 경사는 급하게 되므로, 등고선 간격은 상부에서는 넓고 하부에서는 좁다(그림 4·26 참조).

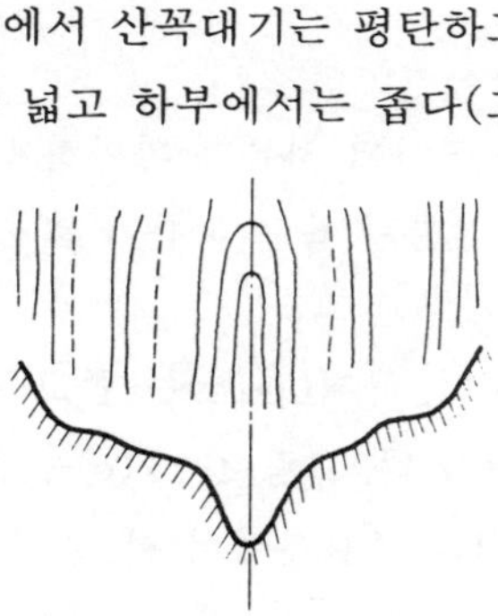

그림 4·26

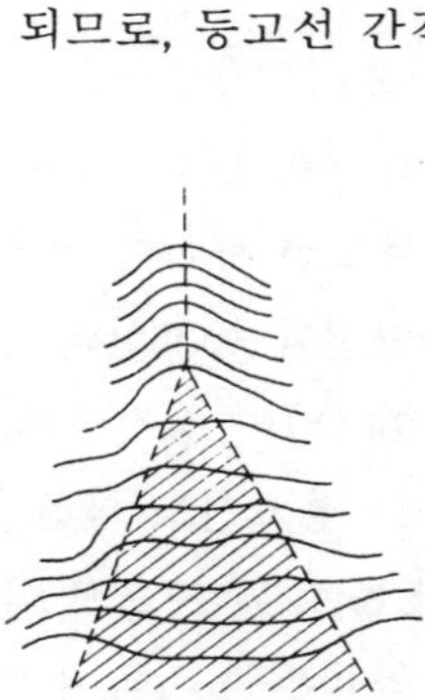

그림 4·27

(7) 선 상 지

산간부로부터 흐른 아래의 하천이 평지에 나타나면 급한 하천경사가 완만하게 되며, 그 곳에 모래를 많이 쌓아둘 때 그림 4·27에서 표시한 원상의 경사지를 구성할 수 있다. 이것을 **선상지**라 한다. 선상지의 등고선은 그림과 같이 상류의 계곡을 나타낸 요선(凹線)이 도중에서 철선(凸線)으로 변화하고, 그 부분으로부터 요선은 2개임을 알게 된다. 선상지는 작은 산간의 각 장소에서 보이며, 하구부근에는 삼각주가 된다.

(8) 산급(山級, 그림 4·28 참조)

산꼭대기 부근이나 철선상에 표시한 바와 같이 대지상(臺地上)으로 되어 있는 곳을 **산급**이라 말한다. 안부의 초기의 것으로 산꼭대기와 안부 양쪽의 성질을 가지므로

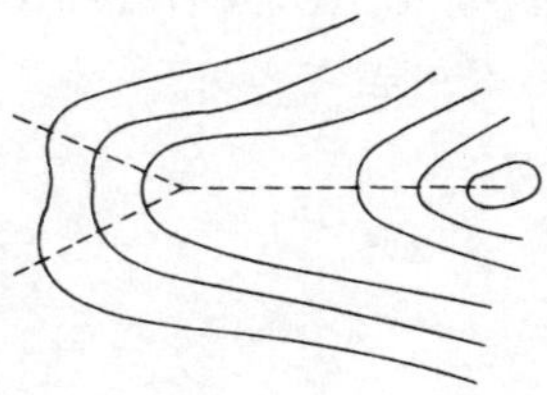

그림 4·28

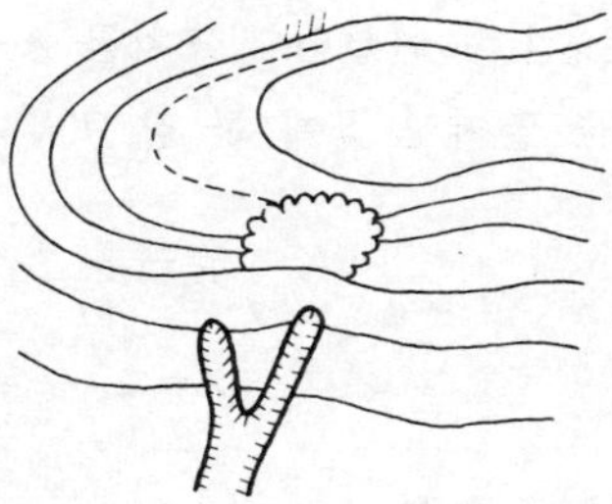

그림 4·29

등고선도 그 요령으로 그린다. 산급은 지형상의 요소로 기준선을 설치하기에 적당하다.

(9) 단구(段丘, 그림 4·29 참조)

하안단구(河岸段丘), 해안단구와 같이 계단상을 이룬 좁은 평지의 부분에서는 등고선 간격이 크게 된다. 단구는 여러 단으로 되어 있으나 급경사면과의 경계를 밝혀 식별되도록 등고선을 그린다.

4·1·4 지형도의 이용

지형도는 위치결정(경위도, 표고), 방향결정, 거리결정(직선 및 곡선에 대한 수평과 경사 거리), 경사결정(지표면 경사, 등경사, 최대경사), 면적계산(수평면, 경사평면, 경사곡면, 유역면, 유수면), 체적결정, 단면도 작성(종·횡단면, 가시지역)과 성토 및 절토범위 등을 할 수 있다.

[1] 위치결정

(1) 경위도 결정

지형도의 도곽과 경선, 위선에 표시된 경위도를 기준으로 하여 도상 임의점의 경위도를 결정할 수 있다. 경도 λ_1 및 λ_2인 두 경선의 경도차를 $\Delta\lambda$, 도상 거리를 b, 위도

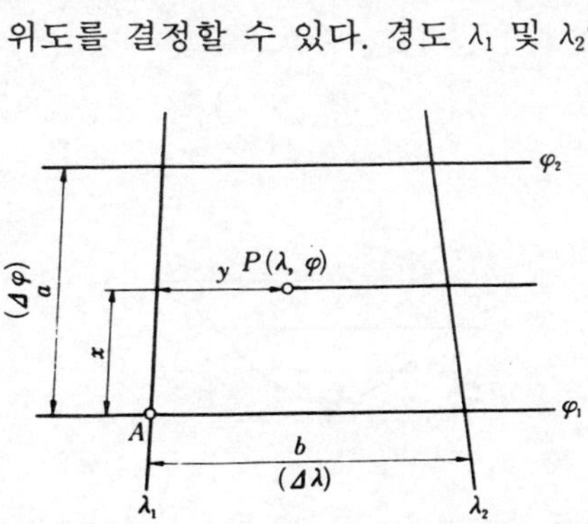

그림 4·30 지형도에 의한 경위도 결정

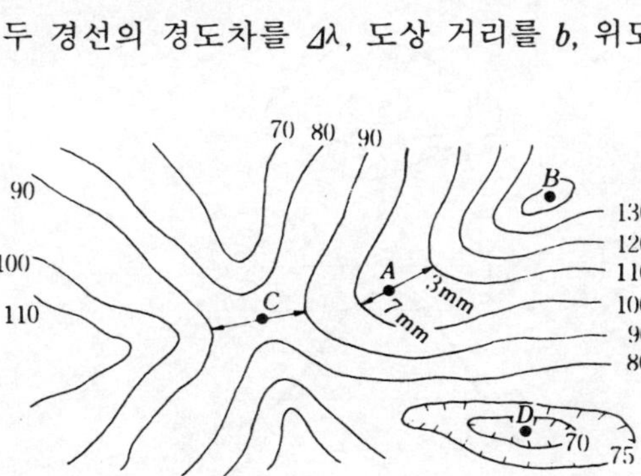

그림 4·31 지형도에 의한 표고결정의 예

φ_1 및 φ_2인 두 위선의 위도차를 $\Delta\varphi$, 도상 거리를 a라 할 때, 점 $A(\lambda_1, \varphi_1)$에서 도상거리 x, y 만큼 떨어진 곳에 한 점 $P(\lambda, \varphi)$의 경위도는 다음 식으로 구한다.

$$\varphi = \varphi_1 + \Delta\varphi \cdot \frac{x}{a}$$
$$\lambda = \lambda_1 + \Delta\lambda \cdot \frac{y}{b} \qquad (4 \cdot 1)$$

(2) **표고결정**

등고선상에 있지 않은 임의점의 표고는 주위 등고선으로부터 추정할 수 있다. Δh (m)인 지형도에서 표고 H_1과 $H_2(=H_1+\Delta h)$인 등고선 사이에 있는 한 점 P의 표고 H_P는

$$H_P = H_1 + \frac{d_1}{d_1 + d_2}\Delta h \qquad (4 \cdot 2)$$

으로 구한다. 여기서 d_1, d_2는 점 P를 지나는 좌우 등고선 사이의 최단 거리 선상에서 잰 좌우 등고선까지의 도상 거리이다. 또한, 표고는 H_1인 폐곡선으로 된 등고선 중심에 있는 지점의 표고는

$$H_P = H_1 \pm \frac{1}{2}\Delta h \qquad (4 \cdot 3)$$

으로 구하며, 윗식의 우변 2항의 부호는 철지에서 (+), 요지에서 (−)이다.

예를 들어, 그림 4·31과 같은 경우

$$H_A = 100 + \frac{3}{10} \times 10 = 103\,\text{m}$$

$$H_B = 140 + \frac{10}{2} = 145\,\text{m}$$

$$H_C = 90 - \frac{10}{2} = 85\,\text{m}$$

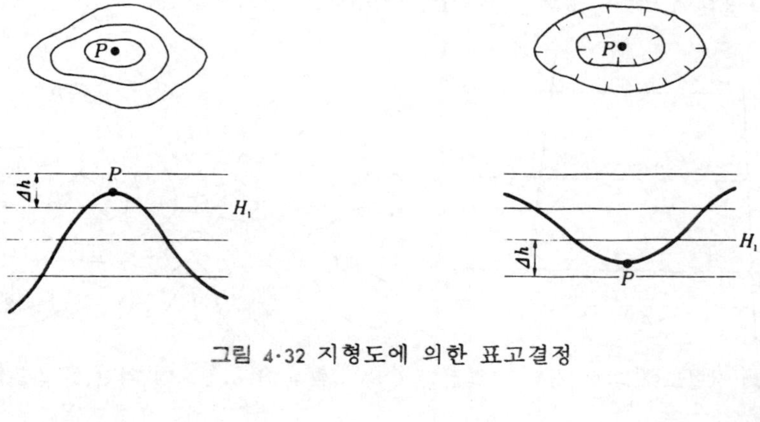

그림 4·32 지형도에 의한 표고결정

또는,

$$80 + \frac{10}{2} = 85\,\text{m}$$

$$H_D = 70 - \frac{5}{2} = 67.5\,\text{m}$$

이다.

[2] 단면도의 제작

지형도상의 등고선을 이용하여 지형도상의 임의의 선상에 단면도를 제작하게 된다. 그림 4·33에 있어서 AB선의 단면도는 다음과 같이 제작한다. 처음에 기선으로 $A'B'$ 선을 취하고 AB선과 등고선과의 교점에서 $A'B'$선에 수선을 내려 소정의 축척에 의한 등고선의 높이를 $A'B'$ 선상에 취하여 단면도를 그린다. 이와 같은 방법으로 임의의 선의 종단방향 및 횡단방향의 단면도를 구하게 되나, 등고선의 정확도가 매우 낮아서 등고선도에 따라 얻게 된 단면도는 신뢰하기 힘들다.

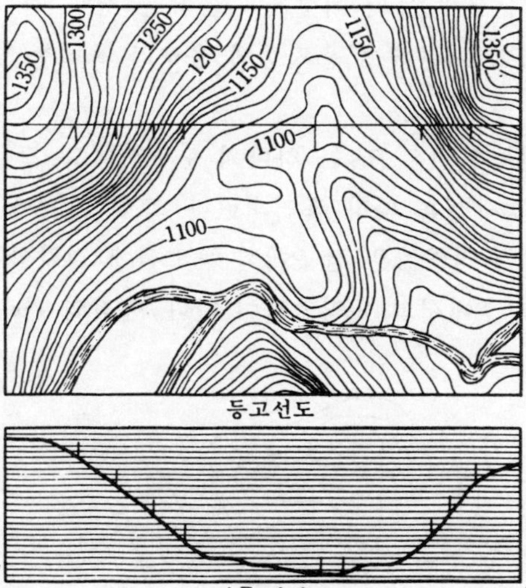

그림 4·33

[3] 등경사면의 관측

수평면에 대하여 일정한 경사를 가진 지표면상의 선을 등경사선이라 말한다. 등경사선을 구하면 곡선 반지름·거리·지형 등을 그때그때 고려하여 이 등경사선에 가까이 부착하여 중심선을 결정한다.

지금 등고선 간격을 h, 필요한 등경사선의 경사를 $i\%$, 수평 거리를 L이라 하면,

$$L = \frac{100\,h}{i} \tag{4·4}$$

따라서, 그림 4·34와 같이 점 *A*에서 지형도 축척에 의해, 수평 거리 *L*로서 등고선을 1개씩 1, 2, 3, …으로 자르면 소정의 등경사선을 구하게 된다.

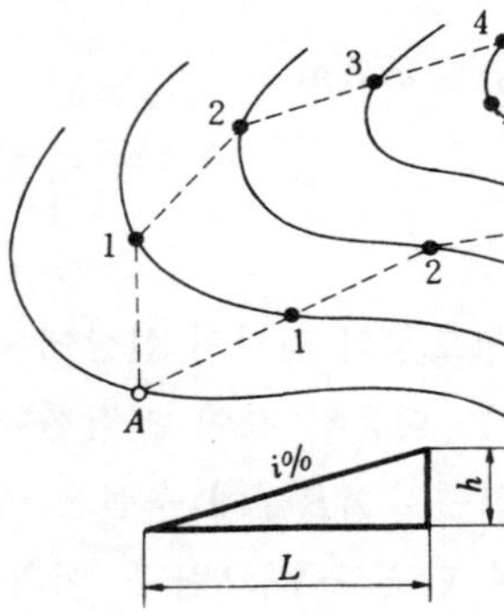

그림 4·34

[4] 유역면적의 관측

댐에 의한 발전계획이나 용수 등의 이수계획을 세울 경우, 그 지점에 대하여 하천 유량을 결정할 필요가 있기 때문에 이용지점에 용수가 유하한 범위, 즉 유역면적을 구하지 않으면 안 된다.

그림 4·35에 있어서 산능선 *AA*′, *BB*′는 하나의 분수선이고, 그 양쪽에서 빗물은 각각 다른 방향으로 최대 경사선을 따라 흘러내린다. 그림 4·35에서 파선은 분수선을 표시하고, 점 *P*에 대하여 유역면적은 점 *P*에서 등고선에 직각방향으로 *PA*, *PB*를 그리게 되면, 점선 상부가 점 *P*에서의 유역면적이 된다. 면적의 관측은 구적기(planimeter)를 사용한다.

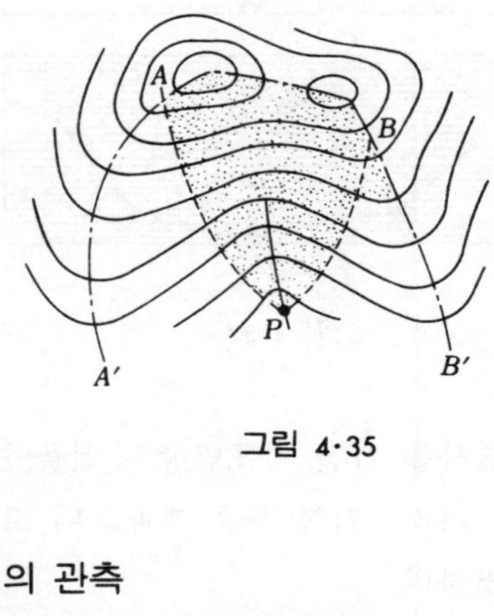

그림 4·35

[5] 성토 및 절토범위의 관측

토공계획에서 필요한 공사용지의 범위를 구하는 것은, 원지반 등고선의 성토 및 절토에 의하여 공사완성 후의 지반의 등고선을 그리고, 양자의 높이가 같은 등고선의 교점을 구하여 이으면 필요한 용지의 평면적인 형을 구하게 된다.

(1) 흙댐(earth dam)의 경우

그림 4·36은 위의 그림과 같은 횡단면형을 나타낸 흙댐을 지형도상에 나타낸 것이다.

댐의 등고선을 수평으로 자르면 법면의 어느 교점에서 지형도상에 수직을 내리고, 같은 높이의 등고선과의 교점을 구한다. 이것들의 점을 이으면 현지반과 댐의 경계를 나타낸 평면도가 얻어진다.

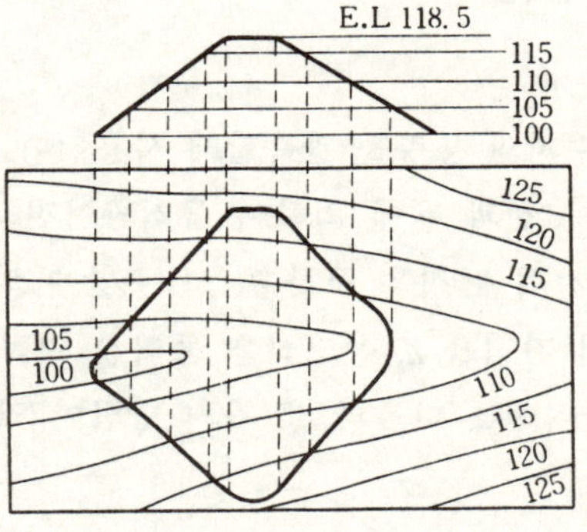

그림 4·36

(2) 도로계획의 경우

그림 4·37과 같이 지형도상에 No. 10에서 5% 정도의 경사인 도로를 만들 경우, 절취의 범위를 다음과 같이 구한다. 도시한 바와 같이 No. 10의 계획고를 75 m로 하고 중심 말뚝 사이의 거리를 20 m로 하면, 각 말뚝간의 계획고와의 고저차는 20 m × 0.05 = 1 m이고 No. 11, No. 12, No. 13의 계획고는 각각 76 m, 77 m, 78 m로 된다. 도로의 양쪽 사면경사를 1 : 1.5로 하고 노면은 평평한 것으로 한다.

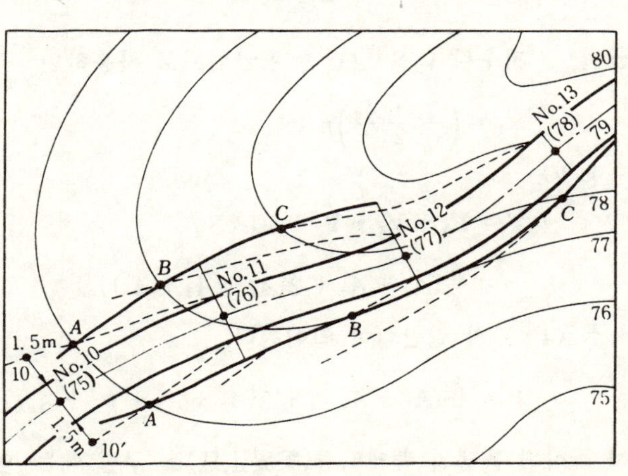

그림 4·37

처음에 No. 10의 도로의 양단을 따라서 1.5 m 떨어진 점 10, 10'를 구한다. 10, 10'의 표고는 76 m가 되므로, No. 11의 도로양단과 곡선을 이어 이 곡선과 표고 76 m의 등고선과의 교점 A를 구한다.

이와 같은 방법으로 점 B, C를 구하여 이 곳들의 점을 잇고, 이선의 내측을 구하면 절취범위로 된다.

[6] 등고선도에 의한 체적계산

(1) 계획면이 수평인 경우

부지의 정지작업이나 저수지의 용량을 관측할때 사용된다. 댐의 저수량은 저수 예정수면에서 밑까지의 각 등고선과 댐에 의하여 둘러싸여진 면적을 구적기(planimeter)로 관측하여 각 등고선간의 면적을 구하고, 그 총합에 의하여 저수량을 구한다. 그림 4·38에 있어서 등고선 간격을 h, 등고선을 둘러싼 면적을 A_1, A_2, A_3,…라 하면 구간의 저수량을 구하는 공식에는 다음의 세 가지 방법이 있다.

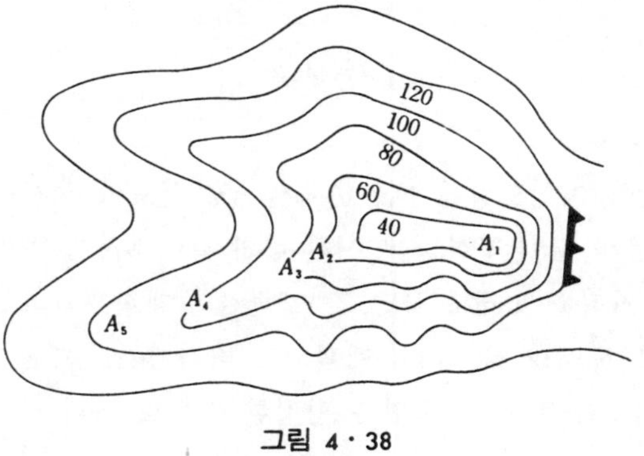

그림 4 · 38

1) 양단면 평균법 저수량 V_1을 양단면 평균법으로 사용하면,

$$V_1 = \left(\frac{A_1 + A_2}{2}\right)h \qquad (4 \cdot 5)$$

그러므로 저수량 V는

$$V = V_1 + V_2 + V_3 + V_4$$

$$= \frac{h}{2}[A_1 + A_5 + 2(A_2 + A_3 + A_4)] \qquad (4 \cdot 6)$$

로 되며, 여기서 식 (4 · 7)의 일반식이 얻어진다.

$$V = \frac{h}{2}[A_1 + A_{n+1} + 2(A_2 + A_3 + \cdots + A_n)] \qquad (4 \cdot 7)$$

그림 4·36에서 표시된 흙댐의 축제토량(築堤土量)을 구할 때는, 댐의 등고선과 지형도의 등고선에 둘러싸여진 면적을 구하여 식 (4 · 7)을 이용하면 된다.

2) **각주공식** 각주공식에 의하여 저수량 V를 구하면,

$$V_1 = \frac{h}{3}(A_0 + 4A_1 + A_2)$$

$$V_2 = \frac{h}{3}(A_0 + 4A_3 + A_4)$$

$$+)\ V_{\frac{n}{2}} = \frac{h}{3}(A_{n-2} + 4A_{n-1} + A_n)$$

$$\Sigma V = \frac{h}{3}[A_0 + A_n + 4(A_1 + A_3 + \cdots + A_{n-1} + 2)A_2 + A_4 + \cdots + A_{n-2}] \qquad (4 \cdot 8)$$

$$= \frac{h}{3}(A_0 + A_n + 4\Sigma A_{\text{홀수}} + 2\Sigma A_{\text{나머지 짝수}}) \qquad (4 \cdot 9)$$

여기서 식 (4·8), 식 (4·9)는 n이 짝수일 때만 사용하고, n이 홀수일 때는 최후의 한 구간은 양단면 평균법으로 구한다.

3) **비례 중항법(比例中項法)** 이것은 1구간마다 추체공식(錐體公式)을 이용하여 계산하는 것으로

$$V_1 = \frac{h}{3}(A_0 + \sqrt{A_0 A_1} + A_1)$$

$$V_2 = \frac{h}{3}(A_1 + \sqrt{A_1 A_2} + A_2)$$

$$\cdots\cdots\cdots\cdots\cdots\cdots$$

$$+)\ V_n = \frac{h}{3}(A_{n-1} + \sqrt{A_{n-1}A_n} + A_n)$$

$$\Sigma V = \frac{h}{3}(A_0 + A_n + 2(A_1 + A_2 + \cdots + A_{n-1}) + (\sqrt{A_0 A_1} + \sqrt{A_1 A_2} + \cdots + \sqrt{A_{n-1}A_n}) \qquad (4 \cdot 10)$$

$$= \frac{h}{3}(A_0 + A_n + 2\sum_{r=1}^{n-1} A_r + \sum_{r=0}^{n-1}\sqrt{A_{r-1}A_r}) \qquad (4 \cdot 11)$$

(2) **계획면이 경사진 경우**

절취, 성토 등의 체적계산에 이용된다. 그림 4·39에서 평면도 (a)의 실선 및 파선은 각각 원지반과 계획 절취면의 등고선을 표시하기 때문에, 같은 높이의 양등고선의 교점을 연결한 굵은 실선을 그으면, 원지반과 계획면과의 교선이 되고 그 안쪽에는 절취, 바깥쪽에는 성토가 필요하게 된다. 절취토량을 산정하는 데는 우선, 단면도(b)에 표시된 것처럼 각 등고선에 해당하는 수평면에 대해 많은 수평층으로 분할하여 생각한다. 이와 같이 하면 각 층의 양단면적은 평면도(a)에서 높이가 같은 2조의 등고선에 둘러싸인 폐곡선 내의 면적이고, 구적기(planimeter)에 의해 쉽게 구해지기 때

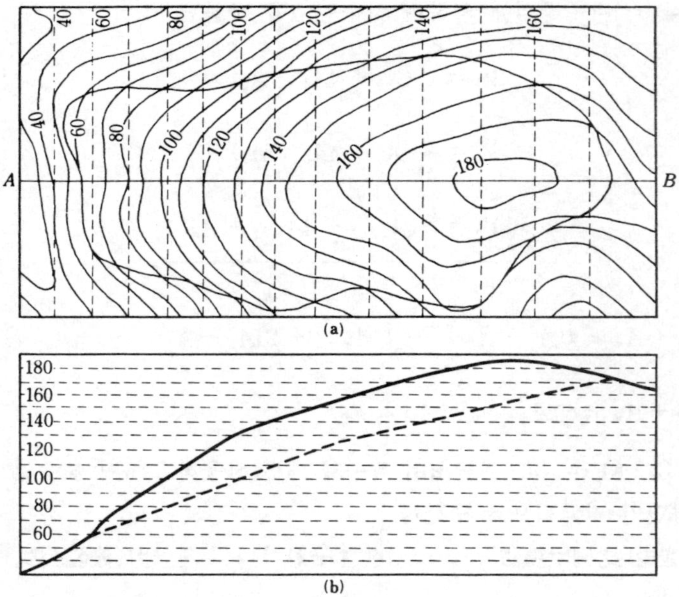

그림 4·39

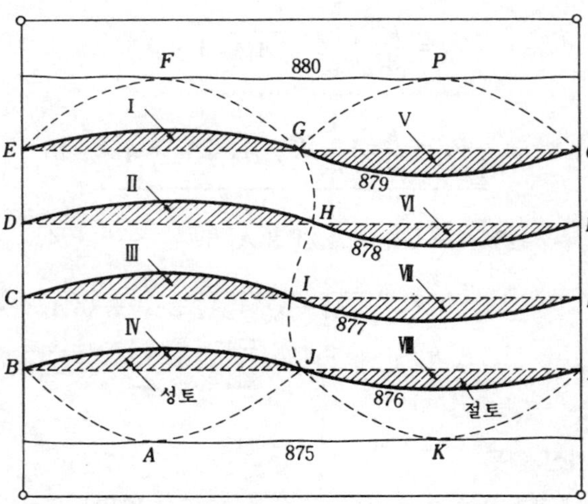

그림 4·40

문에 앞에서 유도한 공식을 적용하여 체적을 계산하면 된다.

(3) 등고선을 이용한 경우

계획 등고선(grading contour)은 정지(整地)된 후의 실등고선(實等高線)을 나타내기 위해 지형도 위에서, 그린 일정한 높이의 선을 뜻한다. 정지를 하면 일정한 경사를 가진 매끈한 표면이 되므로, 계획 등고선은 등간격을 가지는 일련의 직선이거나 곡선이 된다. 간단한 예를 그림 4·40에 나타내면, 그림에서 본래의 등고선은 굵은 선인 1 m 간격으로 그려져 있다. 계획 등고선은 지도 위에 점선으로 표시되어 있다. 불규칙한 점선은 성토 및 절토면적을 나타내기 위해 정지점(整地點, grade point)을 통과하여 그려져 있다.

I 로 표시된 지역은 본래의 879 m 등고선과 879 m 계획 등고선으로 둘러싸여 있다. 즉, 지반고가 879 m 수평면이다. 마찬가지로 II 로 표시된 지역은 지반고가 878 m인 수평면이다. 이 두 표면 사이에 필요한 성토량은 각 지역에 대해 구적기를 사용하며, 면적을 재고 두 지역 면적의 평균값에 두 지역의 등고선 간격(여기서는 1 m)을 곱함으로써 구할 수 있다. II 와 III 사이의 체적과 III 과 IV 사이의 체적도 같은 방법으로 구하면 된다(점 *F*와 I 지역 사이의 성토는 각추 모양이며 점 *A* 와 IV 지역 사이의 성토도 마찬가지이다). 두 경우의 체적은 각각 *bh*/3 로 취할 수 있다. 여기서 *b* 는 체적의 빗금친 부분의 밑면적이고, *h* 는 등고선 간격이다. *K* 와 *P* 사이의 체적도 같은 방법으로 구할 수 있다.

(4) 등심선(equal-depth contour)에 의한 방법

지형의 기복이 매우 불규칙한 지면의 성토량 또는 절토량을 구할 때 등심선을 이용하면 편리하다. 그림 4·41은 계곡에 성토사면을 조성하는 예인데, 가는 실선은 원지반의 등고선이고, 파선은 계획 등고선(굵은 선은 등심선)이다. 원지반 등고선과 계획 등고선의 교점을 연결하면 등심선을 구할 수 있다. 예를 들어서, 100 m 계획선과 98 m 지반 등고선의 교점을 연결한 곡선은 2 m 등심선, 98 m 계획선과 94 m 지반선의 교점을 연결한 것은 4 m 등심선이 된다.

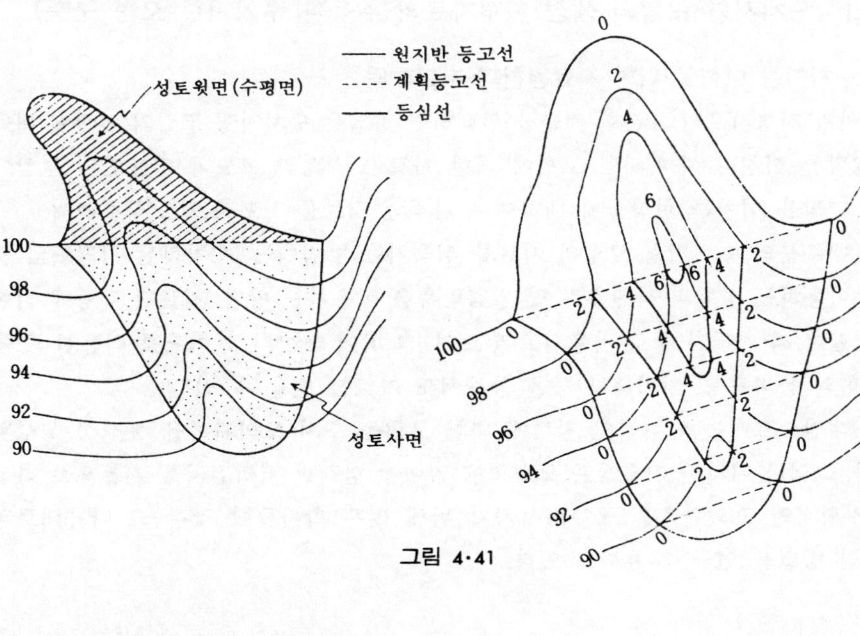

그림 4·41

4·2 수치지형 모형(DTM)

수치지형 모형(Digital Terrain Model : DTM)은 1950년대 이래로 지구과학의 응용분야에 사용되어 왔으며, 지형정보의 처리에 있어서 가장 중요한 요소가 되어 왔다. DTM은 지구와 공학분야의 수많은 응용분야에 있어서 기초가 되어 왔으며, 또한, 지형공간 정보체계에 있어서도 지형이나 또는 다른 표면들과 관련된 현상을 해석하고 보여줄 수 있도록 모형화시켜 왔다.

수치지형 모형은 지표면의 일부를 수치적으로 표현한 것이라고 할 수 있다. 절벽과 단층들은 상대적으로 드물기 때문에, 지형의 대부분은 x, y축에 대해 고유의 z값을 가지는 표면들을 연결시켜 간단히 모형화할 수 있다.

수치지형 모형은 일반적으로 다음과 같은 작업을 포함하고 있다.

1) **수치지형 모형 생성** 원래의 지형자료를 표본화하고, 다양한 관측값 사이의 관계를 형성한다(모형구축).

2) **수치지형 모형 조작** 수치지형 모형을 수정·정렬하여 중간모형을 유도한다.

3) **수치지형 모형 해석** 수치지형 모형을 분석, 수치지형 모형으로부터 정보를 추출한다.

4) **수치지형 모형 시각화** 수치지형 모형과 추출된 정보를 도해적으로 표현한다.

5) **수치지형 모형 응용** 특별한 원칙하에 적절한 응용모형을 개발한다.

4·2·1 수치지형 모형의 생성(지형자료의 취득과 수치지형 모형 구축)

[1] 수치지형 모형을 위한 자료원천과 자료취득

자료원과 지형자료의 표본화 기술을 선택하는 방법은 수치지형 모형의 결과에 대해 크게 영향을 끼친다. 수치지형 모형에 대한 자료는 지형의 고도와 지표면의 형상에 중요한 영향을 끼치는 현상들에 대하여 부가적인 정보들의 관측으로 구성된다.

현재 대부분의 수치지형 모형의 자료를 취득하는 방법에는, 수치화된 지형도의 자료원을 이용하는 방법과 사진측량 및 원격탐측을 이용하는 방법, 지표면 측량에 의한 방법과 같이 세 가지가 주로 이용되고 있으며, 그 밖에 레이더, 레이저를 이용한 측량, 해저지형의 음파측량, 지진측량 등을 통해서도 자료를 얻을 수 있다.

다른 대안으로서는 인위적인 지형에 대한 모형을 수치 모의관측을 통해서 생성할 수 있다. 그러나 이러한 기술들은 모형화에 있어서 엄격한 처리절차를 기본으로 하고 있다. 지형적인 모의관측을 구체화시키기 위해 많은 학자들이 각각 그 나름대로의 독자적인 방법을 연구, 개발하고 있다.

(1) 지표면 측량

측량자료는 현장의 기구들과 연결되어 자료 기록자들에 의해 전산체계에 직접적으로 입력될 수 있다. 지표면 측량의 자료는 매우 정확하기 때문에 수치지형 모형결과의 정확도도 매우 높다. 그러나 이러한 자료수집 기술은 상대적으로 시간이 많이 소요되기 때문에 극히 작은 면적의 지역에서만 사용이 제한된다. 따라서, 지표면 측량은 일반적으로 특별한 연구 또는 사진측량에 의해 취득된 자료를 보완하는 데 사용된다.

(2) 사진측량에 의한 자료취득

사진측량에 의한 자료취득은 항공사진 또는 인공위성 영상자료를 입체 도화기에 의해 해석하는 것을 기본으로 하고 있다. 사진측량의 표본화 기술(규칙적 표본화, 연속적 표본화, 선택적 표본화, 합성 표본화 등)에는 많은 기술들이 있는데, 이들 각각의 방법들은 자료수집에 있어서 가장 적은 노력으로 가장 큰 정확도를 얻고자 하는 데 그 목적이 있다. 현장작업이 적은 사진측량 방법이 사용된 이래로, 넓은 지역이 상대적으로 짧은 시간에 다루어질 수 있게 되었다.

(3) 지형도의 자료원

등고선도와 같은 지형도에 의한 자료로부터 수치지형 모형을 얻을 수도 있다. 이러한 아날로그(analogue)자료는 수동식 디지타이저나 반자동 디지타이저(digitizer), 자동 스캐너(scanner)에 의해 수치화될 수 있다. 지형자료를 직접적으로 얻는 방법은 상대적으로 그 비용이 크기 때문에 이러한 간접적인 방법이 많은 양의 자료를 필요로 하는 사업들이나 국가나, 국방에 관련된 도면화 정책에 부응하여 주로 이용된다. 이렇게 광범위한 이용에도 불구하고 등고선 자료는 지형을 시각화하는 데 있어서는 적합하나, 표면의 수직적인 표현에 있어서는 유용하지 못하고 과대 표본화(過大標本化, oversampling)나 과소 표본화(過小標本化, undersampling)와 같은 형태로 표본화되며, 선을 그리는 데 있어서, 또는 선을 생성하는 데에 있어서 여러 오차가 발생될 수 있다는 문제점을 가지고 있다. 결과적으로 이것은 수치지형 모형의 정확도가 제한적이라는 것을 말해 준다.

그러나 커다란 면적의 영역에 있어서는 비용에 대한 그 효용이 크기 때문에, 소축척·중축척인 경우 수치지형 모형을 얻기 위해 수치화된 지형도의 자료원을 사용하는 것이 좋다.

[2] 모형구축

지형자료의 취득을 위한 처리절차에 의해 얻어진 자료(원래의 관측자료)는 상대적으로 난해한 자료들의 모임이다. 따라서, 이해가능한 수치지형 모형을 구축하기 위해서는 표면의 개략적인 값을 보간하는 모형뿐만 아니라 자료 상호간의 위상관계(topology)도 정립해야 할 필요가 있다.

(1) 수치지형 모형을 위한 자료구축

수치지형 모형을 위해 다양한 자료구축의 방법들이 오랫동안 사용되어 왔으나, 오늘날 대부분이 사각형 격자(四角形 格子, rectangular grid) 또는 불규칙 삼각망(Triangulated Irregular Network ; TIN)의 자료구축 방법을 따르고 있다.

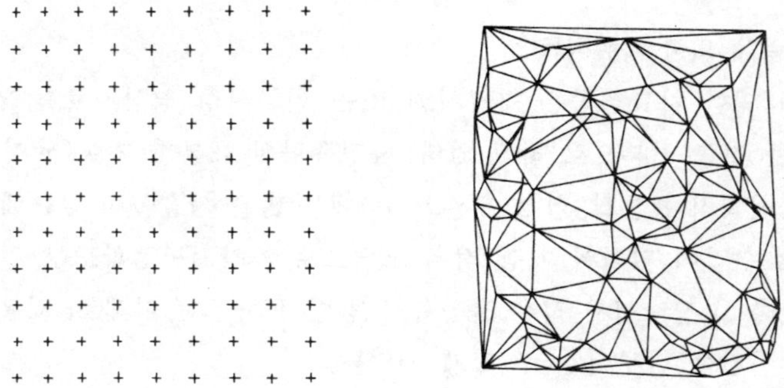

(a) (b)

그림 4·42 수치지형 모형을 위해 일반적으로 사용되는 자료구조

격자는 자료점들의 내재적인 위상관계를 기록하는 행렬구조로 표현된다. 그림 4·42에 의해 표고행렬을 다루는 것은 간단하나, 규칙적인 격자점들의 밀도는 원 지형의 복잡성에 따라 변화하지는 않기 때문에, 지형을 정확하게 표현하기 위해서는 아주 많은 점들을 필요로 하므로 구조적인 지형의 표현이 불가능하다.

불규칙 삼각망 구조는 표본점들의 정점으로 이루어진 삼각형 형태를 기본으로 하고 있다(그림 4·42). 따라서, 구조적인 지형도 쉽게 자료구조와 연관시킬 수 있다. 결과적으로 불규칙 삼각망은 자료점들의 다양한 밀도와 지형의 불규칙함을 표현하기에 적합하다. 또한, 이것은 어떤 정확도의 수치지형 모형을 얻기 위해서는 소수의 점만을 필요로 하기는 하나, 이것들의 위상관계를 명확하게 계산하거나 기록해야 하므로 다루기가 훨씬 복잡하고 어렵다.

(2) 보 간

수치지형 모형에서 보간은 자료가 존재하지 않는 지역에 대한 표고계산이 가능하도록 하는 것을 목적으로 하고 있다. 보간은 주로 다음과 같은 운용에 이용된다. 즉, 한 점에 대한 표고계산(z), 원래의 표본화된 점들로부터 사각형 격자의 표고계산(z), 등고선을 따라 점들의 위치계산(x, y), 사각형 격자의 조밀화(densification)－조악화(coarsening) 등에 이용된다. 수치지형 모형을 보간하는 방법들은 매우 많지만, 이러한 방법들 중 지형표본으로부터 수치지형 모형을 보간하는 데 있어서 기준이 되는 일반적인 성격과 특성을 언급하면 다음과 같다.

① 모든 응용분야와 그 밖의 모든 분야에 적합한 '최상'의 연산법이란 없다.

② 수치지형 모형결과의 질은 원자료점들의 정확도와 분포상황, 보간모형의 적합성에 의해 결정된다.

③ 수치지형 모형의 보간방법을 선택하는 가장 중요한 기준은, 지형의 구조적 형태와 보간기능이 변화하는 지형의 특성에 어느 정도 부합되는지를 판단하는 것이다.

④ 적합한 보간 연산법은 자료요소들의 특성(형태, 정확도, 중요도 등)과 상황(분포상황)에 적합해야만 한다.

⑤ 그 외에 영향을 줄 수 있는 기준에는 필요로 하는 정확도의 정도와 노력 등도 포함된다.

(3) 삼각망(triangulation)

불규칙 삼각망은 보간을 위해서 주로 사용되며, 수치지형 모형(DTM)보다 널리 이용되고 있다.

점들의 집합을 삼각망화하는 데는 여러 가지 방법이 있겠으나, '들로네 삼각망(Delaunay triangulation)'을 대표로 들 수 있다(그림 **4·43**). 들로네 삼각망은 볼록한 면에 의해 그 경계가 지어지고, 특히 이중 들로네 삼각망을 보로노이 다이어그램(Voronoi diagram) 또는 티센 다각형(Thiessen polygon), 디리흐렛 모자이크(Dirichlet tessellation)라 부른다.

불규칙 삼각망은 주로 위상관계 구조로 되어 있기 때문에 그 질은 불규칙 삼각망(TIN)이 논리적으로 어느 정도 일치하는지와 관련되어 있다. 즉, 삼각형의 형성은 지형의 표면에 대한 모형이 실제지형과 얼마나 부합되느냐에 따라 달려 있다. 이러한 불규칙 삼각망을 기반으로 하는 보간의 주된 이점은, 이것이 매우 효율적이라는 것이다. 첫 번째의 상태가 두 번째와는 독립적이므로, 일단 불규칙 삼각망이 구축되면 격자화된 수치지형 모형 또는 등고선은 효율적으로 계산될 수 있다. 또한, 이것은 어떤 국부적인 방법으로서 지형의 불연속성을 쉽게 구체화시킬 수 있으며, 불규칙 삼각망의 구조를 격자화된 수치지형 모형으로 변환시켜 사용할 수도 있다.

(4) 등고선 자료로부터의 보간

수치화된 등고선을 보간하는 것은 매우 복잡하고 세심한 주의를 요하기 때문에, 이를 위하여 여러 가지의 연산법이 개발되어 왔다. 규칙적인 격자형의 수치지형 모형을 보간하는 대부분의 연산은 직선을 따라 선형 또는 입방형 보간을 이용한다. 그러나 이러한 방법은 그림 **4·44**와 같은 경우 해결이 곤란하게 된다.

따라서, 보다 발전된 방법이 Hutchinson(1988, 1989)에 의해 제시되게 되었다. 이

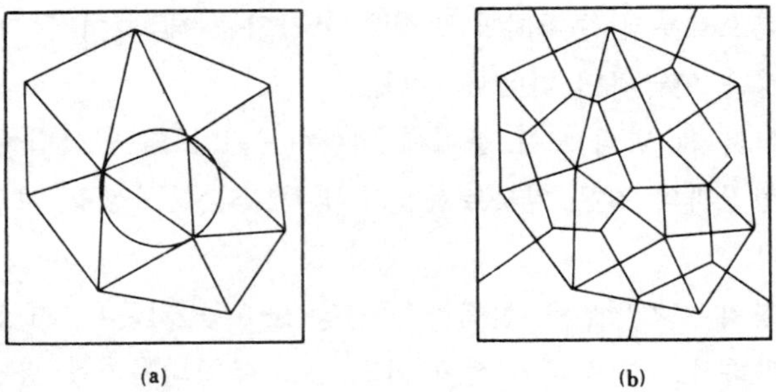

그림 4·43 들로네 삼각형의 개념

방법은 배수강화 연산법(排水强化演算法, drainage enforcement algorithm)이라고도 표현되며, 격자형으로 나타내어지는 표고 중에서 움푹 패인 곳이나 구멍을 자동적으로 제거하고, 등고선의 최대 곡률지점으로부터 산등성이나 분수선을 자동으로 계산할 수 있다는 장점이 있다.

격자보간과는 별도로 최근에는 삼각망을 기반으로 하는 보간을 개선시키려는 관심이 증대하고 있다. Christensen(1987)의 방법은 삼각망에 대한 등고선 다각형의 중간축을 이용하여 들로네 삼각망을 개선시켰으며, 여러 가지 접근방법이 계속 연구되고 있다.

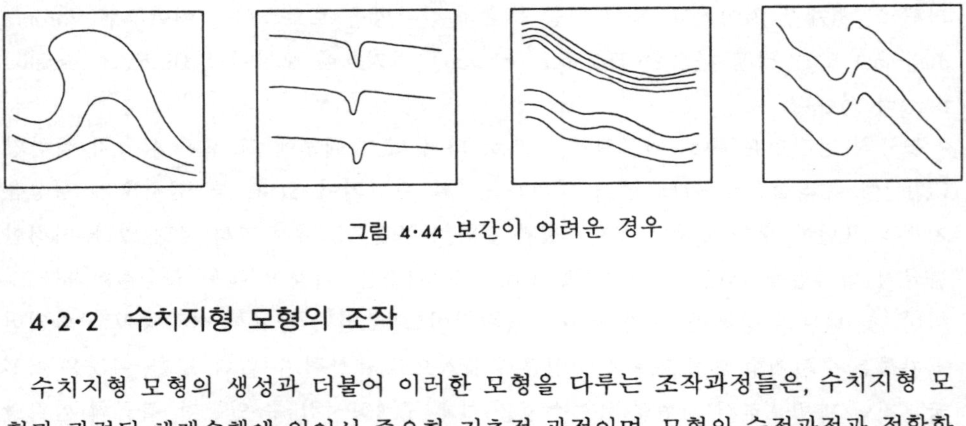

그림 4·44 보간이 어려운 경우

4·2·2 수치지형 모형의 조작

수치지형 모형의 생성과 더불어 이러한 모형을 다루는 조작과정들은, 수치지형 모형과 관련된 체계수행에 있어서 중요한 기초적 과정이며, 모형의 수정과정과 적합화 과정 등이 이에 필수적이다. 수치지형 모형의 조작은 수치지형 모형의 편집, 여과와 병합, 그리고 다른 자료구조들간의 변환과정으로 구성되어 있다.

[1] 자료의 편집

자료의 편집에는 갱신과 오류수정 과정이 포함되는데, 편집자는 수치지형 모형요소 각각의 특성들을 선택적으로 수정한다. 수치지형 모형의 편집기능에는 질의, 삭제, 삽입, 이동, 고도교환, 속성교환 등과 같은 것들이 포함되어야 한다. 그러나 격자화된 수치지형 모형의 경우에 있어서 편집은 격자점의 표고를 수정하는 수준이다. 만약, 불규칙 삼각망이 편집되었다면 점들이 삽입되거나 삭제된 후에는 그 망의 위상관계를 조정해야만 한다.

시각적인 환류(環流 ; feed back)에 의해 처리함으로써 편집작업을 크게 단순화시킬 수 있다.

[2] 자료의 여과

수치지형 모형자료에 대해서 여과과정을 거치는 목적은 수치지형 모형의 평활화(smoothing)와 개선화(enhancement) 등을 위함이다. 수치지형 모형을 위한 평활화와 개선화는 영상처리와 같은 다른 분야에서 이용하는 저역여과(lowpass filter)와 고역여과(highpass filter)와 동일하다. 이것들은 일반적 연산을 이용한 공간분야 또는 푸리에 변환을 이용한 주파수 분야에 적용될 수 있으며, 격자화 된 지형모형에 가장 잘 적용될 수 있다. 저역여과에서 적용되는 평활화를 통해서 상세한 부분이 삭제되며, 모형의 표면이 보다 매끄러워진다. 고역여과에서의 자료강화를 통해서 표면의 불연속성이 강조되고 평활한 형태가 무시되는 반대효과가 발생한다. 평활화는 큰 오류를 제거하는 데 사용되며(예, 사진자료), 또한 수치지형 모형에 의한 지형의 일반화에 사용되곤 한다.

수치지형 모형의 여과는 방대한 양의 수치지형 모형 자료량을 감소시키는 데도 사용되는데, 이를 적합 삼각망(Adaptive Triangular Mesh : ATM) 여과라고 한다. 이것은 일정한 허용범위 내에서 지표면을 나타내는데, 더 이상의 점이 필요 없을 때까지 반복적으로 삼각망의 가장 중요한 점들을 찍어 나가는 과정이다.

[3] 자료의 연결(joining)과 병합(merging)

수치지형 모형은 인접모형들을 연결하거나 중첩된 모형들을 병합하여 합성할 수 있다. 격자화된 수치지형 모형에 있어 격자들이 격자 해상력과 방향에 있어 일치한다면 연결은 직선이 되지만, 그 반대의 경우 사상을 명확하게 나타내기 위해서는 재표본 처리를 해야만 한다. 불규칙 삼각망의 연결에는 모형들을 수정하기 위해 그들의 경계를 따라 접속시키고, 재조정하는 연산법이 필요하다.

수치지형 모형의 병합과정은 두 가지 과정에 있어서 문제점을 내포하고 있다. 첫 번째는 한 모형의 모든 요소를 다른 모형에 삽입시키는 과정이고, 두 번째 문제는 속성(표고, 경사)이 일치하지 않고 정확도가 변화하는 자료의 모임들을 결합시키는 것이다.

[4] 자료의 구조변환

불규칙 삼각망과 같이 어떤 구조로 표현된 수치지형 모형을 다른 구조로 변환시키는 작업은, 수치지형 모형 자료의 생성과 조작과정의 결합에 의해 이루어질 수 있다.

격자형을 불규칙 삼각망의 구조로 변환하는 것은 불규칙 삼각망의 자료를 삭감시키는 과정, 즉 적합 삼각망(ATM) 여과를 통하여 얻어질 수 있다. 불규칙 삼각망 자료구조의 보다 나은 이익을 위해서 중요하지 않은 점은 변환처리 과정에서 삭제되어야만 한다. 또한, 이러한 연산법은 다른 접근방법에 비해 격자형을 불규칙 삼각망의 구조로 변환하는 데 보다 적합하다.

4·2·3 수치지형 모형의 해석

지형공간 정보체계에서 수치지형 모형은 지형에 관련된 속성과 형상을 추출해내는 데 있어서 기본이 된다. 정보는 도형표현의 시각적 분석 또는 수치지형 자료의 정량적 분석에 의해 추출된다.

[1] 지형분석을 위한 해석

수치지형 모형해석의 첫 번째 대상은 지형적인 인수들을 구해내는 것이다. Evans (1972)에 의하면 지형적인 분석은 일반적인 지형과 특별한 지형 두 가지 형태로 나눌 수 있다. 일반적인 지형에서는 수치지형 모형으로부터 경사도와 곡률을 구하는 데 주로 이용되며, 이것을 구하기 위한 접근방법으로서 수치지형 모형의 표면에 수직인 각 단면을 계산하는 선추적 분석을 이용한다. 불규칙 삼각망의 삼각형의 경우 표면의

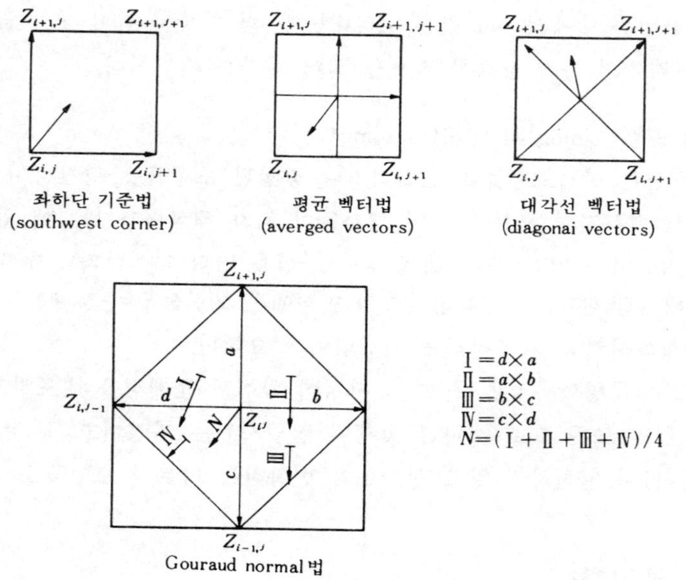

그림 4·45 사각형 단면들의 평균법

수직면은 보간방법에 의해 구해지고, 격자 수치지형 모형의 경우 각 사각형 단면들은 4개의 근접한 격자점들로부터 형성된다. 사각형은 거의 평탄하지 않기 때문에 선추적(veetor ; 線追跡) 자료들은 평균화과정을 거쳐야 한다. 특별한 지형의 경우에 있어서는 주로 표면의 수리학적 요소와 관련된 지형(예를 들면, 표면의 특이점이나 산의 정상, 움푹패인 곳, 좁은 길)의 묘사에 중점을 두고 있다.

[2] 수치지형 모형의 질 평가를 위한 해석

표본화 과정에 있어서 오차가 발생할 수 있는데, 이러한 오차를 검색하고 수정하는 과정이 필요하다. 가장 일반적인 방법은 직접 눈으로 보고 일치하지 않는 요소를 편집하는 것이다.

수치지형 모형의 질을 조절하기 위해서는 기준자료, 즉 기준점 또는 다른 수치지형 모형과의 비교가 필요하다. 따라서, 많은 이들에 의해 표면의 질을 평가하는데, 적합한 기준점〔예로서, 평균 제곱근 오차(Root Mean Square Error ; RMSE)〕들이 제시되게 되었다.

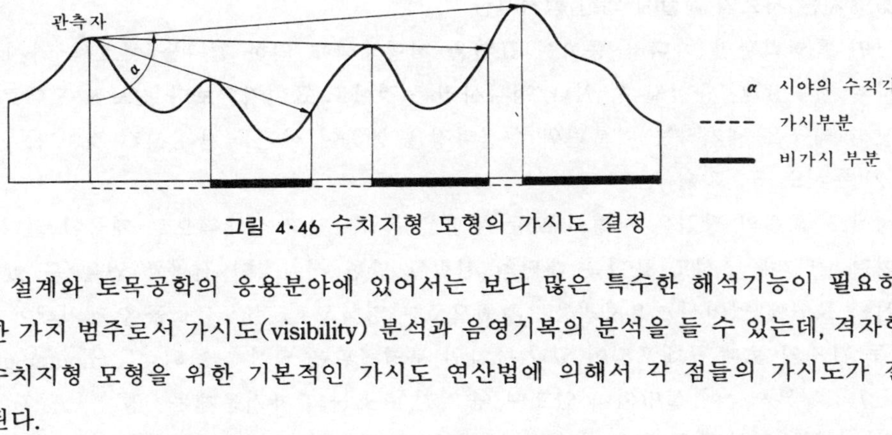

그림 4·46 수치지형 모형의 가시도 결정

설계와 토목공학의 응용분야에 있어서는 보다 많은 특수한 해석기능이 필요하다. 한 가지 범주로서 가시도(visibility) 분석과 음영기복의 분석을 들 수 있는데, 격자형의 수치지형 모형을 위한 기본적인 가시도 연산법에 의해서 각 점들의 가시도가 결정된다.

상호 가시도(intervisibility)는 모든 관측점에 대한 가시도 과정을 적용하고, 결과들을 부가시킴으로써 다중 관측점들을 계산할 수 있다. 음영기복의 계산은 가시도 분석과 밀접하게 관련되어 있다.

[3] 수치지형 모형의 시각화

수치지형 모형(또는 지형공간 정보체계)의 모형화 연산에 의한 결과는, 사용자에게 그림의 형태로 제공된다. 따라서, 시각화는 수치지형 모형체계에 있어서 아주 중요한 역할을 하고 있다. 이것은 해석과 밀접하게 관련되어 있으며, 이러한 해석적 연산이 시각화의 개선을 가능하게 한다. 또한, 그림의 형태는 어떤 정량적인 분석 없이 직접적으로 의사결정을 할 수 있도록 해준다.

시각화는 연구자들의 모형개발과 가설 재확립에 도움을 주는 상호 가시도와 전통적으로 종이지도를 제작하기 위해 사용되는 정적 가시도의 두 가지 목적을 위하여 연구되고 있다.

(1) 정사도 형태의 표현기술(orthographic display techniques)

1) 등고선　등고선은 기복을 표현하기 위한 기술 중, 가장 널리 쓰이는 기술이다. 등고선은 3차원의 정량적인 시각화 방법으로서, 표현된 기복으로부터 정량적인 정보를 충분히 추출해낼 수 있다. 등고선의 구축은 수치지형 모형의 보간과 밀접하게 관련되어 있으며, 많은 전산 프로그램들이 이러한 작업을 가능하도록 개발되고 있다.

2) 사면 음영화(hillshading)　해석적 또는 자동화된 사면 음영화는 정성적인 지형도의 기복표현에 있어서 편리하게 사용된다. 사면 음영화는 Yoeli(1965, 1967)에 의해 자동화되었고, 그 이후로 지형을 표현하는 표준적인 기술이 되었다. 이것은 조명의 모형에 기반을 두고 있으며, 각 수치지형 모형의 단면에 대해 빛의 강도가 계산되고 음영값도 계산된다.

3) 2차원 자료의 결합에 의한 정사사진

사면 음영화뿐만 아니라 등고선 표현은 지형해석에 의한 결과들(예로서, 가시도, 경사와 배수망)과 중첩될 수 있다. 정사사진은 정사도 표현기술보다 진보된 형태로서 영상의 왜곡을 제거하는 미분편위 수정과정을 통하여 사진을 생성시킨 것이다.

(2) 투시도 표현기술

정사도 표현의 장점은 지형의 모든 부분을 볼 수 있고 상대적으로 왜곡이 없다는 것이다. 반면에 투시도 표현은 대단히 신뢰할 만한 시각적인 결과를 얻을 수 있다. 투시도 표현에 있어서는 2차원을 3차원으로 투영하고 숨겨진 요소들을 제거해야 하는 두 가지의 문제가 내포되어 있다. 3차원 투영변환은 전산 도형해석(computer graphics)의 기본서들에 설명되어 있으며, 숨겨진 요소들의 제거문제는 '영상 – 공간 연산법'이라는 연산법에 의해 해결될 수 있다.

(3) 진보화된 시각화 기술

투시블록 다이어그램의 기본적인 형태는 표면자료의 시각적 해석과 대화방식의 분석을 지원하기 위한 여러 가지 방법에 의해서 확장될 수 있다. 지형도의 형상은 수치지형 모형의 표면, 표지(label), 표고를 지시하는 데 사용된 투명한 표면과 중첩될 수도 있으며, 3차원 물체가 블록 다이어그램과 결합되어 보여질 수 있다.

지형표현은 점차적으로 수치지형 모형을 실제와 같도록 표현하려는 방향으로 나아가고 있는데, 이러한 방법으로서 입체시된 사진을 이용하거나 선추적 기술, 활동화 기술 등을 예로 들 수 있다.

시각화는 표현을 위해 관련된 요소를 선택하고 모형화하는 과정과 이것을 효과적으로 표현하는 과정을 결합하여 이루어진다. 이러한 과정 중 지형의 묘사와 관련된 것 중 하나가 지형도의 일반화이다. 일반화는 지형인식, 단순화, 시각화와 같은 복잡한 작업들을 필요로 하기 때문에 자동화가 요구되며, 이러한 접근방법들은 Brassel 과 Weibel(1988) 등에 의해 제시되었다.

4·3 수치표고 모형(DEM)

4·3·1 개 설

공간상에 나타난 연속적인 기복변화를 수치적으로 표현하는 방법을 수치표고 모형(Digital Elevation Model : DEM)이라 하며, 수치지형 모형이라는 용어도 함께 사용한다. 여기서 지형이라는 용어는 표고뿐만 아니라 지표의 다른 속성도 포함하기 때문에 수치지형 모형은 포괄적인 의미로 쓰이며, 표고에 관한 정보만을 다루는 경우에는 수치표고 모형이라는 용어가 주로 사용된다. 특히, 수치표고 모형은 현장측량과 사진측정학과 관련이 깊고, 수치지형 모형은 측량뿐만 아니라 원격탐측과 자연과학·사회과학과 밀접한 관련이 있다.

4·3·2 수치표고 모형의 표현

[1] 불규칙 삼각망(TIN)

불규칙 삼각망(Triangulated Irregular Network : TIN)은 수치모형이 가지는 자료의 중복을 줄일 수 있으며, 지형공간 정보체계와 자동지도 제작, 그리고 등고선 처리 프로그램과 같은 여러 분야에서 많이 사용되고 있는 방법이다. 불규칙 삼각망은 1970 년대 초반에 불규칙하게 배열된 격자점들로부터 지형을 분석해내는 간단한 방법으로 개발되었으며, 1980 년대에 이르러 등고선 처리 프로그램이나 지형공간 정보체계 소프트웨어에서 상업적으로 사용되기 시작했다. 표고행렬과 달리 불규칙 삼각망은 기복의 변화가 작은 지역에서는 절점의 수를 적게 하고, 기복의 변화가 심한 지역에서는 절점의 수를 증가시킴으로써 자료량을 조절한다. 일반적으로 수백 개의 격자를 가지는 표고행렬을 100 여 개의 절점을 가지는 불규칙 삼각망 구조로 나타낼 수 있다.

[2] 수치표고 모형의 자료원과 표본화 과정

표본화 방법은 다음의 세 가지로 분류할 수 있다. 표본점을 미리 선정하거나 표본화 과정에서 선정하는 선택적 표본화(selective sampling)에서, 각 표본점이 가지는 정보량을 기준으로 표본점을 선정하여 표본점의 수를 줄일 수 있는 적응적 표본화(adaptive sampling), 표본화와 정보분석이 동시에 수행될 때 사용되어 정보분석 결과가 표본화를 조정하는 연속적 표본화(progressive sampling)가 있다.

[3] 수치표고 모형의 표현기법

수치표고 모형의 표현방법에는 수학적 기법과 영상기법이 있다. 수학적 기법에는 Fourier 급수, 고차 다항식과 같은 전면적 방법과 일반적인 절편법과 같은 국소적 방법으로 구분된다. 또한, 영상기법에는 점자료 이용법과 선형자료 이용법이 있는데, 점자료는 규칙적인 격자배열(예 : 균일밀도, 가변밀도)과 불규칙 배열(예 : 삼각분할, 근접 망구조), 주요형태(예 : 정상부, 구덩이, 고개, 경계선)로 나눌 수 있다. 또한, 선형자료는 등고선(예 : 수평절단), 단면(예 : 수직절단), 주요형태(예 : 능선, 유선, 해안선, 경사 급변점)로 나눌 수 있다.

[4] 수치표고 모형의 정확도

수치표고 모형의 정확도는 이것의 원자료와 공간 해상력, 즉 격자의 간격에 달려 있다. 또한, 수치표고 모형의 정확도에 영향을 주는 하나의 인수는 원자료의 축척과 격자가 정제된 수준, 즉 해상력이라 할 수 있다. 이러한 원자료의 해상력은 수치화되는 동안 얻어진 내용의 수준을 결정한다. 또 다른 인수는 수치표고 모형의 수평적 차원과 수직적 차원이다.

수평적인 정확도는 표고행렬의 수평간격에 의존한다. 일반적인 수치표고 모형 내에서는 대부분의 지형형상들이 수평면의 격자절점을 규칙적으로 교차시킴으로써 그 간격을 줄여 일반화시킨다.

수치표고 모형자료의 수직적인 정확도는 공간적인 해상력(수평격자의 간격), 원자료의 특성, 수집과 처리과정, 수치화 체계에 의존한다.

제 5 장
경 관 계 획

5·1　경관계획의 의의 및 방법

경관계획은 정기적 안목을 갖고 지역의 지리적 또는 역사적 의미를 고려하여 설정하여야 한다. 일반적으로 모든 계획의 초안을 작성하는 데는 계획의 5요소인 계획의 주체, 목적, 대상, 방법, 구성이 명확하여야 한다. 본절에서는 경관계획의 목적 및 주체경관에 대한 계획과 설계의 차이점 및 자주 이용되는 경관 계획상의 용어도 간단하게 언급하고자 한다.

5·1·1　경관계획의 의의

[1] 계획의 목적

경관을 다루는 사람들은 가치의식을 가지고 눈에 보이는 경관현상을 인식하며, 때와 장소에 따라 아름다움, 추함, 통일감, 혼란스러움 등의 구체적 평가를 내리고 그 해결을 구하려 한다. 경관계획의 의의는 표면적으로 서로 연관이 없는 것 같은 이들의 요구를 하나의 체계로 수렴하고, 앞에 말한 가치들을 지역이나 시대의 요청에 따라 구체화하고 실현하는 것이다. 즉, 때와 장소에 좌우되지 않는 근원적인 경관의 가치를 실현하는 것이 경관계획의 목적이라 할 수 있으며, 이것을 기초로 하여 실상에 적합하며 구체적인 과제에 대하여 계획의 목표를 세워야 한다.

즉, 경관계획의 목적은 "인간에 의하여 의미가 주어지고 풍부한 체험을 보장하는 환경의 창출"이며, 보다 계획론적으로 정의하면, "인간에 의하여 가치가 주어지는 어느 경관을 보호·보전·개선 및 창조하는 것"이라 할 수 있다. 단, 여기서 말하는 "의미의 충족", "인간에 의하여 가치가 주어지는" 경관이란, 일상이나 비일상 양쪽의, 또는 다양하게 주장되고 있는 여러 가지 경관가치를 의미한다.

[2] 계획의 역할

경관계획의 필요성과 존재의의는 경관을 계획하는 자체의 필요성과 전체 계획 중 하나로서의 경관계획의 필요성이라는 두 가지 관점에서 검토할 필요가 있다.

첫 번째 문제는 다른 분야에서 계획이 갖는 역할, 예를 들면 교통문제에서의 교통계획, 도로건설에서의 도로계획 등과 같은 것이라 할 수 있으므로, 여기서는 두 번째 문제를 위주로 기술한다.

계획과 설계과정에서 경관주제에 대한 동기부여, 관계설정, 기능과 모형, 중요도가 많은 부분에 형태부여, 설계에 제약조건 등을 고려한다. 또한, 도시계획에서 경관계획은 토지 및 시설계획과 환경계획에 관한 도시기본 계획 등으로 나뉘어진다.

토지 및 시설계획에 있어서 도시기본 계획은 첫째, 토지이용 계획으로서 주대상은 논, 밭, 산림, 임야, 수면, 녹지, 개방공간, 주택지, 업무지, 상업지, 공업지, 촌락지 등이다. 둘째, 시설배치 계획은 교통수송 계획, 공급처리 시설계획, 공원 및 여가시설 계획, 공공 건조물 계획 등으로 나누어진다. 교통수송 계획의 주대상은 철도, 도로, 하천, 항만, 운하, 통신시설 등이다. 공급처리 시설계획의 주대상은 상수도, 하수도, 전기, 가스, 쓰레기 처리 계통 등이다. 또한, 공원 및 여가처리 시설계획의 주대상은 공원, 운동장, 광장, 여가시설 등이며, 공공 건조물 계획의 주대상은 관공서, 학교, 병원, 시장, 사회복지 시설, 인터 체인지, 화물 야적장, 교량, 제방, 오수 처리장 등이다.

환경계획에 있어서 도시기본 계획은 안전면을 고려한 도시방재 계획과 교통사고 방지계획으로 나눌 수 있으며, 보건 및 복지면에서 공해방지 계획, 보건복지 시설계획, 편의성 및 문화적인 측면을 고려한 경우 자연보호 계획, 교육 및 문화시설 계획, 문화재 보호계획, 도시경관 계획으로 나눌 수 있다.

일반적으로 종래의 도시계획은 도시를 부문별과 물적 대상별로 보는 시점(예 : 도로계획, 하수도계획, 하천개수 계획), 즉 종적계획 및 설계에 치우쳤고, 도시를 생활공간의 집합으로 보는 시점(예 : 환경계획, 공해방지 계획, 경관계획), 즉 횡적 계획 및 설계가 경시되어 왔으나, 오늘날 도시계획에서는 횡적계획 및 설계가 중요하게 취급되고 있다.

즉, 경관계획(景觀計劃) 및 설계의 역할과 본질은, 기능주의적 계획법의 보완역할과 계획의 총체성 취득의 역할로 나눌 수 있다. 첫째, 기능주의적 계획법의 보완역할은 계획대상 자신의 요청과 내적요청이 같은 경우로서, 개별대상의 계획과 설계에 있어서 기능적, 경제적 사고법을 보완한다. 둘째, 계획의 총체성(totality) 취득의 역할은 대상을 둘러싼 환경의 요청과 내적요청이 같은 경우로서, 개별대상의 계획과 설계를 전체로서 총합한다.

건물이나 교량과 같은 개별적 대상을 설계하는 경우에, 형태의 시각적 효과보다는 실용성과 견고함에 더 많은 배려를 하고 있는 경향이 종종 있다.

주택의 경우에는 거주성, 교량의 경우에는 건넌다는 기능을 만족하기 위한 것이지만, 이것은 감성을 갖는 인간이 이용하는 대상이므로, 필연적으로 아름다운 형태의 요건을 겸비하여야만 한다. 이것은 본래 실용품이었던 항아리나 다기(茶器)가 점차 실용쪽보다 순수한 감상의 대상으로 변해 가는 역사적 사실을 보면 쉽게 수긍할 수 있다.

대상의 속성에서 요구되는 두 측면, 즉 내적 및 외적요청을 중시하여야 한다. 대상 자체의 요청인 내적요청은 기능상의 요청과 형태상의 요청이 있으며, 대상을 둘러싼 환경의 요청인 외적요청은 경관과 생태의 속성을 요구하고 있다.

일단, 대상을 바라보는 시점을 정하여 경관을 바라보는 경우, 제반계획과 설계가 잘 행해지도록 도면 중에 해당 대상지 이외를 '여백'으로 하여 취급해야 할 필요가 있다. 또한 어느 시점을 정하여 바라보는 경우, 또는 걸어가면서 바라볼 때 대상의 총체도 필연적으로 대상과 조화를 이루어야 한다. 따라서, 경관계획의 입장에서 대상에 대한 접근은 총체성의 복권(復權) 또는 취득계획이라 할 수 있다. 예를 들어서 "계획에 주제(theme)와 동기(motive)를 준다", "관계의 디자인", "설계에 제약조건을 준다" 등은 위에 말한 경관계획과 설계의 본질을 구체적으로 말한 것이라 할 수 있다.

[3] 경관계획의 조건

경관계획이 갖추어야 할 조건은 공공성(公共性, publicity)과 실행성(實行性, feasibility)의 두 가지로 요약할 수 있다. 첫 번째 조건은, 특히 공공 사회기반 시설물을 취급하는 경관계획의 경우에 크게 요구된다. 이 조건의 구체적인 내용은 경관계획 작성시의 제반기준, 즉 목적에 적합한 과정의 타당성, 기본적으로 의견일치가 이루어진 객관성, 내용이 명료하게 나타난 명시성의 세 가지로 생각할 수 있다.

두 번째 조건은 경관계획의 방법에 관하여 실천적으로 대상을 공학적으로 취급하는 수단인 조작성을 말한다.

이들 요건을 만족하는 경관계획을 구성하기 위해서는 그 기준과 과정에 관한 기초연구가 필요하며, 이를 위하여 경관공학이 도입되어야 한다. 이것은 마치 토목공학을 바탕으로 하여 토목사업이 이루어지는 것과 같으며, 경관계획과 설계를 지원하는 학문으로서 경관공학이 도입된다. 따라서, 경관공학은 심리학(시각 심리학, 계량 심리학, 환경 심리학, 심층 심리학 등), 사회학, 미학, 철학, 지리학(경관 지리학, 역사 지리학 등), 민속학 등은 물론 건축, 토목, 조경, 산업 디자인 분야에서 개발된 디자인론의 성과를 바탕으로 하여 독자적으로 구축될 수 있어야 한다.

5·1·2 계획과 설계

일반적으로 계획과 설계라는 용어는 작업상 공통되는 부분이 많기 때문에 다소 애매하게 사용되고 있는 실정이다. 계획 및 설계는 둘다 어떤 일을 하기 위해 이것을 실현하는 데 이르는 수단을 준비하는 과정이지만, 계획에서는 수단과 순서의 절차인 방법론이 중시되는 것에 반해 설계에서는 목적을 실현하기 위한 실천적인 수단을 중시하여 계획에서 보다는 보다 구체적으로 도면에 나타나는 설계기법 등이 중요시 되는 경향이 있다.

예를 들어, 건축분야에서의 계획과 설계의 정의에서는 전자가 인간의 행동·의식·생활과 건축공간과의 대응관계를 기초로 한 실현화의 방법론이 중시되는 것에 반해, 후자에서는 보다 구체적인 건물의 입안·도면·표현을 실행하는 것을 의미한다.

또한, 도시분야에서는 도시계획과 도시설계에 있어서 전통적으로 전자에서는 시설의 기능배치와 도시 구성요소의 분포 등, 추상적이고 기능적 측면을 다루는 반면, 후자에서는 광장이나 가로의 형태와 같은 도시의 형태적 측면을 중시하는 경향이 있다.

즉, 계획은 기능 중시, 논리적, 시간·공간적, 확률적이며 설계는 형태를 중시, 실천적·공간적·확정적이라 할 수 있다. 물론, 계획에서도 기본계획에서 실시계획에 이르는 계획의 단계(hierarchy)가 존재하고, 실시계획에 접근함에 따라 보다 설계적이 되는 경우가 있지만, 계획 및 설계의 결정적인 차이는 계획이 시간개념을 포함하는 확률적인 작업임에 비해, 설계는 시간개념을 포함하지 않는 확정작업이라고 말할 수 있다.

따라서, 계획은 예측작업이 불가피하게 요구되는 반면, 설계는 그렇지 않다. 일반적으로 이용되는 몽타지 등의 경관예측 방법은 단순한 시설의 완성상태에 대한 예상이다. 현재 시행되고 있는 경관계획의 대부분은 계획이라기 보다는 대상물과 공간의 설계와 같이 대상물의 형태를 결정하는 일에 한정되는 경우가 많다.

일반적으로 경관분야에서는 이상 기술한 것과 같이 예측을 동반하는 계획영역에 관한 기술축적이 부족함에 따라, 현재의 경우 설계 및 계획의 경계가 조금 애매한 점도 많이 있는 실정이다.

5·1·3 계획주체와 목표설정

경관계획의 주체는 공공 및 민간의 계획자이나, 보다 폭넓게 주체를 설정하면 일반대중 및 자연도 포함되어야 한다. 왜냐하면 경관의 경우는 조작영역과 평가영역의 확장을 그림 5·1처럼 도식화할 수 있으며, 협의의 계획자가 직접 조작할 수 있는 영역은 극히 제한되고, 자연 및 대중이 경관형성에 큰 역할을 담당하고 있기 때문이다.

따라서, 현실적인 경관은 지형, 지질, 식생, 기후 등의 자연에 의해 이미 설계되어 있는 것이며, 자연적인 현상인 홍수, 산사태, 해안침식 등도 자연에 의한 계속적인 경관의 설계행위라 볼 수 있다.

특히, 우리 나라에서도 전통적으로 극히 일부의 예외를 제외하고는 자연의 혜택을 어떻게 활용하느냐에 설계의 성공여부가 달려있음에 따라, 경관설계는 계획자와 자연이 협동한 작품이라고 말할 수 있다.

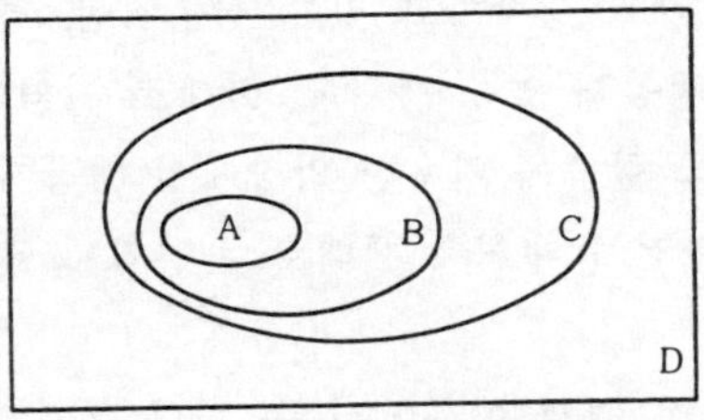

A : 직접 조작영역
B : 간접 조작영역(대중에 의해 성행되고 제어가 가능함)
C : 자연(지형, 지질, 식생, 기후 등에 의해 생성)
D : 평가영역(모든 가시적 현상)

그림 5·1 경관계획에 대한 조작영역과 평가영역

일반적으로 대중은 계획의 주체이며 협의의 계획자는 그 대행자에 지나지 않는다고 생각할 수도 있다. 이와 같이 본래적인 의미에 덧붙여 경관의 경우에는 대중자신의 생활활동(주택건설 등)이 경관의 전체 수준을 규정하는 중요한 요인이 되며, 이 부분에 대해 규제 또는 조절을 가해도 대중의 동의가 없으면 불가능하므로, 대중이 경관의 형태를 결정하는 계획주체라고 말할 수 있다.

이상의 기술사항을 보다 알기 쉽게 하기 위해 경관계획을 그림으로 그리는 행위에 비유하면 다음과 같다. 계획자의 눈앞에 있는 화판(canvas)의 크기와 재질은 지역의 자연조건에 의해서 이미 결정되어져 있다. 화가(경관 계획자)가 그림을 그리는 화판 위에 그림물감을 떨어뜨려 가는 것은 협의의 계획자(화가)이지만, 옆에서 빈번히 각종 크기의 화필(대중)이 가지각색의 색을 떨어뜨려 간다. 결국, 그림을 그리는 방법도 화가 한 사람의 뜻대로 되지 않으며, 어느 때에는 화가의 능력부족을 보충하는 경우도 있다.

화가(계획자)는 화판의 크기와 재질(자연조건)에 맞는 화필과 그림물감(계획의 요소와 방법)을 선택하고 다수의 화가(대중)와 함께 그림(경관의 형성, 성숙)을 완성시켜야 한다. 또한, 화판을 하찮게 보면 그림물감을 떨어뜨리려는 쪽에는 이미 많은 것이 그려져 있음에 따라, 화가는 그것을 무시하고 완전히 마음대로 화필을 휘두를 수 없게 된다.

그려져 있는 것은 우리들의 선조가 만들어 온 눈앞의 경관이며, 화가 자신의 필법도 전통과 문화의 제약에서 벗어날 수 없다. 물론, 배워서 이루어진 어설픈 필법(직수입한 설계)으로는 화판에 잘 맞는 그림을 그릴 수 없다는 것은 말할 것도 없다.

경관계획의 목표는 상황에 따라 유연하고 동시에 구체적으로 세워져야 하며, 특히,

계획의 목표를 설정할 때에는 전제조건의 음미, 목표설정의 추상도와 같은 두 가지 사항을 유의하여야 한다.

계획목표의 설정에서는 현상 또는 장래에 관한 문제점을 해석하고, 이것을 정리한 계획과제에서 출발해야 하나, 대개의 경우 이것과 동시에 기능적인 측면에 대한 요청이 계획의 전제조건으로서 주어지는 것이 일반적이다.

사업자가 경관계획을 사후의 간단한 수경이라고 생각하고 있는 경우처럼, 경관계획의 역할에 무지한 경우나 해당지역 정보에 정통해 있는 까닭에, 반대로 지역의 거시적인 특징을 경시해 버리는 경우가 있다. 어느 한쪽에 치우친 입장에서 해당지역의 경관을 인식하고 있는 경우에는, 주어진 전제조건이 계획에 제대로 반영되지 못하게 된다.

기능계획의 경우 목표설정의 추상도는 비교적 쉽게 이루어질 수 있다. 시간당 몇 대의 교통량을 통과시키는지를 목표로 하는 것과 같이, 대개의 경우는 정량적으로 목표를 설정할 수 있기 때문이다. 그러나, 경관과 같이 목표설정이 정성적인 경우에는 표현의 구체성(추상도)을 어디에 두어야 할 지 매우 어려운 문제가 된다.

가로경관을 정비하는 경우를 예로 들어 생각해 보자. 이 경우 가로 경관계획의 목표는, 아름답고 쾌적하며 동시에 보행하기 안전한 것 등, 너무 보편적이며 추상적으로 설정되어도 안 되는 반면, 지나치게 구체적으로 목표를 설정하는 것도 역시 바람직하지 못하다.

예를 들어, 가로의 경관계획의 목표에서 은행나무의 간격은 6 m로 하고 보도블록을 건축선과 가지런히 하여 통일감을 주어야 한다 등으로 설정하면, 너무 구체적이어서 이후의 계획작업이 필요없게 된다.

일반적으로 목표를 달성하기 위해서 복수의 대체수단을 준비할 수 있는 정도의 추상도를 선택하는 것이 적당하다. 예를 들어, 기후가 나쁠 때에도 보행자에 대해서 최저한의 대피소를 준비해서 가로경관의 쾌적성을 보장한다고 하는 항목을 하나의 목표로서 설정한다. 이 수단은 가로선형의 고안에 의한 방풍, 유개가로(有蓋街路, arcade)의 설치에 의한 강우나 강한 일사로부터의 보호, 또는 가로수의 설치에 의한 녹음공간의 창출 등의 다양한 검토가 가능하게 되어, 타당한 계획의 목표설정이라고 말할 수 있다. 이와 같은 두 가지 점은 경관계획의 성공여부를 좌우하는 중대한 전환점이다.

5·1·4 계획의 요소

일반적으로 계획대상이라고 하는 계획요소는 조작하는 대상에 경관의 주체인 인간이 포함된 것으로, 인간을 조작한다고 하여도 직접 인간 개개의 심리에까지 파고

드는 일을 생각할 수는 없으며, 조작의 대상을 전망하는 시점위치에 한정하고 있다.

경관설계의 조작에는 경관대상과 경관주체인 인간을 고려해야 한다. 경관대상의 조작에서는 대상의 변화와 상관관계의 조작을 통하여 시점장과 주대상(O_p, O_s)을 처리하는 공간적 설계와 변천의 조절을 처리하는 시간적 설계가 있다.

경관주체의 조작에는 시점(V)의 선정과 이미지 만들기, 계몽, PR 등을 고려해야 한다. 조작성의 단계는 직접적 조작, 간접적 조작(규제), 비조작으로 이루어진다.

계획요소의 포착방법은 여러 가지로 생각할 수 있지만, 이미 기술한 경관파악 모형에 따르면 직접적인 계획요소로의 시점(V), 시점위치(L_{SH}), 주대상($O : O_p$, O_s)이 전부이다.

경관개념의 다양성으로 인하여 경관계획에서 사용되는 용어는 매우 많으나, 자주 사용되는 중요한 용어는 다음과 같다.

[1] 경관자원

경관자원은 시각자원(visual resource)이라고도 하며, 경관적으로 중요한 역할을 하는 요소를 가리킨다. 일반적으로 경관자원은 좋은 측면으로만 작용하는 경관대상을 의미하지만, 좋은 측면으로 작용할 수 있는 잠재적인 시점도 경관자원에 포함시켜야 할 것이다. 경관의 경우 새로운 시점의 발견도 훌륭한 자원의 발굴이라고 말할 수 있다.

[2] 시 점

시점(view point)은 보다 한정적으로 전망이 좋아서 양호한 풍경이 얻어지는 지점으로, 지역의 주요시점을 의미하는 경우가 많다.

[3] 구성요소

구성요소(element, component)는 경관을 구성하고 있는 요소를 의미하며, 인간에 따라 여러 가지 지형, 하천, 식물이라는 식으로 경관을 성립시키는 현실 그대로의 모양으로 요소를 포착하는 방법과, 기후 · 지질 · 토양이라는 식으로 경관을 성립시키고 있는 생인으로 포착하는 방법으로 분류된다. 산이나 강은 형성요소, 비시각적인 기후나 지질 등은 생인으로 나타내고 있다.

[4] 요 인

요인(factor)은 경관의 효과 또는 특정대상의 경관적 영향이 존재하는 경우 이것을 규정하고, 있는 대상자체 또는 시점과 대상 상호관계에 대한 임의의 측면을 의미한다. 따라서, 효과의 주요인은 어떤 경우에는 대상자체가 갖는 의미가 되며, 현실적으로는 현상의 각종 측면이 복합해서 요인이 되는 경우가 많다.

또한, 어떤 경관을 성립시키고 있는 무형의 현상, 예를 들면 양호한 주택지 경관을 성립시키고 있는 건축협정, 역사적인 거리에 있어서 주민의 문화적 축적 등은 요인이라기 보다는 원인이라고 부르는 편이 적당할 것이다.

[5] 평가와 가치

평가(evaluation)는 어떤 가치(value)기준에 비추어 해당현상(대상)을 판정하는 것이다. 또한, 평가를 할 때 계획자는 경관의 어떠한 가치에 대해서 사람들 개개인의 판단이 어떻게 이루어지는지를 명확히 해둘 필요가 있다. 경관에 대한 가치로는 아름다움, 웅대함, 신성함, 쾌적함, 친밀성 등이 자주 대두되며, 반대의 가치로는 압박감, 눈에 거슬리는 느낌, 혼란, 획일감 등이 자주 이용된다.

[6] 방법과 기법

방법은 어떤 논리적 일관성을 갖는 계획과 설계 및 분석이 수행될 수 있는가를 의미하며, 기법은 방법에 의한 설계수행 능력을 의미하나, 일반적으로 뚜렷히 구별되어 이용되지는 않고 있다.

[7] 예 측

예측(forecast, predict)은 불확실성을 갖는 장래의 현상을 일정한 논리 아래 어떤 여유를 가지고 예상하는 것을 의미하는 것으로, 예측에 확률적인 요소가 포함되는 것은 불가피하며, 거의 확실한 장래를 점칠 경우에는 예측이라는 용어를 사용하지 않는다.

일반적으로 경관예측이라는 작업은 정확한 변화 후의 예상 또는 시설의 완성예정이라고 말할 수 있다.

[8] 경관파괴와 경관침해

경관이 일정한 형식을 가지고 성숙하거나 또는 경관의 질을 규정한 주대상(O_p)이 존재할 경우에는, 이질감에 의해 음적(−)으로 작용하는 요소가 개입하여 경관파괴(viewscape destruction) 및 경관침해(visual intrusion)가 발생할 수 있다.

따라서, 개입요소의 시각적 영향력이 아직 작아서 주대상에 우월하지 않는 경우는 침해라고 하며, 개입요소의 영향력이 강해서 보존되어 있던 질을 엉망으로 만들어 버리는 경우를 경관파괴라고 한다. 다만, 농촌의 전원경관이 근교 주택지의 경관으로 변모해 버리는 경우처럼, 개입요소(군)의 경관 지배력이 강하게 작용해서 경관의 형태와 질이 완벽하게 변화되어 기존요소의 힘이 소실되어 버린 경우에는, 그것은 이미 파괴가 아니라 경관의 변질이라고 한다.

[9] 계획 대상지와 계획지역

일반적으로 계획대상은 형태와 위치를 결정해야 하는 것을 의미하며, 계획행위에 있어서 직접 또는 간접으로 조작하는 대상을 말한다. 예를 들면, 도로계획 때의 계획대상은 도로 및 도로에 존재하는 각 요소이다.

또한, 계획 대상지는 도로계획의 경우 노선이 예정되어 있는 어느 일정 넓이의 공간과 같이 계획행위가 전개되는 공간의 확대를 나타내며, 계획 대상지의 결정방법으로 계획시설이 배치되거나 직접적인 영향을 미치게 하는 범위를 의미한다.

계획 대상지의 확대는 계획의 종류나 기본계획의 단계에 따라 다르지만, 그 범위를 택하는 방법에는 일정한 법칙이 있다.

경관의 경우에서는 계획 대상지의 첫 순위가 되는 공간의 범위를 생각해야 한다. 그 이유는 경관의 경우 계획되어 있는 시설이 영향을 미치는 범위가 일반시설 계획의 범위보다 크며, 계획 대상지를 넘어서 확대되는 것이 일반적이기 때문이다. 그 범위를 여기에서는 계획지구라고 부르며, 계획지구 내에 있어서 계획 대상지에는 포함되지 않는 광역공간을 어떻게 계획에 활용하고, 또한 규제 및 조정하는지가 경관계획에 있어서 중요한 과제가 된다.

5·2 계획의 내용

경관계획의 과정 및 각 단계에 있어서의 작업의 개요는 전술하였으며, 여기에서는 그 전에 과정 전체를 통해서 가장 중시해야 할 경관계획에 대한 결정사항을 나타내고, 이를 좀더 자세히 설명해 두고자 한다.

5·2·1 결정사항

일반적으로 어떤 종류의 계획 및 기본계획의 어느 단계에 있어서나 반드시 결정해야 할 사항이 있다. 계획작업에서 필요로 하는 조사, 예측, 평가 등의 항목을 선택하는 방법도 결정된 항목의 내용에 따라 좌우되므로, 결정사항(output)의 확정여하가 계획의 열쇠가 된다.

즉, 이념에 의해 계획과제가 설정되지만, 이것을 받아들여 당해계획에 따라 달성하려고 하는 도달점인 계획목표, 목표를 향해 작업해야 하는 내용과 이것들의 결과(output)에 관한 계획내용, 계획을 조리있게 진척시키기 위한 순서 및 수단의 체계를 위한 계획과정이 중요과제이다.

계획내용은 사업에 따라 여러 가지 형태가 있으나, 계획 대상지의 대상영역 구분

(zoning ; 경관장소의 분절, 구획, 성격), 경관구성 요소의 배치(시설의 배치, 시점과 동선의 설정), 경관대상의 구조형식의 선택 및 형태(모양, 규모, 재료, 색채 등)의 결정, 수경(마이너스 요소에 의한 경관 구성요소간의 관계개선)과 같은 네 가지 항목으로 정리할 수 있으며, 역점을 두는 방법은 계획에 따라 달라질 것으로 예상된다.

따라서, 기본계획(또는 구상) 단계에서는 계획 대상지의 대상영역 구분과 주요경관 구성요소의 배치 등이 주요한 계획내용이 되며, 계획의 구체성이 증가함에 따라 구조물의 형식선택, 구조물의 설계, 수경이 큰 비중을 차지하게 된다.

또한, 계획방법의 결정도 계획내용의 결정과 마찬가지로 중요하며, 특히 근래 중시되어지는 평가(사전평가)를 대비하여 작업내용을 명확하게 하여야 한다.

5·2·2 구역설정 및 배치

[1] 구역설정

계획 대상지의 구역설정(zoning)은 자체가 계획의 결과인 경우와 이후에 계속되는 계획작업의 기초가 되는 경우가 있다. 전자는 경관의 가치가 높은 지역을 계획하는 경우에 많으며, 경관적 측면에서 보호, 보전해야 하는 지역의 결정에 따라 구역화하는 경우를 의미한다.

계획 대상지의 구역설정은 토목 시설물의 경관계획에서와 같이 자연경관 속에 토목 시설물을 계획할 때, 계획 중에서 가장 중요한 작업이 된다. 계획 대상지를 경관적 측면에서 대상영역을 구분할 때, 중요한 관점은 다음의 네 가지가 있다.

(1) 경관대상의 특성

이 방법은 가장 오래 전부터 사용되고 있는 것으로 대상지를 개략구분하기도 하며, 넓은 영역에 걸친 지역을 특징에 따라 탁월한 요소에 의한 구분(산악경관, 전원경관, 하천경관 등), 토지이용에 의한 구분(취락경관 등), 토지의 경관적 흡수력에 의한 경관, 지형의 기복 및 지형분류에 의한 구분(평야, 구릉, 산악 등), 식생에 의한 구분(자연식생, 대체식생 등)으로 나눈다.

(2) 시점과 경관대상의 관계

이 방법은 지점경관을 기본으로 대상영역 구분을 하는 것으로, 특히 경관공학의 발전에 따라서 개발되어 현재 가장 많이 이용되고 있는 방법으로, 보여지는 빈도에 따른 구분과 주대상의 보임(영향력)에 따른 구분으로 나눈다.

(3) 경관장의 통합

이 방법은 계획 대상지를 장(場)의 경관으로 간주하여 대상영역 구분을 하는 것으로, (1) 방법과 일맥상통한 점도 있으나 최근의 사례에서는 자료처리가 보다 정밀해짐으로써 정확한 대상영역 구분방법으로 정착되고 있으며, 시각적 한정성(가시범위

단위)에 따른 구분 또는 장(場)의 경관의 유사성과 유형(type)에 따른 구분으로 나눈다.

(4) 변천의 정도

이 방법은 경관대상의 변천의 정도에 따라 구분하는 것이다.

[2] 배 치

일반적인 계획에서 배치는 시설의 위치선정을 의미하나, 경관계획에서는 위치선정과 함께 시점위치의 선정이 더해지고 이것이 또한 중요한 역할을 한다는 점이 특색이다.

일반적으로 경관계획에서 주로 수행되는 구성요소의 배치를 점(點), 선(線), 면(面)의 평면 형상별로 나타내면, 시점의 경우, 점은 전망대의 선정, 선은 도로와 산책길의

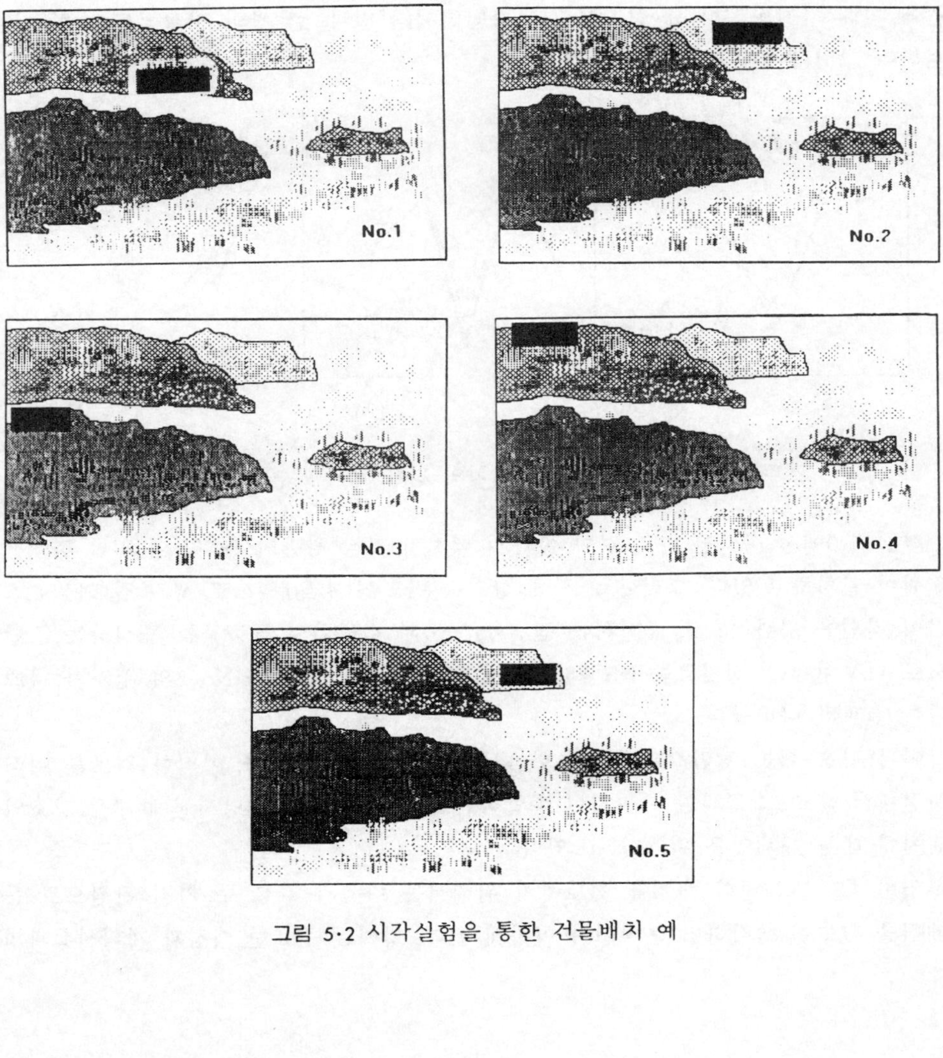

그림 5·2 시각실험을 통한 건물배치 예

선정 및 도로 선형설계, 면은 도시공원의 배치를 들 수 있으며, 주대상(주대상 O_p와 부대상 O_s)의 경우, 점은 랜드마크의 위치선정, 에너지 시설의 배치이고, 선은 항만, 하천의 법선위치 결정이며, 면은 매립위치의 결정, 녹지의 배치, 주택 개발지의 위치 등으로 볼 수 있다.

여기에서는 시점의 배치와 경관대상의 배치를 검토한 연구 예를 각각 한 가지씩 들어 그 방법을 기술한다.

그림 5·2는 자주 언급되는 스카이라인(skyline), 수제선, 풍경의 초점 등과 같이, 풍경이 손상되기 쉬운 부분을 VTR 합성장치를 사용한 시각 심리실험을 통해 건물을 합성한 예이다. 이는 자연 풍경지에 대한 건물위치의 옳고 그름을 판단하는 기초적인 자료를 제공하고자 제작한 것이다.

모의관측에서는 그림 5·2에 나타난 제 5 장의 사진을 조사 대상자에게 임의의 기준에 의해 사진의 순서를 열거시키는 방법인 품등법과, 한 쌍의 비교법으로 비교분석하여 그림 5·3을 얻은 것이다.

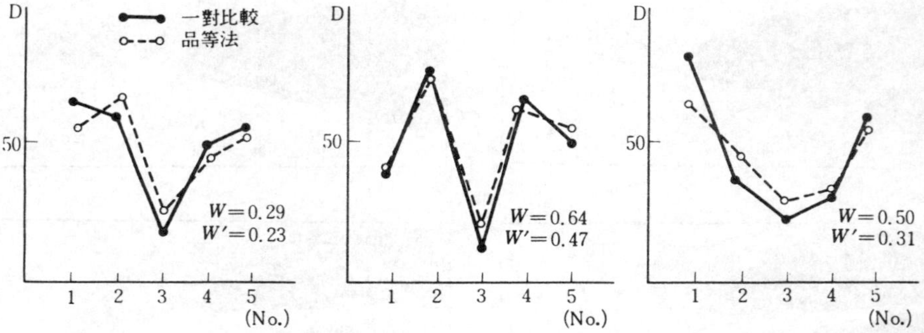

그림 5·3 건물배치의 평가 그래프

그림 5·3에서 나타난 바와 같이, No.3의 배치가 가장 경관의 파괴감이 없는 점에서 전원이 일치하고 있다. 그러나, 조사 대상자는 반도형(半島形)으로 생긴 갑(岬)의 스카이 라인을 경관적으로 중시하는 집단(group)과 갑(岬)의 돌출부를 중시하는 집단으로 나누어지며, 전자로는 No. 2와 No. 4가, 후자로는 No. 1과 No. 5의 평가가 나쁘다는 결과가 나타났다.

이와 같은 예는 장면경관에 기초한 대상배치의 검토 예이나, 이러한 검토를 여러 시점에서 하고 그 결과를 통합하여 총합적인 판단을 내리면, 해당시설에 대한 장소의 배치에 대한 대체안을 평가할 수 있다.

일반적으로 시설의 배치를 검토하기 위해서는 다음과 같은 두 가지 관점으로 문제점을 나누어 생각하면 분석이 용이하게 된다. 첫째는 주요한 시점과 계획시설과의 관계, 둘째는 계획시설과 주변경관 대상과의 관계, 특히 주대상과의 관계로 나눌 수 있다.

앞의 예는 후자의 관계에 의한 건물의 배치를 검토한 것이지만, 규모가 큰 토목시설물의 경우는 전자의 관계에 대한 경관파괴도 배치상 주의를 요하는 문제이다.

다도해 경관을 바라볼 때 시점의 정량적, 정성적 요건을 분석한 결과는 다음과 같다. 첫째, 정량적(定量的) 요건으로는 수평선에 대한 하향각, 수평 시야각, 수제선의 하향각, 가시 공간률을 들 수 있다. 각 섬의 수평선에 대한 하향각은 2° 이하, 2°∼4°∼4° 이상의 세 영역으로 나눌 수 있으며, 각 섬의 수평선에 대한 수평 시야각의 최대값은 60° 이하이다. 또한, 가장 가까운 곳에 위치한 수제선의 하향각은 10° 이상이며, 가시 공간률은 50% 이상이다. 둘째, 정성적(定性的) 요건으로는 섬들의 구도상 배치, 변화요인, 시점주위의 배경 등을 들 수 있다. 대상물의 구도상 배치는 적당해야 하며, 배경을 포함한 합성(composition), 방향성, 리듬감을 고려해야 한다. 또한 계절, 기상, 시간, 빛의 방향 등의 변화요인이 바람직한가를 고려해야 하며, 시점 주위의 수경이 바람직해야 한다.

다도해를 조망할 때, 새로운 시점을 발견하는 과정은 크게 두 가지 조건을 기본으로 하고 있다. 즉 정량적 요건이 시점을 갖추어야 할 필요조건이 되고, 정성적 요건이 충분조건이 된다. 다도해를 조망함에 있어서 새로운 시점을 결정하는 작업순서는 그림 5·4와 같다.

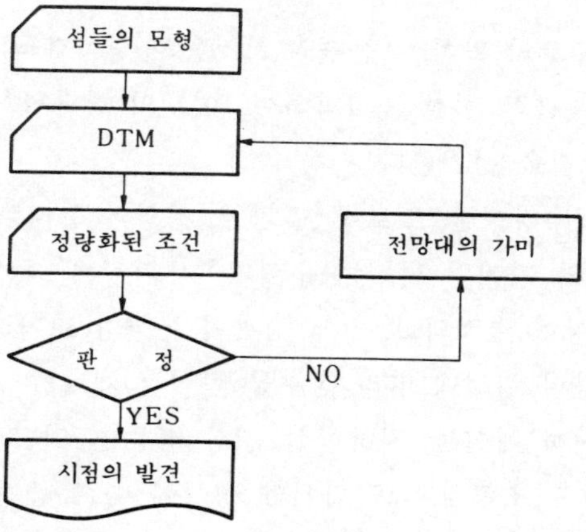

그림 5·4 다도해 경관의 새로운 시점발견을 위한 작업 흐름도

앞의 필요조건을 만족시키는 지점들을 찾고, 각 지점마다 그림 5·5와 같이 표현하여 충분조건에 대해 검토한 후, 다도해를 조망하는 시점으로서 적합한지에 대한 결정이 내려진다.

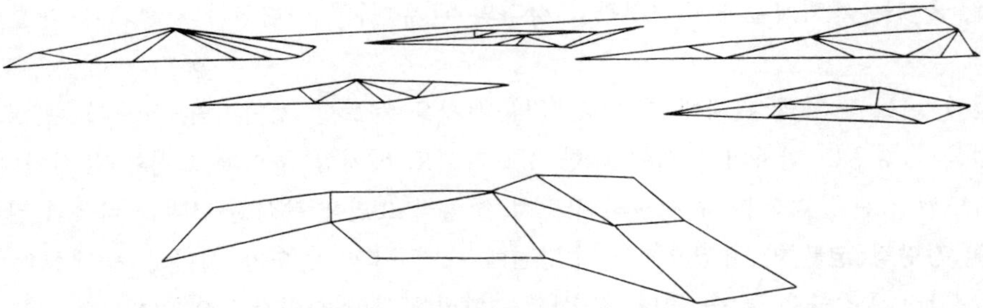

그림 5·5 다도해의 새로운 시점의 상태

시점이나 경관대상의 배치 가능성은 무한하다고도 할 수 있으나, 일반적으로는 종래의 지식과 인간의 종합적인 판단에 의해 구성요소의 배치를 검토하는 것이 좋은 방법이라 할 수 있다.

[3] 형식선택과 형태결정

일반적인 디자인에서는 구조물의 치수, 재료의 결정 등에 중점을 두고 있으며, 경관의 관점에서는 시설의 배치 및 시점, 시점의 이동 등도 중요시해야 한다. 구조물의 형식선택과 형태결정은 일반적으로 크게 기본적인 정리단계, 기본형상의 선정단계, 비교안의 선정단계, 최종 구조형식의 결정단계의 4단계로 나누어서 결정하게 된다. 여기서는 각 단계에서의 경관적 고려사항을 중심으로 도시 고속도로의 경관적 설계 예로 설명한다.

(1) 기본적인 정리단계

주어진 조건인 고속도로의 위치, 차선수와 가로등의 형식과 위치 등 기본적인 조건 및 건설지역의 물적·경관적 현상을 파악하여, 이후의 경관설계에 필요한 제약조건과 경관 설계상의 착안점을 정리한다.

제약조건은 크게 지질, 장애물, 도로구성, 환경, 지형의 상태로 구분할 수 있다.

첫째, 지지층의 위치와 지지력 및 지하수위 등의 지질에 의한 조건으로부터 기초형식과 교각위치와 형상이 결정되고, 이에 경관의 분할과 교각의 수 등이 영향을 받으며, 또한 구조물 중량의 결정에 따라 상부공 형식과 재료가 고려될 것이다.

둘째, 장애물 또는 지하 매설물, 지하시설, 지상 점용물, 인근 구조물, 문화재 등을 들 수 있고, 이에 의해 기초형식, 교각위치와 형상에 따른 중간분할과 교각수 등이 고려되고, 노선의 높이가 영향을 받는다.

셋째, 도로 구성상의 제약조건으로 고가도로의 구성 및 가로의 구성에 따라 기초형식, 교각위치 형상 그리고 상부공 형식이 영향을 받게 된다.

넷째, 환경상의 일조량, 소음, 진동 등의 조건으로부터 종단선형, 상하선의 분리, 방음벽 형상, 상부공 형식과 재료가 고려의 대상이 된다.

다섯째, 지형상의 하천, 기복상태, 가로, 철도 등의 상태에 따라 교각의 위치와 형상 및 상부공 형식이 영향을 받는다.

위와 같은 제약조건과 아울러 경관 설계상 구조물의 전체 형상으로 보아, 연속성과 동일성, 크기, 경간길이, 단면형상, 표면처리, 색채, 재질 등에 착안점을 둘 수 있다.

또한, 구조물의 기본적인 이미지로서는 공간상의 중압감, 위압감, 밝기, 개방감, 범위, 자연적인 느낌, 눈에 두드러지지 않음, 조화감 등의 이미지를 검토하고, 형상과 재질, 표면처리에서는 단순함, 세련됨, 경쾌함, 유연함, 단란함, 중후함, 연속함 등의 이미지를 검토한다.

(2) 기본형상의 선정단계

건설가능한 전체 형상의 기본형을 열거하는 단계로, 여기서 주가 되는 것은 상하선의 일체화와 분리, 교각의 수, 상부공·하부공의 일체화와 분리 등이다.

도시부에 있어서 고가도로의 기본형상을 선형조건과 교각수의 조합으로 나타내어 검토한다. 교각수의 조합으로는 병렬형, 분리형, 2층형 등으로 나누어 볼 수 있고, 이 형상에 대한 개략의 치수와 형상을 확인하고, 부재치수 및 이미지에 대한 비교로서 스케치하여 시각화하여 본다.

(3) 비교안의 선정단계

전체 형상의 이미지 비교와 부재치수의 검토를 목적으로 비교안을 설정하고, 비교안의 세부형상 및 부속물의 경관을 도면이나 모형 혹은 스케치를 통해 선정하는 단계는, 예를 들어 가로에 개방적인 공간을 확보하고자 하는 방침이 정해질 경우, 비교적 교각이 높은 T형 혹은 주형이 하나인 교각을 선택한다.

(4) 최종 구조형식의 결정단계

상세한 전체 이미지의 비교를 목적으로 한 최종안의 작성 및 평가의 단계로는, 기술검토를 통해 기술과제의 추출을 행하고, 고도의 시각화와 대체안의 비교검토를 거쳐 최종평가를 하게 되며, 이와 같은 과정을 통해 구조형식이 결정된다. 모든 디자인 분야에서도 적용되는 것이지만, 경관의 경우 유일하고도 절대적인 해답이라는 것은 없으며, 창출한 구조형식에서도 많은 변화의 가능성은 남아 있게 된다.

5·2·3 처리과정

지금까지 기술한 대상영역 구분, 구성요소의 배치, 대상의 형식선택 및 형태결정과 마찬가지로, 중요한 결정사항이 계획처리 과정을 짜는 것이다. 그 이유는 경관계획이 공공적이고도 종합적인 것이기 때문에 처리과정이 명확하여야 한다. 특히, 개발행위의 사전평가인 종합평가에서는 처리과정이 작업적으로도 간편하고 명확함을 요구한다.

처리과정은 예측평가 자료의 작성단계와 영향의 예측 및 평가단계로 명확히 구분되어, 경관 전문가가 아닌 공사 사무소의 기술자도 수행할 수 있도록 되어 있어야 한다. 이것은 종합평가에 대한 처리과정 설계의 일례이나, 어떤 경관계획에 있어서도 기술한 계획내용 중 어느 내용을 처리할 것인지를 명확히 한 뒤에 계획한다. 그리고 기술자와 일반대중도 이해할 수 있도록 계획처리 과정을 명시하고, 경관계획의 중요성을 사람들에게 이해시켜야만 계획을 성공으로 이끄는 열쇠가 된다.

또한, 처리과정의 조립시 주의해야 할 점은, 흐름도와 블록도(block diagram)의 표현상의 아름다움 및 정밀함에 좌우되지 않아야 한다는 것이다. 아름다운 흐름도는 얼핏 보아 보기에 좋지만 잘 음미해 보면 이론적인 연결이 부족할 경우가 종종 있기 때문이다.

계획작업은 어떻든 계산기의 프로그램이나 공정관리와 같이 명쾌하게 흘러갈 수는 없으므로, 지나치게 정밀히 또는 아름답게 흐름도를 만들어도 이것이 실제 작업내용과 괴리가 생겨서 의미가 없어져 버린다.

따라서, 흐름도로 작업순서의 대강 줄거리를 나타내고, 각각의 내용은 그때그때 문장표현을 통하여 실질적으로 무리가 없는 처리과정을 거쳐야 한다.

5·2·4 계획 대상지와 계획의 단계

경관계획에서도 일반 사회기반 시설물 계획과 마찬가지로 계획 대상지의 확장 및 계획단계에 따른 대상의 선정방법이 필요하며, 이것에 따라 결정해야 하는 사항도 다르게 된다. 본절에서는 이와 같은 사항의 기본지식을 다루고자 한다.

[1] 계획지역

토목시설 분야에서의 대상 선정방법은 계획공간의 범위를 고려하여 수행되며, 기능시설물인 구조물과 대상지역으로 공간의 범위를 정한다. 일반적으로 계획자가 작업할 수 있는 영역과 평가영역은 일치하지 않으므로, 양자를 감안하여 토목 시설물 경관계획에서의 계획공간을 선정하여야 한다. 하천을 대상으로 한 경관의 계획지역의 선정 예를 들면 다음과 같다.

보편적으로 계획지역은 계획 대상지와 대상지 부근의 공간으로 나눌 수 있으며, 하천의 경우는 계획 대상지는 하천공간이 되고, 대상지 부근의 공간으로는 하천부지 외의 공간으로, 예를 들면 하천연변의 토지이용, 연변의 건물군 및 원경의 산 등이 된다. 계획 대상지인 하천공간은 다시 직접 작업가능한 하천 구조물인 호안, 제방, 뚝, 고수부지 등과 기타 구성요소인 교량, 송전철탑 등으로 나눌 수 있다.

즉, 어느 구간의 하천을 대상으로 경관계획을 세울 경우, 계획지역은 해당 하천공간을 포함하는 보다 포괄적인 지역이 된다. 그 이유는 이미 기술한 것처럼 하천경관의 평가시 직접 대상으로 하고 있는 하천공간을 넘어 평가영역이 확장되기 때문이다.

일반적으로 이와 같은 범위는 하천의 구성요소가 경관적으로 영향을 미치는 평가영역의 공간으로 설정하면 된다. 이 경우 하천부지 외의 경관대상이 하천 이용자가 혜택받을 수 있는 경관에 영향을 주는 경우와, 하천 공작물이 하천부지 외의 시점에서 조망시 영향을 미치는 경우의 양자가 있다.

다음으로 생각할 수 있는 것은, 하천공간 내에도 하천 기술자가 직접 조작할 수 없는 구성요소가 존재하며, 때로는 이것이 경관적으로 매우 큰 중요도를 차지할 수도 있다. 경관상 이러한 요소를 전반적으로 취급하는 것이 바람직하지만, 현실적으로 매우 어려운 문제이므로 일반적으로는 이러한 요소들에 대해서 하천측면에서 경관적인 사항을 고려하거나 규제를 가하는 것이다. 이와 같은 작업이 경관의 간접적 조작이며, 이와 같은 사정은 하천부지 외의 공간에 존재하는 구성요소에 대해서도 마찬가지이다.

결국, 직접 조작할 수 있는 경관 구성요소는 극히 한정되었으며, 하천의 경우는 호안, 제방, 고수부지의 토지이용 등이 이에 해당된다.

[2] 계획의 단계

토목 시설물 계획에서는 대상으로 하는 공간의 규모와 결정사항에 따라서 몇 단계의 시간축에 따른 계획의 단계(hierarchy)가 있다. 계획에는 구상계획, 기본계획(정비계획) 및 실시계획의 단계가 있으며, 설계에서도 기본설계 및 실시설계로 구분된다. 토목 시설물 분야에서 이와 같은 계획의 단계가 필요한 이유는, 계획대상이 대규모이며 완성까지 장기간을 요하므로 전체 과정을 동시에 결정할 수 없기 때문이다.

계획의 구상단계에서는 대상공간의 뼈대가 되는 최적의 요소를 결정하며, 정밀도에 따라 순차, 기본, 실시로 작업이 진척되어 간다.

항만계획의 경우, 기본계획과 실시계획에서 고려해야 할 사항을 나누어 보면 다음과 같다. 기본계획에서 결정사항은 법선계획, 항만이용 계획, 토지이용 계획, 자금계획, 사용 지형도의 축척(1/10,000~1/50,000) 등이며, 실시계획에서 결정사항은 사업계획, 시설 기본계획, 시설 기본설계, 시설 세부설계, 시설 시공계획, 지형도의 축척(1/1,000~1/20,000) 등이다. 또한, 고려하여야 할 대체안으로는 기본계획에서 매립과 동시에 구조물, 절토법면의 대체안, 용배수 계획에 관한 대체안, 토지이용 계획, 관련된 지역계획과의 조정에 관한 대체안, 지역지정과의 조정에 따른 대체안, 대체안이 될 수 있는 관련계획 등이며, 실시설계에서는 시설 건설순서의 대체안, 자금충당의 대체안, 시공방법, 구조의 대체안, 환경시설을 고려한 대체안, 주변의 토지이용 등을 들 수 있다.

여기에서 주의해야 할 것은 계획의 단계마다 결정해야 할 사항이 다르므로, 한 번에 전체를 결정할 수 없음은 물론 단계에 따라 서서히 대상공간의 이상적인 상태를 통합하여 사업상 위험요소를 배제하는 것이 계획의 단계적 추진이기 때문이다.

물론, 경관계획에 있어서도 상기한 단계에 따른 계획단계가 마땅히 있어야 하나, 경관의 경우는 계획단계의 어느 단계에서 누가 무엇을 결정해야 하는지에 대한 합의된 지식을 도출하기가 어렵다.

경관계획의 단계를 구성하기 위한 요지는, 주어진 계획단계에 있어서 경관에 대한 요구사항 및 결정사항을 잘 음미해서 후속계획 및 설계의 조건을 정리하고, 내용을 명확히 해야 하는 것이다.

5·3 계획의 과정

경관계획의 과정을 일반적으로 나타내면 그림 5·6과 같이 된다. 이 그림은 이제까지의 경험과 많은 계획 보고서로부터 계획과정의 최적 개념을 정리한 것으로, 계획지역과 계획 대상지의 성격, 개발내용, 구상, 기본, 실시, 계획 단계별에 의한 계획의 계층에 따라, 각 단계에 대한 작업내용과 계획 전체에 있어서 각 단계의 중요도가 변화된다.

5·3·1 작업단위

각 단계마다의 작업개요는 뒤에 설명하고, 여기에서는 작업상에 빠지기 쉬운 자료수집의 경향에 대하여 다루고자 한다.

수집되는 자료가 많다고 나쁘지는 않지만, 과도한 자료수집은 노력의 손실뿐만이 아니라 도리어 혼란을 초래하는 원인이 되므로, 적당하게 수집되는 것이 바람직하다.

계획작업의 기본단위는 계획의 과제에 따라 조건이나 방법의 설정단계, 조사에 의한 자료의 수집단계, 이의 분석과 종합의 자료처리 단계, 평가에 의한 판단의 단계로 이루어지고, 판단의 단계에서는 다시 조건이나 방법의 설정단계 또는 자료수집 단계로 환류(feedback)해 가면서 판단에 의해 결과(output)가 나올때까지 반복하게 된다.

현지조사나 대체안 작성과정에서 자료수집은 그림 5·7과 같은 소상방식을 기본으로 하고, 개략조사를 조합한 방법을 이용 한다. 자료수집의 소상방식(遡上方式)은 그림에 나타낸 바와 같은 순서로 자료수집의 형식을 결정하는 것을 의미하며, 경관계획에 있어서 특히 이 방식을 권하는 이유는 다음과 같다.

첫째, 경관은 다종다양한 현상이며, 극단적으로 경관은 인간의 생활공간, 생활양식 전체에 관계되므로 계획자가 관심을 가질수록 수집되는 자료는 방대하게 되고, 점차 수습이 어렵게 된다. 둘째, 경관의 관점에서 결정할 수 있는 사항은 한정되어 있고,

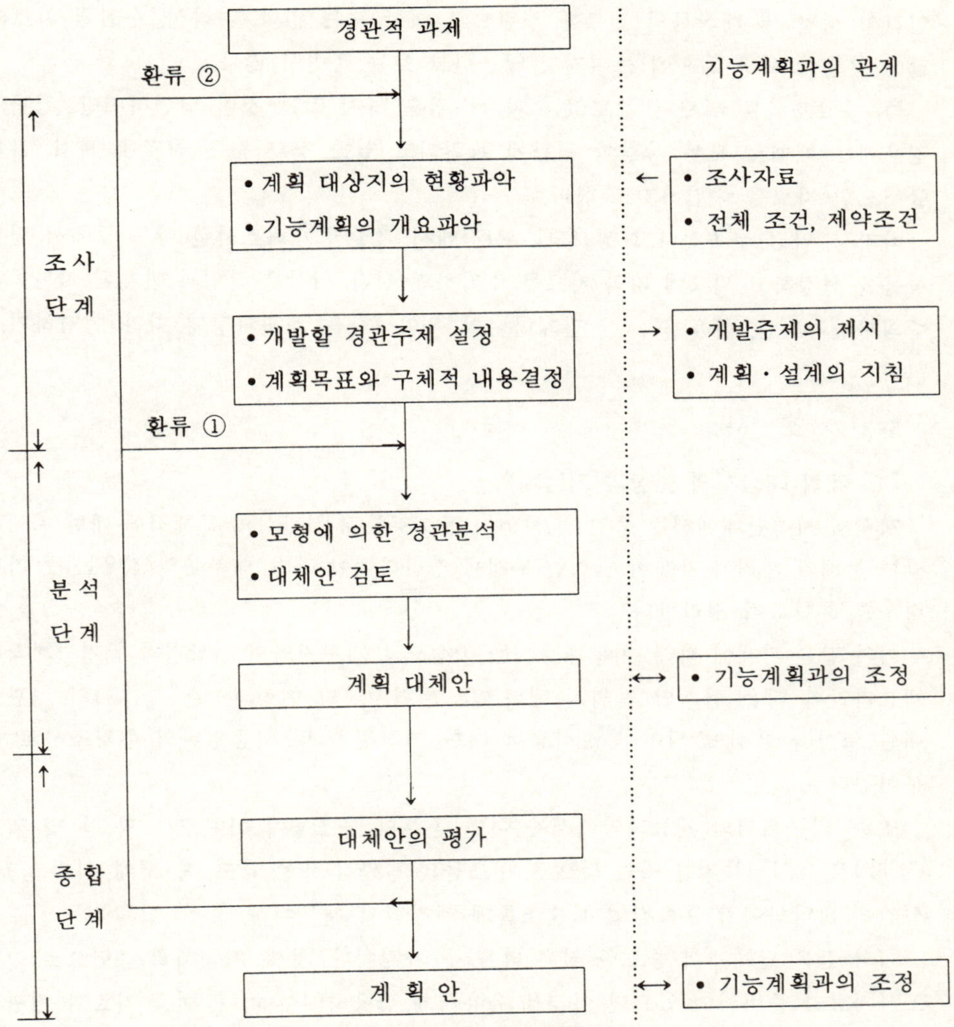

그림 5·6 경관계획의 일반적 과정

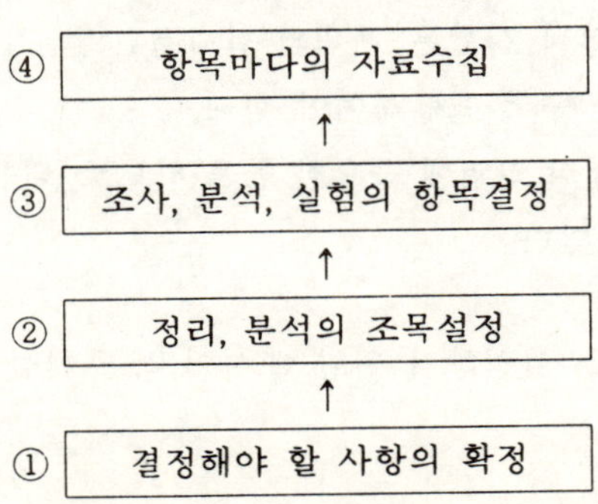

그림 5·7 자료수집의 소상방식

인간의 생활 및 대상물의 전부를 경관으로 정할 수는 없다. 따라서, 수집된 자료의 많은 부분이 해당 계획에 쓰여지지 않는다고 보는 측면이 많다.

즉, 자료조사를 위해서 쓸모없는 자료수집은 하지 않는 것이 당연하지만, 경관의 경우에는 때때로 모든 상황이 경관에 관련되고 있는 것과 같은 착각에 빠져, 많은 불필요한 자료를 수집하기도 한다.

따라서, 약간 부족하다고 생각되는 시점에서 적절히 개략조사한 항목 중에서 필요 항목을 선정하고 필요에 따라 자료를 추가하면 된다. 이상은 작업과 관계된 기본적인 주의사항이지만, 다음에는 각 단계마다의 유의사항을 계획과정에 따라 설명하기로 한다.

5·3·2 조 사

[1] 계획 대상지의 현상과 기능계획

계획의 시작단계에서는 주민 및 사업자 등으로부터 경관상의 문제점에 대한 지적을 받는 문제와 계획자 자신이 인식한 문제를 정리하여야 하며, 대부분의 경우는 두 가지 경우를 혼합하여 정리한다.

이와 같은 과제에 의해 계획 대상지를 중심으로 계획지역의 현상파악과 기능계획의 개요파악이 다음 단계의 작업이 된다. 즉, 계획지역의 현상파악은 장(場)의 경관에 대한 조사가 중심이 되어 특정시점에 대한 지점경관 및 이동경관의 현황조사로 이루어진다.

또한, 기능계획의 개요파악에서는 어떤 종류의 구조물이 어떤 정도의 양 및 밀도(密度)로 도입되는지를 아는 것으로, 구조물의 경관적 특성(규모, 형, 색채, 의미 등)을 사전에 파악하여야 후속작업이 순조롭게 추진되기 때문이다.

이와 같은 단계에서 중요한 점은 다음 두 가지이다. 첫째, 기능계획 측면으로 이미 조사자료가 준비되어 있으면 이것을 유용하게 활용하여야 하나, 이들 자료가 경관계획에 사용하기 위하여 조사된 것이 아닌 경우가 많기 때문에 보충하거나 변환해서 사용하여야 한다. 두 번째 사항은 계획의 전제조건 및 기능계획 측면에서 부과되는 경관계획의 제약조건을 명확하게 하여야 한다.

이 단계에서 자료수집이 작업에 중요한 몫을 하므로, 다음의 각 항목에 대한 내용을 명확하게 해둘 필요가 있다.

(1) 조사목적

계획조건, 계획목적을 설정하기 위한 조사이고, 조사를 위한 조사가 되지 않도록 주의하여야 한다.

(2) 조사대상

계획 대상지 및 첫 순위의 계획지역과 계획되고 있는 경관 대상물에 관한 조사로서,

유사사례에 대한 조사가 기본적인 조사대상으로 된다.

(3) 조사사항

계획 대상지 및 계획지역에 대해서는 시점을 포함한 경관자원, 해당공간의 이용실태, 자연조건을 세 가지의 대항목으로 정하고 있으나, 지역의 역사를 항목에 첨가하는 것이 일반적인 예이다. 또한, 계획되고 있는 토목시설에 대해서는 사례를 조사하여 해당시설의 종래 이용방향 및 경관적인 영향력을 조사하고 정리해 두어야 한다. 유사사례 조사에서는 의도적인 것이나 의도적인 것이 아니더라도 성공 예 및 실패 예를 취급해서 그 요인에 대한 요점을 파악해 두는 것이 중요하다.

조사에 대한 대항목의 하위 세부항목은, 경우별로 구분하여 놓은 다음, 완벽한 조사를 하기 위해서 기존의 조사 연구 예를 참조해서 점검표(check list)를 준비해 두는 것이 바람직하다.

1) 조사방법 - 조사의 방법은 지형, 지질, 식생도 등에 관한 문헌 앙케이트 및 현지조사로 대별되지만, 경관의 경우 기본은 현지조사이다. 앙케이트 조사는 최근 계획에 이용되는 방법이지만, 유동적으로 완성시에 변화하는 것도 있기 때문에 전면적으로 신뢰해서는 안 된다.

2) 조사범위 장의 경관단위의 설정방법에서 서술한 바와 같이, 어디까지가 계획지역인가를 정하는 일이 이 단계에서 가장 어려운 부분이다. 조사범위는 복수의 관점으로부터 범위를 설정하고, 그 최대값을 취하는 것이 현재의 경우 가장 무난한 방법이다.

이와 같은 관점 중에서 시각적인 영향권을 중요시하는 것은 경관에서는 당연하나, 영향권은 첫째로 개발영향이 경관에 영향을 미치는 범위, 둘째로 영향에 관계가 없고 기존의 주대상이 영향력을 갖는 범위이고 셋째는, 시각적인 한정성에 의해 통합범위로 하는 방법으로 이루어진다.

[2] 계획목표와 계획내용

(1) 경관 주제(theme)의 설정

경관주제의 설정은 계획 대상지가 가지고 있는 것과 현재 나타나지 않는 경관적 잠재력도 포함한 경관의 특색을 최대한으로 존중해서, 개발할 경관주제를 설정하는 것으로 최대한이라고 하는 의미는 계획되어 있는 토목시설의 종류와 중요도에 따라 다르기 때문이다. 즉, 국립공원과 같이 경관가치가 이미 존중되고 있는 대상지에서는 시설의 입지가 강한 제약을 받는 것도 있으나, 일반적으로는 주민 및 이용자에 의한 경관과 다른 실용상의 가치와의 비교판단에 의하여 결정된다.

일반적으로 경관주제의 설정방법은 다음과 같은 세 가지 방법으로 분류된다.

① 국립공원 내와 같이 계획 대상지에 이미 현저한 경관가치가 인정되고 있는 경우에는 토목 시설물은 주제가 되지 않으며, 기존의 주대상 및 주대상군(主對象群)에 경관적으로 종속되어야 한다.

② 계획 대상지에 경관적 가치가 있는 경우나, 또는 그것이 약간 범용인 경우는 가장 일반적인 경우로 토목 시설물 및 토목 시설군을 기존의 주대상과 동질적으로 조화시키든가, 또는 이질적인 것으로 결론지어서 대비(contrast)에 의해 새로운 주제로 창조한다(예를 들면, 전통적 촌락과 근대형 개발의 대조).

③ 직선적으로 단조로운 해안선, 황막한 평야처럼 계획 대상지가 경관적으로 평범한 경우는, 오히려 토목 시설군에 의해 새로운 경관주제를 창조하는 적극성이 요구된다.

지형의 잠재력이 높은 지역에서는 지형을 존중한 경관주제 설정이 바람직하다.

경관가치가 높은 대상지라면 경관주제는 기능계획 측면에서 제약되나, 일반적인 경우에는 규제력이 미약하며 기능계획 측면에서 요망 또는 구조물의 배치 및 설계상의 지침으로 표시된다.

(2) 계획목표와 계획내용의 결정

계획에는 i) 계획목표의 설정, ii) 분석 및 종합(예측 · 평가)을 위한 계획내용의 결정, iii) 상기내용을 결정해 둔 순서, 즉 계획과정의 결정의 세 가지로 이루어진다.

계획목표와 계획내용의 결정은 어떤 것을 어떤 목표를 향해서 어떤 순서로 하는가를 정하는 과정이다.

계획자가 상기한 3항목을 최적으로 결정하기가 어려우므로 우선 잠정적으로 정하고, 이후 구체적으로 분석 및 총합의 작업이 진행됨에 따라 수정하여야 한다. 그러나 계획목표를 함부로 바꾸는 경우는 바람직하지 못하므로, 계획목표를 설정하는 작업은 다음과 같은 점에 주의하여야 한다.

① 경관적 과제 및 제약조건을 재정리하여, 설정했던 계획목표가 과제를 확실하게 이행할 수 있는지의 여부와 목표의 제약조건에 대한 모순여부를 점검한다.

② 계획목표가 전단계에서 설정했던 개발의 경관주제를 구체화하는 내용으로 되었는지를 점검한다. 또한, 작업내용과 과정이 설정한 목표와 명확하게 대응하는지의 여부도 점검한다. 목표설정이 너무 추상적이면 계획의 내용 및 과정은 애매모호하게 되며, 뒤에 무엇을 위한 작업인가로 재차 의논하게 되어 결과적으로 힘들게 된다.

5·3·3 분 석

[1] 모형(model)에 의한 경관의 분석과 대체안의 검토

이 단계의 작업목적은 주어진 전제 및 제약조건을 기초로 계획목표를 달성하기 위한 수단을 여러 가지로 고안해 내는 것으로, 대체안의 작성 및 예비계획(설계)이라고 한다.

대체안의 작성은 계획안의 전체에 관계가 있는 거시적(巨視的 ; macro)인 수준으로부터 개개의 구조물 설계, 수경에 이르는 미시적(微視的 ; micro)인 수준까지 어떤 단계인지를 나누어서 생각해야만 한다.

경관의 분석작업은 제한이 없기 때문에 오히려 대체안 작성에 필요한 사항으로 한정해서 작업하고, 최종적으로 요구되는 정밀도에서 완료하는 것이 현명한 방법이다.

(1) 모형에 의한 경관의 분석

어느 결정항목을 취급하든 분석작업은 계획 대상지 및 계획지역의 분석, 계획(대상)시설의 분석, 대체안 작성을 위한 분석의 순서로 수행된다. 즉, 계획 대상지 및 계획지역과 계획시설의 분석을 먼저 실행한 다음, 계획지에 도입될 시설에 관한 대체안 분석이 후에 실행된다.

이와 같은 순서를 권장하는 이유는, 자칫하면 대체안 작성을 위한 분석만으로 중요시하고, 그 전제가 되는 앞의 두 분석(특히 계획 대상지 및 계획지역의 분석)은 소홀히 하여 계획 대상지의 경관 잠재력을 묵살하는 결과를 초래할 수 있기 때문이다.

일반적으로 분석에서 얻어질 수 있고, 또는 얻고자 하는 경관적 효과와 요인에 관해서 가설적으로 나타낸 모형이 분석과정에 필요하게 된다.

분석과정에서 채택할 모형은 어떠한 것이어도 좋지만, 계획 대상지 및 계획시설의 특성에 맞도록 구체적인 것이 좋으며, 때때로 범용적인 것을 목표로 잡지만 실제의 계획에 대한 연구는 존재하지 않기 때문에 적용범위는 좁더라도 구체적인 모형이 좋다.

(2) 대체안의 검토

대체안을 검토할 때 중요한 사항은 대체안 검토의 순서, 대체안 작성의 관점의 두 가지이다. 대체안의 검토시에 단계적인 순서가 필요하다. 계획내용이 예를 들어 구조형식의 결정만으로 좁혀져 있으면 이와 같은 주의는 불필요하나, 일반적으로는 그렇지 않은 경우가 많다.

형식의 선택과 형태의 결정이 요구되는 경우에는 우선 형식의 대책안을 검토하고, 좀더 범위를 좁힌 다음에 형태의 검토를 수행한다. 일반적으로 경관적 영향력이 큰 수준의 대체안의 검토를 우선적으로 수행하며, 차례로 영향력이 크다고 생각되는 수준의 대체안을 검토해 가는 순서로 수행한다. 물론, 상세한 부분의 검토가 보다 상위 수준의 대체안 선택에 큰 영향을 미치는 경우도 있다.

대체안을 작성하는 경우에는 대체안 상호간에 현저한 차이가 나타나는 관점에 대해 주의할 필요가 있다. 물론, 제약조건을 무시하고 작성한 대체안간의 현저한 차이점이 없는 경우에 있어서, 약간 극단적인 관점을 선택하여 대체안을 만들어 보면 의외로 재미 있는 결과를 얻을 수 있다.

또한, 상식적인 대체안에 비하여 현저하게 좋은 안이 가능하다면, 그 제약조건을 재검토해 볼 필요가 있다. 범위의 제한을 벗어난 대체안 작성이 우연히 좋은 결과를 만들며, 계획자의 기존개념을 타파하는 경우도 있을 수 있으나, 대체안이 비슷하거나 접근한 경우에는 검토할 필요가 없는 내용이거나 계획자의 능력이 부족한 경우이다.

[2] 계획 대체안

계획 대체안은 전술한 작업결과를 정리하고 이 안 중에서 몇 개의 대체안을 작성한다. 대체안 상호간의 차이점 및 공통점을 정리하고 대체안 작성의 수준도 명시해 놓는다.

동시에 이 단계에서 대책안을 검토하는 전제로 설정하였던 경관분석의 결과를 정리하고 명시해서 첨가해 두어야 하는데, 이는 차후에 환류(feedback)하여 대체안을 검토하는 경우에 또다시 재검토하여야 되기 때문이다. 대체안이 어떤 것이든간에 모든 점에서 우수한 경우는 드물기 때문에, 이 단계에서는 대체안을 열거해 두고 판단은 후에 경관상의 종합평가 및 기능계획과의 득실평가에 맡긴다.

이 단계에서 중요한 것은, 기능계획 측면과의 조정으로 경관 계획상 아무리 좋은 계획이라도 기능계획에 지장을 초래하거나 건설비용이 대폭 증가하는 것은 좋지 않으며, 역으로 경관의 대폭적인 개선이 요망되는 사항이 있으면 이 단계에서 기능계획으로 변경을 요청하는 것도 가능하다. 어느 쪽이든 이 단계에서 기능계획 측면과의 조정을 수행하여 다음 단계의 예측평가 작업에 대한 유효성을 보장해 둘 필요가 있다.

5·3·4 종 합

최종적으로 대체안에 의거한 정확한 예측에 대해 평가하고, 그 결과를 종합적으로 판단해서 계획안을 작성한다. 종래에는 몽타주(montage)를 이용한 지점경관을 여러 가지 시점으로부터 예측하는 방법이 이용되고 있었다.

[1] 대체안에 의거한 예측

지점경관에 대한 예측시 주의해야 할 유의사항은 예측의 정밀도, 예측에 이용할 시점과 시축방향, 경관의 변천에 관한 배려, 변동요인의 취급 등이 있다.

예측의 정밀도는 높은 것이 좋으나, 정밀도는 판단을 하는 인간의 집단특성을 생각해서 결정하여야 하며, 주민 및 일반대중에게 완성된 예상그림으로 제시하는 경우에는 가능한 정밀도가 높은 것이 바람직하다. 그러나 다수의 대체안을 계획자 또는 경관 전문가가 판단하는 경우에는, 거칠은 선화(線畫) 및 스케치 정도로 충분할 것이다. 비용과 시간이 소요되는 상세함과 정확함보다는 대체안의 차이가 밝혀지는 쪽이 중요하기 때문이다.

지점경관 및 이동경관을 예측할 경우에 시점은 실용밀도와 시점의 질을 기준으로 택한다. 즉, 일반적으로 사람들이 볼 기회가 많은 경관과 이용이 많은 대상은 작아도 평가가 높은 지점 및 이동경관의 변화를 예측한다. 이외에도 토목시설의 영향이 가장 크게 나타나는 공동적인 시점도 예측시점으로서 채용하면 좋다.

또한, 토목시설의 영향이 경관에 좋게 작용하는 경우의 시축의 방향에 대해서는 해당시설을 중심으로 하는 것과 종래의 구도상의 모든 점을 중심으로 하는 2종류가 필요하다. 전자에서는 영향을 실제이상으로 평가할 위험이 있는 반면, 기존의 주대상과의 관계를 보는 경우에는 후자가 적합하다. 그리고 토목 시설물도 세월이 지나가면 때가 묻고, 또는 풍화해서 주변에 잘 융합한다. 더구나 세월과 함께 변화하는 식물재료를 사용하면 경관의 변천에 대한 배려는 꼭 있어야 된다.

일반적으로 경관예측에 대해서는 변화의 중심인 해당시설을 지극히 깨끗하게 하는 일이 많으나, 실제로는 일조의 방향, 기후, 계절(녹색의 시기와 단풍시기, 겨울에 잎이 없는 시기)에 의해서 시설의 인상은 크게 변한다. 특히, 변화요인의 영향을 받기 쉬운 것은 대상의 색책와 질감(texture)이다.

따라서, 토목시설이 설치되는 경우 및 그것을 바라보는 방향, 시거리(특히 시정)를 감안해서 예측표시를 현실적으로 판단해야만 한다. 현재의 경우 이들의 변화요인 및 변천에 따라 대상의 미세한 부분의 변화까지 정확하게 예측하는 것은 곤란하고, 계획자의 풍부한 경험이 필요하다.

[2] 대체안의 평가

평가를 하는 데는 평가주체, 평가기준(척도), 평가수법 등의 세 가지에 주의해야 한다. 평가주체는 전문가인 계획자, 그 경과를 일상적 조경으로 체험하는 사람인 지역주민, 그 경과를 비일상적 경관으로 체험하는 사람인 방문자로 대별된다. 집단들 사이에 평가의 차이가 있는 것은 오히려 당연하다. 일반적으로 거주자 밀도가 높은 도시 및 전원에 대해서는 주민의 평가에, 자연 풍경지에서는 방문자 무리의 평가에 우선권(priority)을 주는 것이 통례이다. 그러나, 상기의 집단에는 다음에 서술한 것과 같은 경향이 있고, 최종적으로는 이들의 평가를 계획자가 냉정하게 판단해서 종합적인 평가를 내릴 필요가 있다.

(1) 계 획 자

계획시설의 좋은 측면을 강조하고 나쁜 측면을 과소평가하는 경향이 있다. 계획자는 계획시설의 유사한 예를 많이 알고 있으며, 이와 함께 조작과 그 효과의 인과관계에 관한 지식이 풍부한 집단이라고 말할 수 있다.

(2) 지역주민

계획지의 경관을 상세하게 알고, 또 기존요소가 갖는 의미를 그 실용상의 효과와 함께 몸에 배어 있는 것이 이 집단이다. 그러나 지역경관의 전반적인 특색을 빠뜨리기 쉽다.

(3) 방 문 자

지역경관에 대한 인식은 일반적으로 낮고 그 평가는 체험시의 현황 변동요인과 평가자의 심리상태에 좌우되는 일이 많다. 평가자중에서는 최대집단인 동시에 견해가 개략적이어서 경관의 특색을 상세히 알지 못한다.

계획은 계획자의 책임으로 처리하는 것으로, 평가를 받을 때 최종적으로 계획자가 남에게 책임을 전가하는 일이 없이 결정을 내려야 한다. 계획목표를 구체적으로 표시하고, 만일 계획목표로부터 약간 빗나갔다고 느껴졌을 때는 계획목표의 기준이 미숙하였든가, 계획자의 판단에 치우쳐 있는 것이므로 환류(feedback)를 통해서 계획목표의 기준을 개선하는 것이 필요하다. 이 때에 선택할 수 있는 평가방법을 크게 계획자의 현장 및 그 경험에 의한 판단, 경관에 관련된 분야의 전문가의 판단, 일반대중의 판단의 세 가지로 나눌 수 있다.

최근에는 계량 심리학에 대한 자료처리 수법의 발전에 따라, 일반대중의 판단에 의한 평가를 통계적으로 처리하는 평균적인 평가방법을 택하는 경우가 많아졌다. 일반대중의 판단이 경우에 따라서는 한 사람 또는 소수 평가자의 평가에 비해서 보다 객관성이 높다고 생각할 수 있기 때문이다.

경관이란 우리들이 눈으로 느끼는 우수하고 구체적인 현상이지만, 평가가 통계적인 처리로 되면 때때로 과도하게 추상화되는 경향이 강하므로 주의를 요한다. 추상화가 과도하게 발달하면 구체성이 약해지고, 이것이 경관의 어떤 측면과 대응하고 있는 것인가를 판단하기가 어려워진다.

따라서, 다수의 사람에 의한 평가를 통계적으로 이용하는 경우에는, 후에 해석을 용이하게 할 수 있도록 가능한 한 구체적으로, 또한 평가항목을 한정해 두는 것이 무난하다. 오히려, 경관의 종합평가는 계획자 자신이 처리해야 할 행위로 단정하되, 계획자의 생각을 점검하는 의미에서 변화가 예측되는 경관의 인상을 총체로서, 주민 또는 일반대중에게 판단을 맡기는 것도 바람직한 방법이 될 수 있다.

위에서 서술한 항목을 정리해서 대체안을 상호평가하고, 계획안으로 종합하여서 마무리하지만 이 때에 얻을 수 있는 방법은 다음의 두 가지이다. 제 1 방법은 종합평가를 경관으로 한정하고, 계획안을 작성해서 그것을 기능계획 측면으로 제시하는 방법이다. 제 2 의 방법은 경관으로서의 종합평가는 피해서 평가를 개별의 항목마다 하는 것으로, 기능계획 측면에 대한 평가를 가지고 종합평가를 하는 방법이다.

어느 쪽의 방법을 취하든 마지막 단계에서는 경관적 가치와 그 외의 가치, 특히 경제성 관계의 조정은 피할 수 없는 문제로 된다.

5·3·5 기능계획과의 관계

계획 전체에 대한 경관계획의 역할에 대해서는 앞에서 기술하였지만, 여기에서는 전항의 계획과정에 나타난 기능계획과의 관계를 고려할 경우의 주요사항을 다루고자 한다.

[1] 대상의 위치 및 형태

경관계획은 기능계획 측면과 각종 정보를 주고 받아서 조정을 해야만 한다. 한 사람의 계획자가 경관계획과 기능계획의 양자를 처리하는 경우, 대상의 위치 및 형태를 결정하는 고려방법이 다르기 때문에 여러 문제가 발생한다. 이 점에 관해서 좀더 상세하게 서술하겠다.

물체의 위치 및 형태(크기, 형, 색채, texture 등)를 결정할 때, 우리들은 다음과 같은 입장을 통해서 결정하게 된다. 즉, 첫째는 전통과 선례를 따르는 입장, 둘째는 대상 자체를 존중하는 입장으로, 특히 기능을 중시하는 입장과 형태를 중시하는 입장, 셋째는 대상이 처한 환경을 중시하는 입장으로 나누어 생각할 수 있다.

첫째의 입장은, 예를 들면 송전철탑이란 이러이러한 형으로 이러이러한 입지를 택하는 것이기 때문에, 이들의 선례에 따라서 계획을 수행하는 것이다. 둘째의 기능을 중시하는 입장은, 소위 기능주의라고 불리어지는 것으로, 약간 과장하면, 대상물의 형태는 이 대상물이 갖춘 기능을 그대로 외형으로 나타낸 것으로 이것이 자연스럽다라고 하는 것이다. 또, 형태를 중시하는 입장은 대상물의 형을 강조하고자 하는 경우가 많다. 세 번째의 입장은 환경(보다 넓은 환경을 갖는 지리적, 역사적 문맥)에 의해서 대상의 위치나 형태를 결정하고자 하는 사고방식이다.

첫 번째 입장을 제외하고 생각하면 두 번째 입장은 대상물 자신의 요청 즉 내적 요청이고, 세 번째의 입장은 대상물의 바깥쪽에 있는 조건, 즉 외적 요청에 응답하고자 하는 사고방식이다라고 말할 수 있다. 예를 들면, 이미 예로 들었던 토목 구조물이 갖추어야할 요건으로 용도, 강도, 아름다움, 건축에서 요구하는 기능과 형태 등을 고려하는 것은, 내적 요청을 중요시한 두 번째의 입장이고, 이에 비해 정원을 만드는 데 있어서 용도와 경관은 외적 요청에 응답하고자 하는 입장이다. 단, 이 경우 외적 요청이라고는 말해도, 그것은 일단 시각적으로 완결한 정원 내의 일인 것에 주의할 필요가 있다.

이상 서술한 바와 같이, 토목시설의 계획과 설계는 전통적으로 두 번째 입장(특히 기능을 중시하는 입장)을 근거로 했다. 용도, 강도, 아름다움도 구조물만으로 완결하는 개념이다. 이에 비해, 경관계획은 세 번째 입장을 존중하는 것이다. 이상의 점이 기능계획과 경관계획의 입각점의 근본적 차이라고 할 수 있다. 물론, 내적 요청과 외적 요청이라고는 해도, 어느 한 쪽에 의한 대상의 위치, 형태를 결정해서도 안 된다. 이것은 아무리 인간의 개성이 중요하더라도 인간이 사회적인 존재인 이상, 다른 사람과의 관계를 무시하면서까지 개성적으로 할 수는 없다.

기능설계 측면이 내적 요청을 중시하는 것은 당연한 일이며, 대치되는 외적 요청을 경관 계획자가 어떻게 구제하고, 어떻게 순서를 지켜서 의논하는가가 기능계획과의 관계에 대한 조정의 요점이라고 할 수 있다.

경관이나 기능계획 모두 대상에 대한 내적·외적 요청이 있게 되며, 경관의 측면에서 보면 대상이 갖추어야 할 경관적 속성인 외적 요청은 다른 경관대상과의 관계와 인간과의 접촉에 관련되어 있으며, 내적 요청은 대상 자신의 아름다움과 사용하기 용이함이라는 측면이 있다.

[2] 경관계획의 역할과 자율성

기능계획과의 관계에 대한 경관계획의 역할을 정리하면, 부분계획으로서의 역할과 종합정리하는 역할로 나누어 볼 수 있다. 부분계획으로서는 디자인 계획, 설계의 기능 중심적인 것과 자연경관 보호계획, 가로 보전계획 등과 같은 환경 중심적인 것이 있으며, 종합·정리하는 역할로서 개발주체 선정과 수경이 있다. 각각의 부분계획에 대해 경관적인 요소를 검토하여야 한다.

토목경관 계획에서와 같이 기능계획과 관련을 갖지 않는 완전히 자율적인 경관계획은 없다. 경관계획의 자율성을 보장하는 조건은 다음과 같다.

(1) 대상물에 관계가 있는 조건

이것은 계획 대상지의 경관적 가치와 기능계획 측면의 제약조건이 가진 모순여하에 따른다. 일반적으로 경관적 가치가 높은 만큼, 또 제약조건을 가진 만큼 경관계획은 자율적일 수 있다.

(2) 인간에 관계가 있는 조건

계획자와 사업자 및 그 고장주민, 일반적인 방문자의 경관에 대한 관심의 정도, 문화수준에 따라 경관계획의 자율성은 크게 좌우된다. 계획자의 의식은 어떠하더라도 개개의 시설물 설계자가 독선적인 사고방식으로 해당대상을 계획·설계하고, 대중이 이것을 용인하는 경우 경관계획은 가장 곤란한 상황이 된다.

(3) 비용에 관계가 있는 조건

정량적으로 설명하는 것은 곤란하지만, 비용이 많은 경우 큰 제약조건은 되지 않는다. 도시의 중심도로 및 상점가 보존지역 등에 관한 경관은 비용의 몫이 크겠으나, 일반적인 경관정비는 요란하게 꾸밀 필요가 없기 때문에 비용의 조건이 그리 크지 않다.

(4) 시간에 관련된 조건

계획 또는 사업 실시상 사람에 대하여 중요한 것이 시간의 여유이며, 아무리 우수한 계획자나 기술자라고 하여도 생각할 틈이 없어서는 경관계획은 임시모면의 것으로 밖에 될 수 없다. 경관처리는 사업자보다는 일반대중에게 주위를 기울여야 할 경우가 많으며, 또한 경관계획에는 시방서가 없고 또 그 작업은 전산기에 의한 일련의 작업화도 어렵다. 무엇보다도 계획 대상지를 계획자가 보고 해석하는 데는 시간이 필요하기 때문이다.

5·4 경관 현황조사

경관의 현황조사는 경관예측 및 평가를 하기 위해 사전에 필요한 자료를 얻기 위한 준비과정으로, 주요 조망지점의 위치, 조망의 상황, 이용특성 등 경관의 상황과 지형 및 식생 등에 대한 경관특성을 조사한다.

예측대상 지역의 현황조사는 경관정비나 개발계획의 대상이 되는 지형 및 구조물과, 이것에 동반하는 주변의 조형부분을 관찰할 수 있는 조망범위를 설정하는 과정으로, 조망방향의 예측에 필요하다고 인식되는 범위를 예측대상 구역으로 한다.

또한, 주요 조망지점으로부터의 거리를 나타내는 시거리(視距離)는 지형 및 관련 구조물에 의해 결정되며, 주요 조망지점에서 5 km 내지 10 km 범위로 충분하고, 그 이상의 원거리일 경우에 조망이 가능하다고 할지라도 형태 및 색채가 눈에 띄지 않는 경우가 많다.

또한, 주변의 지형상황으로부터 명확하게 지형에 의해 시인가능한 범위가 한정되는 경우에는, 현황조사를 통해 범위를 줄일 수 있다. 이와 같은 경우에는 현지답사와 도상조사 및 전산기에 의한 방법이 있다.

현지답사는 가장 간단한 방법으로 사진촬영은 물론 비디오 촬영도 수행하는 것이 좋으며, 도상조사 및 전산기를 이용하는 경우에도 영향예측 및 평가시 참고자료로 이용하거나 대략의 상황을 알고 있는 편이 좋기 때문에, 현지답사도 병행해서 하는 것이 좋다.

예측대상 지역의 설정에는 계획지 내에서 지역경관의 특성에 관하여 현지답사와 현황사진 이외에, 토지이용 현황도 등을 이용해서 지형 및 식생 등의 현황조사를 수행하여야 한다. 현황조사는 영향예측에 앞서 현황의 경관특성을 파악하는 과정으로, 지형과 식생 및 경관 구성요소(경관자원)를 조합상태로 특성을 파악해야 한다.

주요 경관지의 분포조사는 경관의 보호에 관한 대상지역의 지정조사로, 계획지구에 관한 자연경관의 관계법률 및 조례 등에 의해 규제 및 지정상황에 대하여 조사하는 것으로 도시 계획법, 공원법, 그린벨트법 등에 의거한 지역지정 등과 문화재 보호법 및 조례 등에 의거한 지정상황 등을 조사한다.

이 밖에도 자연경관 및 역사적 경관이 뛰어난 지역이나, 전원경관·이산경관 등 지역주민에 친숙해져 있는 경관 및 명승고적 등의 존재를 조사해서 위치, 분포범위, 경관형식, 특징, 관계법령 조례 등 필요사항을 도표 등으로 정리하여 수집하여야 한다.

제 6 장

도로 및 교량경관

6·1 도로경관의 의의

6·1·1 도로경관의 특징, 구성요소 및 설계순서

도로경관의 특징에서 볼 때, 도로경관은 시점의 위치에 의해 경관이 다르므로 내부경관과 외부경관으로 나뉘어진다. **도로의 내부경관(內部景觀)**이란 시점의 위치를 도로의 안쪽에 두고서 보행자 및 운전자가 정지 또는 움직이면서, 도로내부에서 바라보는 근경, 중경, 원경을 말한다. 따라서, 도로의 횡단구성, 포장면, 도로 부속물, 도로 점용물과 같이 도로자체가 경관의 중심이 된다. 도로의 연도에 있는 하천, 건축물, 숲, 전답 등이 도로내부의 도로요소와 서로 관계를 맺으면서 도로경관을 형성하는 요소를 **연도요소**라고 하고, 도로에서 떨어져 있으며 도로에서 바라 보이는 산악, 바다, 호수, 건축물 등을 **원경요소**라고 한다.

내부경관은 도로 내의 시점이 정지상태인 경우도 있지만, 이동상태가 많기 때문에 시점의 위치와 이동 속도차에 따라 경관이 다르므로 지점경관과 이동경관으로 나뉜다.

도로 내부경관의 **지점경관**이란, 보도상에 멈추어 서 있는 사람 등이 보는 경관을 말한다. 도로 본체만이 아니라 부속물의 재질, 모양, 색채 등의 상세한 점까지 경관의 대상이 된다.

도로 내부경관의 **이동경관**이란 빠른 속도로 달리고 있는 차 안에서 운전자가 보는 경관을 말한다. 이 경우에는 시점의 이동이 빠르므로 도로 및 부속물의 전체 형상과 균형 및 경관의 연속성 등이 대상이 되며, 세밀한 점은 대상이 되지 않는다. 보도를 걷고 있는 사람이 바라보는 것도 넓게는 이동경관에 포함되지만, 시점의 이동속도가 느리므로 지점경관과 같이 도로 및 부속물의 재질 및 모양, 색채 등의 세밀한 점이 대상이 된다.

도로의 외부경관(外部景觀)은 시점의 위치가 도로의 바깥 쪽에 있고, 연도 이용자 및 지역주민이 해당도로의 구조, 도로 구조물, 횡단형상, 도로 부속물, 도로 점용물 등의 도로내부의 도로요소를 도로외부에서 바라본 경관을 말한다. 어떤 경우, 도로에 놓인 각종 시설물의 측면이 경관의 중심이 되며, 시점이 고정적인 것이므로 외부경관은 전부 지점경관으로 된다. 같은 지점경관에서도 내부경관의 지점경관과는 달리 도로 및 부속물의 세밀한 점은 인식되지 않고, 시점이 멀수록 도로와 주변과의 조화가 강하게 의식된다.

구성요소에서 볼 때, 도로경관은 도로본체, 부속물 및 점용물로 구성된 도로요소와 연도시설 및 전답, 숲, 지형, 수계 등 연도의 토지이용으로 구성된 연도요소, 그리고 해안, 호소, 산, 산림 등의 자연 및 높은 탑, 성, 대형 구조물, 송전선 등의 인공물로 구성된 원경요소로 이루어진다. 도로요소와 연도요소는 근경에 속하고 원경요소는 중경 또는 원경에 속하며, 이들 요소가 서로 잘 조화될 때 양호한 도로경관이 형성된다.

도로요소에 대해서는 도로 관리자가 도로횡단 구성 및 도로 구조물, 포장, 부속물 등에 대해 아름다운 경관이 얻어지도록 정비할 수 있는 것이지만, 연도요소는 직접으로는 정비할 수 없으므로 연도의 토지 소유자를 적극적으로 설득하여 조정을 도모해 도로요소와 일체화되는 내부경관의 첨경(添景)이 될 수 있도록 정비할 필요가 있다.

일반도로에 있어서는, 사유권이 강한 연도의 토지이용에 일관성이 없고, 또 연도의 토지이용을 제한하거나 건축물의 의장을 통일하는 것 등은 대단히 곤란하며, 그 다음에 간판류가 복잡하게 많고, 절각도로 요소의 정비를 하더라도 연도요소가 이를 막기 때문에 전체의 경관향상이 이루어지지 않는 경우가 많다.

원경요소는 경관정비의 대상으로 되는 경우가 거의 없고, 오히려 산과 강 등의 경관요소를 어떻게 효과적으로 도로경관에 포함시킬 것인가가 중요하다.

설계순서에서 볼 때, 도로를 계획하고 설계하는 데 있어서 자연이 가능한 한 손상되지 않도록 하여 경관파괴를 최소한으로 하고, 도로와 주위경관의 경관적 조화를 이루어 지역 전체에서 본 경관이 도로에 의해 파괴되는 것이 없도록 하며, 도로 자체에 새로운 척도를 찾아내는 새로운 경관창조가 이루어지지 않으면 안 된다. 결국, 도로를 새로 건설할 때에는, 이전과는 다른 새로운 경관이 창출되도록 도로의 계획설계와 경관설계를 하여야 한다.

따라서, 계획 전 조사단계에 있어서, 우선 지역 및 경관의 특성과 경관자원이나 지역주민들의 요망사항에 대해 조사한다. 이것에 의해 계획로의 성격을 명확하게 하고,

그림 6·1 산을 원경으로 한 도로경관

도로경관 정비의 목표와 기본방침을 설정한다. 다음에 소요의 경관자원을 추출하여 경관 정비상의 문제점을 파악한다.

6·1·2 도로경관의 목표

도로의 경관을 정비할 때, 경관적 관점에서 지역환경과 그것을 이용하는 사람의 특성 등을 파악하여, 예를 들면, '역사와 문화의 도로', '고풍의 도로', '현대미의 도로', '나무와 꽃의 도로' 등과 같이 지역 및 도로가 갖는 각각의 개성을 존중하고 그 개성을 표현하는 것이 중요하다. 바꾸어 말하면, 도로를 구성하는 요소의 소재 및 의미를 주변과 조화시킨다. 전원지대 및 산간부의 도로에도 경관을 배려하고, 특히 명승지의 도로에서는 적극적인 경관의 창출을 도모하는 것이 바람직하다. 결국, 그 도로를 이용하는 사람 및 연도의 주민이 좋아하고, 연도지역의 이미지(image)를 중요

그림 6·2 가로수를 식재한 도로

시하며, 쾌적하고 이용하기에 좋도록 하여야 한다.

첫째, 운전자가 운전하면서 받는 시상정보를 오해나 혼란을 일으키지 않도록, 배경이 되는 풍경을 고려하면서 일체가 되도록 하고 일정한 기준을 만족하도록 하여야 한다. 운전자가 착상에 의해 운전할 때 실수하도록 설계되어서는 안전한 도로라고 말할 수 없다.

둘째, 도로의 횡단구성 및 구조물의 설계에서는, 안전을 확보한 다음에 전체의 균형 및 연속성을 다시 보아 경관을 좋게 하고 형상 및 크기를 결정하는 것이 바람직하다. 설계에 대해서도 기본구상(motive)을 추상적으로 표현함과 동시에 도로공간과의 균형을 배려하고, 그 도로의 개성에 어울리는 설계를 한다.

셋째, 도로부와 연도의 시설 및 토지이용이 균형을 이루어야 한다. 단, 공간적으로 너무 통일적이면 경관이 획일적으로 되어 변화가 없게 되므로, 교량·터널·교차점 등 도로의 구조가 변화하는 지점에 경관의 변화를 주는 것을 잊어서는 안 된다.

넷째, 경관은 일시와 기후 및 계절 등에 따라 변화하는 것이며, 더구나 시간이 경과함에 따라 소재가 오래되기도 하고 수목이 성장하기도 하여 변화하는 것이다. 또, 연도의 토지이용도 변화한다. 따라서, 자연석 및 수목 등의 자연재료를 가능한 한 이용하고 자연의 조망을 받아들이며, 연도요소의 인위적 변화에도 신중한 고려를 하여 시간변화와 함께 운치 있는 경관을 육성하도록 고려해야 한다.

이와 같이 도로경관 정비는 "지역과 연도의 조화", "도로 본래 기능의 증진", "아름다움을 느끼는", "개성을 느끼는", "시간과 함께 자라는", "사계절을 통해 볼 만한 곳"을 기본이념으로 실시한다. 실시목표 항목으로서는 다음과 같은 것이 있다.

(1) 경로의 결정에 있어서 자연경관을 확보하는 것이 제일 먼저 고려되어야 하며, 보호해야 할 장소를 피해 통과하게 하고, 특히 역사, 유서, 자연, 문화 등의 지역 특성과 연도상황을 고려하여 지역의 양호한 경관이 보전되는 경로로 한다.

(2) 유명한 건축물, 산, 수면 등을 기준점으로서 원경요소에 놓고, 연도의 양호한 경관자원을 유효하게 활용할 수 있는 경로로 한다. 예를 들면, 수변(水邊)을 보며 통과하든지 랜드마크(landmark)는 같은 방향에서 볼 수 있고 산 및 숲 등을 우회하면서 볼 수 있도록 변화를 주어야 한다.

(3) 도로경관 가운데 특히 경관정비에 신중한 배려를 필요로 하는 곳은 명승지의 도로이다. 명승지에는 주변에 아름다운 조망이 있고 최고의 경관을 구성하고 있는 곳이 많으므로, 명승지에서 도로의 선형을 계획하는 경우에 주변의 경치를 효과적으로 볼 수 있도록 배려하여 도로를 달리면서 조망을 만끽할 수 있도록 설계한다.

(4) 아름다운 자연을 손상하지 않도록 도로선형 및 도로구성을 결정하여야 하지만, 만약 지형의 변화가 필요한 경우에는, 식재 외에 둥근 느낌을 주는 원형(rounding)

그림 6·3 평야지역을 통과하는 고속도로

등에 의해 양호한 경관을 조성하도록 노력해야 한다. 재료도 가능한 한 자연풍경과 조화를 이루는 자연소재를 이용한다. 예를 들어, 돌울타리는 시간이 경과함에 따라 이끼 등에 의해 운치를 더할 수 있다.

(5) 산지부는 지형의 기복이 있기 때문에 변화가 있는 경관을 기대할 수 있는 곳이므로, 산지부에 도로의 선형을 계획하는 데는 고개를 넘기도 하고 수림을 통과하는 경우에 장관도(panorama) 경관을 짜넣어 도로를 달리면서 동적인 경관의 변화를 즐기도록 배려한다. 예를 들면, 고개를 넘으면 광대한 장관도 경관이 열리기도 하고, 곡선부를 돌면 웅대한 산이 나타나기도 하는 등, 경관의 변화를 고려하여 경로설계를 해야 한다. 도로의 경로가 산의 허리를 통과하는 선형의 경우에, 도로면의 높이가 산 높이의 약 3분의 1 보다 높은 경우에는 경관에서 불안정한 느낌을 받는다.

(6) 광대한 전원지대를 통과하는 도로는 개방적인 조망이 그 특징이므로, 수목 등을 설치하는 것은 시계를 저해하는 것이 되며, 특히 고속도로의 경우에는 피하는 편이 좋다. 성토구조로 되는 경우에는 주변지형과의 조화를 고려하여 가능한 낮게 성토하고 법면경사도 낮춘다. 일반적인 평지를 통과하는 도로에서 경관을 형성할 때 유의할 사항은 적다.

(7) 천연 기념물, 노송(老松), 지방 문화재 등이 있는 경우, 이들이 중요한 문화재일 뿐만 아니라 도로의 경관 구성요소로서도 효과적이므로, 보존을 하기 위해서 도로구역에 편입하는 것이 바람직하다.

(8) 산림의 존재가 도로의 선형에 합치하는 것과 같은 경우에는 그대로 두면 좋다. 구체적으로, 잡목림이 있는 경우에 도로의 횡단 구성요소의 일부로서 넓은 중앙 분리대 또는 측방대로 두거나, 주택의 숲을 도로확장의 경우에 도로구역에 넣어도 좋다.

(9) 아름다운 수변이나 오래된 거리의 집들은 연도경관으로서는 최고이므로, 이와 같은 경관자원이 있는 경우에는 이것을 잘 이용한 경로로 하는 것이 바람직하다.

(10) 그 토지의 전설 등 무형의 역사적 유서가 있는 경우에는, 이것을 느낄 수 있도록 지역특유의 소재 및 의미가 있는 것을 이용해 지역성과 개성을 표현하고, 역사를 느낄 수 있도록 개성을 부여하며 현대적인 설계는 피한다.

6·2 도로 시설물 및 가로수의 경관설계

선형으로 배려한 도로의 횡단구성에 여유를 갖게 하는 것이 도로경관의 질을 높이는 데도 관계가 있다는 것을 기억해야 한다.

6·2·1 선형설계

[1] 평면선형

도로의 평면선형으로는 직선과 곡선, 굴절선이 있다. 직선은 잘 정렬된 도로경관을 이루는 것이 가능하지만, 역으로 단조로울 가능성이 있다. 이와 같은 경우에는 축방향의 시통을 막는 조형물을 세워, 끝부분이 막히는 것과 같은 완결감을 주어 경관의 분절화를 취하면 좋다.

완만한 곡선은 풍요로운 연속경관을 창출한다. 기복이 있는 지형에 따라 하천, 호소 및 해안선 등의 수변의 자연지형에 적합한 선형으로 하는 경우, 주변의 경관과 조화된 도로경관이 얻어진다.

선형의 급변은 교통 안전상 피하도록 해야 하며, 급한 곡선 및 굴절선의 경우에는 굴절부가 시선 중지점인 아이 스톱(eye stop)으로 되므로 표지판을 배치하면 좋다.

[2] 종단선형

언덕길은 사람의 시선이 정상부분으로 모이므로, 정상에 표지판이 있는 경우에 아이 스톱이 되어 경관이 강조된다. 또, 정상에서는 조망이 얻어진다는 기대감이 있으므로, 산의 능선을 올라가면서 새로운 조망이 펼쳐지도록 구성하면 좋다.

언덕길의 경사, 즉 종단경사는 경관적으로 보아 4% 이하의 경사에서는 평탄한 도로로서 변화가 없다. 4～6%의 경사는 완만한 느낌이 들며 변화가 풍부한 경관이 된다. 8% 이상의 급경사가 되면 시각적으로 압박감을 가질 뿐만 아니라 연도의 경관 구성요소와 조화를 이루지 못한다.

6·2·2 횡단면 구성

[1] 중앙 분리대

차선수가 4차선 이상인 도로에서는 교통안전의 견지에서 뿐만 아니라 도로경관을 높이기 위해서도 중앙 분리대가 필요하며, 더구나 중앙 분리대를 약간 높게 설치해서 넓은 지역에 식재가 가능하도록 하는 것이 바람직하다. 특히, 자연경관이 훌륭한 지역을 통과하는 도로에서는 동고평저형(同高平低型)의 넓은 분리대를 설치하여 주변의 지형과 융화시키는 것이 바람직하다. 예를 들면, 상행선과 하행선을 별도의 도로로 중앙 분리대에 자연수림을 조성하기도 하고, 특히 주변의 경관과 연속성이 있는 수경(修景)을 하여 자연경관과의 조화를 꾀한다.

[2] 갓 길

경관이 뛰어난 구릉지대 및 전원지대의 도로에서는 자연의 지형을 그대로 갓길(路肩, shoulder)에 연속시킴과 동시에, 갓길은 가능한 한 넓게 비포장 갓길로 하고, 잔디 및 잡초로 보호한다. 만약, 포장하는 경우에도 차도가 콘크리트 포장의 경우에는 갓길을 아스팔트의 간이포장으로 하거나, 차도가 아스팔트 포장인 경우는 갓길을 색조가 다른 아스팔트 포장으로 하여 차도와 갓길을 분리할 수 있는 시각적 효과를 높이는 것이 좋다. 갓길을 노견 또는 길어깨라고도 한다.

[3] 부 도

부도(副道)는 도로의 횡단방향에 지형변화가 있는 경우에 만들어지는 것이므로, 부도는 본선 차도와 떨어져서 그 사이에 넓은 법면이 존재하고 있는 것이 많다. 이와 같은 경우에는 넓은 법면이 측방 분리대로 되므로, 둥근 느낌을 주는 원형으로 처리하여 시각적으로 원활하게 느껴지도록 하며, 법면에는 식재를 하여 녹색이 많은 경관을 구성하도록 배려한다.

[4] 버스 정차대와 비상 주차대

버스 정차대 및 비상 주차대 등이 일부 구간에 설치되어 있는 경우에는, 확실하게 같은 포장상에 백선으로 차도와 분리하여 나타내는 경우가 많다. 이것은 경관상으로 좋지 않으며, 그보다는 버스 정차대 및 비상 주차대 노면의 포장에 자연석의 소포석(小鋪石) 및 색채블록 등을 이용하여, 포장에 변화를 주어 영역을 구분하도록 하면 좋다.

[5] 자전거 전용도로

자전거 전용도로는 도로와 병용된 것이 많다. 공간이 충분한 경우에는 분리대를 세워 자전거 전용도로와 보도를 확실히 구분하는 것이 교통 안전상은 물론 보행자나 자전거에 타고 있는 사람에게도 통행에 있어 쾌적한 기분을 느낄 수 있다. 분리대를 설치하는 것이 가능하지 않는 경우에는 포장자체에 변화를 주어 양자의 통행구분이 다름을 구분하는 것이 경관상 좋다. 같은 포장상에 백선으로 표시를 해서 자전거 차도와 보도를 분리하는 것은 경관상 피하는 편이 좋다.

[6] 식 수 대

폭이 넓은 도로에서는 차도와 보도의 사이 및 도로와 연도의 사이에 가능한 한 넓은 폭원의 식수대(植樹帶)를 만드는 것이 바람직하며, 이것은 도로에 정감을 주어 연도 지역의 환경 및 도로의 성격에 따라 연도의 경관 및 환경의 보전을 꾀하고, 지역 전체의 풍치미관을 향상시키게 된다. 특히, 명승지에서는 주변의 뛰어난 풍경의 조화를 중요시하는 식수가 바람직하다. 전체 경관을 중요시하는 경우에는, 나무를 복수열로 나란히 배열하는 것이 좋지만 사잇길 및 생활도로 등, 폭이 좁은 도로에서는 1열 식재 및 독립수 또는 화분대가 좋다.

특히, 통과교통을 주체로 하는 도로에서는 연도와 도로를 시각적으로 구분하기 위해, 넓은 식수대를 세워 지역경관에 미치는 영향이 적은 도로구조로 하는 것이 필요하다.

[7] 환경 시설대

환경 시설대는 식수대를 주로 하여 자전거 도로 및 보도를 포함하여 구성되며, 교통소음 및 교통진동 등의 교통공해를 경감하기 위한 것이지만, 식생에 의해 도로경관을 향상시키는 기능도 포함하고 있으며, 특히 환경 시설대에 차음벽을 세우는 것과 같은 경우에는 수경(樹景)을 위해 식수하는 것을 반드시 고려해야 한다. 이 수경은 운전자의 눈에서 차음벽을 은폐할 뿐만 아니라 도로 밖의 주민도 방음벽을 인식하지 못하도록 하는 것이므로, 양쪽이 일체가 되도록 수림을 형성하고 1열로 나란한 선형인 녹지대 사이에 방음벽이 숨겨져 있도록 하는 것이 바람직하다.

[8] 평면 교차점

지방부의 평면 교차점은 교통안전과 경관향상을 겸해 의식적으로 교차점을 두드러지도록 하는 것이 좋다. 두드러지지 않는 교차점은 교통 신호기가 있어도 피로한 운전자가 그 존재를 의식하지 못하고 통과하여 사고를 일으킬 위험성이 있다. 두드러지는 경우에는 교차점을 경계로 경관의 특성을 바꾸는 방법도 있지만, 교차점의 수가 많은 지역에서는 변화가 많은 것이 경관상 나쁘기 때문에, 교차점에 독립수 및 기념비 등의 아이 스톱(eye stop)이 되는 것을 세워 공간망(network)의 가운데 결절점으로 인식되도록 하면 좋다. 특히 T자 교차점, Y자 교차점, X자 교차점 등의 변화 교차점에서는 모퉁이가 운전자의 시선에 적당한 초점이 되며, 운전자에게 변화가 많은 경관을 제공할 뿐만 아니라 교차점 자체가 도로표지 대신에 도로안내를 제공하게 된다. 방향도 확실하게 제공해 주어 교통사고 방지에도 도움이 된다.

6·2·3 부속 구조물

[1] 절토법면

절토법면의 높이가 배경이 되는 산의 높이의 3분의 1 내지 4분의 1을 초과하는 경우에는 절토법면이 매우 크게 느껴지게 된다. 따라서, 절토에 의해 생기는 법면은 되도록 완만한 법면으로 하고(30~40%의 경사가 가장 바람직함), 절토의 지표선 부근에 둥근 느낌을 주기도 하고(라운딩) 법면경사의 경사를 단계적으로 완화시키기도 하여, 절토법면을 의식하지 않고 자연상태의 지형과 같은 느낌을 주어 주위의 지형과 어울리도록 한다.

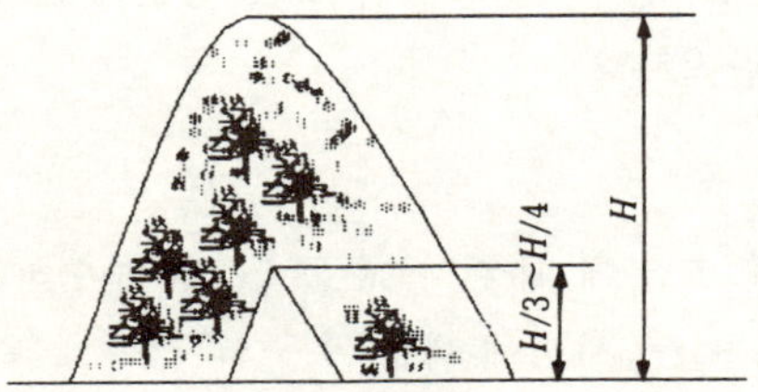

그림 6·4 절토법면과 배경이 되는 산의 높이

또한, 절토법면은 강우에 붕괴되지 않도록 사면의 안정성을 확보한 다음에, 현재의 주변식생과 조화된 식재(수목을 포함)에 따라 법면처리를 행하면 좋다. 이 식재는 시간의 경과와 함께 법면의 식생이 주위의 자연식생과 어우러져 주변의 환경 및 경관과의 동화를 꾀하게 될 것이고, 연도의 식생과 시각적 연속성을 유지하는 것이 좋다.

[2] 성토법면

성토에 의해 생기는 법면은 절토와 같이 처리한다. 가능한 한 완만한 법면으로서 주변의 지형과 조화되고, 현재의 주변식생과 조화를 이룰 수 있는 식생에 의한 법면처리를 하여, 주변의 환경 및 경관의 동화를 꾀한다.

성토법면이 절토법면과 다른 것은 둥근 느낌을 주는 원형을 요형(凹型)으로 하는 편이 경관상 좋다.

[3] 옹 벽

장대한 옹벽은 주변의 자연지형 및 건축물 등과 위화감이 생기기 쉬우므로, 장대한 옹벽이 생기지 않도록 토공의 설계단계에서 고려할 필요가 있다. 불가피한 경우에는 형태, 디자인 및 표면처리, 적절한 벽면의 분절화를 고려한다.

옹벽에는 석적옹벽, 블록옹벽, 콘크리트 옹벽의 3종류가 있다. 석적옹벽의 소재인 돌(가능한 한 자연석 그대로 이용)은 그 지역의 재료를 이용하는 것이 많으므로, 돌이 갖는 자연감이 양호한 경관을 이루게 함과 동시에 시간의 경과와 함께 주변과의 동화를 이루게 한다.

블록옹벽은 녹화용 옹벽블록을 이용하기도 하고, 덩굴식물에 의한 옹벽의 녹화를 하기도 하고, 옹벽의 재질 및 색조를 자연석풍의 재질로 하기도 하고, 블록의 소재에 따라 미소한 질감의 변화를 주는 것이 가능하다.

콘크리트 옹벽은 차가운 느낌 및 압박감을 갖지만 형상의 선택이 자유로우며, 구조를 다양하게 함으로써 경관을 개선하는 것이 가능하다. 도로변에 옹벽이 있는 경우에는 건축물의 벽면과 같게 수직에 가까운 면으로 보이므로 시각적인 영향이 크다. 배관을 외부로 노출시켜 벽면을 번잡하게 해서는 안 되며, 벽면을 이용하여 조각을 하거나, 타일 등을 이용한 벽면을 그리거나, 또는 받침대를 만들어 지역을 대표하는 것 등을 세우는 것이 바람직하다.

[4] 측구와 개수로

측구(側溝)는 강우시에 도로에 내린 우수를 모아 배수하고, 물이 고이지 않도록 설계된 것이지만, 보도와 차도 사이에 세운 측구의 경우에 측구의 덮개에 타일 블록 등을 이용하기도 하고, 측구 및 배수에 설치되는 덮개는 도로면과 같은 포장재료를 이용해 독립적이지 않도록 한다.

측구에 모여진 우수를 수로에 모으기 위해 도로를 횡단하는 측구를 만드는 경우가 있다. 이 횡단구는 암거로 하는 것이 바람직하며, 도로의 직각 횡단방향으로 하고 덮개를 만드는 경우에는 포장면의 연속성을 유지하도록 한다.

[5] 휴게시설

휴게시설은 운전자의 피로회복을 주목적으로 하는 것이지만, 주행 중의 운전자가 지역의 특성을 느낄 수 있는 경관적인 아이 스톱(eye stop)으로도 의미가 있으며, 운전자에게 안정감을 줄 수 있도록 설치할 필요가 있다. 운전자에게 뛰어난 조망을 주는

그림 6·5 휴 게 시 설

것이 좋으며, 소공원이 있어 산보를 즐길 수 있도록 하는 것이 바람직하다. 또, 봉우리나 유명한 지역에서는 운전자가 무의식적으로 지점명 및 장소를 알 수 있도록 설계한다.

휴게시설은 자연요소가 강한 장소에 세워지는 경우가 많다. 따라서, 자연의 지형 및 주변의 식생과의 조화를 고려한 설계로서 식재가 이루어지지만, 식재는 주행중인 운전자의 눈에 띄기 쉬운 것으로 하고, 출입구는 도로표지가 없어도 인식할 수 있도록 포장에 변화를 주도록 한다. 즉, 휴게시설은 본선 차도부와 거리를 두거나 밀도가 높은 식생 등에 의해 격리시켜, 사람이 안심하고 휴식을 취할 수 있도록 공간측면 뿐만 아니라 경관측면으로도 고려해야 한다.

휴게시설에서 빠질 수 없는 것이 화장실이며, 화장실 건물은 얼핏 보아 화장실이라는 생각을 갖지 않게 디자인하는 것이 좋고, 또 지하에 설치하는 것도 경관상 좋다. 식당(restaurant) 및 매점 등도 경관에 맞도록 설계하며, 급배수 시설은 물론 전선도 지중화하는 것이 바람직하다.

[6] 방음제방

도로교통 소음을 차단할 때 거리감쇄를 고려하여 도로까지의 거리를 멀리하는 것이 가장 좋은 방법이지만, 우리 나라와 같이 국토가 좁은 나라에서는 바람직하지 않다. 따라서, 차선책으로서 도로와의 사이에 제방을 세워, 음의 전파를 굴절시켜 차단하는 것에 의해 도로교통 소음을 감쇄시키는 방법이 채택되고 있는데 이것이 방음제방이다.

이상의 목적으로 세워진 제방은 자연의 언덕과 유사한 형태이므로, 차음하는 시설 중에서도 가장 자연과의 위화감이 없는 것이다. 그러므로 경사는 가능한 한 완만하게 하고, 둥근 느낌을 주는 원형(rounding)에 의해 벽의 인상을 주지 않도록 한다. 또, 균일한 단면형상이 되도록 하고, 자연상태의 지형기복과 같은 인상을 주도록 한다. 그리고 제방의 주변에 조화를 이룰 수 있는 식재를 하면 경관의 질이 향상된다.

방음제방을 만드는 경우에는 넓은 제방부를 필요로 하므로, 미리 넓은 환경 시설대를 확보해 둘 필요가 있으므로, 국토가 좁은 우리 나라에서는 실례가 적다.

[7] 방 음 벽

용지가 좁은 경우, 제방 대신에 좁은 토지에 수직으로 구조물을 세워 음의 전파를 굴절시켜 차단하는 방법이 방음벽이다. 음을 흡수하는 흡음판을 도로측에 세워 방음효과를 높이는 경우나 투명한 방음벽을 쓰는 경우도 있지만, 어떻게 하더라도 방음벽의 존재는 주변환경과 조화되기가 어렵다.

이것을 해결하기 위해서 방음벽의 소재감, 질감 및 색채 등이 주변환경과 조화되

그림 6·6 방 음 벽

도록 하며, 교량 및 고가교의 경우는 교량본체와 일체감이 있는 구조로 하고, 설치부의 번잡함이 없도록 경관적 배려를 한다. 또, 방음벽이 연속하는 경우는, 일정구간 내의 차음벽의 재질 및 형상을 통일한다. 방음벽의 존재는 내부경관뿐만 아니라 외부 경관상으로도 압박감을 주므로, 방음벽의 앞에는 식재공간을 확보해 식수하고, 수목에 의해 벽이 보이지 않도록 하여 방음벽의 압박감을 완화시킨다.

방음벽이 길게 연속해 있는 경우에는, 식재하는 수목은 같은 높이의 것을 심지 않고 자연스럽게 높이에 변화를 준다. 단조로움을 피하기 위해 기존수목이라든지 낙엽수라든지 화목 등을 조화시켜, 식물의 특성을 살리는 경관을 창출한다. 또, 방음벽보다 높은 수목이 좋고 벽의 양쪽에 식재하면 특히 좋다. 고목(高木) 앞의 지면과의 접점에는 저목(低木)을 식재하면 고목과 저목이 균형을 이루어 경관상 좋다. 조망성이 좋은 지점에서는 투명한 방음벽을 이용해 조망성을 확보하고, 도로 이용자의 시계를 확보하면 좋다.

[8] 방 호 책

노측용 방호책의 경우에는 차도와 방호책과의 사이를 넓게 하거나, 도시부에서는 방호책을 저목으로 숨겨 수경한다. 산간부 등에서는 색채를 주변에 합치시키거나 가능한 한 가드레일로 경관을 좋게 배려한다.

분리대용 방호책의 경우에는 중앙 분리대를 가능한 한 넓게 취해 식재에 의해 수경하거나, 교차점 등에 생기는 단부의 처리를 좋게 한다. 좁은 중앙 분리대의 경우에는 콘크리트재의 강성 방호책으로 한다.

횡단 방지용 방호책 내지 횡단 방지책은 단순히 보도와 차도를 분리해 보행자의 무질서한 횡단을 저지하는 것이 목적이다. 따라서, 디자인은 지역의 개성을 나타내는 디자인으로 설계하고, 주변건물 및 주변의 도로 구조물, 공작물, 점용물과 조화되고, 통일된 디자인 및 색채로 하면 좋다.

[9] 도로 조명등과 도로조명

도로 조명등은 주간에 사람의 눈에 띄기 쉬운 것이므로, 디자인 및 색채는 단순한 것이 좋고, 주간의 모양과 야간의 모양 양쪽을 고려할 필요가 있다. 또, 도로의 성격 및 주변 경관이 연도건물과 조화를 이룸과 동시에 지역의 개성을 살릴 수 있도록 하는 것도 바람직하다. 그리고 설치시 방호책 등 기타 도로 부속물과 조화를 이룰 수 있는 위치관계를 고려하여 설계한다.

도로 조명등에 의한 도로조명은 교통안전 때문에 이루어지는 것이지만, 좀더 연구하면 도로공간에 멋을 부여할 수 있고, 주행하는 운전자에게 아름다운 야경을 제공하기도 한다.

먼저, 운전자는 야간 도로조명을 따라 주행하므로, 교통 안전상 도로선형에 따라 규칙에 맞게 도로조명이 이루어져야 한다. 이것은 경관적으로도 연속된 빛의 띠를 만들므로, 공간상에 도로선형을 옮겨 아름다운 야경을 창출하게 된다. 또한, 도로중 야간주행이 단조롭게 이루어지기 쉬운 곳에서는 주요 교통점에서 집중조명을 하거나, 조명의 색을 변화시켜서 야간경관을 변화시키는 것도 좋다.

도로 조명등의 광원은 높은 위치에 있는 것이 보통이지만, 보행자에 대해서는 광원의 높이는 낮은 쪽이 온화한 분위기를 창출하므로, 야간의 빛에 의한 연출효과를 의식하여 보도라든지 광장 등에서는 차도의 조명의 위치보다도 낮은 위치에서의 조명이 바람직하며 조도는 차도가 다소 낮은 것이 좋다.

[10] 도로표지

경관을 방해하는 요인 중 하나가 도로표지의 난립이다. 이것을 막기 위해서는 정보의 정리가 우선되어야 하며, 수를 적게 하여 필요한 정보만을 운전자에 주도록 해야 한다. 훈시적인 표어가 난립해 있는 것은 운전자로 하여금 도로표지를 경시하는 분위기를 심어줌과 동시에 경관을 나쁘게 하는 요인이 되므로 피하는 쪽이 좋다.

도로표지는 가능한 한 횡단 보도교 및 교각과 옹벽 등을 이용하여 첨가하는 것이 가장 바람직하고, 횡단 보도교에 반드시 도로표지를 첨가하여 운전자로 하여금 횡단 보도교에 가까우면 반드시 정보를 얻을 수 있다고 하는 선입관을 갖게 하는 것이 좋다.

지주를 세우는 경우에는 방호책, 방음벽, 도로 조명등 및 교통 신호기의 지주와 일체적인 구조로 하는 것이 좋다. 지주의 존재는 경관을 해치는 것이 많으므로 주의를 요한다. 강도에 지장이 없는 한 가늘고 단순한 것이 좋다. 색채도 주위의 도로 부속물과의 조화를 도모함과 동시에 가능한 한 두드러지지 않는 편이 좋다.

[11] 노면표시

노면표시는 운전자에 정보를 주는 목적 이외에는 경관을 해치므로, 가능한 한 줄이는 것이 좋다. 도로표시가 충분한 경우에는, 2중으로 노면표시까지 할 필요는 없다. 포장의 변화 및 식재 등에 따라 운전자에게 정보를 줄 수 있으면 노면표시는 하지 않는 것이 좋다.

번화가라든지 명승지 또는 조용한 주택지 등에서는 페인트를 이용하지 않고, 소포석 및 타일 등을 이용해 횡단보도를 표시하면 경관의 향상을 이룰 수 있다.

[12] 교통 신호기

도로표지와 함께 교통 신호기의 설치는 다른 도로 부속물과 일체가 되게 하는 것이 바람직하다. 교통 신호기는 교차점에 설치되는 것이며, 도로 부속물 및 도로 점용물이 많고, 지주 등에 의해 도로경관이 번잡하게 되므로 경관상의 배려가 필요하다. 교차점에는 횡단 보도교가 설치되어 있는 곳이 많으므로, 도로표지와 함께 횡단 보도교에 첨가하면 좋다.

6·2·4 도로점유 시설물

[1] 전화박스

전화박스의 자체 설계가 아무리 좋아도 주변의 설계와 조화를 이루지 않으면 안된다. 그리고 독립된 것은 경관상 좋지 않고, 횡단 보도교의 지주에 연계시키거나 다른 구조물 및 수목에 붙여 두드러지지 않도록 하는 것이 경관상 좋다. 이용자 측면에서 볼 때 횡단 보도교의 계단 밑에는 지주에 이어 반드시 전화박스가 있다고 하는 선입관을 보행자에게 주면, 찾기에 편리함과 동시에 위화감이 생기지 않는다. 전화박스는 일체화한 복합시설로서 설계해도 좋다.

[2] 긴 의자

긴 의자(bench)는 보행자가 쾌적하게 이용할 수 있도록 하는 것이 중요하며, 독립하여 설계하면 보행자의 통행을 방해할 뿐만 아니라 주위와 위화감이 생길 수 있으므로, 방호책 등과 일체로 된 겸용인 것이 바람직하다.

[3] 방재시설

소화전 및 화재 경보기를 세울 필요가 있는 경우에 경관상 두드러지지 않도록 하고, 긴급상황에서 사용함으로써 평소에 전화박스나 기타 특정 시설물 옆에는 반드시 소화전이나 화재 경보기가 있다는 인식을 줄 수 있도록 배려를 하면 좋다.

[4] 유개가로

상점가에 유개가로(有蓋街路；arcade)를 세우는 것은, 공공적 견지에서 보면 보행자가 비를 피하고 강한 햇빛을 피하도록 한 것이며, 상점의 매상을 올리는 것만이 제일의 목적은 아니다. 일반적으로 유개가로를 세우는 상점가는 보도가 좁은 장소가 많다. 따라서, 유개가로의 설계는 단순한 것이 경관상 바람직하고, 이에 지붕의 존재가 보행자에 폐쇄적인 느낌을 주어 압박감을 가져오지 않도록 설계해야 한다. 그리고 상점가가 두드러진 특징이 있는 개성적인 도시경관을 세우도록 하는 것이 바람직하다.

[5] 간판 · 안내판 · 게시판 · 표지

도시의 경관을 가장 해치는 것은 옥외 노상 광고물의 간판이다. 이외에 상점가 등에서는 이용객의 편의를 위해 안내판 및 표지 등이 있고, 주택가에서도 주민들의 의사전달을 위해 게시판 등이 있다. 그러나 도시공간의 미관을 유지하기 위해서 불필요한 것은 제거 및 규제를 행하는 것이 필요하며, 필요한 것은 깨끗한 느낌을 주도록 디자인해야 한다.

특히, 상점가는 정보전달 시설로서 이러한 시설물들이 범람해 있는 경우가 많다. 이용자 측면에서 보면 정보원이지만 광고하는 편에서 보면 기업을 선전하는 것에 불과하므로, 이들의 광고 및 간판이 공공공간을 이용하는 것을 경관상 규제해야 한다.

6·2·5 가로수의 역할

가로수는 경관향상, 생활환경 보전, 교통안전, 녹음형성, 자연환경 보전, 방재 등의 여러 기능을 수행하며, 그 역할을 구체적으로 살펴보면 다음과 같다.

[1] 경관향상

차폐, 경관조화, 장식, 경관통합 등의 구체적 방법을 통해 경관을 향상 시킨다. 여기서 차폐는 도로녹화를 함으로써 운전자에 대한 심리적 효과를 기대하는 것이다. 도로변에 경관상 좋지 않은 구조물이 있는 경우에는 환경 보전적 의미도 겸해서 고목(高木), 중목, 저목의 조합에 의한 3층 구조 식재에 의해 차폐하든지, 차음벽이 길게 연속하는 경우에는 보호난간(guardrail)의 존재를 저목에 숨기는 방법이 있다.

경관조화의 의미는 인공물과 자연물 사이에 완충재로서의 도로녹화를 함으로써, 도로경관과 자연경관과의 동화융합을 꾀하기 위함이다.

장식은 차폐나 경관조화보다는 적극적으로 도로의 미관을 높이는 것으로, 경관적으로 우수한 수목을 이용해 도로에 윤택함을 줌으로써 장식적인 효과를 얻고자 하는 것이다. 일반적으로 이용되는 것은 첨경식재(添景植栽)이며, 이것은 수목을 다리목이나 지형의 변화점에 점적으로 심어서 경관에 강조를 줌으로써 표지판 구실을 하게 한다. 특히, 도시의 가로에서는 분리대 및 교통도로 등에 꽃나무를 식재하여 사람의 눈을 즐겁게 하기도 하고 마음을 편안하게 하기도 한다.

경관통합도 장식과 같이 적극적으로 도로의 미관을 높이는 것으로, 그 방법으로서 긴 조망효과(眺望效果)와 스크린(screen) 효과가 있다. 전자는 전방의 산 등에 표지판이 있는 경우에 양쪽 나무의 크기나 자태 등을 정연하게 정리하여 인간의 시선을 집중시키는 효과를 말한다. 후자는 산 및 바다 등의 조망이 광범위하게 뻗친 경우에 조망대상의 윗부분을 고목의 잎으로 가리고 아랫부분을 숲으로 차단하며, 좌우는 높이가 중간 또는 큰 나무로 막아서 얻어지는 효과를 말한다.

[2] 생활환경 보전 및 교통안전

가로수를 식재함으로써 교통소음 저감과 배출가스 및 분진에 대한 대기정화 효과를 거둘 수 있으며, 차광 · 시선유도 · 교통분리 및 교통사고 때의 충격완화 등 안전하고 원활한 도로교통의 확보를 꾀할 수 있는 교통안전 장치로서의 역할을 갖는다.

[3] 녹음형성

가로수는 수목의 나뭇잎이 상공을 덮어 도로공간을 일광의 직사로부터 차폐하고, 기온의 차를 줄이고, 공기 건습의 변화를 적게 하여 도로공간을 쾌적하게 한다.

[4] 자연환경 보전 및 방재

도로가 새로이 건설되면 도로변의 환경이 변해 식생이 영향을 받고, 자동차 교통에 의해 생육에 변화를 일으켜 수목이 고사되는 경우가 발생하므로 도로녹화에 의해 이것을 막을 수 있으며, 식생에 의해 모래가 날리는 것을 막을 수 있는 방재역할을 하기도 한다.

6·2·6 가로수 계획

도로녹화의 식재지로서는 식수대, 환경 시설대, 보도, 중앙 분리대, 교통섬, 교차점 등이 있다. 식수대는 독립된 도로횡단 구성요소로서 폭원은 최소한 1.5 m로 하며, 도로녹화의 중추를 이루는 것이다. 또, 폭원 10 m의 환경 시설대에서는 식수대의 폭원을 최소한 3 m, 나머지를 보도 등으로 하고, 폭원 20 m의 환경 시설대에서는 식수대의 폭원을 최소한 7 m 로 하고, 나머지를 보도 등으로 한다. 식수대의 식재는 단순하고 규칙적으로 정연하게 심는 것이 바람직하다.

도시의 일반가로의 보도에서는 수목은 고목으로 하고, 중심가 및 넓은 간선가로의 보도에서는 녹음이 우거진 고목(高木)과 정연하게 관리된 저목을 합친 2층 구조가 일반적이다. 보도폭원이 넓은 경우에는 고목의 2 열식재가 적당한 경우가 있다. 번화가나 주택지 등과 같이 밝은 분위기의 가로경관을 필요로 하는 경우에는 간격을 둔 배식이 좋고, 또 자연환경의 혜택을 받은 지방의 도로에서는 도로변의 환경을 살린 첨경식재(添景植栽)를 하는 편이 바람직하다. 식재의 공간이 충분한 경우에는 독립된

그림 6·7 도시내 가로수의 조망

그림 6·8 도로변 녹화

식수대로 하며, 자연식의 식재에 따라 보도를 유보도화(遊步道化)하여 친근감을 느끼는 경관으로 하면 좋다.

보도에 식재하는 경우에 식재장소 주변에 식재대(植栽帶)가 필요하게 된다. 식재대는 원형이나 정사각형의 것도 있지만 대부분은 종방향의 직사각형인 것이 많다. 식재대의 폭원은 일반적인 경우에는 60 cm 이상을 필요로 하며, 고목이 있는 경우는 150 cm 이상을 필요로 하고, 200 내지 300 cm이면 여유가 있는 느낌을 준다. 식재대의 깊이는 저목에서는 45 cm 이상, 중목에서는 45 cm 이상, 고목에서는 90 cm 이상으로 해야 한다.

식재대의 주변 보도포장은 투수성이 있는 것으로 하는 것이 좋고, 이것에 의해 식생의 뿌리내림을 촉진할 수 있으며, 또한 배수도 잘 되어 물의 고임에 의한 식재의 고사를 막을 수 있다.

중앙 분리대의 식재는 교통분리와 차광이 주목적이므로 단순하고 규칙적으로 정연한 배치가 바람직하며, 도로의 시통을 확보하기 위해 간격을 두고 배치하는 것이 좋다. 또, 중앙대의 넓이가 충분한 경우에는 조형적인 아름다움을 갖는 배치를 하든지, 자연식의 식재에 의해 도로의 녹량감(綠量感)을 높이는 방법을 쓰면 좋다. 지형변화가 완만한 구릉부에서 중앙대를 넓게 하는 경우에는 고목은 심지 않고, 저목과 잔디 및 초화만의 식재를 행하는 것이 좋다.

교차점의 교통섬 및 모퉁이에 세운 식생은 단순한 것을 선택하며, 도로 경관상 교차점에서는 강조가 되는 아름다운 수목이나 고목을 심는다.

도시가로의 경우에는 절토(切土)·성토·盛土)의 법면이 소규모인 것이 많으므로, 가로 경관상 꽃이 피는 저목류가 좋다. 역으로 지방도로의 경우에는 바깥쪽 절토법면이 대규모인 것이 많으므로, 도로 경관상 시선유도를 겸해 고목을 식재시키는 것이 좋다.

6·3 교 량 경 관

6·3·1 교량경관의 특징과 외부경관

[1] 특 징

교량경관(橋梁景觀)은 시점의 위치가 교량 위인가 아니면 다른 장소인가에 따라 다르다. 교량경관은 교량 위에 시점이 있는 경우의 '내부경관'과 하천경관에 속하는 '교량의 조망'으로 나누어진다.

교량 전체로서의 외부경관은 주위의 풍경에 의해 좌우된다. 즉, 교량은 단독으로 보여지는 경우는 적고, 교량이 위치한 지점의 자연 및 다른 인공물과 조화를 이루어 전체 경관을 구성한다. 따라서, 도로의 바깥쪽에서 교량을 바라볼 때 교량이 갖는 시상적 기능은 주위환경에 기인하며, 구조형식을 포함하여 구조물의 측면은 환경과 조화를 이루고, 경관향상을 고려한 질 높은 설계가 요구된다. 그리고 대부분의 교량이 하천을 횡단하도록 설치되어 있으므로, 교량으로서의 설계가 아무리 훌륭하다 할지라도 하천 내에서의 경관이 나쁜 것은 가치가 없기 때문에, 교량주위에 있는 경관자원을 가능한 한 살리도록 고려하여야 한다.

교량경관의 시점은 근경으로서 가까이 인접한 교량 위에서 본 경우, 하천변의 공원 및 전망대에서 본 경우, 제방 위에서 본 경우, 고수부지에서 본 경우, 강에 떠 있는 배 위에서 본 경우 이외에도 먼 곳까지 원경으로서 1점경으로 보는 경우 등이 있다. 강에서는 모터보트와 같이 일정속도를 내는 배에서 본 연속경관이 펼쳐진다.

이와 같이 교량자체도 경관자원이므로 차를 타고 달리면서 교량 전체를 볼 수 있도록 선형으로 계획하는 것이 바람직하다. 또한, 교량은 '교량의 조망' 즉 구조물 자체가 하천을 내려다보는 하천경관의 시점장소가 되므로, 교량경관과 하천경관은 하나로 볼 수 있다.

교량은 차량과 사람의 교통기능을 만족시켜야 하며, 경관향상도 꾀하도록 설계되어야 한다. 교량의 설계를 추구하면서도 교통기능과 교통안전 기능을 만족하여야 한다.

[2] 교량의 외부경관

(1) 계곡의 교량

산 속의 아름다운 계곡에는 계곡과 어울리는 교량을 설계하여 만들어야 한다. 계곡에는 하천폭이 좁고 산이 높으며, 계곡이 깊어 교량과 하천의 높이차가 크다. 그러나 이 높이는 근경 또는 중경의 스카이라인과 수면과의 높이차의 1/20 내지 1/10 전후가 적당하다. 1/3을 초과하는 높이는 경관상 좋지 않다.

계곡에 있어서 교량의 구조형식은 상로교(上路橋)가 적합하다. 적교(吊橋), 사장교(斜長橋) 및 하로(下路) 트러스와 같은 설계는 주변의 경관에 장해가 된다. 따라서, 상로(上路) 아치교 등이 적당하며, 철교(鐵橋)인 경우 주변과 어울리는 색채로 한다. 또한, 콘크리트교의 경우, 계곡의 공사현장은 수심이 깊은 곳이 많으므로, 디비닥 공법을 채택하는 것이 좋다.

그림 6·9 계곡에 가설된 교량

(2) 산간(山間)의 교량

자연경관이 아름다운 경우에는 계곡에 가설하는 교량의 경우에 준하지만, 일반적인 경우에도 지형을 돋보이게 조화를 이루어야 한다. 교량이 주경으로 되어 강조되고, 주위의 지형이 단순한 배경으로밖에 비추어지지 않는 경우에는 경관설계를 적극적으로 하여야 한다.

산간부에 있어서는 도로선형 등의 관계로 인해 교량은 반드시 하천에 세우는 것에 국한되지 않고 계곡을 넘는 경우가 많이 있으며, 하천을 지나는 것도 교량면과 수면 사이의 높이차가 클 경우가 많으므로 일반적으로 육교로 설치된다. 이런 경우에는 교대와 교각은 급사면에 설치되는 경우가 많으므로, 교대와 교각에 의해 주변의 자연식생과 지형이 파괴되지 않고 독립적인 것이 되지 않도록 설계한다.

(3) 평지의 교량

주위에 독립적인 구조물이 없는 평지부에서는 하천의 고수위(高水位)에서 교량의 아래면까지의 높이가 교량설계의 결정인자가 된다. 교량을 양호한 기준점으로 하는 쪽이 좋은 경우에는, 현수교 및 사장교와 같은 하로교가 좋다. 그러나 주위의 경관으로 보아 교량이 독립적이지 않도록 하는 것이 바람직한 경우는, 상로교로서 교각이 작고 경간(span)이 큰 구조형식이 좋다.

고속도로에서 높은 형식의 교량으로 하면 시선유도 효과가 있지만, 외부경관으로서 하천폭이 좁은 경우에는 좋지 않다.

(4) 육 교

입체 교차로에 있어서 교차하여 도로 위를 넘어가는 것을 육교(over bridge)라 한다. 따라서, 본선쪽에서 본 경관이 중요하게 되며, 육교를 위해 경관의 연속감이 방해받지 않도록 하고, 주변경관과의 조화에도 유리한 구조형식의 교량으로 한다. 주위의 경관과 연속된 육교로 하는 경우에는 경쾌한 인상의 동일 구조형식으로 통일하고, 경관변화가 작은 단조로운 지역이거나 유명한 지점에서 기준점을 필요로 하는 경우에는 역으로 육교를 독립시키도록 한다.

구조물의 측면이 운전자의 눈에 띄기 쉽고, 교량의 보(橋桁), 교대(橋臺) 및 교각(橋脚)이 가까운 거리로보 이면 압박감이 있는 폐쇄적인 경관으로 되기 쉽다. 따라서, 교대를 후퇴시켜 작게 하고, 교량의 보(桁)는 얇게 하여 보 아래까지 빛이 비치도록 하고, 고란(高欄) 등의 부속물의 설계성을 높게 하여 경관상의 배려를 한다. 그리고 육교의 설치부도 도로변의 지형에 조화시켜 주위의 자연과 어울리도록 하여 본선의 경관은 시각적으로 연속성을 갖도록 한다.

예를 들어 도로변이 산림이면 육교 설치부의 성토부분이나 교대의 앞에 나무를 심어 보이지 않도록 하여, 본선상에서 교량의 상부밖에 보이지 않도록 한다. 도로변을

그림 6·10 고속도로를 가로지르는 육교

수풀이 아니어도 마치 수풀과 같이 인공적으로 조성하는 것이 좋다.

파서 만든 수로구조 및 양쪽이 절토된 구간에 육교가 있는 경우에는 교대가 보이지 않게 하고, 교각도 작게 하여 교차도로가 상공을 통과하는 것처럼 되도록 하고, 육교의 보(桁) 아래의 공간을 충분히 취해 본선을 주행하는 운전자에 대해서는 육교에 의해 연속하는 시계가 방해되지 않도록 하며, 또한 주위 경관이 연속성을 보전하도록 해야 한다.

(5) 도시 내의 교량

산간의 교량이 산의 스카이라인을 고려하여 설계되었듯이, 도시 내의 교량도 도시 건축물의 스카이라인보다 낮은 위치에 있도록 하는 것이 바람직하다. 주변에 높은 건물이 많고 수면이 넓고 큰 경우에는 하로교로 하고 주변경관과 조화를 이루도록 한다. 교량 아래면으로부터 수면까지의 높이는 고수위(高水位)에 의해 결정되어야 하지만, 수면으로부터의 높이는 하천폭의 1/20 정도가 경관상으로 적당하다.

6·3·2 교량의 계획과 설계

[1] 교량계획

하천에 교량을 설치하는 경우, 가교지점의 특성을 충분히 파악하여 교량본체와 부속물의 조형의장(造形意匠)에 대해 경관 전체로서 파악해야 하는 것을 유념해야 한다.

교량계획은 도로기능의 입장만으로 정할 수 없으며, 하천 관리상의 치수(治水)에 지장이 없도록 하천 관리자와 협의하여 결정해야 한다. 하천이 좁은 장소는 교량연장이 짧게 되는 장점이 있으므로, 도로 관리자로서는 가교지점으로 바람직한 곳이지만, 한편 하천 관리자의 입장은 수충부(水衝部)에 해당하여 구조물을 세우고 싶지

그림 6·11 도시 내의 교량

않은 장소이다. 경간은 도로 관리자로서는 짧은 쪽이 좋지만, 하천 관리자로서는 긴 쪽이 좋다. 중요하천에서는 70 m 이상으로 하는 것으로 되어 있다. 고수위에서의 보(桁)아래의 여유고(餘裕高)도 하천의 중요성에 따라 정해진다.

이상의 조건에서 교량의 가교계획은 결정되지만, 도로관리의 입장에서는 하천을 직각으로 횡단하면 연장이 짧아져서 경제적이므로, 도로선형 등의 관계에 의해서 어쩔 수 없이 비스듬하게 횡단하여야 하는 경우가 있다. 이 경우 경간도 크게 된다. 이와 같이 하천관리의 입장과 도로기능에서 교량계획은 제약을 받는다. 이러한 제반사항들을 고려하여 아름다운 교량을 설계하여야 한다. 도시내의 교량은 교량을 단순히 통과하는 공간으로서 만이 아니라, 도시공간의 일부로서 광장적, 공원적인 산책의 장(場)으로도 활용된다. 하천공간은 유동적인 물에 관한 경관구성을 덧붙이고 있으므로, 다른 공간보다도 산책의 장으로서 바람직하고, 무엇보다도 개방적인 것이 좋다. 따라서, 도시하천의 경우에는 평면적으로 보면, 보행자를 중심으로 하기 때문에 폭원을 넓게하여야 하며, 곡선(curve) 및 분기를 넣어 변화 있는 설계를 하면 좋다.

제방이 도로와 하천의 겸용 공작물인 경우에, 교량 설치부는 제방 위의 도로와 교량이 직각으로 구부러지는 곳에 있다. 이와 같은 도로선형은 도로교통 공학적으로도 좋지 않으며, 이 지점이 도로교통의 목으로 되어 교량 위의 차량의 움직임이 순조롭지 않게 되며, 경관상의 동적요인이 결여되어 동적감(動的感 ; dynamic)이 남지 않게 된다. 따라서, 직각으로 구부러지는 곳이 생기지 않도록 계획하여야 한다.

또한, 제방의 도로와 교량이 평면교차하는 경우도 많지만, 제방의 높이를 이용하여 평면교차를 입체교차로 하는 등의 도로 계획상의 배려도 필요하다.

교량을 대체가설하는 경우에는, 옛날 교량의 인상(image)이 그대로 남게 된다. 구교가 역사적 및 문화적인 명교이면, 더욱 형태 및 의장에 대한 고려를 해야 한다. 그러나 새로운 교량의 기능이 구교에 비해 근본적으로 다른 경우, 이를 보존하는 것은 역효과이다. 이런 경우는 교량의 이름을 그대로 유지하는 것만으로도 좋다.

[2] 구조형식

교량의 구조형식은 그림 6·12에서와 같이 여러 가지 형식이 있다. 가교지점에 있어서의 조건과 경관상의 배려에서 구조형식이 결정되며, 경제적인 이유만으로 구조형식을 결정할 수는 없다. 주위의 환경과 조화를 이루는 구조형식이 바람직하다. 구조형식에 따라 주행이 결정되지만, 주행은 교량경관을 설계함에 있어서 가장 중요한 요소이고, 노면의 위치에 따라 구조부재를 측면경관 및 교량 상부공간으로 나눌 수 있다.

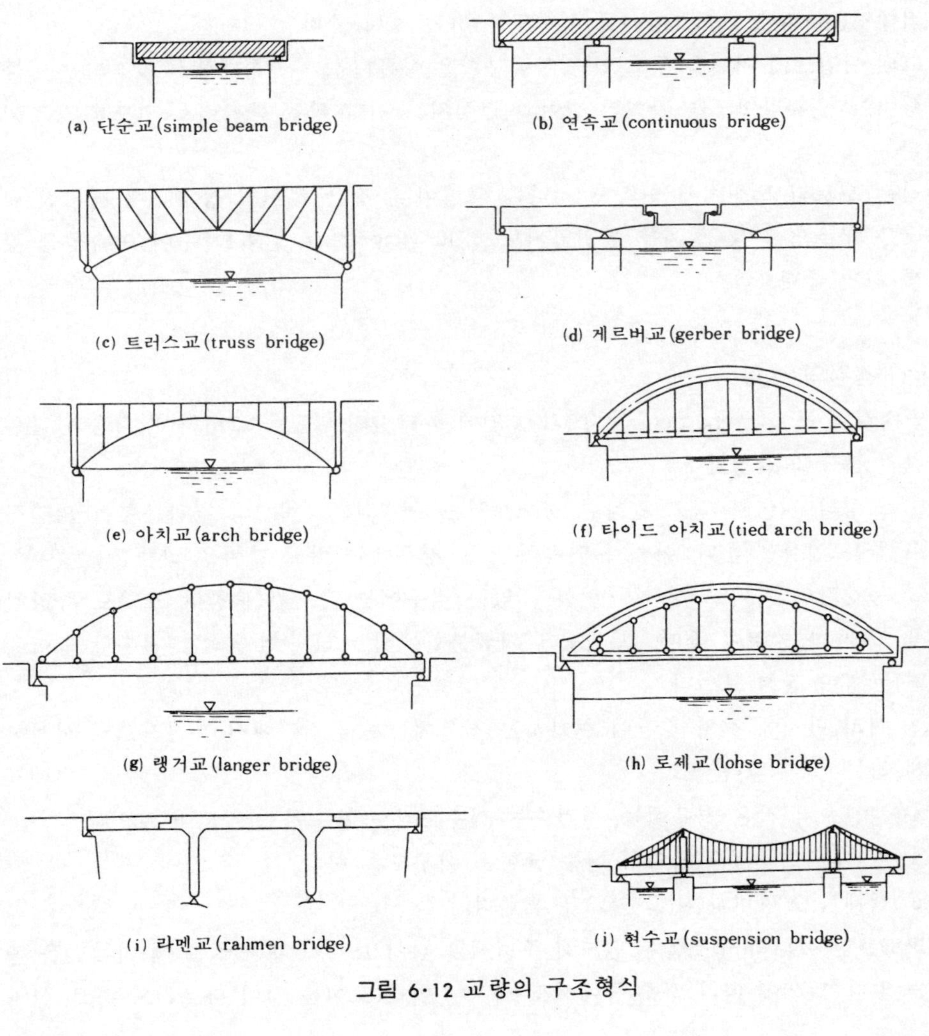

(a) 단순교(simple beam bridge)

(b) 연속교(continuous bridge)

(c) 트러스교(truss bridge)

(d) 게르버교(gerber bridge)

(e) 아치교(arch bridge)

(f) 타이드 아치교(tied arch bridge)

(g) 랭거교(langer bridge)

(h) 로제교(lohse bridge)

(i) 라멘교(rahmen bridge)

(j) 현수교(suspension bridge)

그림 6·12 교량의 구조형식

주위와 관계없이 교량만을 살펴보면, 교량의 각 부분이 서로 비례적인 균형을 이루는 것이 경관상으로 좋다. 교량은 수평방향으로 길기 때문에, 경쾌한 느낌이 있도록 양안을 잇는 것이 균형 잡혀 보인다. 즉, 장대교는 교량자체가 경관에 주는 영향이 크기 때문에, 역으로 주탑 및 교각에 의한 연직방향의 스케일감과 주행에 의한 깊이 방향의 스케일감을 강조한 설계를 하는 것이 좋다.

트러스교는 트러스 높이/경간비인 H/L 값이 크면 짧막한 형으로 되어 경쾌감이 떨어진다. 현수교의 경우 주(主)케이블의 처짐/경간비인 F/L 값이 크면 경쾌감이 떨어진다. 아치교는 라이즈/경간비인 R/L가 중요하며, 사장교는 주탑의 횡목상부(橫木上部)와 수면상의 전체 높이의 치수비가 균형을 이루지 않으면 경관이 이상하게 된다. 이들의 조화구성 원리상 황금분할(golden section ; $A:B=(A+B):A$, 1 : 1.618) 및 동적대칭(dynamic symmetry)을 이루도록 하는 것이 좋다.

고대 이집트에 기원을 두고 있는 황금분할은 아름다운 자연형태에서 발견되는 인공조형비이다. 피라미드는 밑변의 길이와 정점의 높이가 황금 분할비로 되도록 축조되었다.

같은 도로의 노선에서 연속해 지나는 교량이나, 같은 하천의 상하류에 세워진 교량군은 구조형식 및 설계를 통일하기도 하고 의식적으로 변화를 주어 연속성을 갖도록 하면 좋다.

[3] 경간의 분할

안정감과 분포(proportion)의 두 가지 면에서 교량의 미관을 고려하여, 다음과 같은 경간의 분할을 결정한다.

① 교량의 길이가 길고 평탄한 장소에서는 등경간(等徑間)의 경간분할이 외관적으로 좋은 인상을 준다. 아치가 연속해 있는 경우에는 밝고 가벼운 리듬감을 준다.

② 등경간이 아니고 경간에 변화가 있는 경우에는 측경간(側徑間)보다도 중앙경간을 크게 하는 것이 좋다. 그 비율은 황금분할에서 나타난 비율의 경간분할을 이용하면 균형이 잡혀 보인다.

③ 여러 단계에 걸쳐 경간이 변화하는 경우에는 중앙경간에서 측경간으로 서서히 작게 하는 것이 좋다.

④ 경간수가 작은 경우에는, 경간수는 짝수보다도 홀수가 안정되어 보인다.

⑤ 경간과 보(桁) 두께와의 비는 균형을 이루도록 한다.

⑥ 색채와 교량미학(橋梁美學)을 취한다.

교량뿐만 아니라 구조물은 반드시 주변색과 겹쳐 보이기 때문에 그 색 자체만을 볼 수는 없다. 날씨에 따라 하루 중에서도 시각에 따라 보이는 것이 다르기도 하고, 산과 같은 것은 1년에 걸쳐서 계절에 따라 보이는 것이 달라지기도 한다. 또, 구조형식과 조화를 이루는 색을 사용함에 따라 교량을 아름답게 보이게 하는 것이 가능하다. 이 환경과 조화를 이루는 색은 문화, 자연, 풍토 및 사계 등의 많은 자료와 조사를 기초로 하여 결정된다.

색채에는 색상(色相), 명도(明度), 채도(彩度) 등의 속성이 있다. 색상이란 황(黄)과 적(赤)과 청(靑)의 삼원색을 기본색으로 하여, 색감변화(色感變化)를 말한다. 명도란 백이 가장 밝고 흑이 가장 어두운 색이 갖는 밝기의 정도를 말한다. 채도란 색의 강도, 다시 말하면 선명도를 말한다. 이 색채의 속성관계를 입체적으로 치환한 것을 색입체라고 한다. 수직축에 명도의 단계를 표시하고, 수평축에 채도의 단계를 표시하여, 명도의 수직축을 중심으로 하여 회전할 수 있는 동심원을 색상의 환으로 나타낸다.

주위경관과의 상대적인 관계가 교량의 경관에 영향을 미친다. 교량이 경관의 주경으로 되기 위해서는 교량의 인상이 주위에서 눈에 띌 필요가 있다. 광선의 방향과 조도와 소재에 의한 영향도 있지만, 색채가 영향을 미치는 것도 많다.

교량의 구조형식은 새로 만들지 않는 한 변경하는 것이 불가능하지만, 포장에 의한 색채의 변경은 단순하게 할 수 있으므로, 이에 따라 교량경관의 인상을 변화시킬 수 있다. 또, 야간조명에 의해서 관광명소로서 교량을 부상시키는 것도 가능하다.

6·4 교량의 공간구성

6·4·1 상부공간

교량의 내부경관은 교량 상부경관에 따라 좌우되며 자동차 운전자가 심리적으로 불연속감을 갖지 않고 쾌적하게 주행하는 것과 보행자의 쾌적한 통행을 확보하는 것에 있다. 그리고 보행자 관점에서의 경관기능이 중요시된다.

교량은 일반적으로 통행하는 차의 운전자에게나 보행자에게 좁고 여유가 없는 느낌을 주며, 단조롭고 변화가 없는 경관으로 되어 있다. 이 결점을 없애기 위해 친주(親柱), 고란(高欄), 조명등 및 포장 등의 설치장소와 설계에 대해서 그 주제의 통일을 꾀하고 상호의 균형을 통해 경관을 수정할 필요가 있다.

교량 위에서는 도로축의 선과 직각방향으로 시계가 트여, 별다른 장애없이 개방적이고 우수한 조망이 이루어지는 경우가 많고, 사람들이 좋아하는 하천, 호수 및 바다 등의 수변공간(水邊空間, waterfront)의 수면을 경관으로 취급할 수 있다는 장점이 있다.

그러나 교량 상부경관의 설계가 너무 지나치면 교량 전체의 외부경관을 해칠 우려가 있다.

[1] 친 주

작은 교량의 경우에는 운전자에게 교량을 건넌다는 의식을 주지 않는 것이 좋다. 그러나 어느 정도 이상의 길이를 갖는 교량의 경우에는 교량 상부공간은 전후의 도로와 다른 경관을 나타내는 것이 통례이므로, 하나의 마디이며 하나의 이정표로서 친주를 고려하지 않으면 안 된다.

친주(親柱)는 교량의 이름과 준공 연월일 또는 하천명을 명판에 새겨 매립한 것이지만, 장대교 및 기준점이 되는 것과 같은 교량의 경우에 친주는 반드시 아이 스톱(eye stop)으로 되므로, 지역의 특성을 주제로 표현한 기념비가 되도록 조각 등의 장식을 하면 좋다. 다만, 주의해야 할 것은 친주의 존재가 운전자의 시선에 방해가 되어 교통안전에 장해가 되어서는 안 된다.

도형이나 물체의 종횡의 크기가 균형을 이루는 경우에 아름답게 보인다. 친주는 아름다움을 추구하는 교량의 상징이므로 황금분할을 많이 이용한다.

[2] 교 탑

현수교 및 사장교에는 구조상으로 큰 교탑(橋塔)이 가능하므로, 교탑을 기념비적으로 설계하고 지역의 상징으로 설계하는 것이 바람직하다. 교탑이 없는 형식의 교량이 지역의 입구에 존재하는 경우에는, 특별히 교문을 세우기도 하고 친주를 탑형태로 의장하기도 하여 교량에 하나의 관문이라는 인상을 주면 경관상으로 좋다.

[3] 고 란

고란(高欄)은 보행자의 추락을 방지하는 기능만을 고려하게 되면, 교량 위의 보도가 폐쇄적인 공간으로 되어버릴 우려가 있다. 그러나 조각 등의 장식설계를 함으로써 교량 상부공간의 미관을 높이고, 교량 위에서 주위를 멀리 넓게 보는 경관에 원근감을 제공할 수도 있다. 교량을 건너는 경우, 근거리에서 보고 판단한 인상에 따라 고란의 미적평가는 차이가 나므로, 본래의 기능을 달성한 다음에는 종횡선의 조합 및 기하학적 모양 등에 의해 주위의 경관과 명암감을 느끼게 할 필요가 있다.

형상은 약 1 m의 높이로서 교량본체의 재료와 이미지가 조화된 재료를 사용하는 것이 중요하며, 철근 콘크리트 및 석재를 이용하면 중량감이 생기고, 쇠 및 알류미늄을 이용하면 경쾌감이 증가하게 된다. 이것은 재료가 가지는 잠재적 인상이 항상 인간의 의식 속에 남아 있기 때문이다.

교량 설치부의 보호난간(guardrail)은 고란과 같은 형태가 바람직하지만, 다른 형태의 것이 접속되는 경우도 많다. 이런 경우 접속부에는 친주를 세워 절단하든지 식재에 의해 차폐하면 좋다.

체코슬로바키아의 수도 프라하의 칼교는 14세기에 세운 석교이지만, 고난과 일체로 된 큰 조각이 있다. 이것은 중세의 르네상스 문명이 융성한 시대에 교량을 미적 표현의 장(場)으로 고려하여, 교량자체를 미적으로 설계하는 것과 동시에 조각 등에 의해 장식적인 아름다움을 덧붙인 표본으로 되어 있다.

[4] 전망 발코니

도시에서는 빌딩 등이 세워져 시통이 어려운 환경이므로, 좁은 도시하천도 귀중한 도시공간이 되어 큰 가치를 가진다. 따라서, 교량 위를 시점으로 한 교량에서의 조망을 통해서 교량 아래의 개방적인 경관을 바라볼 수 있다.

전망 발코니는 좋은 시점장소가 되므로, 교량상부 발코니 또는 교량상부 소공원(pocket park)이라고도 불린다. 설치장소는 교량 전체의 형상과의 균형을 고려하여 결정한다.

전망 발코니는 교량 위에서 보행자가 조망 및 휴식을 즐기는 곳이므로, 시점에서의 경관은 교량자체의 경관과 함께 뛰어난 것을 요한다. 단, 이 발코니에서 뛰어난 경관을 얻기가 어려워 조각 등을 설치하면, 오히려 좁게 느껴지게 되므로 주의하여야 한다.

원래 전망 발코니는 단조로운 교각의 인상을 완화시켜 주기도 하며 행단의 마무리의 잘못을 감추기 위한 조형적 고려에서 시작된 것이므로, 교각부에 일치하여 떨어지지 않도록 설계하지 않으면 경관상으로 의미가 없다. 또한, 전망 발코니를 설치할 때에는 하부와의 균형을 고려하고, 교각과 일체가 된 형식을 택함으로써 교량의 외관을 조정해야 한다.

[5] 조 명 등

도로 조명등의 본래 목적은 전후도로와의 시각적 연속성을 고려하여 야간통행의 안전성을 높이는 것이다. 또한, 조명등은 야간의 교량 상부공간을 비추어 아름다운 경관을 연출하는 것 이외에, 수면을 비추어 빛의 아름다움을 제공한다.

도시의 번화가에 세운 교량 및 지역의 기준점이 되는 교량에서는 전후 도로와 관계없이 독자적인 착상(着想 ; idea)으로 미적 설계를 하면 좋다. 빛의 색채에 대해서는 교량본체 및 주변도로와 조화를 꾀하고, 계절적인 배려도 해야 한다.

조명등은 주간에도 눈에 띄므로, 주간에 보아도 교량본체 및 친주와 고란 등과 조화를 주도록 하여야 하며, 경쾌감이 있는 교량에서는 검소한 설계로 하고, 중량감이 있는 교량에서는 안정성이 있는 것으로 설계한다.

[6] 보 도

보도의 포장은 고란 등과의 일체감 및 주변경관과의 색채조화를 고려하여 적당한 모양, 즉 색포장을 하기도 하고 색조를 가지는 타일을 이용하는 등, 설계에 치중하여 보행자가 교량 위를 걸으면서 경관을 즐기도록 해야 한다.

보도와 차도와의 경계에 교통안전 시설로서 방호책을 설치하지만, 포장 및 고란의 설계와 균형이 잡힌 형상 및 배열을 고려해야 한다.

또한, 도시 내의 교량에 보도를 설치하고 교량 전후의 가로에 모두 식재하는 경우에는, 교량에 풀꽃 및 저목을 심은 화분상자 등을 차도와의 경계에 설치하는 것이 좋다.

6·4·2 하부공간

교량경관은 위에서 기술한 교량 상부공간만이 아니라 교량 상부공 본체, 교량 하부공 및 주변하천 호안 등과 전체적인 균형을 이루어 성립하는 것이다.

첫째, 교대는 교량의 길이를 짧게 하기 위해 앞으로 나오는 경우엔 압박감을 주므로, 계단형 후퇴(setback)에 의해 가능한 한 작은 교대가 좋다. 특히, 고속도로에 세우는 육교(overbridge)의 경우에는 교대가 보이지 않도록 하는 것이 좋다. 둘째, 교대가 보이지 않도록 하기 위해 앞면에 법면을 설치하지만, 그 법면은 블록 및 색타일 등에 의해 주위와 조화를 이루게 한다. 셋째, 큰 교대에서 어쩔 수 없이 두드러지는 경우에는, 교대의 표면처리로서 타일이나 돌을 붙이면 좋다. 넷째, 경간(span)이 작은 교량에 큰 형상의 교대를 설치하면, 상부공과의 균형이 흩뜨러져 불안정하게 보이므로 피하는 것이 좋다. 다섯째, 산간부 등에 산림으로 덮여 있는 장소에서는, 교대는 식재 등에 의해 차폐하여 두드러지지 않도록 한다. 여섯째, 고수부지에 보도가 있는 경우에는, 교대와 수애선과의 사이에 보도를 통과하도록 하여 교대와 수애선과의 조화를 이룬다. 일곱째, 교각의 높이와 굵기가 균형이 잡혀 있는 것이 필요하며, 또한 교각이 지표면과 접하는 경우에는 안정감이 있게 마무리를 한다. 여덟째, 수면 위로는 교각이 나타나지 않는 것이 좋지만, 이를 위해서는 상부구조의 보(桁) 높이가 일정한 형식을 취해야만 한다. 아홉째, 교각의 형태로서 기초항(基礎杭)이 수면 위에 나타나 있는 것과 같은 인상을 주는 것은, 상부구조와 수면에 불연속감을 주어 안정감을 나쁘게 된다. 열번째, 교각이 수변으로 튀어나온 경우도 있지만, 이것은 장식으로도 된다. 이외에 교각 위에 조형물적 조각 등의 장식을 하는 것도 경관상으로 좋다. 열한번째, 수심이 얕은 하천에 가설한 교량의 경우에는, 교각의 존재는 수면과 조화를 이루도록 도와주는 경우가 많다. 열두번째, 도로 위를 입체교차하는 경우에는, 앞의 육교(overbridge)에서 서술한 것과 같이 교대와 교각의 앞에 나무를 심어 보이지 않도록 하면 좋다. 열세번째 석조 아치교(arch橋)의 예에서와 같이, 교량본체와 교대 교각이 일체로 되어 있는 경우에는 주변의 수면과의 조화가 이루어져 자연경관이 좋다. 열네번째, 상부공의 교량의 보(橋桁)에 있어서 보의 이면(桁裏)이 사람의 눈에 들어오도록 되어 있는 고가 도로교는, 주된 보(主桁)의 수가 작은 상부공 형식을 채용하면 보의 이면의 번잡감이 없어진다. 어쩔 수 없는 경우에는, 보의 이면을 장식판 등으로 덮어 수경한다. 열다섯번째, 교면(橋面)의 배수처리를 위해 배수관을 설치할 경우에는, 사람의 눈에 띄지 않고 번잡한 인상을 주지 않도록 한다. 열여섯번째, 교량이 육교인 경우에는 밑이 도로로 되어 있는 경우가 많으므로, 교대·교각은 눈에 띄기 싶다. 이와 같은 경우에 대좌를 세우거나 교각에 식재하여 수경하는 등 번잡감 및 위화감을 완화시키도록 한다. 열일곱번째, 하류라든지 유람선에서 하천경관을 즐기는 코스에 해당하는 경우에는, 교량은 하천경관에서 관심을 끄는 조형물이므로, 하천 내에서 시선이 집중되는 것을 고려하여 보(桁) 및 고란을 포함한 전체 형상이 균형을 이루도록 배려한다. 열여덟번째, 조명등 및 낙하 방지책 등의 부속물의 설치부는, 고란에 묻혀 본체와 일체로 된 설계로 하든지 장식판으로 덮어 수경한다.

6·4·3 주변공간

[1] 교량 설치부

교량 설치부는 절토와 성토에 의한 토공형식, 옹벽형식 및 고가형식의 세 가지 형식이 있다. 어떤 형식이라도 교량 설치부가 교량본체에 비해 두드러지지 않도록 선형설계하는 것이 필요하지만, 이와 같은 선형을 취하기 어려운 경우에는 설치부를 차폐하는 것이 바람직하다.

[2] 다 리 목

다리목은 물과 숲에 의한 조직망(network)의 거점이며 교량도 볼 수 있다. 또한, 하천을 중심으로 한 주변경관을 바라보는 시점으로도 되며, 교량 위에서의 조망이 아름다운 것도 있어, 도시경관으로서도 중요한 곳이 많다. 따라서, 이 다리목의 교량자체를 예술작품으로서 보는 교량경관과, 유축경(流軸景)으로서의 하천경관의 조망장소로 명소가 된 곳이 많다. 교량자체도 횡단 구조물로서 하천공간을 구절(區切)하는 역할을 다하며, 특히 하로교는 좋은 기준점이 된다.

또한, 이 공간은 녹지공간으로써 귀중한 존재가 된다. 도시부에서는 오아시스적인 소광장적 역할을 부여하는 것이 가능하므로, 교량계획에서 생긴 남은 땅을 이용하여 친주와 일체로 된 기념비와 독립수 등을 세우기도 하고, 시각정점으로 되도록 수경을 한다. 화장실 및 전화박스 등 운전자를 위한 휴식시설을 설치하여 경관구성의 한 부분을 담당함과 동시에, 운전자에게도 하나의 이정표로 하는 것이 바람직하다. 교량이 도시 및 지역의 입문적 역할을 하고 있는 경우에는 교문(橋門)을 설치하면 좋다.

6·5 육 교

6·5·1 고가도로 육교

도시 고속도로는 우리 나라와 일본에서 많이 볼 수 있으나, 구미 선진국에는 거의 없다. 이것은 도시 계획상과 도시 교통망으로서 도심으로 고속도로를 필요로 하지 않도록 되어 있기 때문이다. 파리의 예를 들면 지방에서의 방사상 고속도로를 받아들이고, 외곽 환상도로에 인접하고 주차장을 넓게 지닌 터미널을 세우고, 여기에서 지하철로 도심으로 향하도록 도시정책을 취하고 있기 때문이다. 대규모 트럭운송을 필요로 하는 시설은 외곽 환상도로의 안쪽에는 세우지 않는다. 도시 고속도로를 건설하는 데 있어, 용지 이용문제를 고려하여 고가도로 육교를 설치하는 곳이 많다. 그러나, 고가도로 육교는 도시경관을 해칠 뿐만 아니라 일조저해 및 전파장해 등의 공해문제를 일으킨다.

고가도로 육교의 부지로서는 가로・하천・운하・공원 등이지만, 가장 많은 것은 가로이다. 다만, 도시를 대표하는 번화가에 설치하는 것은 도시 경관상 피해야 한다. 상업지구 등과 같이 많은 사람이 모이는 지구도 피하는 편이 좋다.

하천, 운하, 도랑 등과 같이 물이 있는 구간, 즉 끊임없이 물이 흐르고 있는 구간에 대해서는 문제가 적으나, 물이 정지되어 있는 구간에 대해서는 상부에 구조물이 있을 수 있고, 수면이 일조부족이 되어 메탄 가스 발생 등의 공해를 초래할 우려가 크다.

건축한계를 만족하는 것만으로는 불충분하며 가능한 한 개방적으로 가로의 채광을 좋게 하도록 고가도로 육교의 보(桁) 아래 높이를 높게 하면 좋다. 특히, 고가도로 육교의 측방여유는 고가도로 육교 높이의 2배 이상으로 하면 좋다. 가로상에 설치한 경우, 교각의 형상을 Y형으로 하면 공간이 넓게 되어 노면과의 균형을 쉽게 이룰 수 있다. 만약, 교각의 형상을 문주형(門柱型)으로 한 경우에는, 교각 아래 공간의 도로가 죽은 공간으로 되기 쉽고, 이것을 노면전차 및 버스를 위해 사용하거나 오른쪽으로 도는 전용차선으로 하여 도시경관을 해치지 않게 된다.

고가도로 육교는 교량으로서의 이미지에 맞지 않고 건축물로서의 이미지에도 맞지 않는 것도 있지만, 고가도로 육교를 토목 구조물로서만이 아니라 건축물의 이미지를 갖고 계획하면 좋다. 도로변의 건물과 일체가 되게 하는 것도 하나의 방법이다.

6·5·2 횡단보도 육교

횡단보도 육교는 도시에 설치되는 것이 많지만, 의외로 선진국에는 거의 없다. 그 이유는 횡단보도 육교가 도시공간 가운데 입체적으로 두드러지게 세워져 도시경관을 저해하기 때문이며, 따라서 횡단보도 육교는 후진국을 상징하는 것이 되고 있다. 횡단보도 육교가 있으면 가로공간이 분단된다. 양호한 기준점이 있어도 보이지 않게 되어 버리기 때문이다. 어쩔 수 없이 횡단보도 육교를 만들게 되는 경우에는 가능한 한 단순한 형식을 쓰고, 색채를 포함하여 도로주변의 건물 및 주변지형 환경과 조화를 이루어 일체가 되도록 설계도 우수하게 하여야 한다.

환경변화가 작은 단조로운 지구라든지, 공원 및 역 앞이라든지, 거꾸로 경관형성을 위한 상징으로 기준점이 될 수 있는 개성적인 횡단보도 육교를 만드는 것이 좋은 경우가 있다. 이 경우에 기능보다도 도로주변 경관과의 조화가 매우 중요하다.

횡단보도 육교가 앞에서 기술한 일반적인 교량과 다른 점은, 일반적인 교량의 경우에는 측면, 보(桁) 아래 및 교각을 사람들이 가깝게 보는 것은 드물지만, 횡단보도 육교의 경우에는, 도로에서 보의 측면, 고란(高欄), 위장 울타리, 보의 이면(桁裏), 교각(橋脚) 등이 직접 눈앞에 보인다는 것이다.

보(桁)와 고란(高欄)은 통일성 있는 설계로 하고, 위장 울타리도 본체와 일체가 되도록 설계한다. 보의 밑면은 구조물의 뒷부분(裏側)이라고 하는 이미지가 없도록 천장으로 설계하고, 첨가물이 있어도 노출되지 않도록 한다. 교각은 수를 적게 한다든지, 식수대 중앙 가로수 옆에 세우도록 하여 두드러지지 않도록 차폐하든지, 교각의 형은 산뜻하게 한 다음 상부구조와 일체로서 설계하고, 교각과 노면과의 사이에는 대좌(臺座)등을 세워 강조한다.

횡단보도 육교는 지주 외에 오르내림을 위해 계단부분도 보도상에 세우는 것이 대부분이다. 이를 위해 보도폭원이 좁혀져 보도공간이 압박되어지므로, 미리 충분한 보도폭원을 취하든지, 주변의 빌딩 내에 삽입한 승강부분을 주변의 건물과 일체화하든지, 옹벽이 있으면 승강부분을 그 일부로 포함해 조형적으로 세련된 처리를 할 필요가 있다. 그리고 보도상에 설치된 경우는, 계단밑의 공간에 멋진 조명을 한 다음에 전화박스 및 우체통 등을 세우기도 하고, 승강부분이 버스 정류장의 지붕을 겸하는 것과 같은 구조로 하여 장애물과 같은 이미지를 주지 않도록 한다. 교각의 지주와 계단은 전화박스, 공중화장실 버스정류장 등과 건축적으로 일체화한 복합시설로 하는 것도 고려해 볼만하다. 최악의 경우에도 계단밑은 관목(灌木)을 심어 수경함과 동시에 불법점유 및 자전거의 방치 등에 대응하여야 한다.

제 7 장

하천, 항만 및 수변공간 경관

7·1 하천경관의 의의

7·1·1 하천경관의 특징

하천의 기능에는 크게 나누어 치수기능, 이수기능, 환경기능, 공간기능, 경관기능 등이 있다. **치수기능**(治水機能)은 홍수의 배수, 수평의 유지, 지하수의 공급과 배수, 하수의 배수, 토사의 배제 등의 유수기능을 말하며, **이수기능**(利水機能)은 농업용수 · 상수도 용수 · 공업용수를 위한 상수공급과 수운으로서 교통로, 수산업, 모래채취, 수목저장 산업 등을 말한다.

환경기능은 미세기후 조정, 대기정화, 수질정화, 지하수 함양, 수생물의 서식, 지형의 변화 등인 자연 생태계를 말하며, **공간기능**은 교량, 지리적 지표, 지역의 분할 등의 공간, 통풍·채광·거리감쇄에 의한 소음이나, 진동 등의 저하 · 방재나 피난 등의 공간, 광장 · 운동장 등의 공지기능을 말하며, 유수면이 없어도 가능하다. 또한, **경관기능**은 공원, 낚시나 보트 물놀이 등의 여가활용(recreation)과 친숙한 공간 등의 친수기능을 말한다. 유수면이 존재하여 안전하고 쾌적하게 물에 접촉할 수 있도록 하는 것이 바람직하다.

이상의 하천기능 중에서 가장 중요한 점은 치수기능, 다음으로 이수기능이라 할 수 있으며, 이와 같은 점을 만족시키면서 물과 수목을 중심으로 한 양호한 경관이 형성될 수 있도록 하여야 한다.

하천경관은 하천요소와 하천주변 요소로 이루어지지만, 하천요소는 수면경관을 주로 한 수면경과 수면과 고수부지 등의 육지부와의 접촉선인 수변공간 부근의 경관을 주로 한 수변공간(水邊空間) 경관과 고수부지의 경관을 주로 하는 고수부지 경관 등으로 나눌 수 있다.

유축경(流軸景)은 교량 위에서 하천의 흐름방향으로 보이는 조망을 말한다. 유축방향의 연안제방이나 호안 등의 하천 구조물을 중심으로 하는 풍경을 조망할 수 있는 구도이다. 조망거리가 길기 때문에, 근경에서 원경까지 조망할 수 있고, 하천의 깊이감을 강하게 느끼는 경관을 구성한다. 그리고 물의 흐름에 따라 경관 속에서 유속변동이나 수면의 파도에 의한 동(動)과 정(靜)이 혼합된 모습을 한눈으로 볼 수 있다고 하는 장점이 있고, 또한 사소한 수제선(水制線)의 굴곡이 실제이상으로 휘어져 보여서 하천다움을 강조하고, 양안의 건물이나 수림 등의 연천요소(沿川要素)가 하천요소와 일체로 되어 경관을 구성한다. 그리고 교량이나 하도의 굴곡 등에 따라 공간이 폐쇄되어 있는 것처럼 보이기 때문에, 교량이 연속되면 좁고 답답한 인상을 줄 수 있지만, 역으로 아무것도 없고 폭이 넓은 경우에는 단순한 넓은 경관이 된다.

대안경(對岸景)은 제방 위에서 하천의 흐름과 거의 직각으로 하여 횡으로 보는 조망을 말한다. 대안의 제방, 호안, 수제선 등의 하천요소와 대안의 건물, 도로, 수림 등의 하천주변 요소가 대안의 근경으로서 항상 눈에 띄게 되는 것이다. 그 배후에 중경으로서의 시가지나 원경으로서의 산이 스카이라인(skyline)으로서 보여지지만, 깊이감이 없는 편평한 회화적인 경관이 된다. 대하천에서는 수면이 시야의 대부분을 점유하고 중하천에서는 대안의 건물이나 호안 등이 초점이 되며, 소하천에서는 대안의 수목이나 사람의 움직임이 중요하게 된다. 대안제방이 존재하는 제방배류의 일부가 불가시 영역이 되며, 대안의 제방과 그 배경과의 사이에 시각적 불연속성이 발생된다. 또, 수제선에 대한 대각선 방향으로의 조망구도는 유축경과 대안경의 특징을 중간적으로 파악할 수 있는 것으로서, 하안의 공간특징을 알기 쉽다.

부감경(俯瞰景)은 높고 낮은 언덕 위 등의 하천공간 외의 높은 시점에서, 하천의 흐름은 산이나 평야를 포함한 넓은 지역의 범위를 합해서 한눈에 볼 수 있는 조망을 말하며, 매력적이고 웅대한 조망이다. 건물, 늘어선 수목, 보트 등을 포함하여 하천과 지역과의 관계를 하나의 경관으로서 포착할 수 있는 조망이 된다.

도경(倒景)은 뚝 등에 의한 하천의 정수면이나 호수면에 하안이나 호안에 있는 높은 건물, 수목 등이 수면에 거꾸로 비쳐 보이는 경관이다. 이는 유축경이나 대안경에 포함된다(그림 7·1참조).

이상에서 설명한 바와 같이 하천경관은 유수, 제방, 고수부지 등으로 구성되는 하천요소와, 주변지역의 시가지 · 전원 · 산맥 등의 경관 구성요소, 즉 하천 주변요소가 일체가 된 공간에 사람들의 활동이나 동식물의 생태계가 부가되고, 기상 등의 자연변화를 포함해서 성립하는 것이다. 따라서, 하천경관 설계의 가장 중요한 점은 치수기능 등을 손상하지 않고 하천을 일상적인 경관 속에서 위화감없이 포용하는 데 있다.

그림 7·1 도경(倒景)

하천경관으로서는 우선 하천다움이 있어야 하며, 하천다움이란 큰 수면적이 존재하는 것으로서 물은 빛의 방향 및 얕은 여울이나 낙수 등에 의한 표면물결의 상황에 따라 다양하게 변화하는 표정을 지니는 점에서, 사람의 시선은 수면이 많은 방향으로 향해진다. 하천경관은 수평적인 경관으로, 일반적으로 상향각(앙각) 4° 내지 하향각(부각) 4° 의 영역에 집중되지만, 아래에 수면이 있으면 영역이 넓어진다.

또한, 사람의 시선은 불규칙적인 부분과 명암의 한계선과 도형의 각에 따른다고 보고 있다. 유축방향에서 물의 불규칙적인 사행과 휘어짐을 묘사한 수제 경계선의 명암은 수면이라는 도형이 바라다 보이는 특징에 의해 사람의 시선을 모이게 한다. 나아가서 물새, 배 등의 수상에 떠 있는 것에 시선이 모여, 교량, 수문, 뚝 등의 구조물에 의하여 마무리 된다. 제방 내측지역의 주변지역에서 사람의 시각을 모이게 하는 것은 고층 건축물이며, 다음으로 수목 등으로 되어 있다.

고수부지에 공원다운 점이 있어도, 물의 흐름과 이에 따른 수제선(水制線)이 시야에 들어오지 않으면 하천경관이라 할 수 없다. 그리고, 상류부의 계류, 평지의 중류부의 하천, 하구에 가까운 하류부의 하천, 도시하천 등 하천위치에 따라서 주변에 대응하는 경관이 보여져야 한다. 또, 하천에는 도시하천을 제외하고 하천특유의 자연환경과 각각의 개성이 있으며, 이를 보전함과 동시에 그 하천의 이미지가 풍기는 하천다움을 표현하여야 한다. 이를 위해서 인공적으로 경관을 개선할 필요가 있다.

하천경관의 시점으로는 여러 가지가 있지만, 교량의 위는 물이 흘러가는 모습이나 하천의 깊이 등을 지각할 수 있는 유축경을 조망하는 아주 적당한 초점이 된다. 또한, 제방의 가장자리는 조망이 열려진 장소이며, 사이클링, 산보, 조깅 등을 하고 있을 때에 대안경의 아주 좋은 시점이 되기도 한다. 고수부지는 산보, 스포츠, 곤충채집 등을 하는 사람 등의 시점장이 되지만 시점의 위치가 낮고, 수면에의 시선 입사각이 작기 때문에 수면을 보기 어렵다. 수제는 수면과 육지부와의 접속하는 곳으로서, 낚시나 물놀이뿐만 아니라 초점이 되기도 한다. 수면은 유람선, 보트, 수영 등에 의한 초점이 되지만, 운항중인 배에서 보는 경우에는 우수한 이동경관을 얻을 수 있다.

7·1·2 하천경관의 설계순서

하천의 본질은 흐르는 물이며, 따라서 하천경관의 중요한 대상은 흐르는 물로서, 물의 흐름을 어떻게 살릴 것인가가 경관설계의 가장 중요한 과제가 된다. 또한, 수변공간(水邊空間)에 흙이나 돌을 포함하여 나무, 풀, 새 등의 동식물의 자연물이 곁들여져 하천경관을 형성해 내는 것이다. 이와 더불어 하천 공작물 및 고용물로 구성되는 것이 하천요소이며, 주변의 논밭·수풀·지형·마을 등으로 형성되는 하천 주변요소와 산맥 및 높은 탑·성곽·송전선 등의 인공물로 구성되는 원경요소 등으로 이루어진다.

하천요소와 하천주변 요소는 근경에 속하고, 이 경우의 원경요소는 중경 또는 원경에 속한다. 이러한 요소는 지역의 역사나 문화의 특징을 나타내는 것이 많고, 상호 조화됨으로써 양호한 하천경관이 형성된다. 이 중에서 하천요소에 대해서는 하천 관리자가 하천 구조물 등에 대해서 자신이 적극적으로 아름다운 경관을 얻을 수 있도록 정비할 수 있지만, 하천주변 요소는 직접적으로 정비할 수 없기 때문에, 주변부지 소유자와의 조정을 도모하여 하천요소와 일체가 되도록 경관을 정비할 필요가 있다. 그러나 하천주변의 토지이용을 제한한다든가 하는 것은 아주 곤란하며, 굴곡된 하천요소의 정비를 행하여도 하천주변 요소가 이를 파괴하여, 전체의 경관에 도움을 주지 않는 경우가 많다.

하천주변 요소의 첨경으로서는 수목이나 건물 등이 대부분이나, 이러한 주변의 환경과 조화된 하천설계가 매우 중요하다. 하천경관의 경우에는 정(靜)과 동(動)의 혼

그림 7·2 하천경관의 원경요소로 공원을 이용한 예

재로서 사람, 동물, 보트 등의 동적인 요소를 이용할 수가 있다.

원경요소는 경관정비의 대상이 되지 않고, 오히려 스카이라인 등의 경관 구성요소를 어떻게 효과적으로 조성할 것인가를 고려하여야 한다(그림 7·2 참조).

이상과 같이 하천 구조물이 주변환경과 경관적 조화를 도모하고, 지역 전체로 보아 경관이 파괴되지 않도록 한다. 새로운 하천 공작물을 설계할 때에는 익숙하기 쉬운 소재를 사용한다든가, 빛이나 기상 등 시간변화를 도입시켜서 이전과는 다른 새로운 경관을 창조할 수 있도록 경관설계를 하여야 한다.

7·1·3 하천경관의 목표

하천의 경관정비를 실시할 때에는 경관적 관점에서 지역경관과 하천경관이 조화되는 점 등을 파악하고, 예를 들어 "역사적 유서가 있는 하천", "배의 운항으로 번창했던 하천", "언덕에 버드나무가 있는 하천", "친수성이 풍부한 하천", 지역이나 하천이 지니는 각각의 개성을 존중하고, 이 개성을 표현하는 것이 아주 중요하다. 주변지역의 이미지를 중요시할 때 쾌적하게 되고 친숙하게 될 수 있어야 한다. 한편, 하천공간은 개방적이고 닮은 풍경이 많기 때문에 너무 많은 부분이 통일적으로 되면, 경관이 획일적으로 되어 변화가 결핍될 우려가 있다. 따라서, 분류부라든가 합류부 하천, 즉 구조가 변화하는 지점, 긴 교량의 가교지점에서 경관에 균형을 이룰 수 있는 변화를 부여한다.

또한, 하천경관은 시일, 기후, 계절 등에 따라 변화하는 요소가 있다. 더구나 연월(年月)의 경과에 따라 소재가 낡아지고 수목이 성장하여 변화하는 것이다. 또, 주변의 토지이용도 변화한다. 따라서, 자연석이나 수목 등 될 수 있으면 자연의 재료를 이용하고, 자연의 조망을 포함시키며, 하천주변 요소의 인위적 변화도 배려하여, 계절적 변화에 따라 특성이 있는 경관을 육성할 수 있도록 고려한다.

이상과 같이, 하천경관 정비의 실시목표 항목으로서는 다음과 같은 사항을 들 수 있다.

(1) 자연경관(自然景觀)을 될 수 있으면 보존·이용하는 것을 고려하고, 저명한 산맥 등을 경관요소의 랜드마크(地標, landmark)로서 하천경관 속에 포함시키든가, 또는 차경으로서 이용하여, 주변의 양호한 경관자원을 한층 유효하게 활용할 수 있도록 한다. 역사·유서·자연·문화 등의 지역특성과 주변상황도 충분히 고려한다.

(2) 차경(借景)이 조경에서 발달되어 이용되고 있는 전통적인 기법으로, 뛰어난 경관을 원경으로부터 끌어 들여서 정원을 근경으로 하여 인상적으로 보여지게 하여야 한다.

(3) 경치가 좋은 곳은 주변에 아름다운 조망이 있고, 가장 아름다운 경관을 구성

하여야 하기 때문에 경치가 좋은 곳에 하천 구조물을 계획할 때에는, 종래의 아름다운 자연을 중심으로 하는 경관을 유추해 나아갈 뿐만 아니라, 양호한 경관이 조형되도록 설계하여 새로운 조망을 만족할 수 있도록 한다. 재료도 될 수 있으면 자연풍경에 조화된 자연소재를 이용하도록 한다.

(4) 산지부는 지형의 기복이 풍부하고 변화 있는 경관이기 때문에, 산지부에서 계곡의 하천 구조물을 계획할 때에는 될 수 있으면 자연에 조화되도록 설계한다. 또, 절성토는 최소한으로 억제하고, 절토 · 성토에 따라 발생된 법면을 주변의 자연환경에 시각적으로 조화시키기 위해서는, 절토면을 둥글게 하여 이전의 식생을 부활시킬 수 있도록 하는 것이 좋다.

(5) 넓은 평야지대를 흐르는 하천은 개방적인 조망이 특징이기 때문에, 주변에 수목 등을 설치하는 것은 오히려 개방적인 경관에 어울리지 않을 수도 있다. 또한, 흐름이 완만할 경우에 자연 발생적인 비교적 느린 물의 흐름을 창조한다든가, 둑을 설치함으로써 정수면을 형성할 수가 있다. 이 수면이 또한 주변의 경관을 만들어 내는 도경현상(倒景現象)도 연출시킨다.

(6) 하천의 주변에 유서깊은 구도로의 가로수라든가 고도의 역사적 마을경관 등이 있을 때에는, 이러한 소재를 이용하여 하천경관과 도로경관을 일체로 해서 경관구성을 해 나가는 것이 바람직하다.

(7) 하천주변의 도로는 될 수 있으면 긴급차를 제외하고는 자동차를 배제하고, 자전거를 포함한 보행자를 위한 도로로서 부여하고, 하천을 따라 수목을 배치하여 일상적으로 산보할 수 있도록 한다. 이러한 수변의 산책길이 시민의 일상생활 속에서 산보 · 조깅 · 사이클링 등을 통해서 하천과 친숙해질 수 있도록 한다.

(8) 하천에 놓여진 교량자체도 경관자원이기 때문에, 도로 관리자의 교량계획에 있어서는 치수상에 지장이 없는 범위에서 교량의 디자인이 하천의 경관에 조화될 뿐만 아니라, 원경에서도 잘 어울리는 형태로서 하천경관에 도움이 되도록 설계한다.

(9) 하천의 고수부지는 귀중한 공간이므로, 단독으로 공원을 설치하여 지역공간의 향상을 도모하는 것은 치수상에 제약이 많다. 이러한 이유 때문에 주변에 인접해서 공원이 있는 경우에는 하천부지의 고수부지와 제방부지가 공원과 일체적으로 느낄 수 있도록 경관설계하고, 또 양쪽을 자유롭게 이용할 수 있도록 배려하며, 구체적으로는 치수상 지장이 있는 것은 공원에만 설치하여 고수부지에서는 수제선(水制線)에서 물에 친숙하게 되도록 설계한다.

(10) 하천본체의 공간구성에 따라 하천의 표면이 변화되기 때문에 하천부지의 자연성을 중시하고, 그 개성을 기초로 경관정비를 행한다. 2～3 km마다를 구분하여 계곡구역 · 스포츠 구역 · 자연경관 구역 · 조류보호 구역 등으로 정비한다.

(11) 주변의 시가지는 하천경관을 구성하는 데 있어서 영향이 크지만, 건물의 형태나 색채를 규제하는 것은 가로경관과 같이 어려운 점이 있다. 수변의 공지를 될 수 있으면 확보하고 녹화를 추진한다.

7·1·4 하천 위치별 경관의 변화

하천은 개념적으로는 연결되는 하나의 대상으로 파악할 수 있는 것이지만, 그 위치에 따라 경관도 변화하게 된다.

[1] 상 류 부

우리 나라는 산간부가 많기 때문에 상류는 계곡이 많으며, 하천의 폭이 좁고 물의 흐름도 빠르며, 하천바닥에는 옥석이 깔려 있는 투명한 물의 흐름은 소용돌이쳐 연못, 낙수, 폭포 등 그 흐름은 변화가 풍부한 상태이다. 또한, 물보라가 주변의 자연과 조화되고, 하천경관으로서는 한가롭고 신비적이며 동적인 경관이 형성된다. 평지부에서는 유유히 흐르는 작은 하천이 된다. 그러나 경관으로서는 산을 배경으로 하는 자연경관이 하천주변 요소가 주이고, 하천요소는 종이 된다. 하천요소를 정비하고자 한다면 자연경관에 조화될 수 있도록 설계하지 않으면 안 된다.

[2] 중 류 부

중류는 하천의 폭도 넓어지고 물의 흐름도 완만해지며, 하천바닥에는 옥석도 있지만 모래가 주가 되어 완만하게 되기도 하며, 사주가 형성되기도 하지만 바닥보호 콘크리트와 수제에 따라 물의 흐름에 변화가 나타난다. 즉, 하천요소와 하천주변 요소가 일체로된 경관이 형성된다.

[3] 하 류 부

하류는 하천폭도 넓고 물의 흐름도 완만하여, 강의 폭 전체에 물이 흘러 여유있게

그림 7·3 하천의 하류부

펼쳐진 수면을 형성하고 있다. 연못이라든가의 변화는 없어지고, 주변의 풍경을 도경(倒景)으로써 수면에 비춰지도록 형성된 것이 경관의 특징이 된다. 경관으로서는 하천주변 요소보다도 하천요소가 주가 되며, 물의 흐름과 하천 공작물이 시야의 대부분을 점유하게 된다. 따라서, 하천 요소를 주변의 인공적 공간과 조화시킴으로써 보다 좋은 경관이 형성된다.

[4] 분 류 부

하나의 상류부와 둘 이상의 하류부로 나누어지기 때문에, 모든 방향에 대한 유축방향의 조망에 있어서 시계를 차폐하는 존재가 된다. 분류부에서는 서로 다른 여러 개의 하천모양을 동시에 볼 수가 있다. 그리고 일반적인 하천 공간에 비해 공간적 합성이 강하고, 더구나 각종 변화가 풍부한 물흐름의 표정을 볼 수 있는 장소가 된다. 또한, 분류제방 등을 설치할 수 있는 점에서 좋은 주시점이 되기 때문에, 제방의 설계를 고려한다면 하천경관 속에서도 보기 좋은 조망을 형성하여 명소가 될 가능성도 높다.

[5] 중 지 도

중류부 또는 하류부에서는 하도 중에 형성된 사주가 발달하여 중지도가 형성되는 경우가 많다. 중지도의 상류단은 분류부이며 하류단은 합류부가 된다. 이 중지도는 그 면적에 비해 수제선의 연장이 긴 특징이 있고, 분류부와 합류부의 경관상의 특징을 묶어서 물흐름을 주로 하는 하천에서 얻기 어려운 경관을 얻을 수 있다. 또, 양쪽의 강언덕에서 본다면 영역성이 강하고 독립성을 느끼는 공간이다. 그리고 중지도를 환경적으로 정비함으로써 뛰어난 하천경관이 형성될 수 있다.

[6] 합 류 부

서로 다른 여러 가지의 하천 모양을 동시에 조망할 수 있는 점은 분류부와 같지만, 둘 이상의 하천이 무리없이 합류하기 위해서 긴 도류부분(導流部分)이 형성되어, 분류부보다도 넓은 하천공간이 형성된다. 도류제(導流堤)의 선단은 좋은 조망지점이 되며, 역으로 하천의 언덕에서 보면 역동적인 물흐름 속에 있어 절점으로서 하천이나 지역의 이미지를 형성하는 요소가 된다. 이와 같은 장소에는 키가 큰 나무나 키가 작은 나무를 식수하여 강한 인상을 부여함으로써 경관적으로 정비하는 것이 바람직하다. 수종은 큰 나무가 좋지만 물에 비치는 모습이 아름답다든가 꽃이나 단풍이 아름답다고 하는 것 등, 장소를 상징할 수 있는 것이 바람직하다.

[7] 하구부(감조부)

하구부는 1일 2회의 조석간만의 차나 1개월간의 대조와 소조의 차에 의한 수위의 변동이 있다. 이 점을 감조부라 하지만 일상적인 수위의 변동에 따라 하천경관이 변화되지는 않는다. 그러나 조석간만의 차를 수준높게 경관상에 이용할 수가 있다. 이는 하천부에 친수공원(親水公園)을 설치할 경우, 조류를 끌어들임으로써 연못의 면적이 변한다든가, 징검다리가 보였다 안 보였다 한다든가 등의 수위조절을 할 수 있도록 설계한다. 하천 안의 단계식 대지(terrace)도 간만에 의한 수위의 변동을 의식하여 설계한다. 이렇게 함으로써 하루 중에서도 하천경관이 변화될 수 있다고 하는 장점이 나타난다.

또한, 하구부는 접속되는 해안부와 일체로 되어 높은 파도로부터의 피해를 방지하기 위해, 높은 제방이 축조되는 경우가 많아 경관이 분단되며, 생활도 분단되지만 국토를 보전하기 위해서는 다른 방법이 없다. 제방을 용이하고 자유롭게 넘나들 수 있도록 계단이나 경사로를 설치하여 호안의 구조를 친수성을 지니게 하도록 하는 것이 좋다.

7·2 하천 구조물의 경관

7·2·1 제방 및 고수부지

[1] 하 폭

하폭이 100 m 이상의 경우에는 양안이 일체감을 지니는 규모의 경관이 되며, 대안의 호안을 시작으로 하천 공작물의 세부가 눈에 들어온다. 이에 반해 하천폭이 200 m 이상인 경우에는 하천의 건물이나 산 등이 상대적으로 작게 느껴지기 때문에, 제방 전체와 대안의 시가지 경관이 조화되도록 하는 설계가 필요하게 된다. 하천부지에는 눈에 띄는 경관구성 요소가 없는 점에서 개방적이고 집합성이 없는 경관이 되며, 호안의 경관은 일체적이 아니라 개별적인 것이 된다.

여기에 수면폭원을 D_w 라 하고 수면에서의 호안건물 또는 수목의 높이를 H_b 라 한 경우 D_w 및 D_b 는 상술한 바와 같이 양안의 일체감에 관계가 있다. D_w/H_w 가 적으면

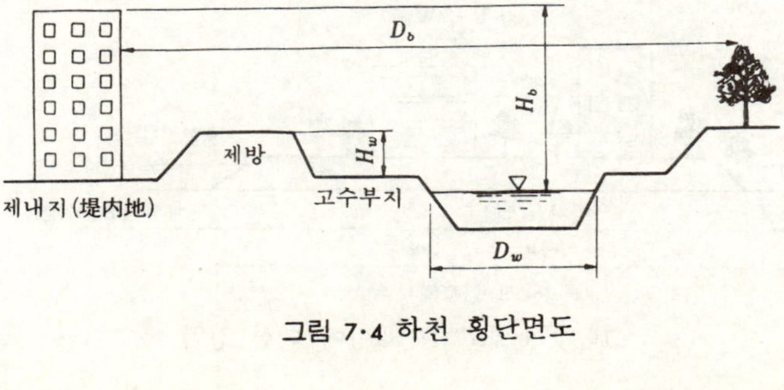

그림 7·4 하천 횡단면도

위화감 있는 공간이 되며, 크게 되면 개방적인 감을 느끼게 된다. D_b/H_b가 1 이하가 되면 공포감을 느끼게 되고 1 내지 2 정도라면 하천공간이 정연한 느낌이 되지만, 3 이상의 경우는 단지 넓은 느낌이 나게 된다. 또, H_w가 크면 하천이 계곡과 같은 감을 나타내게 된다.

[2] 제 방

제방은 치수를 목적으로 하는 것으로서 이 목적에 따라 형상과 크기가 결정된다. 일반적으로 재료는 흙이지만 석축이나 콘크리트가 이용되는 경우도 있다. 경관의 대상으로 본 경우 제방의 존재는 장대하고, 단순한 구조물이기 때문에 경관이 단조롭게 될 수밖에 없다. 제내지를 시점으로 해서 보면 높은 제방의 존재 때문에 조망이 방해되지만, 연결된 제방의 사면은 경관 형성상 효과적으로 이용할 수가 있다. 제방을 경관상 아름답게 하기 위해서는 다음과 같은 방법이 있다.

(1) 넓고 큰 제방을 추진한다. 다른 이점도 있지만 경관상은 제내지에서의 조망이 좋게 되고 대안에서 경관의 불연결성이 해소된다. 또한, 하천을 따라 폭넓은 식재가 가능하게 된다.

(2) 법면경사를 완만하게 하여 접결부를 부드럽게 곡선화해서 제내지, 제방, 제외지 등이 일체로 된 지형이 형성되도록 한다.

(3) 큰 제방이 아닌 경우에는 제방내지측에 여분으로 흙을 성토하여, 제방측대 등을 설치해서 식재하면 조망지로 활용할 수 있다. 또, 제방내지에 수방림이 남아 있는 경우에는 이를 적극적으로 이용하여 자연적인 조경을 갖게 한다.

(4) 치수상 지장이 없는 한 구부러진 하도의 경우에는 법면을 이용하여 식수한다.

(5) 하구에 가까운 경우라든가 해안제방의 경우에 제방을 높게 할 수밖에 없기 때문에, 제방상부에 돌출부를 설치하여 이를 산책도로 등으로 쉴 수 있는 장소로 한다. 이 경우에 벽면녹화나 산책로 녹화도 병행하여 실시한다.

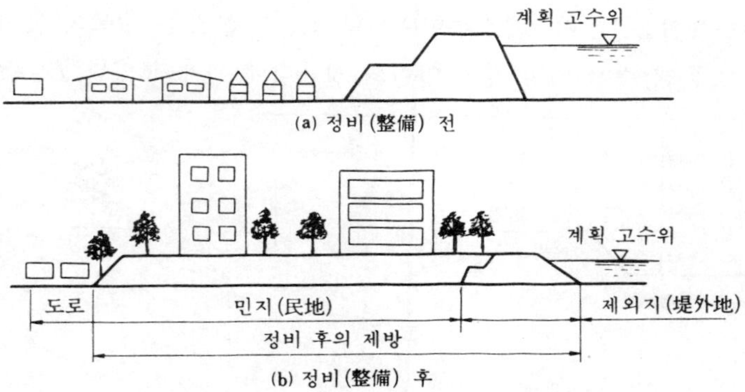

그림 7·5 넓고 큰 제방에 의한 정비

[3] 호 안

호안은 유수의 세굴작용에서 강변이나 제방을 보호하기 위한 것이지만, 경관적으로 눈에 두드러지기 쉬운 부분이기 때문에 물의 흐름과 육지의 위화감 없이 접속될 수 있도록 배려하여야 하는 구조물이기도 하다. 그리고 사람들이 하천부지에 내려가서 물에 접하고 친숙해질 수 있는 장소이기 때문에, 사람들이 편하게 수면에 접근하여 이용할 수 있도록 적극적으로 호안설계를 할 필요가 있다. 수변에 쉽게 접근할 수 있는 것처럼 보이고, 실제로 수변에 내려갈 수 있게 하기 위해서는 호안의 계단화가 제일 많이 이용된다. 단 동일단면으로 너무 연장이 길면 경관에 변화가 없다. 때문에 군데군데 입강을 설치한다든가 높은 부분에 평탄한 장소를 만들어 단계식 대지(terrace)로 하고, 사이에 수생식물을 심어 녹화하여 수제성에 미소한 변화를 부여하면 휴식공간의 호안이 된다.

또 호안의 경사를 완만하게 하면 사람들은 내려가기 쉬워 이용하기 쉽지만, 경관적으로는 면(面)으로 눈에 띄기 쉬워 위험스런 경관이 되기 때문에, 이와 같은 경우에는 강변의 자연암이나 옥석 등을 사용하여 자연과 고수부지에 연계되도록 하면 좋다. 또한 상류부 계류에서 호안은 부근의 자연석을 이용하여 주위의 돌로 형상된 하상과 조화되도록 하는 것이 좋다. 친수성 있는 호안은 경관상의 평가가 높게 된다. 자연소재를 호안에 사용하여 잡석을 사용한다든가 하면, 주위의 경관과 조화되는 점이 많을 뿐만 아니라 수변의 식생이나 어류 등에 생태계를 고려한 다양한 생물의 서식환경을 풍부하게 할 수 있어 자연보호를 기대할 수 있다. 반딧불이 서식하기 쉬운 소재의 사용도 좋다. 또한, 호안에 이용하는 석적(石積)은 모관현상에 의해 수분을 빨아올려 이끼가 낌으로써, 분위기를 증진하는 데에도 그다지 시간이 걸리지 않는다.

또, 하류부에서는 폭도 넓고 물의 흐름도 풍부하여 해안경관에 근접되어 돌을 이용한다고 할지라도, 절석(切石)을 주체로 한 호안이 경관으로서 어울리게 된다. 그리고 콘크리트 호안이 많게 되지만 이는 경관으로서는 단조롭고 친숙함 때문에, 호안의 끝부근에 입석을 설치한다든가 지목(地目)을 붙인다든가 등의 표면처리를 하고, 블록으로 잘 장식하여 자연적인 분위기를 낼 수 있도록 한다. 콘크리트 수직벽에 의한 호안은 가장 무미건조하기 때문에 수직벽면에 변화성 있는 조각을 많이 설치하면 좋다. 이탈리아의 베니스 호안에 좋은 예가 있다. 또, 블록을 이용한다 할지라도 거리의 번화가 보도의 블록과 같은 화려한 장식은 하천에서 잘 조화되지 않는다. 그리고 종류가 다른 호안이 인접해 있을 때에는 이 사이에 계단 등을 설치하여 경관적으로 연결시키는 것이 좋다.

[4] 수제(水制)

수제는 유속을 제어하고 사행(蛇行)하는 물의 흐름을 바꾸어 하천에 평행하게 흐를 수 있도록 도류하여, 유심을 호안에서 떨어지게 해서 수로를 고정함으로서 호안전면의 세굴을 방지하기 위한 것이지만, 사행하려는 에너지가 수제에 부딪쳐도 소용돌이를 형성하여 유속이 떨어진다. 대체로 수제를 설치하는 곳은 하도가 곡선부분으로 된 수충부(水衝部)인 곳이 많고, 이와 관련된 곳은 경관이 좋아 사람들의 시선을 모으는 장소가 되는 경우가 많다. 물이 세게 부딪치기 때문에 수면의 변화도 있다. 수제에는 여러 종류가 있고 그 종류에 따라 물의 흐름이 변화하기 때문에, 치수에 영향이 발생되지 않는 한 그 장소에 알맞은 좋은 경관이 얻을 수 있는 물의 흐름이 되도록 수제를 선정하면 좋다.

하류부의 하천은 넓은 감이 있어 단조롭지만, 언덕에서 대안을 향해 돌출된 형의 수제는 단조로운 경관에 변화를 주는 효과가 있어, 수면에 접근하기 쉽게 보이는 장점도 있다.

[5] 고수부지

하천의 유량은 1년을 통해 홍수량에서 갈수량까지 변화한다. 그리고 고수부지에는 1년 또는 수년에 1회 정도밖에 물이 흐르지 않는 곳이며, 평상시에는 육지로서 존재하는 곳이다. 평상시는 빈 공간처럼 보이지만 국토가 좁은 우리 나라로서는 귀중한 공간으로서 다른 목적에도 이용되고 있다. 또, 하천부지이기 때문에 유수에 대해 현저한 영향을 미치는 곳은 이용할 수 없다. 당초는 골프장이나 자동차 교습소 등으로 점용되는 경우가 있었지만, 공공용지를 사기업을 위해 사용하는 것은 올바르지 못한 것이며, 최근에는 귀중한 공원의 공간으로서 자연공원이나 운동공원 등의 도시공원과 같이 공동목적에 이용되고 있다.

고수부지는 넓고 평단하기 때문에 단조롭게 될 수밖에 없다. 단조함을 탈피하여 이용자에게 쾌적한 공간을 제공하기 위해서는, 고수부지를 적당한 넓이나 공간으로

그림 7·6 한강 고수부지

구분하고, 더욱이 근접 상호간에 위화감 없이 연계성을 확보할 필요가 있다. 고수부지를 구분하는 데에는 경계를 두지만, 구분의 경계로 하는 방법으로는 식수에 의한 방법, 물의 흐름을 이용하는 방법, 지형의 변화에 의한 방법 등이 있다. 식수에 의한 방법이 가장 바람직하지만 하천관리의 측면에서는 사수역(死水域)이나 유수지 등의 홍수의 유하단면이 되지 않는 구역에 한정된다. 야구장이나 테니스 코트 등이 여러 면 계속되는 경우에는, 고목(高木)이나 중목(中木)을 점재시켜 랜드마크(地標, landmark)로 하거나 공간을 구분해서 고저를 구한다. 키가 큰 풀류의 식물을 연결식재하여 공간을 구분하는 것도 좋다. 단지, 공간이 개방적이기 때문에 관목 등의 작은 나무는 하천공간에는 어울리지 않는다. 또. 렌드마크가 되는 키 큰 나무는 소나무와 같이 아름다운 나무라든가 포플러와 같이 곧바르고 키 큰 나무를 이용하면 좋다.

소지천(小支川)의 흐름이나 수문, 통문의 제외수로(提外水路), 움푹 패인 곳 등 고수부지에도 자연적으로 생긴 물의 흐름이나 모이는 곳이 있다. 이러한 곳을 적극적으로 활용하는 이외에 치수에 영향이 없는 범위에는 인공적으로 얕은 여울을 만든다든가 연못을 설치하여 이를 이용한다. 소지천이나 제외수로의 경우에 수면이 너무 넓어 공간을 분단하는 경우에는, 고수부지 이용의 종류를 다르게 하는 것이 좋다. 고수부지 지형의 형상변경은 현재의 평균 지반고에서 50 cm 이내의 미미한 변경에 한정하고, 더욱이 유수에 대해 평활한 곳을 조건으로 굴곡시킴으로써 시각적으로 기복을 실제보다도 크게 보이도록 한다. 또, 벤치 등을 설치할 때에는 돌 등의 자연소재를 간단하게 가공하여 지형과 잘 조화되도록 설치하고, 홍수에 떠내려가지 않도록 해야 한다.

고수부지의 공원적 이용은 공작물을 설치할 수 없는 하천 관리상의 제약에서 스포츠 시설로 이용하는 경우가 대부분이지만, 기타의 이용, 예를 들어 꽃밭으로 일면을 꾸민다든가 화초를 주위의 규모에 맞추어 식재할 수도 있다. 식재를 함으로써 신록이나 단풍을 즐기거나, 꽃이나 열매로 사계를 느끼는 경관이 된다. 독립수는 사람들의 주의를 모으게 되며, 거목은 아주 좋은 랜드마크(地標, landmark) 가 된다.

이상과 같은 운동의 장(場)으로가 아니라 천변을 이용한 캠프나 야외 바베큐의 여가활용(recreation)의 장 등으로서 활용하는 경우가 있다. 이러한 점은 하천 관리자의 허가가 필요없는 자유사용이지만, 우기에 중천의 이용은 갑작스럽게 물이 불어남에 따른 위험이 있어, 이를 방지하기 위한 홍보 및 지도가 필요하게 된다.

7·2·2 댐 및 둑

[1] 사 방 댐

사방댐은 산악 등의 자연경관 속에 설치하는 경우가 많다. 때문에 사방댐의 형태가

그림 7·7 댐의 경관

주변의 산림이나 자연의 바위 등과 조화되도록 설계하고, 더욱이 댐에서 물이 폭포가 되어 떨어질 때의 동적인 풍경이 느껴질 수 있도록 계획하면 훌륭한 경관을 얻을 수 있다. 제방형태가 직선이 되면 부드럽고 아름다운 여성적인 경관이 된다. 소재로서는 자연석의 절석이나 옥석을 사용하는 것이 바람직하다. 콘크리트를 사용할 때는 표면에 요철을 두어 빨리 자연에 어울리게 한다든가 돌을 붙여서 자연석과 같이 보이도록 한다.

[2] 댐

댐은 대체로 계곡의 아름답고 자연이 풍부한 수원지대에 축조되는 경우가 많다. 때문에 자연경관을 보존하고 자연경관과 조화될 수 있는 배려가 필요하게 된다. 제방의 구조는 단순하고 안정된 형을 취하기 때문에 경관적으로 완결성이 높다. 그러나 댐 가장자리의 수문이 튀어나온 구조는 그다지 바람직하지 않기 때문에, 댐의 본체 속에 포함되는 것이 좋다. 또한, 도류벽(導流壁)도 많이 돌출된 형태는 바람직하지 않다. 그리고 노출된 암반이나 감세공 등의 주변은 식생으로 조경하고, 댐표면의 소재는 자연석의 절석이나 옥석을 이용하면 좋다. 한편 댐은 거대하고 신비적이며 위압적인 구조물이기 때문에 하나의 관광자연이 되며 관광객도 많다. 이 때문에 전망시설을 설치하고 인공호의 호안을 조정하는 것이 바람직하다.

[3] 고 정 둑

고정둑은 단지 제방이라 불려지며 취수나 유량조정을 위해 설치된 것이지만, 둑에 의해 상류쪽은 넓은 만수의 정수면이 되며 하류쪽은 거꾸로 급류의 유수면이 되어 복잡하고, 다양한 물의 흐름이 형성되어진다. 부가적으로 낙차공이나 어도를 설치할 수 있으며, 이러한 점들을 경관에 잘 이용하는 방법이지만 치수와 이수상에 지장이

그림 7·8 한강 수중보

없으면 보의 위치를 경관을 향상시킬 수 있는 장소로 변경하는 것이 좋다. 넓은 수면은 사람들의 시선을 집중시키는 점이 있다.

유수에 대해 둑을 직각방향의 직선으로 설치하는 경우에, 수문이나 감세공(減勢工) 등이 단면을 여러 단계로 나누어 둑을 직선이 아니라 사면 또는 완만한 곡선형으로 함으로써 아름다운 물의 형태를 연출할 수가 있다.

상류쪽은 수변의 지형이나 사물, 산을 수면에 비치게 하는 도경(倒景)이 아주 훌륭하다. 하류쪽의 직하는 물의 힘을 약하게 하여, 세굴을 방지하기 위해서는 수문이나 감세공이 설치되지만, 이러한 것에 물의 흐름이 부딪쳐서 하얀 거품을 일게 한다. 둑에서 물의 떨어뜨림, 수문과 감세공의 구조에 따라 물의 표정이 크게 변화하기 때문에, 치수에 영향이 없는 범위에서 매력적인 흐름이 되도록 설계한다.

둑에 의해 아름다운 조망을 연출하는 이외에 정수면을 이용하여 보트 등의 스포츠나 놀이에 이용된다. 수영장으로서도 이용할 수 있지만 폭넓고 수량이 풍부한 수면으로 유속이 느린 점이 조건이 된다.

바닥보호는 둑과 다르게 하상의 안정을 위해 하상경사를 완만하게 하는 것으로서, 산간부 등의 상류부에 설치되는 경우가 많다. 상류쪽은 토사가 퇴적되어도 저수로만이 수로로서 남을 수 있도록 설계하는 경우가 많기 때문에, 수면을 경관형성에 이용하는 데는 역할이 적다. 그러나 하류쪽은 둑과 같게 된다.

7·2·3 기 타

[1] 가동둑 · 취수탑 · 수문 · 갑문

둑에 수면조작의 기능을 부여한 것이 가동둑〔또는 가동언(可動堰)〕이며, 둑에 가두어진 유수를 제방을 횡단하여 제내지에 끌어 들인다든가 제내지의 배수를 제방을 횡단해서 하천에 흐르게 하는 것이 수문(水門)과 통문(桶門)이다. 이러한 것이 고수부지나 제방에 돌출되어 눈에 띄게 되는 존재가 된다.

가동둑의 문주(門柱)는 콘크리트 타설의 경우가 많지만, 벽돌이나 포석(鋪石) 등의 소재를 붙여서 건축물로서 치장한다. 그리고 문주는 수문의 조작실의 건물과 일체로 하면 좋다. 조작실도 기계를 두기 위한 건물이지만, 주변의 경관에 조화되도록 치장된 건축물로 한다. 취수탑(取水塔)도 같은 방법으로 처리한다.

가동둑이나 취수탑, 수문, 갑문(閘門)은 수직성이 높은 구조물이며, 더욱이 개방된 하천공간에 있기 때문에 랜드마크(landmark)가 될 수 있는 기념탑이라고 하는 상징적인 이미지로 설계하여 눈에 띄도록 하면 좋다. 그리고 주변에 조그만 공간이 생기게 되면 소공원으로서 이용하는 것도 좋다. 또, 통문(桶門)은 제방의 법고(法尻)에 설치되기 때문에 원래 눈에 띄는 것이 아니어서, 식수 등에 의해 제방 속에 보이지 않도록 설계한다.

[2] 산 복 공

산의 급사면에서는 산지사면 붕괴방지를 위해 산복공(山腹工)이 시공되는 경우가 많지만, 이와 같은 장소는 대부분 자연이 풍부한 지역이다. 소재로서는 사방댐과 동일하게 하고 소규모의 산복공을 중복하여 자연의 식생이 자랄 수 있도록 설치하는 것이 좋다. 또, 자연의 산지사면에서는 식생을 이용한 공법이 환경과 가장 조화되기 쉽다.

7·3 도시하천과 하천의 녹화

7·3·1 도시하천

[1] 도시와 하천과의 관계

인류는 태고적부터 하천주변에 살아왔다. 이유는 흙과 물을 얻기 쉽고, 우수나 하수의 배제가 좋고 최대의 수송수단이었던 주운(舟運)이 좋았기 때문이다. 초기에는 집락을 형성했지만 문명의 발달과 함께 도시로 성장하였다. 이 점이 하천을 따라 도시가 출현한 이유이다. 경우에 따라서는 하구에 주(洲)가 발달하여 좋은 자연항으로 되기 때문에 하구에는 항구도시가 번영하였다. 하천과 도시와는 아주 밀접한 관계가 이루어지고 있다. 노텔담과 미국의 뉴욕이 그 좋은 예이다.

그렇지만 옛날에는 하천이 자연이 풍부한 양상을 겸비하고 있었지만, 도시내의 하천은 단지 치수나 이수의 측면에서만 정비되는 경우가 많고, 인공하천이 증가됨과 동시에 도시의 오수배수 등에 따라 많은 자연을 손실되게 하였다.

고도 경제성장을 이루어감에 따라 도시집중이 시작되고, 도시하천의 하천다움이 없어져 환경상에도 문제를 일으키고, 사람들이 종래 가지고 있던 맑은 물의 동경이나 물을 가지고 노는 친수성이 사라지게 되었다.

도시하천이라 지칭되는 것은 시가지를 흐르는 하천을 말하며, 하천으로서의 기능 중 7·1·1 에서 설명한 하천경관의 특징 중 경관기능이 특히 중요시되는 하천의 구간이다. 도시하천의 구간은 하천 본래의 치수기능과 이수기능에 부가하여 다양한 기능의 요구에 대응하지 않으면 안 되는 구간을 말하는 것으로서, 하천 중의 하나의 구간을 말하는 것으로 특수한 별개하천을 말하는 것이 아니다. 농업이나 임업 등의 1차 산업의 지역을 흐르는 하천의 구간은 포함되지 않는다. 우리 나라는 대하천도 있지만 대체로 하폭 100 m 이하의 중소하천인 곳이 많다.

도시하천은 개수로를 포함하여 치수기능이 가장 중요한 것이며, 그 이외에 하천이나 개수로 및 그 주변을 이용하여 가로와 일체로 된 도시로서의 귀중한 열린 공간이다. 한강변의 국회 의사당, 런던의 템즈에 연한 국회 의사당, 파리 등의 하천에 연한 빌딩군은 하천이라는 귀중한 공간없이는 양호한 경관을 얻을 수 없다(그림 7·9 참조).

구체적으로 대하천의 고수부지에는 도시 공원법에 의한 공원을 설치한다든가, 중소하천에는 도시 공원법에 의한 도로나 도로법에 의한 자전거도를 설비한다든가, 하천 구조물의 호안을 친수성 있는 곳으로 하는 등 환경 정비상에 경관기능을 높이지 않으면 안 되는 구간을 말한다. 귀중한 도시공간 속에 하천공간을 계획적으로 다루어야만 할 하천을 도시하천으로 간주할 수 있다.

한편, 도시하천을 치수기능만으로 특정화하여 이용한다면, 단지 배수로가 되어 버려 시민으로서는 심리적으로 만족할 수 없는 곳이 된다. 도시는 사람들이 생활하는 장

그림 7·9 한강변의 선착장

소이며 생활환경으로서 적절한 수준을 필요로 하지만, 하천공간은 이에 상응할 수 있도록 다중적인 기능을 지니고 있기 때문이다.

하천은 태고부터 근세에 이르기까지 수운이 최대의 수송수단이며, 도시가 하천을 따라 번영하였다. 현재는 하천의 운송역할은 끝나고 주된 운송수단은 도로교통에 대체되어, 하천의 수운(水運)으로서의 역할은 배 위에서 도시의 새로운 모습을 바라보는 유람선이 주류로 되었다. 유람선이 새로운 시점이 되어 하천주변 요소를 주로 하는 하천경관을 만들고 있다.

[2] 도시하천 경관의 특징

하천경관의 본질은 흘러내리는 물이며, 이에 따른 수제선(水制線)이 만들어내는 변화의 아름다움이다. 하천이 지방부에서 도시하천이 되면 중류부이건 하류부이건간에 양상이 일변하여 하천주변 요소가 주가 되며, 하천요소가 종이 된다. 하천주변 요소는 도시이며, 도시하천은 도시경관의 일부를 구성하고 있는 것에 불과하게 된다. 하천과 주변과의 관계가 밀접하게 되어 도시경관의 입장에서 생각하지 않으면 안되게 된다.

원경으로서는 주위의 스카이라인이 있고, 유적이나 높은 탑이 있다. 근경으로서는 주변의 시가지의 건물 이외에 수목 등이 있고, 하천을 횡단하는 교량이 있다. 여기에 하천요소의 제방과 호안, 그리고 수면이나 수제선이 관련된다. 이 경관의 경우 스카이라인에의 상향각(앙각), 원경의 건물이나 수목, 특히 교량에 의한 불가시 영역과의 관계, 대안의 건물이나 수목에 대한 상향각, 하천요소, 특히 수면이나 수제선에의 하향각(부각), 이러한 범위가 적절한 시야범위 내에 들어오게 하는 것이 아주 중요하다.

도시하천의 특징으로서, 식생, 어류, 곤충류 등의 동식물의 생태가 경관 구성요소로서 부가되는 이외에, 하천공간 내의 축제 등 행사도 관련된다.

이상에서 경관설계에 필요한 점은 건물의 높이를 낮게 억제하는 건축제한을 하고, 교량의 형식 등을 검토하여 하천요소로서는 수제선의 정비를 하는 것이다.

[3] 도시하천의 이용형태

도시하천으로서 많이 이용되는 형태로는, 첫째 물은 모든 것을 씻어 흘러가는 것으로서 의식되어 신앙활동에도 이용되고, 둘째 녹지의 종합계획 속에 하천부지도 들어감으로써 환경보전과 생태계 보전, 여가선용을 위한 녹지로서 위치부여를 할 수 있다. 셋째 언덕의 공원, 광장, 정원 등에 있어서 하천경관과 일체로 계획함으로써 다양한 물의 흐름을 차경(借景)으로 이용하여 풍치를 높일 수가 있다. 또, 집에서 수변(水邊)을 내려다볼 수가 있는 경우에도 차경이지만, 내려다보는 경관이 아름다운 한편 하천에서의 조망도 아름답다. 도심의 수변은 도시경관 계획상 특색 있는 장소로서

의미를 부여할 수 있다. 넷째 유람선이 운항되고 있는 곳은 대도시뿐만 아니라 역사적 시가지를 수상에서 관광할 수 있도록 하는 시도도 행해지고 있으며, 마지막으로 하천공간은 화재시에 소방기능을 가지는 것으로 대지진 재해 등의 재해시에 방재공간과 긴급 피난장소로서 중요하다.

[4] 도시하천의 친수성

도시하천에 설치된 수리 구조물은 수리적 기능뿐만 아니라 수질오염을 방지하는 기능도 요구된다. 우리들의 일상생활에서 물과 나무는 쾌적한 거주공간을 만들기 위한 요소이기 때문에, 도시에서는 물과 녹지를 증가시킴으로써 심리적, 정서적 만족감을 충족시켜 정신적 안정감을 부여할 수 있다. 이를 위해서 하천을 중심으로 한 경관의 형성이 필요한 것이다.

이상과 같이 도시하천에 친수성을 부여하기 위한 수리 구조물이 설치되고 수변을 살린 여가선용 공간이므로, 친수공원이라 불려지게 되었다. 이 수변의 공원녹지는 사람에게 물과의 대화장소로 제공되고 도시경관에 윤택함과 편안함을 가져다 준다. 이와 더불어 생태계 보전까지 배려한 친수성 기능을 지닐 필요도 있지만, 아직 어류 등의 생태계까지를 고려한 경우는 거의 없다.

수변의 쾌적성을 지니기 위해서는 깨끗한 물이 풍부하여야 한다. 그러나 이 조건을 만족시키는 예는 드물다. 상류에서의 수리로서 취수, 도로포장 등에 의한 지하수의 감소, 하수도 정비에 의한 직접방류 등의 원인으로 평수유량은 감소되고 있는 추세이다. 이 친수공원에는 2종류가 있는데, 첫째, 하천쪽에서 여유 있는 고수부지 등을 이용하여 하천 공원화하는 것과, 둘째, 도시쪽에서 하천변의 공원녹지나 바닷물이 들어오는 곳 등을 하천과 일체로 하여 경관기능 향상을 도모하는 것 등이 있다.

또한, 친수공원으로 계획할 때에 필요한 사항은 다음과 같다.

(1) 하천폭을 어느 정도 확보하며, 수량이 풍부하고 수면이 보여서 수변에 손이 닿을 것처럼 보이도록 물의 흐름을 완만하게 한다. 이를 위해서는 저수로와 고수부지로 나누어 저수로는 사행(蛇行)시킨다. 또, 겨울의 이수기에도 최저한의 물이 흐르도록 한다.

(2) 하천의 주변은 될 수 있는 한 자연 그대로 하고, 하천이 지닌 자연적 흐름이나 연례 등의 풍경을 살려서 경관형성에 역할을 할 수 있도록 한다. 그리고 흙부분을 많게 하여 녹화를 하고, 호안도 녹화하여 주변에는 화초나 수목이 번식하기 쉽게 하고, 주변의 사람들이 사계(四季)를 느낄 수 있도록 한다.

(3) 물을 피부로 느끼게 하기 위해서는 하천을 따라 산책도를 설치하고, 안전을 위해 울타리를 설치하는 경우에도 나무 울타리 등을 이용하고, 자전거 도로는 분리하여 설치하도록 한다. 산책로에서 고수부지의 하천바닥에 계단 등을 통하여 자유롭

그림 7·10 친수공원

게 내려가서, 산책공간으로서 수변에 접근할 수 있도록 한다. 물에 손을 담글 수 있을 정도의 낮은 잠수교, 징검다리, 적은 폭포 등을 설치하여 물놀이가 용이하게 이루어질 수 있도록 한다.

(4) 호안은 될 수 있으면 정원의 연못과 같이 장식적으로 설계하고, 재료는 자연석이나 옥석 등을 사용해서 장식한 정원석을 이용하여 정서가 나타날 수 있도록 한다. 저수천 호안이나 둑 등은 수명이 짧은 단점이 있을지라도, 자연소재의 둥글고 큰 것 등을 그대로 이용하여 자연성을 나타낼 수 있도록 한다.

(5) 양호한 수질을 유지하기 위해 하수도의 정비나 쓰레기 대책 등을 세워, 수질정화를 도모할 뿐만 아니라, 흙이나 옥석을 이용하는 이외에 조류나 수초식물을 심어서 하천내 수질의 자연정화(自然淨化)를 도모한다. 더욱이, 수질오염을 방지하고, 생태계 보존의 견지에서 반딧불이나 어류 등 생물이 서식하기 쉬운 환경정비를 행한다. 수중에 블록을 이용하는 데 있어서도 고기집 블록으로 하여, 물고기가 서식하기 쉬운 환경으로 한다. 또한, 보를 낮게 하여 생물이 올라오기 쉽게 하고, 저수로에는 잉어 등을 방류한다든가 치어를 방류한다. 고수부지를 이용하여 물새의 방목도 병행한다.

(6) 수량이 부족할 경우에는 수질이 양호한 하수 처리수를 첨가하여 펌프로 순환시킨다. 또, 둑 등에 의해 물흐름을 완만하게 하여, 평수면을 확실하게 볼 수 있도록 수량을 풍부하게 한다. 그리고 연결 단차둑을 축조함으로써 연못의 느낌을 낼 수 있도록 하여 강변의 경관을 살려낼 수 있도록 한다.

(7) 고수시(高水時)의 수심이 깊은 하천에서는 호안이 높게 되어 친수성이 저하되기 때문에, 하상을 2층 구조로 하여 상층수로에는 평상시 일정한 수량만이 흐르도록 한다. 또, 하천의 수질이 나쁠 경우에는 2층 구조로 만들어서 하층을 암거화하여, 더

러운 하천의 물을 흘려보내고 암거 위에 새롭게 친수기능 중심의 정원적인 흙층 수로를 설치해서, 깨끗한 물을 펌프로 순환시켜 인공적으로 유수환경을 연출한다.

(8) 도시공간 구조의 일부로서 통근·통학·산책 등을 위한 보행 공간의 연결망을 형성시켜, 하천변의 길은 보행자와 자전거만의 도로로 하고, 산책이나 휴게를 위한 시설이나 고목과 저목을 조합한 녹음도 설치한다.

(9) 주변의 시가지와 도시하천이 시각적으로 조화될 수 있도록 식재나 가로등도 이에 맞추고, 건물의 설계를 관리협정하여 녹화함으로써 하천에 융합된 새로운 경관을 유도한다. 또한, 건물의 뒷면이 하천에 면하는 경우는 대책을 필요로 한다.

(10) 도시하천에 놓아진 교량의 교상은 시민의 휴식의 장소로 파악하여 공원적 설비로써 넓은 행사광장을 설치하고, 휴식을 위한 벤치를 설치, 지붕을 두어 지붕형으로 한다. 그리고 화단을 설치한다든가 수중에 분수를 설치하고, 야간의 산책로로서 정원 등을 설치하는 것 이외에 수면을 조명한다든가, 교량·기념비·고목 등을 조명하는 조명등도 설치한다.

7·3·2 하천의 녹화

자연을 상징하는 것은 물과 녹지이며, 물은 하천을 의미하고 녹지는 식재를 의미한다. 하천의 식재는 물과 녹지가 일체화됨으로써 보다 좋은 경관이 형성되는 것이지만, 치수상의 제약이 있어 하천부지에 자유롭게 식재할 수 있는 것만은 아니다. 하천의 식재는 도로의 녹화에 준하지만 다음과 같은 특징이 있다.

첫째, 수종은 수변의 수목으로서 하천에 어울리는 것을 선택한다. 바야흐로, 우리나라에서는 버드나무, 벚나무, 소나무, 단풍나무 등이 많이 사용되고 있기 때문이다. 둘째, 구부러진 하도의 경우에 계획고수 위에 상부의 하천언덕의 법면이나 관리용 통로를 이용하여 식재한다. 공간이 충분하지 않을 경우에는 이에 맞는 수종을 선택한다. 셋째, 물과 녹지가 같은 시야에 들어옴과 동시에 수변이 수목에 감추어져서 보이지 않게 되는 것은 곤란하므로, 수목이 수변에 가까운 편이 좋다. 넷째, 기존에 있는 큰 나무의 경우에는 치수에 지장이 없는 한 하천안의 법면이나 관리용 통로 등으로 보존하고, 지역적인 경관구성 요소로서 보전한다. 다섯째, 인접지가 도로나 공원, 항만 등의 공공용지인 경우는 물론이고, 사유지인 경우에도 협력을 받아서 일체감을 느낄 수 있는 하천경관 정비를 계획하는 것이 바람직하다.

7·4 항만경관의 의의

7·4·1 항만경관의 특징과 경관요소

[1] 특 징

항만경관은 육지에서 바다를 향해 조망하는 해상방향 시점과 바다에서 육지방향으로 보는 시점을 고려한 경관을 주로 다루고 있다. 항만경관은 바다에서 항구로 들어올 때 풍경상의 자연적, 역사적, 문화적 특성이 존재한다는 점에서 타경관과 차이가 있다. 항구는 강풍이 불어도 배가 안전하고 편리하게 접안 정박할 수 있어야 한다. 항구는 방과 같이 아늑해야 하고 일정한 수심이 확보될 수 있어야 항구의 구실을 할 수 있다. 조류의 변화, 기후의 변화에도 항 내의 모래의 퇴적이나 파랑에 따른 해안선의 침식이 없는 천연적 조건이 구비된 항구를 양항이라 한다. 항구의 수면규모도 대략 400~500m를 한 변으로 하는 정방형 안에 들어가는 정도가 시각적으로 친근감을 준다.

해안선이 돌출된 형상의 만은 해안에서 볼 때 랜드마크(landmark)가 되며 궁(弓)자 모양의 만이 띠상으로 연속되어 있는 곳에서는 전방의 섬이 파고를 잠재우는 역할을 하게 된다.

[2] 경관요소

항만계획 때 검토해야 할 경관의 기본요소에는 다음과 같은 요소들이 있다.

(1) 법선의 형상

매립은 해면을 육지로 이용하기 위해서 경관을 크게 변화시키며, 매립지의 경우 직선의 기하학적 형상을 가지게 된다. 주변의 시점장은 기존의 배경에 영향을 미치며 이에 대한 고려가 필요하고, 주변의 자연지형과 기존지형의 골격을 유지하는 배려가 필요하다.

(2) 시설배치

시설배치는 사람이 모일 수 있는 핵심시설을 배치하여야 하며, 시설의 위해감이나 압박감 등을 고려하여 설치하고, 주변과의 대비가 명확하게 되었는가에 대한 고려가 있어야 한다.

(3) 지형계획

항만계획과 항별 계획시 위치의 명확성을 분석하고, 매립지의 경우 지형이 평탄하고 단조로우며, 지반형상의 변화가 심하지 않도록 계획시 고려를 해야 한다.

(4) 경계부의 처리

항만과 배후도시를 살펴볼 때, 배경의 관계를 고려하여 경관계획을 입안하여야 하며, 항만의 연속성을 고려하여 설계개념을 통일하고, 항만건립 때 항만성격을 고려할 필요가 있다.

(5) 도로계획

도로계획과 구역분할은 밀접한 관계가 있으며 도로계획은 구역을 분할한다. 도로계획 때 배후도시와 연속성을 고려하여 노선을 설치하여야 하며, 수제와 평행하게 달리는 도로는 항을 분리할 수 있으며, 이를 고려하여 계획을 입안하는 것이 필요하다. 구역분할은 입안시 건축물의 스케일과 이미지를 고려한다.

7·4·2 항만경관 설계의 과정

경관설계의 과정을 명확하게 나타내는 것은 곤란하지만, 다음과 같은 기본적인 단계를 설정함으로써 설계의 순서를 정리할 수 있다.

[1] 경관계획과 설계조건의 명확화

경관설계는 선정된 개발의 기본개념과 전제조건을 추출하고, 항만계획 전분야 중 경관계획의 역할과 의의를 재확인한다. 이 단계에서 계획과정에서의 제약과 설계의 기대사항이 명확하게 된다.

[2] 설계개념의 설정

기대조건과 각각의 요소에 대한 경관상의 의견에 의하여 개념이 설정되고, 이미지에 맞는 전체 형상의 기본개념을 만든다. 여기에서는 개략적인 시각화를 행하여 기본형상과 개략계획을 확인한다.

[3] 설계안의 작성

설계개념을 근거로 하여 구체적인 시설배치, 구조형식, 형태, 재질, 수경 등에 대한 검토를 하여 복수의 대안을 작성한다.

(1) **시설배치의 검토** 중요한 조망점을 유출하고, 그 곳에서 보이는 설계대상 시설과 주변환경과의 관계를 검토한다.

(2) **구조형식(형태)의 검토** 대상시설인 구조형식의 선정과 스케일, 형, 재료, 표면처리, 색채 등의 형태에 대해 검토한다.

(3) **수경(修景)의 검토** 식재, 세부처리, 치장 등에 의한 경관 구성요소 사이의 관계를 개선하기 위한 검토를 한다.

[4] 설계안의 평가

작성된 다수의 비교안에 대하여 시각화를 위한 표현정도, 경관측면 외의 가능성, 경제성의 조건을 근거로 평가하고, 선정된 안에 근거하여 상세한 결정을 한다. 최종적으로 대상시설의 크기, 형, 재질 등의 속성, 시점과의 관계, 주위환경과의 관계를 검토하고 정리한다.

이상과 같은 설계과정은 고찰방법과 순서에 있어서, 실제적으로 설계개념의 설정에서 설계안의 작성까지는 일체적인 작업과정을 이루고 있다. 경관설계에서는 뛰어난 설계개념을 찾는 것이 중요하고, 그것을 위해서는 환류(feedback)의 과정을 반복하여 신축성있게 추진할 필요가 있다.

7·5 항만공간의 형성

7·5·1 공간구성의 기본

[1] 건평구역과 비건평구역의 위치관계

항만에 있어서 공간은 수면의 존재에 의해 열린 공간이 충분히 있는 것으로 생각될지도 모르지만, 육지부에 대해서는 반드시 그러한 것은 아니다. 건물 및 그 외의 구조물 혹은 밀집하게 식재된 녹지대 등을 가지는 입면에 의해 개방공간(open space)의 골격은 한정된다. 이와 같은 입면이 녹지부의 경계가 되어 공간의 형태를 이루게 된다.

이 때 인간의 시점 높이(통상 성인은 1.5 m)와 입면적 요소의 높이, 그리고 대상까지의 거리의 관계가 매우 중요하게 된다. 그 지표로서 D/H(거리/높이)가 있다.

[2] 공간의 축성과 방향감각

공간을 한정하는 입면적인 요소는 시선을 유도하고 방향성을 준다. 높은 입면(건물의 벽면 및 가로수)에 끼인 직선이 강한 가로적인 구간(vista)을 설정하므로, 특정의 방향에 대해 시선이 유도된다. 그 초점으로 되는 위치에서 시선을 막아내는 시선정점(eye-stop)으로 되는 기념물 및 랜드마크로 되는 건축을 두는 것도 좋지만, 항만공간의 스케일감을 생기게 한다면 원경의 나열된 산(山竝) 및 해면으로 시선이 향하게 함으로써 공간축의 방향을 계획단계에서 고려하는 것이 중요하다. 또한, 포장 등 수평면을 구성하는 요소에 대해서도 그 형태 등으로 동일한 효과가 기대된다.

[3] 수면거리와 친수성

항을 구성하는 가장 중요한 요소인 해수면과 그것을 응시하기 좋은 인간의 시점의 위치 사이의 공간적인 관계는, 경관을 통하여 항만을 체험하는 데 있어 중요한 문제이다.

또한, 파도소리와 조수의 방향 등을 몸 가까이에서 느낄 수 있도록 하기 위해서는,

수면과의 수평거리가 중요한 결정요인이 된다.

[4] 시계와 조망

전망이 좋은 조망이 있는 시점장으로 되는 장소를 공간으로 확보할 경우, 이것의 높이와 그 주위에 있는 다른 요소와의 비고관계는 중요하다. 이러한 상대적인 관계는 대상을 보는 것을 규정하는 상향각(앙각), 하향각(부각), 시선 입사각에 관계된다.

시점에서 수면에 대한 하향각도 수면과의 일체감을 가지기 위해서는, 적어도 −8∼−10° 정도 범위로 되게 하는 것이 필요하다. −30° 이상의 경우에는 공포감을 느끼게 되며, 낙차가 큰 절벽으로 되어 있는 경우에는 안정감이 있는 방호벽을 배치하는 것이 좋다.

[5] 회유성과 보행의 스케일

동선계획과 공간의 배치는 서로 중복되어 있다. 항만의 공간에 대한 기본적인 스케일은 선박 및 창고 등의 건물 및 수제선의 제원에서 결정되며, 인간 스케일(human scale)을 넘는 것이 많다. 따라서, 보행하는 중에 공간을 이용하는 사람에게는 도중에 휴식하기 위한 체류공간이 절대적으로 필요하다. 400∼500 m 정도를 한도로 공간에 절목을 주는 것이 바람직하다.

또한, 대규모 항구의 공간은 종종 단조롭고, 한 방향으로 긴 거리가 놓이므로, 걷는 것은 어렵다. 수십 미터에서 수백 미터 정도까지 방향이 변하게 하고, 주도로로는 다른 경로에서 기점으로 돌리는 회유성이 있는 보행공간을 형성하는 것이 바람직하다.

회유하는 경로의 구간에서 공간의 스케일감 및 입면 구성요소의 표정, 사상재료 및 색채의 구성 등을 바꾸어 연속경관을 연출하면 좋다.

7·5·2 공간의 배치

[1] 수제와 시점장의 배치계획

항구 옆에 위치한 공간은 수면과 임항지구의 경관을 일체적으로 느끼게 되도록 배치하는 것이 원칙이다. 그것을 위해서는 아래와 같은 점에 대하여 충분히 고려하는 것이 바람직하다. 수제(水制)에 연한 조명등을 설치하고, 내륙부에서 항구의 수면에 대하여 시선이 통하게 한다. 보행면의 높이설정에 대하여 충분히 유의하며, 보행한계거리를 고려하여 체류공간을 적당한 간격으로 배치한다. 또한, 공간에 면한 건물 및 수목의 높이, 입면의 표정에 유의하고 도로 시설물의 설계는 남겨두는 것으로 하며, 이것들이 눈에 띄는 배치는 하지 않는 것이 좋다.

[2] 평면배치 형식과 연속경관

시점의 이동과 함께 연속경관과 수면의 관계를 고려한 배치가 필요하다.

(1) **일직선형** 긴 직선구간이 연속되면 걷기에 단조로움을 느끼기 쉬우므로, 보행한계 거리를 고려하여 변화를 모색해야 한다.

(2) **만곡선 · 굴곡선** 곡선 또는 꺾인 선에 연한 건물의 벽면이 나열되어, 시선이 유도되기 쉽다.

(3) **L 자형** 굴곡도가 직각에 가깝고, 전방의 대상을 가까이 둔 기대감이 있다.

(4) **ㄷ 자형** L 자형 2 개가 합해진 형으로서, 수변의 길이에 의해 주위의 감이 다르게 된다.

(5) **대면형** ㄷ자형의 맞은편이 만나는 수변이 길 경우로서, 대안과의 거리에 따라 스케일감이 다르게 된다.

[3] 입체적 배치형태와 수준차의 처리

(1) **계단형태의 경우** 계단의 높이에 의해 벤치와 같은 휴식공간으로 된다.

(2) **사면형태의 경우** 경사를 적절하게 설정함으로써 사면이 흘러내리는 것과 같이 처리한다. 계단 및 경사가 있는 사면은 공간으로 느슨한 방향성을 주고, 거기에 머무는 사람의 시선을 경사의 법선방향으로 이끈다.

(3) **안벽(岸壁) 형태의 경우** 낙차의 정도에 따라 공간의 스케일감이 완전히 다르게 된다. 지반의 조성 높이를 결정하는 경우에 사전에 생각해 두지 않으면 안된다. 여러 개로 나누어져 있다면 높이의 차이에 따라 조망의 변화를 줄 수 있다.

(4) **건축과의 일체화** 테라스(terrace) 및 발코니(balcony) 형태의 시점장은 건축물의 2 단 이상으로 설정하고, 수면에 대한 부각이 크게 되면 시계도 넓어 스케일감이 있는 조망을 시야에 두는 것이 가능하다.

7·6 수변공간(水邊空間, Waterfront)

7·6·1 수변공간의 개념과 역할

[1] 수변공간의 개념

'water front'를 흔히 수변(水邊), 수변공간[(水邊空間 또는 수제(水制)], 연안역, 임해부, 그리고 물가에 이르기까지 다양하게 불리어지고 있다. 그 중 가장 흔히 잘못 바꾸어 부르는 것이 수변이다. 수변은 영어로 'waterside'를 가리키는 말이다. 물을 뜻하는 워터에 옆을 뜻하는 사이드가 붙어 수변을 뜻하게 된다. 접미사 사이드가 붙느냐 프런트가 붙느냐에 따라 그 의미는 판이하게 달라진다. 건물의 앞과 옆이 다르듯이 워터 프런트는 워터 사이드와 구별되어져야 한다.

그림 7·11 수변공간(waterfront)

따라서, 워터 프런트는 "물과 땅이 맞닿는 선을 중심으로 형성되는 공간역"을 뜻하는 말로서 수변공간으로 사용하기로 한다.

[2] 수변공간의 역할

(1) 대중의 접근성

항구시설들이 위치하고 있는 많은 지역은, 안전문제 혹은 경비상의 이유로 일반인의 접근이 용이하지 않다. 일반적으로 항구지역은 철책 울타리로 통제하기 마련인데, 실제로 일반인의 접근성을 높이기 위해 많은 도시들이 수변공간 재개발에 착수하기도 한다. 대중공간으로의 접근성을 성취하는 방법 중의 하나는 수변공간을 따라 대중의 통행권를 확보하는 것인데, 그 방법은 토지를 매입하여 공유화하거나 구역설정(zoning)을 통해 이루어질 수 있다.

물리적 형태의 접근성이 제공된다 하여도 그 공공성의 정도와 여부는 주변 토지이용이 어떤 것이냐에 따라 다양한 형태로 존재하게 된다. 가장 공공적인 것으로부터 그 토지이용의 순위를 나열하여 보면 공원, 공공활동 상점 및 식당, 호텔, 사무용 건물, 사유 독립주택 등의 순이다. 공공대중들의 접근성에 근거하여 토지이용을 선정하게 되면, 가장 공공적인 용도가 시각적인 면에서나 접근성의 측면에서 뛰어난 곳에 위치하거나 물과 가까운 지역에 위치하게 된다.

(2) 수변공간의 형태

활기가 넘치는 수변공간을 만들어내는 세 가지 요소는 우선 접근이 용이하여야 하고, 더 많은 숫자의 이용자를 창출해낼 그 지역에서 대중들이 즐길 수 있는 활동이 있어야 하고, 이러한 기회가 존재하고 있다는 정보를 소개하는 홍보가 뒤따라야 한다는 것이다.

시카고, 시애틀, 세인트 안토니오의 경우 수변공간들이 도심으로부터 몇 블록 내에 위치하여, 많은 사람들이 쉽게 접근할 수 있다. 사람들이 걸어가서 이용하기가 용이하지 못한 수변공간이라면, 이동이 빠르고 이용하기에 간편하고 싼 보조 교통수단이 제공되어져야 한다. 수변공간 내의 존재가능한 유인물 혹은 매력요소로는, 공원이나 해수욕장(1년 중 특정기간에만 이용가능한)으로부터 박물관, 수족관, 특별행사 극장, 경기장 및 체육센터 등 특수 여가활용(receation) 및 위락시설까지 광범위하다. 그러나 중요한 것은, 인기 있고 대중적인 수변공간에서의 활동은 한 종류 혹은 두 종류의 기회제공에 의해 만들어지는 것이 아니라, 광범위하고 다양한 이용형태에 의해 형성된다는 것이다. 두 가지 결정적 요소로서 매력적인 분위기의 환경과 각종 상점을 들 수 있다.

고색창연한 고풍의 건물, 훌륭한 경관처리, 조경, 그리고 물이라는 경관요소가 주는 전망은, 독특한 수변공간의 매력적인 분위기를 이루어내고 세련된 외관의 뷰티크(beutique) 상점, 식당이나 주점으로부터 시장이나 노점상에 이르기까지 다양한 상행위가 복합되어 또다른 수변공간의 독특함을 더해 줄 수 있다.

(3) 도시지역 내에서의 통합

수변공간을 계획하는 사람들이 갖게 되는 어려움 중 하나는, 과연 수변공간이 도시구조, 토지이용, 동선의 연장선상에서 이해가 되어야 하는 것인지, 타도시 지역과 격리되고 다른 특성을 지닌 별개의 지역으로 되어야 하는지를 결정짓는 것이다. 대규모 사업에 대한 반발이 계속 있어 왔고, 계획가들은 이제 주변지역의 건물형태, 기존 동선체계와의 연결, 기존 대중교통 수단의 사용 등의 내용을 통해서 사업의 규모를 줄임과 동시에, 개발의 특수한 면들을 많이 통제하려는 노력을 보이고 있다.

(4) 물중심의 이용

수변공간 내에서 일어나는 행위들의 부분 혹은 전체는, 물과 어느 정도 관련이 된다고 생각된다. 시카고나 샌프란시스코와 같은 도시에서는 물과 관련된 이용행위가 수변공간 위치에 가장 높은 우선순위를 갖게 된다. 물과 가장 밀접한 관련을 갖는 용도는, 물을 직접 이용하는 형태로서 예를 들어, 부두시설·수영·낚시·보팅과 같은 용도가 된다. 그 다음 순위의 물관련 용도는 수변공간의 한 면을 이용하는 행위가 되는데, 공원·식당·호텔·주택단지 그리고 물경관이 주는 혜택을 보는 인접 고속도로까지 이에 포함된다.

공원이나 상가, 식당과 같은 용도는 수변공간에서 흔히 볼 수 있는 수준높은 보행자 공간으로 볼 수 있다. 그 다음 종류의 용도는 물과 전혀 관계가 없는 용도로서, 주차공간·창고와 그 외의 산업시설 등이 이에 속한다.

(5) 공공교육

도시를 활성화하고 도시활동이 어떻게 운영되는지 보여 주려는 노력은 계속 증대되어 왔는데, 중요한 것은 한 특정장소에서 일어나는 것이 아닌 매일 경험되는 모든 것에 대한 교육을 행하는 것이다. 수변공간들이 대부분 공공적인 성격을 띠는 장소이기 때문에 이런 원칙은 특히 적합하다.

수변공간 교육센터 사업의 주요개념은 교육관을 하나의 자원과 개발방향의 지침으로 간주하여, 그에 의해 사람들을 도시로 모아들여 수변공간을 경험시키게 한다는 것이다. 교육센터 전체는 그 지역의 물리적·문화적·정치적 역사를 알리고, 도시개발과 도시자원 이용의 형태를 설명할 도시 전망대 도시관련 사업들을 전시 토의할 계획센터, 도시와 도시행정 전반에 관련된 도서관, 강과 도시에 관한 생태학 센터 등을 포함하게 된다.

7·6·2 외국의 수변공간 개발 사례

[1] 개 요

수변공간개발은 각 도시마다 개발의 배경과 공간구조를 달리하므로 다양한 양상을 보이게 된다. 사례로 살펴보게 될 여러 도시의 수변공간은 그 성격상 개발, 재개발, 보존의 세 가지 유형으로 나누어 볼 수 있다. 수변공간 개발은 이전까지 수변공간으로 이용되지 않던 장소에 토지를 확보함으로써 도시토지에 대한 욕구를 충족시키기 위한 것이었다. 도시 수변공간의 개발은 도시공간 속의 대상지 위치에 따라서 도심부 개발과 주변지 개발로 나누어 볼 수 있다.

도심부 수변공간 개발 사례는 뉴욕의 배터리 파크 시티, 오사카의 남항지구와 같은 대도시 중심부에 인접한 시가지에 새로운 용지수요가 생겨남에 따라 비롯되었다. 이런 유형의 개발은 상위계획으로서 도시 계획상의 지침과 도심부 기능 강화, 인구유입을 목적으로 한 도시정책에 따라 이루어져 왔다. 따라서, 대부분의 개발사례는 공공주도형으로 진행되었고, 쾌적한 환경조성을 위해서 개방공간 체계(open space system), 보행자 중심의 동선체계와 같은 환경계획에 주안점을 두었다. 또한, 개발이 이루어지는 부지의 특성은 매립지 위에 조성될 경우가 많으며, 그 공간적 규모에 있어서 대규모로 조성되었다.

도시 주변부 개발의 경우, 전원생활을 원하는 도시민의 주거단지와 해안 여가활용(recreation) 용지를 확보하기 위한 것이었다. 이러한 개발사업의 결과 도심부에서 더 이상 찾기 힘든 쾌적한 주거생활 공간과 접근성이 좋고, 다양한 시설을 구비한 해안 복합여가 활용기지와 근교 휴양지를 도시민에게 제공할 수 있게 되었다.

[2] 배터리 파크 시티(Battery Park City)/뉴욕

배터리 파크 시티는 뉴욕 맨해턴의 하단부에서 허드슨강의 서쪽 하안을 따라 매립을 통해 조성된 92 에이커(4046.8m²)에 달하는 신시가지이다.

이 사업의 목적은 맨해턴의 금융지구와 도시기능을 연결시키기 위한 것으로 도시형 주택과 상업 업무시설 용지를 공급하고, 강변에 입지한 특성을 살려 공간을 조성하기 위한 것이었다. 이 사업을 수행하기 위해 뉴욕주는 1968 년 조례를 제정하고 BPC 개발공사를 설립했다.

이 개발공사는 주정부의 재정지원을 받은 비영리 단체로서 매립공사를 위한 세부계획을 수립하고, 장기 개발사업을 지속적으로 추진하기 위한 세부계획을 마련하였다. 개발방식에 있어서는 BPC 개발공사가 기반시설 및 도로, 공원, 녹지 등을 조성하고, 주거지 및 상업시설은 민간개발 회사인 올림픽 요크사에 개발권을 이양했다. 한편, 시당국에서는 별도의 도시계획을 수립하고 특별지구로 지정하여 개발을 촉진하기 위한 정책적 지원을 하였다. 개발사업의 진행은 매립공사가 완료된 후 1981 년에 업무시설이 포함된 상업 시설지, 1983 년에 1800 호의 주택을 건설하였다. 이 과정에서 특기할만한 것은 건설 공사비의 1%에 해당하는 비용을 환경 예술품 구입비로 책정하여, 단지내 외부공간에 다양한 환경 예술공간을 확보할 수 있게 되었다.

[3] 볼티모어 내항지구 / 미국

볼티모어는 메릴랜드의 주도(州都)로서 워싱턴 D. C. 에서 북동쪽으로 약 70 km 떨어진 곳에 위치해 있으며, 18 세기 초반부터 항만을 중심으로 시가지가 성장해 왔다. 오늘날에도 항만을 중심으로 한 도시기능이 활발하여 미국 동북부의 대무역항이자 동북부 마크로폴리스의 거점도시가 되었다. 수변공간 개발을 통해 도시의 활성화를 기한 대표적인 사례로 꼽히는 볼티모어의 내항지구는, 1960 년 중반에 인접 배후지에 위치한 찰스 센터(Charles Center)와 연계되어 재개발 사업이 시행되었다. 재개발 사업의 배경은 해상운송 방식의 변혁, 즉 컨테이너 수송방식의 도입에서 비롯되었다. 도심부에 인접한 내항지구에는 항만기능이 외항으로 이전하고 남겨진 이전적지의 개발이 이루어졌고, 수변공간의 재활성을 위한 프로그램이 마련되었다.

대상지의 물리적 형상은 한 변이 약 600 m에 달하는 해수면을 끼고 있으며, 무역선이 정박하던 부두는 일부 제거되고 관광객의 흥미를 유발하는 국립 수족관인 마리나 과학 박물관, 해양 박물관으로 이용되는 오래된 순양함이 수변공간 공원 해안 유보도변에, Harbour Place로 불리는 2 동의 상업용 건물들이 자리잡고 있다. 이러한 시설들은 항만도시 특유의 정취와 어우러져 볼티모어의 명소가 되었을 뿐만 아니라 인접 찰스 센터와 함께 도심부의 핵과 같은 역할을 하게 되었다. 개방공간(open space)으로서 수변공간에서 일어나는 활동뿐만 아니라 일반적 도시활동도 이 핵을 중심으로 집중되는 동시에, 이 장소가 가진 매력이 주변으로 확산되기 때문에 훨씬 더 큰 성과를 거두었다고 볼 수 있다. 물리적 공간설계에 있어 돋보이는 점은, 찰스 센터와 내항지구를 잇는 Mckeldin 광장이다. 이 광장이 징검다리 역할을 하게 됨으로써 기존의 도심부가 내항지구와 공간적으로 완벽하게 연계되었으며, 보행자의 접근을 용이하게 유도할 수 있었고, 아울러 시각적인 접근도 가능하게 되었다. 1980 년 7 월 재개발이 완공되기까지 공공부문에서 3500 만 달러, 민간부문에서 2 억 달러가 투자되어 이후 2900 명의 신규고용을 할 수 있었고, 연간 8800 만 달러의 세금을 거둘 수 있었다. 개장 초기년도에 연 1800 만명의 관광객이 찾아들었다. 내항지구의 재개발로써 뉴욕과 워싱턴 사이에 위치한 도시의 특성을 되살리고, 퇴락해가던 수제부를 도시의 문화공간으로 바꿔 놓을 수 있게 된 것이다.

[4] 고오베의 포트아일랜드, 록아일랜드

고오베는 일본의 무역항으로 점진적으로 발전해 오다가 2 개의 인공섬을 매립, 축조함에 따라 그 발전속도가 급격히 빨라졌고, 오늘날에는 국제 무역항으로 크게 바뀌어지게 되었다. 436ha(4.36km^2)에 달하는 포트아일랜드(Port Island)가 조성 완료되었고, 569 ha의 록아일랜드(Rock Island)는 1 단계 조성사업이 완료되고 확장을 위한 사업이 계속 진행되고 있다.

이 사업으로 항만기능 확장을 위한 컨테이너 터미널을 확보할 수 있었고, 도시형 주거단지와 지역사회의 중심시설 지구를 조성하였으며, 오늘날에 이르러 고오베시의 새로운 핵이자 국제적으로 유명한 국제광장으로 발전하기에 이르렀다.

사업초기에 진행되었던 인공섬 형태의 매립사업으로 도시면적을 확장할 수 있었을 뿐만 아니라, 장기적인 도시계획에 입각한 계획 시가지를 조성하려는 실천적 시도의 기틀을 마련할 수 있었다. 인공섬에는 항만 관련시설 이외에도 국제무역회관, 국제박람회장, 호텔, 경기장 등 국제도시에 요구되는 거의 모든 시설을 갖추게 되어 새로운 시대의 복합 시설지로 평가되고 있으며, 국제적인 수준의 첨단기술과 문화기능, 그리고 여가활용(receration) 기능을 갖춘 해양도시로의 발전이 기대되고 있다.

[5] 오사카의 남항지구

오사카항 정비사업은 1500 만의 인구를 가진 대도시권의 중심도시인 오사카의 가용토지 부족을 해소하기 위해 비롯되었다. 정비사업의 핵심을 이루는 남항 인공섬 개발은 1958 년에 착수하여 25 년 가량 소요되었다. 남항의 해수면을 매립하여 인공섬을 조성함으로써 637 ha에 달하는 가용면적을 확보하였고, 오사카를 미래의 해양도시로 발전시키는 기틀을 마련할 수 있었다.

항만의 환경계획은 '남항 쾌적성 계획(Nanko Amenity Plan)'에 의해 이루어졌으며, 그 계획의 결과 환경색채, 네온사인, 가로 시설물 등을 총체적으로 설계하여 아름답고 쾌적한 도시환경을 조성할 수 있었다.

7·6·3 우리 나라의 수변공간 개발

[1] 개　요

자연 발생적 개발을 제외한 우리 나라의 수변공간 개발은 1870년대 말 일본을 비롯한 각국의 전관 거류지(專管居留地)와 공동 조계지(共同租界地)가 대표적 임해도시인 부산, 목포, 진남포, 군산, 마산, 청진 등에 설치되면서부터라고 할 수 있다. 본격적인 의미의 근대도시 수변공간 개발의 역사는 공업화가 전개되기 시작한 1960년대 이후라고 볼 수 있다. 그 당시의 수변공간 개발은 공업화를 위한 임해형 공업단지의 구축이 중심이 되었다. 당시 공업화와 근대화를 제 1 의 가치로 여기던 사회 분위기는 임해공단이나 대규모 간척사업으로 대변되는 울산과 같은 임해도시를 만들었다. 물적생산을 최고의 가치로 여기던 시대의 획일적 사고는 환경오염의 가중을 초래하였으며, 강우가 일정기간에 집중하는 기후적 측면과 산세가 험하고 하천이 급경사인 우리 나라 특유의 지형적 요인 등은 근대화 과정이 어느 정도 완성되던 1980년대 초까지 "공공적 생활의 공간"을 창조하기 위한 수제개발과는 동떨어진 가치로 작용하였다.

1980년대에 접어들면서 일부 대규모 공원등 국지적인 장소에 있어서 도시생활과 친수성에 대한 관심이 반영되고, 토목적 기능주의에 대한 반작용으로써 수변공간 개발이 부분적으로 진행되었으나 수변공간을 적극적인 개방공간(open space) 요소로써 활용치 못했을 뿐만 아니라, 소재사용의 한계와 세부사항 처리의 미숙 등으로 이른바 장소성을 유지하는 데에는 크게 미흡하였다고 여겨진다.

[2] 한강 정비사업

한강 정비사업은 그 성격상 본격적인 수제개발 사업으로 취급하기에는 무리가 있으나, 수질오염에 대한 관심과 수변공간 공간의 이용 가능성을 본격적으로 정책에 반영한 본격적인 사례로서 큰 의의를 갖는다. 이 사업은 행주대교와 암사동 구간이 1985년 10월부터 1987년 2월에 걸쳐 시공된 바 있고, 1988년 올림픽을 앞두고 도시 강변 고속도로의 확보와 한강변의 하상정비를 통한 수질의 개선, 그리고 고수부지를 조성하여 여가활용 및 근린활동을 수용하기 위한 목적으로 시행되었다.

도시차원의 수변공간 정비사업으로 수질개선과 홍수조절 등 수리적 측면과 강변을 이용한 여가활용 공간의 확보측면에서 큰 호응을 받은 사례로 평가되고 있다. 그럼에도 불구하고 불과 10년도 되지 않은 지금 자주 논의되고 있는 문제점으로는, 한강 양안의 강변도로로 인한 활동의 단절에 관한 것이다. 접근성에 있어서 결정적인 취

그림 7·12 한 강

약점은 마음먹고 가지 않으면 그 곳(한강)에 가기가 어렵다는 점이다. 약 21만평에 달하는 고수부지는 배후지역의 지역적 특성을 반영하지 못하고 대동소이한 시설로서 조성되었다는 점과, 전체적으로 육상 운동시설 등 물과 관련성이 없는 시설이 입지하고 있으며, 물과의 접촉이 어려운 점 등이 지적되고 있다. 하천내이기 때문에 극복하기 어려운 점으로는, '그늘'이 없고 또한 하천의 직강화에 따라 유속이 빨라져 고유의 생태계가 파괴되고 있다는 점과, 하상정비를 위해 비인간적 스케일(unhuman scale)로 축조된 연속적인 콘크리트 구조물 등은, 1970년대의 기능적 가치가 우선했던 기억을 되살리게 하여 보는 이로 하여금 큰 아쉬움을 갖게 한다.

[3] 월 미 도

1988년부터 조성되기 시작한 인천 월미도 주변의 수변공간은 "월미도 문화의 거리"로 명명되어 지역주민과 젊은이가 즐겨 찾는 지역의 명소가 되었다. 인천시 중구 북성로 일대의 구간길이 650 m의 이 공간은, 해안선변 간선로 일부를 보행자 공간으로 되돌려준 사례로서 우리 나라 초유의 해변 보행자 공간으로서 시사하는 바가 크다.

그러나 명명된 거리답지 않게 연접한 시설은 여관, 술집, 횟집 등 소비성 유흥시설이 대부분이고, 해변 보행로 이외의 공공적 거점시설과 공간을 확보하지 못해 시민의 모임, 친교 등 건강한 공간으로서의 수변공간의 잠재력이 충족되고 있다고 평가하기에는 크게 미치지 못하는 것 같다. 구조적으로 호안은 물과 땅과의 교호성을 엄격히 분절시켜 수변공간의 가장 큰 잠재력이라 할 수 있는 친수성을 확보하지 못하고 있으며, 이에 따라 수변공간의 활력이 반감되고 있는 것을 느낄 수 있다.

월미도 수변공간 개발의 사례는 우리에게 공공적 환경으로써 수변공간이 갖추어야 할 기본적인 요건과, 배후기능의 중요성 등을 사실적으로 보여 주는 사례라고 할 수 있다.

그림 7·13 올림픽 공원

[4] 올림픽 공원

올림픽 공원은 대규모 공원 내의 수변공간 사례로 한강 정비사업과 비슷한 시기에 조성되었다. 남한산성에서 발원하는 성내천이 국립 경기장 부지내에 있는 몽촌토성을 우회하면서 관통하고 있던 바, 기념공원 조성과 더불어 홍수시 한강본류에 의한 역류와 성내천 집수구역에서 유입되는 내수에 의해 발생되는 상습적인 침수현상을 예방하기 위한 수리적 측면에 더 큰 비중을 두었다. 하지만 수리적 측면의 해결과 더불어 상징성과 기념성, 문화행사의 장(場)으로서의 변용 가능성을 갖는 수변공간 개발을 도모하였다는 데 의미가 있다.

선형 호수구간의 경계부 등의 처리는 지금의 관점에서 볼 때 다소 투박하고, 낮은 시각적 질을 가지고 있으나 당시로서는 나름대로의 분위기를 찾고자 한 흔적이 보인다. 반면에 수면 및 수변부에 설치된 각종 조각은 수변공간이 일상적 문화의 공간으로 활용될 수 있는 잠재력을 잘 나타내 주는 사례라 할 수 있다.

[5] 부산 인공섬

인공섬 계획은 심각한 부산의 교통난, 용지난, 재정난을 극복하고 미래 지향적 다기능 첨단 도시건설을 목적으로 1980년대 후반부터 추진된 부산 장기발전 구상사업의 하나이다.

1988년에 구상되어 지금까지 도시 기본계획의 확정과 공유수면 매립면허를 획득하고, 현재는 기본계획 이후의 토목부분 기본설계가 진행되고 있다.

우리 나라 수변공간 개발 역사에서 본격적인 해상 신도시 건설로는 처음 시도되는 방대한 규모의 수변공간 개발 사업이라 할 수 있다. 인공섬은 영도와 송도의 해안환경의 보존과 유속의 변화, 선박 안전운항, 경관적 측면 등을 종합적으로 검토하고,

환경영향 평가과정과 전문가의 의견을 반영하여 전체적으로 삼각형의 형태를 갖는 176만여평으로 계획되었다.

금융, 무역, 정보 등 국제교류 기능과 상업 서비스 시설, 주거, 문화, 공공업무의 각종 도시기능을 유치하여 이웃한 기존의 도시기능과 함께 상호 보완적인 토지 이용계획이 수립된 바 있다.

제 8 장

도시경관

8·1 도시경관의 의의

8·1·1 도시경관의 특징

도시경관은 도시환경을 구성하는 건축물, 도로 및 공간을 조성하는 시각적 이미지(image)를 뜻한다. 이러한 개념은 고든 컬렌(Gordon Cullen)이 처음으로 제안했으며, 후에 Townscape(1961)라는 책에서 구체화되었다. 도시의 아름다움이란 주로 이러한 도시경관의 질에 대한 표현이며, 경관의 질을 결정하는 것은 이를 이루고 있는 제요소들 사이의 상호관계이다. 도시경관을 이루는 요소는 매우 많고 다양하지만, 이러한 도시경관 요소는 이것을 누가 소유하고 있느냐에 따라서 사유공간에 있는 요소와 공유공간에 있는 요소로 크게 대별할 수 있다.

사유공간에 속한 도시경관 요소는 도시설계 대상 및 재료, 건물의 색채, 지붕 및 옥상의 형태, 담장의 형태와 간판 등이 있다. 한편, 공유공간에는 바닥경관, 벽경관, 천장경관 등이 있다. 도시설계는 그 안에서 살게 되는 주민들의 실질적 사업과 교통편의 및 주거환경과 사업환경과의 거리 등을 포함하여 이루어져야 하며, 하나의 도시를 건설하는 데 참여하는 대가로 개인에게 충분한 보상을 할 수 있게 장기적이며 주민들의 신뢰 속에서 수립되고 추진되어야만 한다. 이것은 개인의 투자를 유발하고 그 속에 살고 싶도록 유도하는 실질적인 방안이지만, 통일감을 가져올 수 있는 사려깊은 디자인을 창출하느냐와 그 결과로서의 디자인이 얼마만큼 도시 속에서 주민들에게 호감을 주고 쾌적하고 안주할 수 있는 환경을 제공할 수 있느냐가 중요한 것이다.

일산(一山)과 분당(盆堂)으로 대표되는 수도권 신도시와 서해안 지구로 통칭되는 산업도시의 건설에 따라 한국은 지형지도와 인문지도를 바꿔나가고 있지만, 단순한 도시의 건설이 아니라 도시가 하나의 생체와 같은 조직이라는 전제에서 시작되어야 한다. 그리하여 도시의 현상은 도시자체가 가지는 복잡성에서 나오는 다양한 요소들이 모인 것이며, 도시의 어떠한 단면도 전체 도시와 떼놓을 수 없는 부분이라는 전제에 따라 도시설계가 이루어져야 한다.

케빈 린치는 "도시의 이미지"에서 도시경관의 이미지를 여러 개의 요소로 나누고 있다. 즉, 식별성과 구조 및 의미이다. 이것은 도시설계에 매우 중요한 착안점이 될 수 있지만, 도시에서 이러한 요소들이 따로따로 떨어져서 나타나는 경우는 드물다. 인간을 말할 때 비록 지문과 골격과 피부가 인간의 구성요소일지라도 따로 떼어낸 요소들이 인간이 될 수는 없는 것과 마찬가지이다. 식별성(識別性)은 딴 물건과 분리되는 특징이나 따로 분리되어서 인식될 수 있는 어떤 특정한 물건에 대한 확인을 뜻한다. 이것을 인체에 비유하자면 도시의 지문(指紋, fingerprint)이라고 말할 수 있다.

구조(構造)는 보는 사람에게서나 또 다른 물체에서 보아서 이미지를 구성하기 위한 공간과 형태를 의미한다. 인체에 비유하면 골격에 해당된다. 의미(意味)는 도시를 보는 사람에게 실제적이거나 감정적인 정서를 유발하는 것으로서 사람에 비유하면 피부에 해당된다.

이들 세 가지 요소가 어울려 도시를 형성하고 도시를 내보이는 얼굴이 된다. 로스앤젤레스(LA)를 일컬어 얼굴 없는 도시라고 할 때, 거기에는 다른 도시와 비교될 수 있는 주체적인 요소가 없고, 도시자체가 공간적인 이미지나 형태(pattern)를 따라 부각될 만한 구조를 가지고 있지 아니하며, 로스앤젤레스를 생각할 때 특징적이고 정감적으로 느낄 만한 요소가 떠오르지 않는 밋밋한 도시라는 것이다. 샌프란시스코를 생각하면 금문교가 떠오르고, 뉴욕이라고 하면 자유의 여신상을 떠올릴 수 있다. 이러한 특징을 가지지 못한 로스앤젤레스가 얼굴 없는 도시인 것이다.

그러나 얼굴 없는 도시는 비단 로스앤젤레스에 국한되지 않는다. 급속한 서구화의 물결에 휩쓸려 세계의 도시가 사실상 얼굴 없는 도시로 되어가고 있다. 서구의 유행(fashion) 전세계의 도시에서 쉽게 찾을 수 있는 체인점들로 뒤덮인 서울의 도심에서, 서울의 얼굴이 무엇인가라고 묻는다면 대답하기가 쉽지 않다. 물론, 도시의 얼굴을 만드는 작업은 도시계획에 따른 길이나 기념비적인 건물 혹은 중심가, 개방공간이나 물을 끼고 있는 변두리 지역 등을 특징있게 만들거나 일관된 구획정리를 함으로써 형성될 수 있다.

하지만 자본주의 경쟁 체제하에서 국적 있는 도시의 얼굴을 만든다는 것은 쉬운 일이 아니다. 그러므로 도시를 형성하는 데 있어 식별하기 쉽고 일관되면서도 명확한 이미지를 부각할 수 있다는 것은, 행정관서에서 내거는 표어(slogan)가 아니라 그 속에 살고 있는 주민들에게 주어진 폭넓은 기회인 것이다. 이를테면 도시의 진입로에 가로수의 차양을 만든다든지 토산품 연립상가를 만드는 등의 기회는 지역주민들의 발의와 의지로도 가능한 것이기 때문이다. 때로는 도시의 재정비가 도시의 얼굴을 만들어 주기도 한다. 대형상가가 들어섬으로써 그 주변이 새로운 의미를 갖고, 궁극적으로 대형상가의 상업적 형태에 맞추어 재정비되는 경우가 일반적인 것이지만, 아무리 조잡한 '미화작업'이라도 도시의 활력을 강화하고 주변환경을 결속시킬 수 있는 요인이 되기도 한다.

또한, 도시의 이미지를 바꾸어나가는 것은 도시계획을 입안하는 행정가나 설계자 또는 그 안에 살고 있는 주민들뿐만이 아니다. 자신의 이익을 위해서 도시의 구조를 바꾸어나가는 건축업자들에 의해서, 오늘도 쉬지 않고 박동하면서 그 이미지를 쇄신하고 있는 것이 또한 도시라는 것이다. 그러므로 어떤 도시가 이상적인 도시와 우수한 환경으로 평가받기 위해서는 도시에 살고 있는 모든 사람들의 노력과 협력이 필요한 것이다.

8·1·2 가로경관의 구성

도시의 가로에는 많은 도로점유 시설물(furniture)을 가지고 있다. 이정표, 난간, 가로등, 벤치, 공중전화, 쓰레기통 등은 도시주민에게는 가구와 같은 것이다. 주거를 위한 시설물들과 마찬가지로 가로의 시설물들은 우리에게 편리한 것이기도 하지만, 우리를 위험에서부터 보호해 줄 수 있는 기능도 가지게 되는데, 이를테면 차도와 차를 인도에서부터 구분해 주거나 불의의 차량사고에서 보행자나 운전자를 보호해 주는 구조물도 되는 것이다. 이들은 기능을 목적으로 만들어져 거리에 설치되어 있지만, 설치되거나 기능을 수행하는 것으로서 끝나지는 않는다. 가로의 시설물이란 바로 가로의 품위이고 미관이기도 하기 때문이다. 따라서, 이 부분에서 설계자의 중요성이 한 번 더 강조되고, 가로의 시설물들이 품위 있는 설계로 적절한 장소에 자리잡을 때 도시는 황량하고, 삭막한 공간 대신 풍요하고 우아한 경관을 이루게 된다.

그러나 가로의 시설물이 꼭 호화스럽고 비싼 것이거나, 또는 첨단유행의 설계를 따라야 한다는 법은 없다. 쓰는 사람의 손때가 묻으면서, 묵은 세월과 함께 가로의 시설물은 주민들의 체취가 배이면서, 도시의 한 부분이나 나아가 도시의 이미지가 되는 것이다. 대표적인 예로 파리는 엄격한 통제에 의해 고풍이 유지되고 있는 도시이다. 파리(Paris)의 시민은 자신이 살고 있는 집이라 할지라도 시청의 허가를 받은 연후에야 집의 색채나 모양, 나아가서 문짝 하나나 장식 하나에 이르기까지 보수 및 시공을 할 수가 있게 되어 있고, 이것이 오늘날 우리가 알고 있는 파리라는 이미지를 결정하고 있다. 물론, 파리가 아니더라도 역사와 전통을 가진 세계의 도시가 어떠한 형태이건 옛날의 영화를 간직하기 위해서 애쓰고 있지만, 고풍의 보존이라는 것은 반드시 유구한 역사를 자랑하는 유서깊은 도시의 전유물만은 아닐 때도 있다.

예를 들어 뉴욕의 경우, 랜드마크 보존협회는 3개월밖에 남지 않은 지하철 매표소 중의 하나가 철거대상이 되었을 때, 여론을 환기시켜 대상에서 제외시켰으며, 나아가서는 협회의 회원 후보자가 가로의 시설물을 보호할 수 있도록 범시민적 연구기금을 모금한 바 있다. 파리와 뉴욕의 예는 미흡하나마 도시의 전통을 보존하는 두 가지의 방향을 보여 준다. 하나는 역사적인 유적의 보전으로 전통적 이미지를 고수하는 것이고, 또 하나는 당시에 살고 있는 세대에서 보존되어야 할 전통을 스스로 찾아 보존해 나가는 것이다. 오늘의 전통이나 몇백년 전의 전통이나 몇천년 후에 볼 때는 같은 시대의 전통일 것이다.

가로의 시설물은 미관과 전통의 보존이라는 차원에서 거론될 수도 있겠지만, 근본적으로 현실적인 필요에 의해 제작되고 설치되며 이용되는 물건들이다. 즉, 운전사고를 감소시킬 표지판, 불필요한 청소비를 줄이기 위한 쓰레기통, 그리고 범죄의 충동을 줄이기 위한 가로등과 같은 시설물을 설치한 경우 품위와 외관까지를 고려하지 않는 경우가 많을 것이다. 설치의 동기에서뿐만 아니라 이 시설물들을 이용하는 시민의 경우에도, 일단 설치되어 쓰이고 있는 가로의 시설물들에 관심을 기울이는 것은 특수한 경우에 한정된다. 이에 대한 카터 와이스만(Carter Wiesman)의 자료에 의하면, 뉴욕시에만 1만 3513개의 공중전화와 6만 3000개의 주차 미터기가 설치되어 있지만, 사람들이 관심을 가지는 것은 오직 공중전화를 걸 때와 동전을 넣을 때 뿐이라는 것이다. 이것은 비단 뉴욕만의 문제가 아니라 도시의 환경에서는 어디서나 발견될 수 있는 것이다.

사람들은 생활현장에서 언제나 마주치지 않으면 안 되는 가로의 시설물들에 대해, 무관심해질 수밖에 없는가라고 의문을 제기했을 때, 두 가지의 대답을 듣게 될 것이다. 하나는 대개의 시설물들이 필요에 의해 설치를 계획할 때부터 시공 이후에까지 주변경관과의 관계나 심미적(審美的) 측면이 고려되지 않았다는 것이다. 또 하나는, 이러한 시설물이 설치되기까지 협동체제가 제각기 분화되어 있어서 책임을 물을 수 있는 부서가 없다는 것이다.

최근의 조사에 의하면 뉴욕의 도시설계의 경우, 착수에서 자금조달, 제작, 유지 등의 전과정에 무려 29개의 개인기업이 참여하여 분업의 형태로 나름대로의 활동을 하고 있다. 분업에 의한 협동체제의 산물이 현실적 필요라는 원초적 동기만을 만족시키면서 가로에 나타날 때, 경우에 따라서는 조잡한 설계에 의한 저질 시설물이 우리들의 주변에 자리잡게 되지만 어느 누구도 책임질 수 없는 흉물이 되는 것이다.

가로 시설물은 한 번 선택하여 제자리에 앉혀놓기만 함으로써 끝나는 것은 아니다.

시간이 지나면서 부서지거나 낡아빠질 수도 있는 것이며, 개수를 늘리거나 설계를 바꾸어야 할 필요도 생길 것이다. 즉, 언제나 관심을 가져야 하는 대상이며, 동시에 유지관리의 필요가 따르는 작업이 가로 시설물의 문제인 것이다. 물론, 좋은 시설물을 선택하여 언제나 잘 유지하고 관리한다는 것은 도시 전체의 경관을 돋보이게 하며, 쾌적한 환경조성에 한몫을 하게 될 것이지만 그리 쉬운 일은 아니다. 거리에 훌륭한 시설물을 설치한다는 것은 적어도 세 부류의 관심과 협조가 따라야 하는 작업이다. 첫째, 시설물을 만드는 부류이다. 그들은 언제나 좋은 설계의 시설물을 연구해야 하고 도시를 미화한다는 목적하에서 작업해야 할 것이지만, 문제는 이 제작진은 언제나 훌륭한 설계자이거나 도시계획의 전문가가 아니라는 사실이다. 그러므로 이들에게 범본을 제시할 수 있는 둘째, 시설물이 있어야 한다. 미국 국립 예술 기금(National Endowment of Art)에서 발간한 "도시의 풍경과 설비를 위한 자료집"은 훌륭한 디자인과 유용한 거리의 시설물들을 소개하고 있으므로, 시설물을 제작하는 데 참고나 지침이 될 것이다.

그리고 셋째, 이들의 자료를 입안하고 실제 도입하는 데 직접적인 영향력을 미칠 수 있는 건축가나 도시계획 담당자 및 이에 연관되는 사람들이 필요해진다. 그래야만 이런 기본적인 협동체제가 이루어진다 하더라도, 거리의 시설물을 선택하는 데는 공감대를 바탕으로 하는 원칙과 기준이 필요한데, 휘트니 디자인 도서관에서 펴낸 "스트리트 어헤드(Street Ahead)"의 내용을 중심으로 가로 시설물의 선별기준을 검토해 보면, 견고성, 스케일, 재료, 설비, 개수 등이 있다. 위에서 제시하는 기준이 비록 훌륭하더라도 이 기준만으로 거리의 시설물을 설치할 수 없는 경우도 생긴다. 이것은 거리 시설물의 설계에서 설비 및 활용에 이르기까지 가능한 다목적적인 고려를 하지 않으면, 오히려 다른 많은 보조수단이 필요하게 될 수도 있다. 예를 들어, 밤낮의 구분없이 어느 때건 보여야 할 도로 표지판이라면 당연히 밤에도 볼 수 있도록 야광이나 형광 또는 빛을 반사하여 빛날 수 있는 유리구슬 등을 이용하는 것이 현명한 방법이다. 만약, 이러한 시공을 하지 않아 보조조명이 필요할 경우에는, 야광이나 형광 페인트 등으로 시공된 표지판보다도 훨씬 많은 설비시간을 필요로 할 것이며, 아울러 자금 및 인력의 낭비를 초래할 것이다. 가로의 시설물을 설치하는 데는 기능과 편리뿐만 아니라 심미적인 측면이 고려되어야 한다.

8·2 가로경관의 설계

8·2·1 가로벽(street wall)

[1] 가로벽의 경관적 의미

가로벽은 가로에 면한 건물의 외벽이나 담장, 기타 시설물이 가로를 따라 형성하는 시각적 연속성을 갖는 입면을 말한다. 이러한 의미로서 가로벽은 가로에서 활동하는 사람들의 시선을 자연스럽게, 또 가장 많이 받는 입면이기 때문에 가로경관을 구성하는 가장 중요한 요소이다.

가로경관의 무질서는 크게 나누어 세 가지로 분류하여 생각해 볼 수 있다. 첫째, 교통이나 보행으로 대표되는 거리활동의 무질서이다. 둘째, 시설물의 무질서한 배치이고, 셋째, 무질서한 건물의 높이와 규모를 들 수 있다. 그 밖에도 색채나 간판 등을 생각할 수 있으나 이들은 도시형태를 좌우하는 요소들은 아니다.

이들 중 특히 건물배치에 관해서는 도시계획에서나 건축법에서 다루고 있지 않아, 일정한 건축선만 후퇴하면 건물의 배치는 자유롭게 이루어질 수 있다. 따라서, 각 개인의 실정에 맞추어 무질서하게 건물을 배치함으로써, 가로경관은 무질서해지고 특징없는 가로를 만들어 버리는 경우가 많다. 이는 일반시민뿐만 아니라 건축가나 관계 전문가들의 가로벽에 대한 이해의 부족에 연유한다 하겠다. 이러한 문제들은, 특히 건물의 전면에서 차량의 진입을 이루고, 승하차하려는 생활관습에서 가로의 전면성을 고려하지 않고, 대로변에 주차공간을 확보하기 때문에 생기는 경우가 많다. 또, 한편으로는 가장 '이미지'가 부각될 수 있는 도로의 교차점에서, 질서 있는 개발규제에 의한 결절점이 형성되지 못하기 때문이다.

가로벽의 설계목표는 첫째, 가로벽의 형성을 위해 건축물의 외벽이나 담장을 일정위치 또는 일정범위에 맞추고 시각적 연속감을 갖게 한다. 둘째, 건물 사이의 간격을 가급적 좁힘으로써 연속성을 유지시킨다. 셋째, 건물 전면에 공지를 확보해야 할 경우를 고려하여, 용도에 따라 조건부로 융통성을 제시한다. 넷째, 가로벽의 형성은 가곽을 단위로 하되 연속적인 중로이상의 도로인 경우에는 가로벽의 형성이 계속되도록 한다. 다섯째, 가로끼리 만나는 교차로에서는 건물의 '모서리(corner)'를 살리도록 한다. 이상의 설계목표를 고려해서 설계지침을 작성하면 다음과 같다.

첫째, 가로벽은 기준선에 맞추는 것을 원칙으로 하되 인접대지 경계선에서 떨어져 있을 경우에는, 그 거리의 1/10 이내의 범위에서 전후로 설치하는 것을 허용한다. 둘째, 건물 사이의 간격이 넓은 경우에는 식수, 담장 등으로 연속성을 유지시킨다. 셋째, 건물의 폭은 최소한 접도길이의 3/4 이상이 되게 한다. 넷째, 전면공간를 필요로 하는 건물의 경우에는 전면공지를 충분히 확보하여(접도길이의 1/2 이상) 공공에 공개할 경우에만 허용한다. 다섯째, 건물의 가로벽이 시각적 연속성을 유지하는 한도 내에서, 그 건물의 일부 층의 외벽의 위치에 대하여는 예외를 인정할 수 있다(예 : 1층 벽면선의 가로벽선으로부터의 후퇴). 여섯째, 가로벽의 연속감은 그 높이가 균일할 때에 더욱 효과적이므로 건물의 높이에 대한 규제도 동시에 고려함이 좋다.

[2] 가로의 높이

가로공간은 가로벽의 위치에 의해 그 폭이 결정되며, 그 높이에 의해 체적이 한정된다. 이러한 가로공간 안에서는 가로벽의 높이와 가로폭이 이루는 비율에 따라 공간의 개폐감이 다르게 느껴진다. 따라서, 가로의 성격에 따라 적정한 비율이 형성되어야 하며, 또 이러한 균형을 유지시키기 위해서는 건물들의 높이에 대한 균일성이 요구된다. 가로벽 건물이 인접하는 건물과 높이의 차이가 심하면, 상호조화를 이루지 못하고 가로경관 전체에 통일성을 주지 못하며, 심한 경우에는 가로벽을 이루지 못하고 가로의 연속성을 깨뜨리는 경우가 있다. 또한, 주변개발 밀도나 개발능력을 고려하지 않고 도로확장이 이루어져 저층광로의 황량한 곳이 많다. 때로는 이와 반대로 도시 중심지역에 협소한 도로에 접한 고층화로 어둡고, 응달지며 답답한 가로공간을 이루는 곳도 있다.

가로 높이에 대한 경관구성의 설계목표는, 첫째, 건물의 높이를 규제하여 가로경관에 시각적 통일성과 안정감을 부여하는 것이고, 둘째, 가로 양쪽이 건물에 의해 균형을 이루도록 하는 것이다. 셋째, 건물의 높이에 대한 기준은 가로의 폭에 비례하여 적절하게 선정하고 가로성격에 따라 그 기준을 달리한다. 넷째, 개발의 경제성을 고려하여 무리없고 실행성 있는 기준을 수립하고, 다섯째, 개발능력과 현황을 감안하여 단기간내에 이룰 수 있는 계획과 장기적으로 이루어야 할 목표를 설정한다. 세부지침으로써 첫째, 가로의 폭과 성격, 용도에 따라 적정한 건물의 높이를 정한다. 둘째, 건물높이의 허용할 수 있는 범위를 결정할 때는 최고고도가 최저고도의 1.5배 이상이 되지 않도록 한다. 셋째, 선정된 건축물의 허용 높이대로 기존의 주어진 대지규모 조건에서 건축이 이루어질 수 있는가를 검토한다. 넷째, 대지규모에 따라서 가로변 건물의 높이를 결정할 경우, 가로에 면한 대지 중 대다수 필지의 평균규모에 의해 최적높이를 결정한다. 예를 들면, 도심부에서 건폐율 60% 내외로 건축할 경우 10 층 이상으로 규제하기 위한 대지의 평균규모는 500m^2 이상, 8~10층으로 규제하기 위한 대지의 평균규모는 450 m^2 이상, 6~8층으로 규제하기 위한 대지의 평균규모는 350 m^2 이상, 4~6층으로 규제하기 위한 대지의 평균규모는 300 m^2 이상 등으로 규제한다.

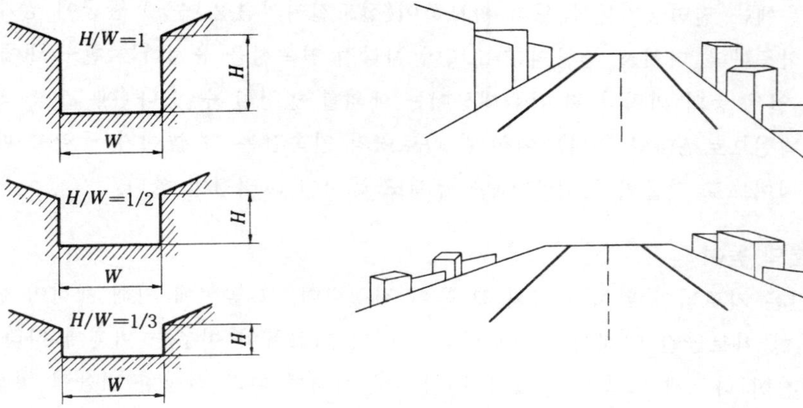

그림 8·1 가로폭과 건물의 높이

표 8·1 가로폭과 건물 높이의 비율에 의하여 건물높이를 정하는 방법

• $H/W \geqq 1$ ($\alpha \geqq 45°$)	• 심리적인 압박감이 발생, 완전한 폐쇄감 • 건물 높이에 대한 인식이 불가능 • 일조의 불량과 윈드터널(wind-tunnel) 현상이 발생 • 고밀도의 도심부에서만 가능함
• $1 > H/W \geqq 1/2$ ($45° < \alpha \geqq 0°$)	• 균형감 및 안정감 • 가로경관에서 소실점과 거리감을 인식 • $H/W=1/2$로부터 폐쇄감이 감소
• $H/W=1/3$ ($\alpha=18°$)	• 폐쇄감을 느낄 수 있는 최저의 비율 • 통과교통을 위한 가로에 적당 • 가로의 상징성을 강조
• $H/W \leqq 1/4$ ($\alpha \leqq 14°$)	• 공허감과 노출감 • 건물은 가로벽의 역할을 하지 못하며 경계로써 존재

[3] 가로건물 외벽의 형태

건물외벽의 형태는 가급적 건물의 용도나 건축가의 조형의지에 따라 자유로이 선택할 수 있도록 하는 것이 바람직하다. 그러나 관위지구, 중심업무 지구, 보행전용 도로변 등 지구나, 가로에 특정한 성격을 부여할 필요가 있는 경우에 건물외벽의 개구부, 장식선, 돌출부, 출입문의 위치 등을 규제할 수 있다.

첫째, 창호의 모양이나 크기, 건물에 표현되는 각종 설계요소의 위치와 형태는 주변환경과 조화를 이루도록 한다. 둘째, 심미적 요소에 대한 규제는 최소한으로 하며, 특정용도를 위한 시설물의 경우엔 예외조항을 마련하여, 규제에 의한 개발억제가 일어나지 않도록 한다. 창호의 크기와 모양에 대한 내용은, 보행인구가 많은 가로나 경관이 중요시되는 지구에서는 창호의 면적을 가급적 크게 하는 것이 시각적 부담을 덜어 주며, 건물 내외 공간의 연계성을 높여 주고 가로에 다양한 활동감을 불어넣어 준다.

셋째, 극장, 백화점 등 넓은 창호면적을 필요로 하지 않는 건물은 이러한 규제대상에서 제외하되, 그 대신 주위건물과 분리하든가 다른 처리를 하도록 한다.

넷째, 창호의 모양에 대한 규제는 관위지구와 같은 특수지구에 통일성을 부여하기 위해 실시될 수 있으나, 주로 역사보존 지구에서 그 지구의 전통성을 유지하기 위해 사용된다. 이 경우 창호의 모양은 주변건물과 조화를 이룰 수 있도록 그 크기나 형태, 비례 등을 정할 수 있다.

다섯째, 창호 크기에 대한 규제는 건물의 특정부분에만 사용시킬 수 있으며, 주로, 보행 '레벨'인 1층의 벽면을 개방하기 위해 이용된다. 또한, 유개가로(有蓋街路 ; arcade)는 보행의 흐름을 방해하지 않으면서 가로의 시각적인 연속성을 강조하고, 비나 눈 등으로부터 보행자를 보호할 수 있도록 충분한 폭을 확보한다.

[4] 가로 건물외벽의 재료

주위의 공용 개방공간(public open space)이나 가로에 많은 부분이 노출되는 건물에 대해, 마감재료를 규제함으로써 건물외벽의 질을 높이고 주위와의 조화를 이루도록 한다. 첫째, 외벽의 재료는 유지관리가 용이하고 그에 대한 비용이 적게 드는 것으로 정한다. 둘째, 외벽의 재료는 내구성이 있으며, 초기 투자비용이 적당하고 개발능력에 맞도록 정한다. 셋째, 질감과 색채가 다양하여 주위여건에 알맞게 선택할 수 있는 것으로 정한다.

세부지침으로써 첫째, 철근 콘크리트 건물의 경우, 마감하지 않은 골조의 노출은 억제한다(노출 콘크리트는 마감한 것으로 간주한다). 둘째, 시멘트 벽돌이나 콘크리트 블록으로 이루어진 외벽은, 그 자체가 장식적 효과를 위해 쓰여진 경우를 제외하고서는, 별도의 재료로 마감하도록 한다. 셋째, 시멘트 모르타르로 마감된 외벽은 반드시 도장을 하도록 하고, 정기적으로 재도장하게 한다. 넷째, 외벽에 노출되거나 접해 있는 모든 철물은 녹막이 처리를 하게 하여 녹물이 흐르지 않게 한다.

[5] 가로건물의 색채

건물외벽에 사용할 색깔을 지정하거나 그 범위를 정하여 당해도시나 지역의 특성을 살리고, 조화 있는 가로경관을 추구한다. 건물의 형태나 위치에 못지않게 건물의 색깔은 가로경관에 큰 영향을 미치는 중요한 요소이다. 제도상으로는 건물색깔에 대한 규제가 가능하게 되어 있으나 아직까지는 이에 대한 규제를 한 예가 거의 없어 사실상

건물의 색깔은 건축주와 건축가의 의사에 자유로이 맡겨져 왔다. 이러한 결과로 건물의 색깔들은 제각기 상이하고, 이들이 조화를 이루지 못하는 경우 시각적인 혼란을 초래하는 경우가 많으며, 도시나 지구의 이미지를 강하게 부각시키지 못하고 있다.

경관설계 목표는 첫째, 건물의 색채를 규제함으로써 잘못된 색채 선택에 의한 조잡한 환경조성을 미연에 방지한다. 둘째, 건물의 색채를 주위와 조화시킴으로서 연속성 있는 가로의 환경을 조성하고 통일성을 부여하여 지역의 이미지와 특성을 살린다. 셋째, 중요한 건물에 대한 강조나 환경에 활력을 불어 넣어 줄 수 있는 색채배합을 시도할 수 있다. 넷째, 단일색상으로 강요하여 소유주나 건축가의 창조성을 막는 것이 아니라, 폭넓은 배치에 관한 연구를 통해서 융통성을 부여하는 것이다.

도시의 특성과 색상의 이미지를 고려한 역사적 도시인 경우는 황색, 베이지색, 갈색계통(예 : 플로렌스, 로마), 항구도시인 경우는 흰색(예 : 지중해 연안도시), 더운 지방도시인 경우는 밝은 색, 추운 지방도시인 경우는 어두운 색으로 한다. 건물의 주조색은 원색계통의 순도 높은 색은 피하고 3차 이상의 혼합색으로 하는 것이 좋다. 또한, 가로의 경관에 맞게 그 범위를 결정할 수 있으며, 그 방법은 색계통에 따른 분류, 명암에 따른 분류, 또는, 양자의 결합에 의한 분류로서 지정할 수 있다. 부차색은 주조색과 같은 계통의 색으로 명도, 순도(채도), 색상에 차이가 별로 없는 가까운 색 중에서 선택하여야 한다.

건물에 주조색이 존재하지 않고 부차색만이 여러 개 존재할 경우는, 이들간의 조화가 이루어지도록 모두 같은 계통의 색으로 선택하여야 한다. 강조색은 건물에 활력을 넣어 주고, 장식적 효과를 주기 위한 색깔로서 주로 창틀이나 문틀, 그래픽에 이용되는데, 원색 등 순도가 높은 색을 사용하여도 무방하다. 강조색을 여러 개 사용할 경우에도 이들 면적의 합은 일정한 비율, 즉 20%를 넘을 수 없다.

8·2·2 광고 간판(private sign)

광고판은 정보통신 매개체의 일종으로써 어떤 목적, 주제, 장소, 사람, 활동, 산물, 서비스, 시설, 관련업체 등을 나타내기 위한 배열된 시설물이다. 광고판은 이것이 위치하게 되는 건물이나 토지의 규모에 따라, 정보전달 수단의 수와 크기가 제한되고 있다. 능력있고 교육받은 간판 설계가의 부족으로 설계 서어비스가 적고, 또한 설계 비용이 비싸서 중소규모의 상점인 경우에는 간판 설계가의 도움을 받기가 어렵다. 또한, 보다 큰 광고주들은 대부분 풍부한 경제력과 정치적인 영향력을 지니고 있어, 다양한 정보전달 수단(텔레비전, 신문, 잡지 등)을 사용할 수 있는 반면에, 작은 광고주들은 상대적으로 정보전달 수단이 제한되어 있기 때문에 간판설치를 위해서 공간점유를 위한 경쟁이 유발되고 있다.

그림 8·2 광고간판

[1] 도시 경관상의 문제

(1) 과잉간판 하나의 건물에 너무 많은 광고간판이 난립하고 있어 건축물과 조화되지 않을 뿐만 아니라, 그 건물의 인지를 어렵게 하고 있다.

(2) 우월간판 간판이 너무 크고 강도가 높아서 나머지 광고간판은 그 목적과 관련이 없는 정보에 의해 시계가 제한되고 있다.

(3) 상충된 광고 각종 정보전달 수단들이 서로 혼재되어 있어, 교통체계의 효율성과 안전성이 침해되며 방향성이 상실되고 있다.

[2] 단위 광고간판의 문제점

위험한 현수간판이나 돌출간판에 의해 보행의 안전성이 결여되고, 보행노상에 설치된 광고간판에 의해 보행의 흐름이 제한되고 있다. 또한, 광고간판의 내용이 잘 표현되어 있지 않거나 불명확한 광고물이 많으며, 유효기간이 경과된 불필요한 광고물이 산재될 수 있고 배면건물의 재료와 질감에 어울리지 않는 광고간판이 많을 수 있다.

[3] 제도상의 문제점

광고간판이 도시환경에 미치는 영향에 대한 인식이 부족하며 광고간판 제작업체의 자격, 의무, 권리, 등록절차에 관한 규정이 없다. 또한, 법적으로 허가를 필요로 하는 간판유형은 제한되어 있으며, 실제로 대부분의 간판은 허가가 되어 있지 않고 광고간판의 설계지침이나 판단기준이 없다. 그리고 광고간판의 질을 유지하기 위한 관리운영 체제가 결여되어 있으며, 시민대상의 계몽활동이 부족하고 전문 기술자의 지도·육성방안이 없다.

기존의 문제를 개선하며 광고간판의 질을 확보하고 쾌적한 가로경관을 조성하기 위하여 다음과 같은 목표를 갖는다.

(1) **시각적인 환경의 질 개선**　과잉간판, 우월간판 등 불합리한 개인광고 간판을 규제하고, 그 지역의 특성이나 주변환경에 어울리는 간판의 크기, 재료, 색채, 질감 등을 선택하여 쾌적한 가로경관을 조성한다.

(2) **식별성**　광고간판은 정보전달의 목적을 최대한 높일 수 있고, 보행이나 차량을 이용하는 사람이 쉽게 인지하여 접근할 수 있도록 관찰자 중심으로 표현되어야 한다.

(3) **타정보 체계(system)의 상충 감소**　교통시설, 도로명, 교통표지 등과 혼돈되지 않도록, 서로 다른 규격, 질감, 색채를 사용하고 배치에 유의하여야 한다.

(4) **행위와 일치된 광고간판**　광고간판이 상징하고 있는 것과 행위가 일치할 수 있도록 간판의 위치, 형태, 표현방법, 조명 등이 설계되어야 한다.

(5) **안전성**　보행자가 안전하게 움직일 수 있도록 노변에 설치된 간판, 돌출간판 등의 높이, 위치, 구조적 견고성을 고려하여 설계해야 한다.

[4] 광고간판의 설계

도시에 있어 시각적인 정보전달 수단은 가급적 사물이나 행위 그 자체가 직접 관찰자에게 인지되도록 표현되어야 한다. 왜냐하면, 직접적 표현은 상징적인 표현 등 어떤 다른 수단보다 더 생생하고 인상적인 것이 되기 때문이다. 광고간판의 고안물은 관찰자의 능동적인 참여를 유도하기 위하여 그 내용이 그림으로 표현되든가 축어적으로 표현되든지 관찰자가 쉽게 그 의미를 파악할 수 있어야 한다. 광고간판이 쉽게 식별되도록 하기 위해서는 시각적으로 그의 배면과 다르게 표현되어야 한다. 대체로 간판 설계자는 밝은 색채나 독특한 형태 또는 휘광조명에 의해 식별성을 달성한다. 그러나 대부분의 경우, 간판 설계자는 배면환경을 제어할 수 없으므로, 그의 도형적인 효용성을 판단하기 어렵다. 일반적으로 식별성을 달성하는 가장 단순한 방법은 단어나 도형적(graphic)인 고안물의 주변에 여백을 많이 확보함으로써(전달내용의 면적의 3배 이상) 식별성을 높이는 것이다. 도시 내에 있어 간판은 이미 복잡한 시각적인 환경 속에 연출되어졌기 때문에 동일한 광고간판 내에 여러 가지 활자체, 색채 및 모양을 갖게 되면 오히려 관찰자를 혼잡하게 하므로, 가급적 광고간판 그 자체는 간단하게 표현하는 것이 효과적이다. 광고 간판의 형태는 그 사물이나 행태를 대상할 수 있는 형태가 있다면, 그것으로 표현하는 것이 좋다. 또한, 간판은 상징화된 행위가 발생되는 장소 및 시간과 일치하여 설치될 때 가장 효과적이다.

[5] 광고간판의 형태와 크기

기본적인 요소로서 점, 선, 면의 원리를 이용하여 점의 위치, 시점의 이동이나 유도하는 선, 입체적 형태의 면에 대한 효과를 고려해서 설계하여야 한다. 시각의 혼란을 방지하고, 기업이나 소매점의 가치관이나 특성 등을 표현하여, 보는 사람으로 하여금 신속감과 친근감을 느낄 수 있는 규모와 형태를 가져야 한다. 가로경관과 안전성을 고려하여 과대크기의 간판이나 내용의 표현을 피하고, 장소, 시각거리, 주변 지역과의 관계를 고려하여, 조화 있는 크기와 형태로 설계하여야 한다. 경제성을 고려하여 대량생산이 가능한 간판을 규격화함으로써 간판의 질을 높인다.

[6] 광고간판의 색채와 색수

광고물의 색채는 건물의 색채 및 도료의 종류와 주변 시설물(가로등, 휴지통 등의 가로 시설물)의 색채가 조화를 이룰 때 정보전달의 목적을 효과적으로 달성할 수가 있다. 보는 이로 하여금 친근감과 즐거움을 느낄 수 있도록 해야 하며, 공간에서 안정감과 통일성을 주도록 색상이 선택되어야 한다. 타정보 전달매체와 상충되지 않는 색채를 선택해야 하며, 색채는 기조색(바탕색)과 문자색이 조화를 이루도록 명도, 채도, 색상면에서 가시효과에 중점을 두어 표현해야 한다. 또한, 가급적 원색을 피하고 지역의 특성을 고려하여 동질감의 이미지를 높일 수 있도록 기조색을 정하는 것이 좋다. 시각적인 효과를 높이기 위해서 가급적 색수(대략, 3~5종류의 색수)를 줄이는 것이 바람직하다.

[7] 광고간판의 위치와 배치

질서있고 미려한 가로경관을 만들기 위해서는 가로수, 전주, 가로등, 벤치, 휴지통 등의 가로시설과 조화를 이루도록 광고간판을 배치하여야 한다. 보행이나 차량을 이용하는 사람의 식별성을 높이기 위하여, 전면도로의 상태를 고려한 시각도, 간판내용의 이해정도, 요구의 정도에 따라 배치되어야 한다. 광고간판은 같은 층수, 같은 건물내, 더 나아가서는 인접건물의 간판과 통일성을 유지하고, 연속성을 갖도록 위치하여야 한다. 광고간판은 역사적, 종교적, 건축적인 미를 지니고 있는 보존건물의 경관과 스카이 라인(특히, 옥탑광고인 경우)을 해치지 않도록 위치하여야 하며, 가급적 인접건물의 가시성을 저하시키지 않도록 한다. 그리고 보행환경을 저해하지 않고, 안전성을 확보할 수 있도록 위치를 택하여야 한다.

소규모의 업무실을 대여하고 있는 대형건물의 경우, 연합 광고식의 배치 방법이 바람직하고, 소규모 소매점이 연속성을 가지고 배치된 경우, 광고간판을 등거리, 등간격으로 배치하는 방법이 좋다. 노후건물이나 은폐를 요하는 건물에 대하여 광고간판에 의한 차폐효과를 얻을 수 있도록 배치계획하는 것이 좋다. 건물의 질이 수려한 경우, 가급적 광고간판은 건물에 직접 입체조각하여 품위있게 설치한다.

[8] 광고간판 내용의 표시 및 재료

문자의 표시방법과 크기는 도시미관과 직접 관계가 있으므로, 균형있고, 아름답고, 호감있게 표현되어야 한다. 문자의 형태는 개성과 품위를 유지할 수 있고, 읽기가 부드러워야 하며, 표현내용은 가급적 짧아야 한다. 광고간판의 재료는 가급적 내구성을 가진 것을 선택하며, 유지와 보수가 편리한 것을 선택한다.

8·2·3 보행로 및 기타시설

[1] 보행노면 처리

보행노면은 가로의 바닥경관을 결정하는 중요한 요소이며, 보행활동의 쾌적성에 직접적으로 관련되어 있다. 때로는 보행노면이 가로경관의 질을 높이는 장식적인 요소가 되지 않고 있으며, 주위환경과 조화되지 않는 경우가 많다. 또한, 보행노면이 그 위의 공간구성과 그 위에서 일어나는 활동의 성격을 반영하지 못한 채 처리되는 경우가 많다. 따라서, 보행노면을 장식적으로 포장함으로써 가로경관을 재미있고 쾌적하게 하며, 보행시 돌출물에 걸리거나 패어진 홈에 의해 보행자가 다치지 않도록 보행의 안전성을 높여야 한다.

보행노면의 포장은 기대되는 보행량과 하중을 견딜 수 있어야 한다. 특히, 긴급시 서비스 차량이 통과해도 파괴되지 않을 만큼 견고해야 한다. 질감이 부드럽고, 잘 미끄러지지 않는 재료를 이용해야 하며, 보행로 포장재료 사이의 이음새는 보행자의 보행에 위험요소가 되지 않도록 이음새의 폭을 1.25cm 이하로 한다. 포장의 색깔 및 재료는 세 가지 이내로 하며, 재료자체가 갖고 있는 색깔을 이용한다. 포장의 색깔은 주변건물의 주조색과 명도, 순도, 색상에 있어서 차이가 크게 나지 않는 비슷한 색깔들을 이용한다. 또한, 색깔보다 질감과 무늬를 이용하여 포장형태에 변화를 주도록 한다.

그림 8·3 보행노면의 처리

[2] 가 로 수

가로수에 관한 경관구성을 구성할 때, 가로망의 생태적 요소를 만족시키면서 동시에 가로경관을 향상시킬 수 있는 방안을 모색해야 하므로, 주로 도시의 환경에 적당한 수종의 선택, 식재방법, 배식 등을 고려해야 한다. 가로수의 성장에 필수적인 생태적 요구를 충족시키며, 주어진 가로환경 조건에서 생존할 수 있는 수종을 선택해야 한다. 가로수는 가로의 경관을 아름답게 하고, 경직되고 인공적인 도시의 분위기를 부드럽게 해야 한다. 수종선택은 여름에는 짙은 녹음을 주고, 가을에는 단풍을 보여 주며, 겨울에는 햇빛을 가리는 일이 없도록 낙엽교목을 원칙으로 한다. 또한, 도시의 각종 공해(매연, 먼지, 자동차의 배기가스 등)와 불량한 환경조건(메마른 땅, 건조 혹은 과습한 토양), 병해충에 견딜 수 있는 강건한 수종이어야 한다. 가로수는 수관 다듬기나 전정할 수 있는 수종이라야 하며, 꽃이나 과실 또는 잎이 인체에 해로운 성분이 함유되어 있지 않은 수종이라야 한다. 가로수는 연석에 가까이 붙여서 연석을 따라 식재하며, 가로변 건물의 환기와 실내의 채광을 위하여 최소한 건물벽으로부터 2.5~3 m 떨어져 식재해야 한다. 모든 가로수는 하루에 최소한 3~4 시간의 직사광선을 얻을 수 있도록 식재되어야 한다. 주차장에서 자동차 도로로 나아갈 때 운전자가 좌우 자동차 도로방향으로 15 m의 가시거리를 유지하는 데 방해가 되지 않도록 가로수를 식재해야 한다. 장래 지하 매설물의 보수 또는 신설시 가로수가 굴착되는 일이 없도록 가급적 깊이 1.2 m 이내에 매설된 시설 위에는 가로수를 식재하지 않는다.

[3] 교통 및 안내 표지판

교통 및 안내 표지판은 일종의 정보전달 매개체로서, 보행자와 자동차 운전자를 위하여 교통에 관한 정보와 기타 가로에서의 활동을 규제, 유도, 격려하기 위한 안내 정보 등을 제공하는 가로의 공공 시설물이다. 표지판은 즉각적으로 인지되도록 해야 하고 야간에도 잘 볼 수 있도록 한다. 표지판을 이용하여 가로경관을 장식하도록 하고, 자동차 및 보행자의 교통과 기타의 가로내 활동을 표지판 지지물이 방해하지 않도록 한다. 주위에서 쉽게 인지할 수 있는 표지판을 불필요하게 반복시켜 설치하지 않는다. 표지판은 가급적 하나의 지지물 위에 여러 가지 정보를 체계적으로 설치한다.

표지판의 설치는 자동차의 문을 여닫을 때와 자동차를 움직일 때 장애가 되지 않는 장소이어야 하며, 보행자의 통행에 장애가 되는 장소에 표지판을 설치해서는 안 된다. 보행자 공간에서 표지판의 높이는 서 있는 사람의 눈 높이 정도가 좋다. 자동차 운전자를 위한 표지판은 1~1.2 m 높이가 적당하고, 표지판을 설치하는 높이는 가급적 서로 동일하게 하는 것이 좋다. 표지판은 형태적인 통일성이 있어야 하고, 안내 표지판은 사람들이 자연적으로 모이게 되는 장소에 위치를 택하고, 아름다운 형태로 설치하여 장식적인 효과를 얻도록 한다.

일반적으로 가로 시설물이란 건물과 가로망를 제외한 가로 공간에 설치되어 있는 모든 시설물을 말한다. 그러나 여기에서는 주로 공공이 많이 이용하는 장소인 보행로, 가로, 광장, 보행자몰 등에 설치되어, 그 공간내의 활동을 용이하게 하고 공간의 분위기에 변화와 흥미를 주는 역할을 하는 인공적인 시설물이다.

8·2·4 가로의 시설물

[1] 벤치 및 옥외의자

의자는 보행자의 통행을 방해하지 않는 곳에 위치를 정하며, 앉을 장소는 여름에 그늘이 지고 겨울에 태양의 일광을 즐길 수 있는 곳이어야 한다. 자동차의 통행에 근접되지 않는 곳에 설치해야 하며, 벤치는 인근의 활동이나 흥미로운 경관을 바라볼 수 있도록 배치되어야 한다(인근 활동의 예 : 보행자 및 자동차 통행, 쇼핑활동, 어린이 놀이 등). 의자의 형태는 사람의 인체구조와 형태를 잘 반영해야 하고, 의자는 등받이와 손걸이를 갖추어 사람이 일어나고 앉는 데 보조역할을 할 수 있도록 한다. 의자의 높이는 의자들 상호간에 일관성이 있어야 하며 지면에서 45~50 cm 정도 되어야 한다. 의자는 최소한 80 kg을 견딜 수 있는 구조이어야 하며, 어떤 부류의 사람도 앉을 수 있어야 한다.

[2] 쓰레기통

쓰레기통은 가급적 다른 가로 시설물에 인접하여 설치하며, 특히 보행 활동량이 많은 공간에는 반드시 설치한다. 보행자의 통행속도가 빠른 장소보다는 오히려 느린 장소, 또는 보행자가 머무르는 장소에 쓰레기통을 배치한다. 쓰레기통은 바닥이나 다른 시설물의 벽 혹은 기둥에 단단히 고정되어야 하며, 쓰레기를 쉽게 수거할 수 있는 장소에 설치한다. 쓰레기통의 형태는 주변 분위기에 알맞고 독특한 형태와 색깔을 가져야 하며, 많은 사람에게 익숙한 형태가 되어야 한다.

[3] 공중전화

보행동선이 서로 만나는 결절점 주변에 설치하고, 많은 활동이 일어나는 공공의 활동 중심지 주변에 설치한다. 공중전화 박스는 되도록 투명한 벽을 갖도록 하며, 소음이 많이 발생하는 장소에 설치될 경우는 4면에 벽이 형성되도록 한다(개폐가 가능한 출입문을 설치한다). 가로의 폭이 좁을 경우 공중전화 박스 대신에 가로변 건물기둥 및 기타 가로변 구조물 벽에 공중 전화기를 부착한다. 둘 이상의 전화박스가 함께 있을 경우에, 최소한 1개는 지체 부자유자도 이용할 수 있도록 만들어져야 한다. 사용자가 지니고 있는 짐을 잠깐 얹어 놓을 수 있는 선반을 설치하는 것이 바람직하다.

그림 8·4 공중전화

8·2·5 가로 횡단면 구성시설

[1] 화 단

공간의 효과를 나타내거나 화단를 이용하여 지반고에 변화를 준다. 식물의 녹색 및 녹음은 창문과 사람들의 의복에서 보이는 현란한 색깔을 순화시키는 데 주요한 역할을 하며 화단은 적당한 일광이 보장되는 곳에 배치한다. 수종선택은 건조에 잘 견디는 것이어야 하며, 꽃이 피는 화초보다 푸른 잎이 주요 관상요소가 되는 식물을 식재한다. 매연이 심한 곳에도 견딜 수 있는 식물을 식재한다.

[2] 단주(短柱)

경사로나 가로의 보행자 흐름 및 차량의 통행을 막는 데 이용하며, "출입금지가 아니고 걸어서 오십시오"라는 함축성을 내포한다. 특정공간의 효과를 나타내는 데 이용하며, 교통의 흐름을 유도한다. 단주는 1.5 m 이상 간격으로 설치하여 휠 체어도 지날 수 있도록 한다. 단주를 만들어서 가로경관을 장식하고 단주의 높이는 1 m 이내이어야 한다. 단주는 바닥포장의 색깔과 대조적인 색깔로 페인트하고 야간에도 쉽게 식별될 수 있도록 한다. 횡단면의 폭이 30cm 이상이 되고 높이가 45~50 cm 정도가 되면 앉을 수 있도록 옥외의자의 역할을 한다. 일시적인 자동차의 출입을 허용하도록 이동시킬 수 있는 단주도 고려한다.

[3] 식 수 대

식수대는 바닥이 포장된 지역 위에 설치하거나 포장된 곳의 인접에 설치하여 휠체어를 탄 사람이 근접할 수 있도록 하고, 또한 배수가 잘 되는 장소 위에 설치한다. 식수대에는 높이가 서로 다른 2개의 수도꼭지를 설치하여 높은 것은 성인, 낮은 것은 어린이나 휠체어를 탄 사람이 이용할 수 있도록 한다.

[4] 조 명 대

자동차 및 보행자의 안전한 교통을 위한 장소를 제공한다. 공공질서를 유지하고 범죄를 예방하며, 도시의 야경을 제공한다. 여러 가지 도시의 '랜드마크' 및 시설물들을 시각적으로 강조하고 돋보이게 한다. 쇼윈도의 상품전시나 선전 및 빛을 발하는 간판을 통하여 상업활동을 보조한다. 보행자 및 자동차 교통량이 많은 지역에는 반드시 조명시설을 설치하며, 계단, 경사로, 교차로 지역, 급격한 지반고에 변화가 있는 지역 등 야간의 보행활동에 위험한 지역은 반드시 조명시설을 설치하고, 우범지역에도 방범등을 설치한다. 가로를 따라 설치된 조명등의 기둥은, 보행자나 자동차의 통행에 장애가 되지 않도록 한다. 경제적으로 조명을 하고 빛을 골고루 비추도록 하려면 가급적 조명등의 높이를 높게 한다. 높이가 낮은 조명등을 설치할 경우에는 사람의 눈높이에 섬광이 비춰지지 않도록 한다. 야간에 다가오는 사람의 전신을 볼 수 있게 하기 위해서는, 조명등의 빛이 인근의 조명등 빛과 2 m 이상 높이에서 겹치도록 조명등의 간격을 유지한다.

[5] 환기시설 및 출입구

지하철의 환기를 위한 보도위 환기시설은 보행자가 환기시설 속에 휴지를 버리지 않고, 환기시설에서 나온 탁한 공기가 보행인을 불쾌하게 하지 않도록 지표면에서 3 m 이상 높이로 설치하는 것이 좋다. 지하철 출입구 시설물은 출입방향을 쉽게 식별할 수 있도록 그 형태에 방향성이 있어야 한다.

8·2·6 기타 가로 시설물

[1] 토큰 판매소

판매소를 단독으로 가로에 설치하지 말고 다른 비슷한 규모의 가로 시설물(예 : 버스 대기소 시설물, 공중전화 박스 등)에 인접시켜 설치한다. 판매소의 4 벽면은 불투명하게 하지 말고 가급적 투명하게 처리하고, 개구부를 넓히며 구조물을 장식적으로 만들어 가로경관을 저해하지 않도록 가로벽 건물 속에 설치한다.

[2] 노 점 상

활동의 중심지, 보행로가 서로 만나는 결절점 주변, 가로공간 중 여러 사람들이 잠시 머무르는 공간 등에 노점상의 설치를 허용하고, 그 외에는 가급적 억제한다. 노점상의 배면, 즉 자동차 도로에 면한 부분의 형태가 지저분하지 않도록 배면을 포장하거나 장식한다.

8·2·7 스카이라인

도시 전체의 조화된 경관을 이루기 위하여 개발에 의한 인공적인 스카이라인(skyline)을 규제하고, 자연적 지형에 따라 건물의 입지, 형태, 규모 등을 조정한다. 대개의 경우 도시들은 주변에 크고 작은 구릉이나 산들로 둘로싸여 있으나, 이러한 천혜적인 자연경관이 도시 구조물과 조화를 이루지 못한 채 파양되고 있다. 즉, 자연 구릉지나 산이 고층건물에 의해 일부 가리워지고, 능선의 연속성이 단절되며, 자연 속의 인공 또는 인공 속의 자연이라는 주종의 관계가 성립되지 못하고, 대립의 관계에서 부조화를 이룬다. 또한, 구릉지를 덮고 있는 건물간에도 그 규모의 심한 격차로 인하여 시각적인 불균형을 이루고, 도시 전체로서 안정감을 상실하게 한다.

스카이라인에 대한 경관구성을 위해, 첫째, 도시내 또는 주변의 산지가 갖고 있는 수려한 경관은 보존하며, 이에 의한 자연의 스카이라인도 유지한다. 둘째, 건물 또는 건물군의 심한 규모의 차이로 인해 생겨나는 불균형을 제거한다. 셋째, 인공적인 건물군과 자연이 이질적인 대립관계로 놓이지 않도록 건물군 안에 자연의 도입, 또는 자연 안에 건물의 유입 등 주종의 관계로 조화를 이루며, 인공에서 자연에로의 전이가 자연스럽게 이루어지도록 한다. 넷째, 고지대에 입지하는 건물일수록 소형화하거나 고층화하여, 소수의 건물이 스카이라인 전체를 지배하는 일이 없도록 한다.

자연의 스카이라인을 유지하기 위해서 고층건물의 고지대 입지를 억제한다. 건축억제선을 설정하거나 표고에 따라 건물의 높이를 제한한다. 고층건물의 고층화, 즉 건물이 높아질수록 건물의 폭을 축소하여 자연적인 스카이라인의 연속성을 유지시키고, 대형건물과 소형인 주택군과의 사이에 경관녹지를 형성하여 심한 불균형을 완화시킨다. 또한, 구릉지의 개발로 인공의 스카이라인을 형성하기 위해 구릉지 전체를 개발할 경우에는, 그 지형과 주변의 여건에 의거하여 지형을 강조할 것인가, 반대로 지형을 이용할 것인가를 결정한다.

8·3 광장, 공원 및 정원

8·3·1 광 장

광장은 특정시설(공공시설, 지하철, 철도 등)이나 도시의 상징적 이미지를 높이고, 시민들의 휴식, 오락, 집회, 용이한 보행흐름 등의 활동이 이루어지는 생활공간의 하나로써 이용되는 공간이다. 그러나 대부분의 도시에는 이러한 상징광장이 절대적으로 부족하다. 기존의 광장은 주로 경관제고만을 목적으로 설치되었고, 공간이 폐쇄되어 있기 때문에 시민들이 접근하여 이용할 수가 없는 경우가 대부분이다. 특히, 교통광장의 경우에는 보행교통보다는 오히려 자동차 교통에 중점을 두고 있어 보행의 안전성이 침해되고, 보행이 우회하는 등 광장을 설치하는 근본적인 목적을 상실하고 있다. 따라서, 이러한 문제점을 해결하고, 광장이 도시의 상징적인 이미지를 높일 뿐만 아니라, 쾌적한 생활공간으로도 이용될 수 있도록 광장의 설계에 필요한 지침을 마련해야 한다.

[1] 역전광장

광장의 규모는 이용인구, 통행차량, 주변 토지이용 현황 등에 따라 다르나, 일반적으로 광장의 가로방향의 길이는 최대 200 m, 세로방향은 최소 40 m 정도로 설계하는 것이 좋으며, 그 비율(세로방향의 길이/가로방향의 길이)는 1 : 1~3 정도가 바람직하다. 보행으로 쉽게 광장에 접근할 수 있으며, 또한 역으로 광장을 이용하는 시민이 타교통 수단으로 승환하기 편리하도록, 버스 정류장이나 택시 정류장을 광장과 연결시키는 종합적인 교통체계를 수립하여야 한다. 그러나 자동차 교통에 의한 광장의 횡단은 엄격히 배제되도록 하며, 자동차 동선의 편리 때문에 보행자가 우회하는 일이 없도록 한다.

철도역의 이미지를 높이기 위해서, 녹지, 분수대, 조각품 등을 적절히 선택하여 배치한다. 철도역을 이용하는 사람들을 위하여, 기다리고 쉬는 장소를 설치한다. 여기에는 적정수의 의자와 벤치가 마련되어야 하며, 가급적 나쁜 기후에서도 보호받을 수 있는 지붕이나 바람막이가 필요하다. 또한 역전에서 대기하는 동안 보고 즐길 수 있는 다양한 활동을 유지하여 쾌적성을 높이고 지체 부자유자도 쉽게 접근하여 이용할 수 있도록 설계하여야 한다. 광장의 바닥은 장식적인 재료를 사용하여 포장하되, 그 재료의 색, 질감, 재료의 균일도 등을 적절하게 변화시켜, 안락하고 재미있는 환경을 조성한다. 또한, 포장재료는 가급적 견고하고 보수나 운영 관리가 편리한 재료를 선택해야 한다.

[2] 시민광장

시민광장을 규모와 이용형태에 따라 분류하면 다음과 같다.

(1) 위요형(圍繞型) 광장

일반적으로 사각형의 형태가 많고, 조용하고 안정된 분위기를 자아내는 형태로 주변지역과 격리된 환경을 조성하는 것이 바람직하다. 가급적 주변 건물군은 통일적인 형태나 건물전면을 가지는 것이 좋다.

(2) 유축형(有築型) 광장

시선을 원거리에서부터 끌어들이는 건축물이나 기념물이 광장을 지배하며, 공간인식이나 동선에 저절로 어떤 방향성이 부여되는 경우가 많다. 원근법적인 효과나 랜드마크의 연출에 적합한 광장으로, 교회나 시청사 등 장대한 건축물이 광장의 축상에 배치되어야 한다.

그림 8·5 서울역 광장

(3) 유핵형(有核型) 광장

어떤 핵을 중심으로 그 주변의 공간에 질서를 부여한 형태의 광장이다. 이러한 형태는 적정한 규모의 공간을 가지고 있으나 건축 벽면선이 불균형한 경우, 공간을 질서화시키는 구성법이 이용된다.

(4) 연쇄형(連鎖型) 광장

시민참여 기능 시장광장 등의 목적으로 설치된 하나의 광장군으로, 연쇄의 정도에 따라 각각 다른 형태를 갖는다.

(5) 무정형(無定型) 광장

위에서 열거한 이외의 광장을 말한다.

그림 8·6 시민광장(유축형)

8·3·2 공 원

현대사회를 살고 있는 사람들은 대부분 공원이나 해변 가까이에서 살고 싶어한다는 통계가 있다. 물론, 모든 사람이 그렇지 않을 수도 있고 그러한 기대를 갖고 있다 하더라도 개인차는 있겠지만, 대부분의 사람들이 얼마만큼 공원에 가까이 살고 있느냐에 높은 가치를 두고 있으며 공원에 가까운 곳에 있는 주민의 생활수준이 높게 나타나는 것이 오늘날의 현실이다.

미국인을 상대로 여론조사를 해본 결과, 응답자는 사회계층이나 신분에 관계없이 공원이나 개방공간에 대해 높은 점수를 주고 있으며, 매년 2억 5000만명의 미국인이 284개소 12만 630 km^{2}의 국립공원을 순방하고 있다는 통계가 나오는데, 입장객의 수를 공원의 수로 나누면 국립공원마다 매년 약 880만명이 입장하는 셈이 된다. 이것은 국립공원을 예로 든 것에 불과하며, 모든 공원과 해변, 피크닉을 위해 만들어진 공간이나 놀이터 등에 가는 사람들을 전부 통계로 나타낼 수 있다면 아마 천문학적인 숫자가 될 것이다.

미국인이 이토록 광적으로 공원이나 유원지를 찾는 이유를 살펴보면, 미국의 사회구조에서 오는 미국인의 행태와 공원이 어떠한 형태로 만들어져야 하는가에 대한 상관관계를 도출해낼 수도 있다. 그 첫 번째 이유는 미국인의 70%가 봉급 생활자이며 직장의 대부분이 주 5일 근무의 주급제라는 사실이고, 둘째로는 연금이나 사회보장 기금, 보험금 등의 사회보장 제도하에서 축재나 적금의 필요를 절실히 느끼지 않는다는 사실이 바탕이 되고 있다. 그러므로 주말의 시간을 충분히 즐길 수 있는 여건이 형성되어 있는데다가 세 번째 이유라면 주말에는 건축자재나 생필품을 파는 마켓 등을 제외한 모든 상가나 사무실이 휴무에 들어가므로, 도시인이 주말에 할 수 있는 일이라고는 오락이나 유흥 스포츠, 공원 및 해변가를 찾는 일뿐이라는 현실을 들 수 있다. 우리 나라도 이러한 현상이 이미 나타나고 있으며, 이에 따른 대책마련이 요구되고 있다.

뉴욕의 센트럴 파크와 샌프란시스코의 금문교 공원 및 보스턴 근교와 캔자스 시티의 공원을 설계했던 프레드릭 로 올름스테드(Frederick Law Olmsted)는, 공원들이 '도시의 심장'이 될 것이라고 예견했다. 공원의 건립은 자연환경의 파괴를 막고 도시화가 인간에게 끼친 상처를 치유하며, 지구와 그 속에 살고 있는 인간을 교화하겠다는 사회 위생적인 취지가 있다.

미국의 뉴욕, 필라델피아, 윌밍턴, 시카고, 샌타바버라, 샌프란시스코 등지에 당시 만들어졌던 개인정원들은 지금까지 보존되어 일반에게 공개되기도 하는데, 올름스테드 정원은 주로 장미의 테라스(terrace), 오렌지 과수원, 온실, 운하, 넓은 화단들이 주제로 도입되었다. 지금 공개되고 있는 이러한 정원으로는 윌밍턴 교외의 롱우드

정원과 롱아일랜드의 올드 웨스트베리 정원, 마이애미의 비라비스케야를 꼽을 수 있으며, 올름스테드 형제가 만든 브루클린의 식물정원은 잔디와 벚꽃으로 경탄할 만한 경관을 창출해 낸 걸작으로 평가되고 있다.

그러므로 오늘날 미국에서 볼 수 있는 미국의 공원과 정원은 다분히 올름스테드의 영향을 받고 있다고 생각되는데, 이것은 회화적인 풍경에 고전적인 건축 구조물을 도입한 것이다. 이를테면 일직선으로 올라가는 계단과 조각작품, 오벨리스크(obelisk), 테라스, 분수, 폭포, 장식조각, 기둥으로 받친 열주구조의 건물들은 오늘날까지 남아 있는 올름스테드의 영향이라고 말할 수 있다. 이러한 시도 외에 도시공원을 고전적인 것으로 승화시키는 노력을 볼 수 있는데, 뉴욕의 브라이언트 공원은 테라스와 난간, 일렬로 심은 나무와 분수, 그리고 화단을 통하여 시카고의 그랜드 파크는 건축가인 베네트의 창안으로서 탑문과 난간과 분수를 통하여, 또 워싱턴의 마틴 루터 킹 주니어 공원은 2개의 계단으로 나뉘어지는 높은 테라스와 밑바닥에 분수가 있는 폭포를 도입함으로써 도시공원의 정형을 구현하고자 하였다.

8·4 행사(Event)

8·4·1 현대도시와 행사

도시에서는 옛날부터 여러 가지 행사(event)가 행해지고 있다. 전통적인 축제, 각종 연례행사, 연말 대매출과 같은 상업적인 판매뿐 아니라, 신흥 주택지와 신도시 소개를 위한 축제가 여기저기서 벌어지고 있다.

그리고 지금은 일찌기 없었던 정도의 행사 붐을 맞고 있는데 그 배경과 목적을 정리하면, 첫째, 행사를 수익사업으로서 보게 된 것이며, 둘째, 행사를 기업과 상품의 정보를 전달하는 광고매체로서 인식하게 된 것이다. 셋째, 정보가 넘치는 사회에 있어서 지역의 차별화(개성화)를 행사를 통해 시도해 보는 경향이 있는 것이며, 넷째, 여가시간이 증대되어 행사가 여가소비의 일환으로서 간주되는 경향이 있는 것이다. 다섯째, 공동체(community) 의식이 계속 희박해지자 행사를 함께 체험하는 것을 통해 공동체 의식을 고양시키고 싶다고 하는 의도가 있으며, 여섯째, 행사를 통해 공공사업을 집중적으로 행하는 경향이 있고, 일곱째, 행사가 종래 도시정비의 문맥을 변화시키는 역할을 맡고 있다는 것이다.

8·4·2 행사를 계기로 한 도시정비

[1] 올림픽형

행사를 계기로 대규모적이고 광범위한 도시정비가 이루어진 경우가 있다. 그 대표적인 사례로 서울 올림픽의 무대가 된 서울에서는 한강변 도로의 폭확장과 신설이 급속히 진행되었고, 이것을 계기로 한강변의 정비가 본격화되기에 이르렀다. 올림픽 관련 시설도 잠실종합운동장, 실내종합경기장, 선수촌 아파트 등이 건설되었다. 각 시설은 현재에도 서울을 대표하는 스포츠 시설이 되고 있다. 선수촌과 인접하여 올림픽 공원이 정비되어 서울시민의 쾌적한 휴식공간이 되고 있으며, 선수촌 아파트는 고급시민 아파트로 사용되고 있다. 주경기장과 실내 경기장, 수영장은 그대로 활용되고 있다.

[2] 박람회형

지역 자치체·기업·시민 모두의 대규모 박람회가 되면 그것에 맞추어 주변을 포함한 도시정비가 이루어진다. 박람회장까지의 철도와 도로 등의 교통정비, 역의 개장과 공원·가로공간의 정비, 미술관·박물관 등 공공문화 시설의 건설 등이다. 동시에 그 지역 백화점과 상점가를 개장해서, 민간사업에도 호경기가 미치게 될 것이다. 이들은 일과성(一過性)의 효과가 아니라 행사가 끝나도 지역의 사회자본으로서 비축되는 등, 파생효과(派生效果)가 크다.

8·4·3 행사에 의한 공공사업 질의전환

행사가 행해지는 것에 의해 도시만들기와 관련한 공공사업의 질이 대단히 우수한 것으로 바뀐 경우도 있다. 그 유명한 사례로서 서독에서 행해진 국제건축박람회가 그것이다. 이 박람회는 도시만들기 그 자체를 대상으로 하고 있는 독특한 박람회로 이제까지 1911년에 '100만 도시의 기능', 1931년에 '하우징의 사회적 전망', 1957년에 '파괴된 도시의 재건모형', 1984년에서 1987년에 걸쳐 '거주해야만 할 장소로서의 도시부'를 주제로 개최되고 있다. 특히, 제 3 회 개최시에는 세계의 저명한 건축가들의 집합주택을 모은 주택단지가 건설되었다. 제 4 회도 베를린의 중심지구를 박람회장으로 해서 건축 박람회를 개최함으로써 중심지구의 환경이 악화된 밀집 주택가의 사회적·경제적·건축적 재생방향을 찾아내고자 한 것이다.

8·4·4 행사를 통한 전용공간

행사본래의 특성인 비일상성을 강하게 설계하는 방법의 하나로, 일상 사용되고 있는 공간의 전용(轉用)이 있다. 평소와는 다른 공간을 설치하여 행사 참가자와 관객에게 다른 차원의 세계를 제공할 수 있다. 그 전용된 공간의 대표적인 예로는 도로를 들 수 있다. 도시의 모든 축제에서는 중심부의 주도로의 교통이 차단되고, 도로는 행사의 주무대로 변신한다. 참가자도 관객도 일상에서는 체험할 수 없는 '도로의 한가운데를 걷는다'는 것을 체험하는 것에 의해 행사에 참가한 것을 실감한다. 이 때 도심의 가로의 모습과 네온사인은 행사를 연출하는 배경이 된다.

수변공간(水邊空間, waterfront)도 전용(轉用)되는 공간의 하나이다. 각지의 하천과 해변에서의 여름 풍물시를 장식하는 불꽃대회 및 축제 등이 있다. 수변공간은 시선을 차단하는 것이 없는 공간으로, 도시에 있어서 행사의 무대로서는 최적이다.

또한, 야구장도 야구 이외에 콘서트 등의 각종 행사에 전용되고 있다. 그 외에도 철도 철거지와 공장 철거지 등, 도시내 유휴지가 행사 공간으로 전용(轉用)되고 있다. 유휴토지의 유효활용이라고 하는 목적하에 대규모 가설천막(tent)을 설치하고, 뮤지컬과 서커스 등의 여홍이 열리고 있다.

이와 같이 개방된 장소뿐 아니라 도시 내의 건축물도 행사 공간으로서 전용(轉用)되고 있다.

행사에 의한 공간의 전용은 평소에는 접할 수 없는 대규모의 공간을 직접 체험할 수 있는 기회를 제공한다.

8·5 야 간 경 관

도시의 경관은 다양한 경관요소로 구성되어 있다. 따라서, 이들 구성요소를 도시 전체 또는 지역 전체의 관점에서 파악하려는 시도가 필요하다. 야간경관에 있어서도 다양한 조명이 중요한 경관요소로 되고, 이것들의 집합체인 야간경관의 향상을 도모하기 위해서는, 조명의 상황을 전체적으로 파악하면서 계획적인 정비와 규제 유도를 도모하는 것이 필요하다.

예를 들어, 조명방법이 그 장소에 적합한지는 주변의 상황에 의해 다양한 평가가 될 수 있으며, 어떤 장소에 적합하다는 것은 조명이 주변상황과 조화를 이룬다는 것을 의미한다. 따라서, 다양한 조명의 상호관계와 지역 전체의 야간경관과 조명의 상황을 파악하여 야간경관을 연출해야 한다. 결국, 도시경관이라는 관점으로부터 불빛이 가져오는 다양한 인상과 경관 등을 함께 고려해야 한다. 또, 조명을 행하는 주체에 대해서, 지역 전체의 관점에서부터 야간경관 조명정비의 목표와 바람직한 방향을 명시함에 따라 양호한 야간경관을 조성할 수 있다. 이런 점에서도 계획이 필요한 것이다. 조명을 야간경관에 배려하기 위해서는 각 주체의 이해와 합의가 필요하고, 현황의 파악과 목표, 지향해야 할 방향의 설정을 위해 개개인의 이해를 조사하고, 의식의 고양을 촉진하고 합의를 이룰 필요가 있다.

8·5·1 야간경관의 특징

불빛은 경관으로서 파악될 경우, 도로조명을 예로 들어 다음과 같은 두 가지 측면을 고려하고자 한다. 첫째, 빛을 받고 있는 부분의 불빛이다. 도로면의 조명에 의해서 도로면과 그 주변의 가로수와 건물이 빛을 받고, 이러한 불빛의 공간적인 퍼짐이 야간경관 요소로 되고 있다. 둘째, 발광체에 의한 불빛이다. 가로조명은 도로면을 비추고 동시에 가로조명의 광원이 발광체로서 점적인 형태로 보이는데, 이것이 야간경관 요소가 된다.

조명이라고 할 경우, 일반적으로 대상을 비추고 밝게 한다고 하는 의미가 중심이 되지만, 도시경관 전체로서 파악한다면 빛을 받고 있는 부분의 공간적인 퍼짐을 형성하는 불빛과, 발광체에 의한 불빛이라는 양면성이 항상 존재한다는 것을 중시할 필요가 있다.

이러한 것들은 기본적으로 자발광체(自發光體)로서의 기능이 강하다고 할 수 있지만, 빛을 받게 된 수목과 주변공간, 네온사인의 점멸에 빛을 받게 된 건물의 벽면 등은 우리들에게 독특한 야간경관을 제공해 준다.

[1] 장(場)의 경관(scenery)

장(場)의 경관은 한정된 장면을 나타내는 극장무대의 한 막으로서의 의미가 있다. 별생각없이 가각(街角)의 한 장면을 우리들이 쾌적하게 느끼는 것은, 태양빛을 받은 정면의 건물, 완만한 도로의 굽어진 모양, 사람을 에워싸는 듯한 그늘을 만드는 큰 수목 등이며, 이 장면 전체를 구성하는 다양한 공간구성 요소의 상태는 보는 사람에게 호소하기 때문이다. 야간의 도시경관에서는 장의 경관에 의한 구성이 중요하다. 그 이유는, 야간에는 빛을 받는 대상밖에 보이지 않는다는 특징 때문에, 어떤 요소를 조

그림 8·7 야간경관

명하거나 또는 조명하지 않음으로서 의도적으로 한 장면의 경관요소를 선택해서 구성하는 것이 가능하기 때문이다. 또, 야간에는 조명에 있어 공간의 크기, 요소의 위치관계, 질감, 따뜻함과 차가움을 보이는 방법을 강조하기도 하고, 계절감을 연출하는 등 주간과 다른 경관을 용이하게 조작하는 것이 가능하기 때문이다.

그런데 일상의 도시경관을 인식하는 것은 단순히 시각에만 국한되는 것은 아니다. 예를 들면, 상점의 스피커에서 나오는 음악, 혼잡한 사람소리, 꼬치 구이집에서 나는 맛있고 향긋한 냄새, 쾌적한 바람 등이 있는 장소를 생각할 수 있다. 결국, 경관을 파악할 때는 눈에 보이는 것뿐만이 아니고 인간을 둘러싼 환경 전체를 보는 것이다. 그리고 야간에는 시각상의 제약을 받아 다른 감각이 예민해지는 것이다. 이러한 관점에서 볼 때 야간의 도시환경에 있어서 장의 경관의 형성수법이 부과한 효과는 크다. 또, 장관도(panorama)나 스카이라인의 연출 및 길가에 위치한 시각적인 요소에 알맞은 불빛의 연출과 불빛의 액세서리의 부가, 또한 자동차 · 열차 · 선박 등 움직이는 불빛을 이용하여 보다 멋진 경관을 만들 수 있다.

[2] 이동경관(sequence)

우리는 살아가면서 정지된 상태에서 경관을 바라보거나 이동 중에 연속적인 장면을 바라보게 된다. 그래서 이런 움직임들을 통해서 파악되는 장(場)의 경관의 각 단면을 서로 연결시키려는 의도로 재구성함으로써 도시구역을 이해할 수 있다. 예를 들면, 보석 같은 조명을 받고 있는 다리를 건너면, 수면에 비친 아름다운 야경의 스카이라인에 감동하기도 하고, 시가지에 들어서면, 창에서 나오는 불빛에 도시와 지구(地區)의 시민생활을 느낄 수 있다. 또한, 일직선으로 배열된 가로조명이 은은한 분위기를 연출하면, 정면에 자리잡은 도시를 대표하는 역사적 건축물을 볼 수 있다. 우리는 이러한 도시를 인식하고, 이 도시에 친근함과 애착을 느끼는 것이다.

이처럼, 야간경관에 있어서는 장의 경관물을 선별해서 이것을 교묘하게 구성하고 연결시킴으로써, 도시공간에 사람들의 이야기가 있는 밤을 창조할 수 있다.

[3] 시간의 연속(sequence)

경관의 연속적인 변화는 크게 두 가지로 나눌 수 있는데, 시점의 이동에 의한 변화와 시점이 일정해도 시간의 변화에 따라 경관이 변화한다는 것이다.

황혼이 사라져 저녁이 되면 사람들이 불빛 아래에서 야간생활을 즐긴다. 이러한 밤의 이동변화에 의해 불빛의 변화는 시간의 연속이라고 불려질 수 있을 것이다. 특히, 태양에서부터 달 · 별의 광채 등, 자연광에 의한 불빛의 변화는 개인의 생리적 측면을 지배하고 시간 이동을 일으키며, 밤의 경관인식을 한층 확고하게 한다. 이런 시점으로부터 시간의 연속을 중심으로 경관형성 기법을 파악하는 것은 매우 중요하다.

[4] 빛과 그늘의 조화

야간에 양호한 도시경관 형성을 위해서는 도로조명, 보도조명, 건물의 창으로부터 나오는 불빛, 기준점이 되는 건물과 공작물, 자동차의 불빛, 광고조명 등 다양한 불빛으로 구성되어 있는 야간의 도시공간을 연출하는 것은 중요하다. 그 구체적인 방법은 광도와 기구(등구)를 이용해서 알맞은 장소에 배치하고(광원의 이동 및 점멸을 포함), 적당한 밝기와 색을 만들어 나가는 것이다.

이러한 경우에 알맞은 장소를 가려내고, 당연히 있어야 할 밝음·색을 만들어 감에 있어 종합적인 검토가 필요하고, 도시의 조명을 고려할 때 중요한 검토사항이다. 왜냐하면 적당한 장소와 알맞은 밝기의 빛은 임의적으로 결정될 수 있는 것이 아니고, 도시의 개성과 조명의 목적에 따라 다양하게 검토되어야 할 내용이기 때문이다. 그리고, 적당한 밝기의 빛을 만들어 가는 방법도, 광원과 기구 및 그 배치에 있어서 고려되어야 한다.

그러므로 다양한 불빛에 의해 구성되는 야간경관의 연출방법은 매우 다양하다. 그러나 실제 가로의 야간경관을 관찰하면, 저 곳의 불빛은 매우 양호한가, 저 불빛을 좀더 밝게해야 할까, 새로운 불빛을 더해야 하지 않을까, 반대로 여기 불빛은 너무 경관을 혼란스럽게 하고 있지 않을까 등을 느낀다. 이런 관점에서 빛과 그늘의 배열에 관한 기초적인 사고방법은 다음의 네 가지로 집약된다.

(1) **좋은 불빛을 남기는 방법** 역사적인 가치가 있는 가로등의 격조 높은 불빛, 번화함과 즐거움을 주는 환락가(歡樂街)의 불빛, 지구(地區)의 생활을 상징하고 인상적인 가로의 스카이라인을 형성하는 고층주택의 창으로부터 나오는 불빛 등이 있다. 스카이라인의 불빛에 관해서는 이러한 경관을 보는 시점의 확보와 그 장소의 조명이 중요하다.

(2) **불빛을 개선해서 활용하는 방법** 배경이 되는 야경과 자연지의 어둠, 진열장 디자인에 의한 상점가의 쇼윈도, 기능을 확보하기 위해 밝게 비추었던 가로조명, 차분한 밤의 분위기에 취해 있는 약한 불빛의 노지(路地) 등을 개선해서 활용하는 것을 들 수 있다.

(3) **필요한 불빛을 추가하는 방법** 보행자의 얼굴을 아름답게 비추는 보도와 광장의 인간 스케일(human scale) 불빛, 도시의 역사를 나타내는 건축물 등을 밝히는 조명, 대회(convention)와 24시간 동안 도시의 거점으로서 새로이 구획된 지역으로 사람들을 끌어들이는 불빛 등을 들 수 있다.

(4) **너무 밝은 불빛, 좋지 않은 불빛을 제거하는 방법** 그 장소에 어울리지 않은 크고 너무 밝은 광고조명, 파손되고 더러워져 희미한 빛을 발하는 가로조명, 도시를 대표하는 불빛인 혼란한 가로불빛 등을 들 수 있다. 또한, 밤이면 일찍 셔터를 닫는

업무빌딩 등도 상점가의 번화함을 분단하는 어두운 곳으로서 들 수 있다. 또한, 차분함을 가진 주택지의 주변과 배경의 과도한 밝음의 억제 등을 들 수 있다. 야간경관을 파악할 경우, 단순히 불빛만으로는 안 되고 그 장소의 환경 전체를 대상으로 한다면 이상 네 가지에 의한 접근방법은 효과가 있을 것이다.

물론, 어느 특정의 불빛이 왜 좋은가와 나쁜가, 그리고 그것을 누가 평가하는가에 관해서 많은 논의가 있을 수 있다. 그러나 좋고 나쁨의 평가의 주체는 전문가의 지식과 경험, 동시에 기본적으로 도시 혹은 역사·생활을 숙지한 시민이나 지구주민에게 있다고 할 수 있을 것이다.

8·5·2 조명방법

[1] 대상과 범위

도시의 조명을 구별하면 교통안전과 방범을 위한 조명, 손님을 모으기 위한 광고의 조명과 같이, 공간의 기능을 확보 보장하는 것을 목적으로 하는 조명과 건축물의 조명 등 야간의 도시경관 연출을 목적으로 하는 조명등이 두 종류가 있다. 이런 두 종류의 조명은 그 의도에 알맞은 도시의 야간경관을 형성하는 구성요소로 고려된다. 전자의 야간경관 구성요소는 공간기능을 개선해서 인식시키고, 경관향상을 위한 기교와 배려로 볼 수 있다. 후자는 불을 밝힌 건축물에 의한 조명이 보행자 공간을 부드럽고 밝게 하는 것 등의 효과에 착안해서, 보행에 일정의 밝기를 확보해서 보행조명을 억제하기도 하고, 기능적인 조명과 보완적 관계를 배려하는 것도 생각해 볼 수 있다.

도시의 야간경관을 파악하는 시점과 그 범위를 고려해 보면, 첫째, 도시에 인접한 산과 고층건물, 전망 타워등 높은 시점에서 보는 도시의 전경, 둘째, 멀리서 본 도시의 스카이라인, 셋째, 어떤 지점에서 건물 너머로 혹은 가로개천을 통해서 보이는 고층빌딩과 타워등의 조망, 넷째, 교차점 등으로부터 멀리 보이는 지구 전체의 도시경관, 다섯째, 보도에는 서서 보고 지나가는 흐름의 경관, 여섯째, 주행중인 차나 열차 등으로부터 보이는 각각의 변화하는 경관 등이 있다. 이것을 계획대상 범위로서 파악하면 첫째와 둘째는 도시전역의 수준으로, 넷째와 다섯째는 가로지구의 수준으로, 셋째와 여섯째는 두 가지 수준으로서 계획되어야 할 것이다.

예를 들면, 도시 전체의 야간경관을 연출하는 조명과 도시의 축 위에서 벗어난 조명은 도시 전역을 대상으로 하는 계획으로 되어야 할 것이고, 보도조명과 건물의 1층 부분에서 불을 밝히는 것, 쇼윈도, 광고조명 등은 가로단위 혹은 지구단위의 좁은 범위를 대상으로 해서 상세한 계획을 해야 할 것이다.

또한, 가로와 가구의 조명방법은 도시 전체에 걸쳐서 가로와 가구가 위치해 있고, 정비목표를 받아 설정된 것이기 때문에, 우선 도시 전역을 대상으로 한 큰 계획으로서 상징(symbol)과 골격이 되는 주요한 시설에 있는 조명의 상호관계, 계획목표를 설정한다. 그리고 도시를 구성하고 있는 각각의 가로와 지구의 야간경관에 기대되는 역할을 밝히려 하는 것이 대전제이다. 또, 번화함과 화려함에 맞는 밝기를 가져야 할 지구와, 고요함과 차분함을 가진 지구, 즉 밝기를 억제해야 할 지구의 구별도 요구된다. 그리고 가로와 지구 등의 조명계획은 결국, 이 도시 전체 계획에 있어서의 위치와 기대되는 역할을 존중하면서 가로와 지구로서 보다는 상세한 내용을 정해 가는 것이다.

특히, 도시의 상징과 골격이 되는 조명은 원경과 조망 등, 도시 전체의 야간경관 중 큰 역할을 완수함과 동시에 그 주변지구의 야간경관에 있어서도 의미를 가지고 있으며, 도시수준과 지구수준 양쪽의 관점에서 파악해야 하고, 각각의 대상과 범위에 있어서 주변의 조명과 조화가 이루어지도록 계획되어야 한다.

이상에서 알 수 있듯이, 도시의 야간경관에 관한 계획수립에 있어서는 첫째로 도시 전역을 대상으로 하는 계획(도시 조명계획)의 수립이 필수이고, 다음으로는 가로와 지구수준의 상세한 계획(지구 조명계획)의 수립이 중요하다.

[2] 도시의 조명계획

도시 전역은 경관상 통합할 수 있는 도시규모의 지역을 대상으로 한다. 도시 조명계획에는 야간 도시경관의 현상과 과제를 밝히고, 그 형성목표를 보여야 한다. 다음으로 조명을 해야 할 도시규모의 경관 구성요소, 예를 들면, 높은 시점에서 본 파노라마와 스카이라인 조망, 도시의 골격과 방향성, 도시를 특징짓는 건축물, 공작물 등을 추출해서 조명방침을 나타낸다. 또, 도시 내에서 전개되는 활동과 사람의 흐름에 관해서는 거리에 기초한 도시를 구성하는 가로와 동질적인 지역을 구분해서 지구성격을 파악하고, 각각이 달성해야 할 역할과 위치를 밝혀 가는 것이다.

도시 조명계획은 아래의 내용이 필요하다.

(1) 야간 도시경관의 현상과 과제의 파악 산, 개천, 바다 등이 형태를 만드는 자연지대 및 철도와 간선도로 등의 골격적 도시시설이 경관구조를 어떻게 결정하고 있는가를 이해하고, 도시 불빛의 현상, 또한 야간의 도시활동 상황을 파악해서 야간경관의 현상과 과제를 정리한다.

(2) 목표의 설정 야간경관 연출의 개념으로 도시의 특징, 경관구조, 야간경관 등의 형상을 고려하여, 도시 전체의 야간경관을 형성하기 위하여 목표를 설정한다.

(3) 도시 경관요소의 추출과 조명방침의 설정 도시규모의 경관 구성요소는 야간경관의 형성에 있어, 도시의 인지도를 높이고, 도시를 알기 쉽게 한다는 역할을 한다. 철도와 간선도로 등의 주된 골격을 이루는 도시시설과, 도시를 특징짓는 건축물, 공

작물 등의 도시규모의 경관 구성요소를 추출해서 계획목표에 따라 이것들의 조명방침의 방향을 결정한다.

(4) 지역의 불빛 성격과 정비의 방향 도시에 분포하는 다양한 불빛을 지역의 성격에 따라 영역을 구분하여 지역화(地域化 ; zoning)하고, 지역의 특성과 지구 내의 사람의 활동 등을 근거로 하여서 지구 각각의 밝음과 조명의 방향을 결정한다.

지역 조명계획에는 그 지역의 토지이용 관리특성과 야간경관의 현상과 과제를 근거로 하고, 도시 조명계획에 있는 지역의 성격을 이해하고, 지역 전체의 야간경관의 목표를 정해서 그 지역의 야간경관 요소의 중요도와 성격에 맞는 조명설계를 해나가면서 지역 전체가 지향해야 할 목표를 가능하면 명확한 설계로서 나타낼 수 있고, 그 실현을 위해 구체적인 정비방침 및 규제 유도의 방법을 상세히 정하게 된다. 지역 조명계획은 다음과 같은 내용이 고려되어야 한다.

① 지역의 조명·야간경관의 현상과 과제의 파악 상업지역, 업무지역, 교육지역, 주택지역, 공업지역 등의 성격과, 역전, 도심부, 관광지, 역사적인 가로들, 혹은 수변 등의 특징을 근거로 하여서 야간에 있어 사람의 활동 등을 함께 고려한다. 야간경관의 경관요소와 조명의 밝기, 색은 물론 전체로서의 균형 등을 파악하고 문제점을 도출한다.

② 지역의 야간경관 목표의 명확화 지역의 성격과 특징, 야간경관의 현상과 과제, 도시의 조명계획(light plan)에 따라, 설정되었던 지역의 성격과 완성해야 할 역할 목표 등을 종합적으로 판단하면서, 지역 전체로서의 야간경관의 목표와 정비 이미지를 확보한다.

③ 지역의 경관요소 및 조명설계 검토 지역의 야간경관의 목표와 이미지를 기초로 하여서 도시 조명계획에서 결정된 경관요소의 연출도 배려해가면서, 지역수준(zone level)에서 중요시되는 야간경관 요소에 관해 밝기, 색, 배치 등의 조명 설계와 동시에, 주변과 배경 불빛의 억제를 포함하는 연출방법을 검토한다.

④ 구체적인 실현 방책의 검토 각각의 조명을 정비하는 주체, 수법, 프로그램 등에 관해서 검토함과 동시에, 불빛의 제거와 억제를 위한 규제 유도방책의 내용, 실시방법 등에 관해 검토한다.

도시 조명계획과 지역 조명계획을 수립하는 데 목표가 되는 예를 들면 표 **8·2** 와 같다. 이 밖에도 다양한 내용을 고려할 수 있을 것이다. 이런 내용을 설정하는 것은 도시 조명계획과 지역 조명계획을 수립할 때 알기 쉬운 목표를 부여하기 위해서이다.

표 8·2 조명계획 수립시의 목표

번 호	조명계획 수립시 목표의 예
1	'최고'를 목표로 한다.
2	인상적인 가로의 스카이라인을 형성한다.
3	야간적인 분위기에 알맞는 빛으로 가로의 차분함을 준다.
4	도시의 현관구를 선명하게 한다.
5	가로의 역사에 빛을 준다.
6	가로에 세련된 성인의 문화를 양성한다.
7	24시간 도시를 연출한다.
8	밤에도 사람이 호흡을 느낄 수 있는 가로를 만든다.
9	야간 리조트 경관을 꾸민다.
10	눈(雪)에 비추어진 밤의 반짝임을 연출한다.
11	가각(街角)을 매력 있는 빛으로 빛나게 한다.
12	항구에 야간조명을 설치한다.
13	조명으로 가로(街路)에 강조를 준다.
14	야간의 가로를 아름다운 디자인으로 만들어 낸다.
15	가로에 빛의 메시지를 발한다.
16	빛조각이 여기저기 박혀져 있는 예술로를 만든다.

제 9 장

정원 및 기타 구조물 경관

9·1 정 원

우리의 주택정원은 예로부터 기능면보다는 감상면에서 중점을 두었으나, 인간의 생활문화가 다양하게 발달되어 감에 따라 정원의 기능적인 측면과 관상적인 측면이 다함께 중시 되어 가고 있다.

주택 내의 정원은 주택을 제외한 외부공간을 아름답게 장식하고, 인간들이 가정생활을 하는 데 불편함이 없도록 설계되어야 한다.

9·1·1 정원의 의의

정원은 그 시대를 지배한 가치체계, 지형, 기후 등의 배경을 통하여 이루어진 정서문화의 산물이다. 정원(庭園)은 울타리로 둘러싸여 건물 앞의 공지인 정(庭)과 과실수를 기르던 동산의 원(園)의 복합어이다. 중국에서는 위치에 따라 원(園)과 원림(園林)으로 구분하고 있다. "원"은 성내, 즉 도시 내에 있는 열락형 정원으로서 상주하는 주택의 내부 또는 인접지에 이루어지는 정원이고 "원림"은 성외 즉 성곽주변에 수려한 자연환경 속에 만들어진 자연형, 열락형의 정원이다.

9·1·2 전통정원(傳統庭園)

전통정원은 소규모의 민간주택에서부터 궁궐에 이르기까지 건물과 관련되어 형성되는 외부공간은 물론 성내외의 명승지에서 이루어지는 자연형, 열락형이 한거장소(閑居場所)를 뜻한다.

전통정원은 사상적 배경, 공간구성 및 시설배치, 정원조성기법에 따라 다르다.

여기서는 한국, 중국, 일본 등 동양 3국의 전통정원의특징을 공간적 구성, 시각구성,

경관요소의 활용 및 건축적 요소에 따라 기술하고 한국전통 정원의 유형 및 개념을 역사적 배경 및 의의, 규모에 따른 특징, 유형규모에 따라 살펴보았다.

표 9·1 한국 전통정원의 유형별 개념

구 분	역사적 배경 및 의의	규 모 에 따 른 특 징		
		소 (2000평)	중 (2500~5000평)	대 (5000~10,000평)
1. 궁궐정원	전통궁궐을 상징 표현해서 직선적 요소와 절대왕권의 화려하고 고급스러운 정원양식을 표현	전통적 궁궐정원을 집약해서 표현(조선시대)	대표적인 통시대적 궁궐정원 양식을 조합해서 구현가능	통시대적인 궁궐 정원양식을 총괄적으로 구현(삼국, 고려, 조선)
2. 별서정원	조선시대 사대부의 은둔처로서의 기능과 무위자연의 지행합일을 표현한 대표적 정원	별서정원의 특징을 집약하여 일반적 특징을 구현	대표적인 별서정원 일부를 집약해서 구현	현재 남아 있는 몇 군데의 대표적인 별서정원을 지방별 또는 양식에 따라 복합적으로 구현
3. 민가정원	한국적 정감의 고양과 토속적인 고유의 민가정원의 원류를 구현	한 군데 정도의 전통민가 정원을 집약해서 구현가능	대표적인 민가정원 양식을 지방별로 조합해서 구현	각 지방의 대표적인 민가정원 양식의 도입이 가능하며, 민가정원의 다양한 접경물 등을 구현(호남, 영동, 제주)
4. 춘향이의 정원	대표적인 조선시대 문학작품인 춘향전을 통해서 문학사에 나타난 정원양식의 구현	다양한 체험적 공간구분이 미흡하며 나열식 공간구성	체함적 공간과 나열적인 공간구성	다양한 시설의 개별성과 체험을 할 수 있는 서정적 표현이 가능

표 9·2 한국 정원의 특징

구 분		한 국
1) 공간구성 측면		• 공간의 구성이 수평적인 구분보다는 수직적인 구분이 특징－주택구조에 있어 공간의 구분 및 위요, 영역성, 연속성이 두드러짐 • 후원에 돈대를 설치하여 좁은 공간에서 수직적 변화－수목, 식물을 이용하여 수직공간 장식
2) 시각구성		• 정원자체를 자연경관 속에 순응하여 배치하였기 때문에 자연경관 일부로 인식 • 담장이 낮고 정원 내의 건물이나 정자에서 주위를 잘 관찰할 수 있도록 하는 차경수법 발달
3) 조경 요소의 활용 기법	수 목	• 중국과 유사
	물	• 직선형의 방지활용 • 중앙에 원형의 섬을 조성－음양오행 원리를 상징화시켜줌
	암 석	• 암석을 장식적 요소로 활용 • 중국과 같이 괴석을 사용하나 배치에 있어 석함·석분에 심어서 배치
4) 건축적 요소	다 리 담 장 포 장	• 담장에 의해 주거공간이 위계를 갖고 구분되고 있으나 담장자체를 경관으로 볼 수 없음 • 마당을 정원의 일종으로 보는 것도 무리가 있음 • 다리 모양은 단순한 형태인 평교와 완만한 곡선의 아취교가 사용되었고, 문양도 중국처럼 그리 현란하지 않았고 용두석이나 석수 등을 장식물로 활용

표 9·3 중국－일본 정원의 특징 비교

구 분	중 국	일 본
1) 공간구성 측면	• 정원내에 건물이 매우 많고 규모도 대형 • 건물·화랑·내정 등으로 구분되어 있어 정원 내를 돌아다니며 연속적으로 감상하도록 되어 있으며, 극적인 연출(경이성, 의외성)	• 시대에 따라 정원구성이 많은 변화 －14C 이전 : 임천식 －14C : 축산 고산수 －15C 후반 : 평정 고산수 －16C : 다정양식, 회유 임천식
2) 시각구성	• 차경수법이 활용된 정원은 많지 않으며, 평탄지가 많은	• 사원조경에서 차경을 고려하여 정원계획을 해서 차경

		데다가 주위가 성벽, 담장으로 위요	수법이 활발하게 이용
3) 조경요소의 활용 기법	수 목	• 수목보다는 산과 수를 중시—수목은 이의 보관 요소 • 가급적 수목의 자연스러운 형태활용 • 수종선정은 생태적 특성을 고려	• 매우 독특한 수목의 활용 • 잔디·이끼 등의 지피식물을 많이 활용 • 수목의 형태를 전정해 다듬어 사용
	물	• 호수를 중심으로 한 수경—정자를 호수가에 놓고 다리를 호수 안쪽으로 놓아서 거닐 수 있도록 함 • 산과 수의 일체가 경관구성의 주된 요소이므로 축산과 함께 수면조성이 필수적	• 연못·폭포 등의 다양한 수경기법 도입—형태도 자연스러운 곡선형태 • 고산수 기법은 물을 사용하지 않고 모래를 이용해 상징화—일본 조경에만 나타나는 특징
	암 석	• 암석을 쌓아 올린 석가산 기법을 많이 활용—기괴한 모양의 암석을 상품으로 함(태호석)	• 정교하고 복잡한 배석기법이 독특하게 발달—암석의 크기, 재질, 비례를 고려하여 암석간의 시각적 균형을 이루도록 배치
4) 건축적 요소	다 리 담 장 포 장	• 벽·담장·문장 등이 주요한 경관적 요소로서 공간의 구획—프라이버시 확보 등의 역할 • 담장에 설치된 문창은 형태가 다양하여 그를 통해서 바라다 보이는 경관 또는 다양하여 흥미유발 • 석교와 난간의 독특한 처리로 경관의 주요한 요소로 활용—문양처리 다양 • 포장재료가 매우 다양하고 패턴도 다양하며 봉황·꽃·용 등의 문양과 색채의 화려함	• 경관구성 요소로 삼은 건축요소는 깨끗한 담과 연못에 설치된 다리—교량은 지그재그식 사선의 형태로 배치, 난간의 문양은 세공을 가해 화려한 느낌

9·1·3 면적에 의한 정원의 분류와 활용

(1) 소정원(小庭園)

정원의 부지면적이 60~150 m^2(약 20~50평) 정도로 일조량이 부족하고, 만족스러운 정원을 꾸미기에 어려운 점이 많다.

정원을 가꾸는 재료로 주로 음지식물이 많이 이용되며, 정원 내의 매우 어려운 부분은 밝은 색 계통의 강석(江石)을 이용하는 것이 좋다.

(2) 중정원(中庭園)

중정원의 부지면적은 150~300 m^2(약 50~100평) 정도로서, 소정원에 비해서 활용공간이 많다. 이 정도 면적의 정원 내에는 조그마한 연못이나 폭포, 잔디밭, 벤치 등을 설치할 수 있다.

(3) 대정원(大庭園)

대정원의 부지면적인 200평 이상이므로, 도시 근교의 별장정원 등이 이에 해당한다. 이 정원의 경우 공간을 매우 효과적으로 활용하기에 용이하다.

정원 내에는 과수원, 화단, 온실, 조각물, 분수, 약수터 등의 각종 시설물들을 적절한 장소에 배치할 수 있다.

9·1·4 정원의 측량 및 계획

조경목적의 측량결과의 처리에 관해서는 등고선을 그려 넣는 지형도의 제작을 생각할 수 있으며, 축척별로 나누어 보면 다음과 같이 나눌 수 있다.

축척 1 : 100 정도는 개인정원의 조경에 이용되고, 나뭇가지 형태로부터 암석의 요철(凹凸)에 이르기까지 측량하여 높이차 0.5 m 이하의 등고선 간격을 사용한다.

축척 1 : 300 정도는 대규모의 개인정원이나 공공건물 앞의 정원 및 소규모의 공원녹지에 해당하고, 고목(高木)의 형상이나 암석의 위치 등을 구할 필요가 있으며, 높이차 0.5 m 내지 1 m 간격의 등고선(等高線)으로 나타난다. 축척 1 : 1000 정도의 경우는 공원녹지(公園綠地)나 소단지(小團地)의 조경 등에 이용된다. 그 정밀도는 고목(高木)의 종류에 대한 위치를 알 수 있는 정도로 하고, 높이차 1 m 간격의 등고선으로 한다. 축척 1 : 3000 정도가 되면 소규모의 1 : 10,000 정도는 그 이상의 것과 마찬가지로 국립 지리원(國立地理院)에서 발생하는 지형도를 이용하여 그 수정에 의하여 작도하는 것이 좋다. 이 때는 도상(圖上) 1 mm가 10 m에 해당하므로, 일반 지형도에 나타나지 않은 특수한 지물(地物) 등이 관측이 주가 되고, 높이차에 대해서는 5 m 간격의 등고선에 의한 경우가 많다.

정원의 계획은 주거부지(住居敷地) 면적에 따라서 그 규모가 결정된다. 부지면적을

200 m² 이하, 300 m² 정도, 500 m² 정도, 1000 m² 이상 나누어서 생각한다. 200 m² 이하인 경우는 정원을 풍부하게 계획하는 것이 어려우므로, 경계 등에 필요한 공간과 10 m² 이상의 여백을 취하여 일부에 관상목적(觀賞目的)의 작은 정원을 고려하는 정도이다. 이 경우 기능적으로 가정 구성원의 취미활동, 원예(園藝)나 분재(盆栽) 등을 위하여 쓰이기는 하나, 아동들의 활동을 위해서는 여유가 없다. 300 m²일 때는 어느 정도의 전정(前庭)이나 주정(主庭)을 고려할 여지가 있으며, 방문객의 방문을 준비하기 위한 20~30m²의 전정을 잡으면 주정은 100 m² 정도의 면적이 된다. 이것으로 유아의 유희장에 모래밭을 갖추기는 어려우나 어느 정도의 오락이나 운동이 가능하도록 설계할 수 있다.

300m² 이상의 주거부지에서는 관상용 정원설정이 고려되어야 할 것이다. 500m² 정도의 부지를 가질 경우는 경계식재(境界植栽) 등에 필요한 면적을 확보하고, 주정(主庭)의 면적은 200~300 m²에 달하며, 유소년(幼少年)에게 어느 정도 만족을 줄만한 놀이터를 생각해 볼 수 있다. 그리고 다른 가족이 원예(園藝) 등의 취미활동을 할 수 있도록 설계할 수 있고, 관상정(觀賞庭)으로 생각하여도 완결성이 높은 조경이 가능하다.

1000 m² 이상의 부지일 경우, 전체 부지를 몇 개의 부분으로 나누어 각각 독자적인 기능을 갖도록 하여, 운동·오락·취미활동 등을 부지 내에서 공존시킬 수 있으며, 또한 500 m²(테니스 구장), 300 m²(수영장), 10 m²(주차구역), 경재폭원(境栽幅員) 및 화원을 가로지르는 화원로(花園路)의 폭원(幅員)을 1 m 로 할 수 있다.

9·2 터널경관

9·2·1 산악터널

터널의 입구인 갱문은 운전자의 눈에 쉽게 들어오는 구조물이므로, 주행 중 위화감이나 불안감을 주지 않고 중압감이 들지 않도록 밝은 인상을 주는 설계가 되어야 한다. 그리고 갱문 부근은 주변부와 일체가 되는 도로의 외부경관을 갖지 못하므로, 갱문의 형식과 벽면의 설계에서는 주변의 지형이나 경관과 위화감이 생기지 않도록 해야 한다.

특히, 벽면은 콘크리트가 많고, 콘크리트는 흰색에 가깝기 때문에 빛의 반사휘도가 높아서 주위의 자연, 즉, 녹색과 조화되지 않는 경우가 많다. 때문에 운전자의 눈에는 터널 입구가 강하게 인식되어 터널 내에 들어갈 때 눈의 순응상태가 나빠지고 교통안전 상태도 문제가 있을 수 있다.

따라서, 벽면을 작게 하든지, 벽면에 돌쌓기, 조면블록, 또는 채색 등으로 가공하든지, 담쟁이와 같은 식물을 심어서 운전자가 갱문에 시선을 주지 않고 터널로 들어갈 수 있도록 한다. 더구나 눈이 많이 쌓이는 곳에서는 갱문 앞에 보호물을 설치하는 경우가 많지만, 보호물은 눈에 띄게 중압감을 주기 때문에 미려한 형태와 색채를 이용하여 주위의 경관과 조화를 이루게 한다.

그러나 운전자로 하여금 유명한 터널이나 역사적으로 유서깊은 곳, 또는 사회적으로 유명한 지역을 통과할 때에는 이것을 알 수 있도록 하는 것이 유용한 랜드마크(landmark) 구실을 하기 때문에, 특징있고 눈에 띄는 갱문으로 만들 필요가 있다.

또한, 일정이상의 길이가 넘는 터널이 되면 환기가 필요하게 되어 환기탑이 설치된다. 환기탑은 대체로 갱문 부근에 설치되는 경우가 많은데, 이 때에 갱문과 같이 주변의 경관과 조화를 이룰 수 있도록 한다. 또, 앞에서 서술한 바와, 같이 랜드마크로서 사용하고 싶을 때는 기념물로써의 형상으로 계획하면 좋을 것이다.

터널입구의 지붕창문은 갱문과 같이 운전자의 눈에 쉽게 띄므로, 주위의 경관과 조화를 이루는 설계로 하는 것이 바람직하고, 특정한 곳에서는 랜드마크로써의 역할을 할 수 있게 특색 있는 설계로 할 수도 있다.

9·2·2 평지터널

도시 고속도로에서 도심부나 풍치가 좋은 지구를 통과할 때, 고가구조로는 도시경관을 저해할 수 있으므로 터널구조가 사용된다. 이를 산악터널에 비해 평지터널이라 하거나 도시터널 및 가로터널이라고 한다.

특징으로서 차도의 양쪽에 보도가 있고, 옆에 연직의 옹벽이 있어서 사람의 시계를 좁혀 압박감을 주게 되고, 천장에 의해 아주 폐쇄적인 공간이 된다.

대책으로는 벽면과 천장에 타일이나 벽돌 등을 사용하여 인간 스케일감을 연출한다. 또, 산악터널과 같이 갱문에 압박감이 들지 않도록 조치한다.

9·2·3 동문(洞門)

동문은 반터널이라 하고, 자연요소가 많은 산간부에 낙석방지 및 눈사태 방지를 목적으로 한쪽 절토구간에 설치된다. 터널과 같은 경관적인 배려가 필요하지만, 동문은 갱문만이 아니라 중간구간도 경관의 대상이므로, 터널 이상으로 동문의 중간구간의 구조물이 자연경관을 손상시키지 않도록 형상과 디자인 및 색채에 대해서 배려할 필요가 있다.

갱문과 중간구간의 구조물의 외측벽면의 휘도를 줄여 눈에 띄지 않도록 하고, 사계절의 경관변화에도 조화되도록 해야 한다.

동문의 천장 위쪽을 흙으로 수평되게 하더라도 좋지만, 이것은 낙석의 충격을 받아서 동문이 파괴될 위험이 있다. 그래서 천장상부의 흙은 절토면 상부의 사면과 일체가 되도록 하면, 낙석의 충격을 완화시켜 낙석을 아래쪽으로 떨어지도록 한다. 이 사면에 식재하면 자연을 회복하는 것이 될 수 있으며, 이 때 식생을 주위의 식생과 조화를 이루도록 하여 경관을 향상시키는 역할이 되도록 한다.

동문은 한쪽의 지주 사이로 빛이 들어 오므로, 터널에 비해 밝아서 압박감이나 폐쇄감은 없다. 주행하면서 지주 사이로 보이는 조망을 즐길 수 있다. 천장 옆면에 여유를 주고, 지주간격을 넓혀 옆면의 볼 수 있는 부분의 면적을 크게 하면, 조망상 유리하게 되어 좋을 것이다.

9·2·4 지 하 도

보행자를 위한 횡단시설로는 노면상의 건널목 표시를 한 횡단보도가 있지만, 입체시설로 지하도나 육교가 있다. 구미 선진국에서는 도시경관을 중요시하여 도로의 지하공간을 이용하고, 전선을 지하 공동구에 설치하듯이 횡단 지하도를 설치한다. 특히 시가지 중심부 등에서 연도의 건물이 높고, 미관을 중요시하는 지구에서는 육교는 피하고 지하도를 만드는 것이 좋다. 더욱이, 지하철역을 설치하는 경우에는 지하공간을 잘 이용하여, 지하도와 일체가 되도록 하고 나아가 지하보도를 만들면 좋다.

지하도가 육교에 비해 공사비가 많이 들고 유지관리가 어려우며 치안상의 어려움 등의 단점이 있으나, 도시경관을 유지한다는 장점에 비하면 오히려 비싸지 않을 수 있다. 단, 지하수위가 높은 곳에서는 유지관리가 어려우므로 주의하여야 한다.

지하도의 출입구는 도로변상에 돌출하는 형식이 되므로, 벽이나 주변건물 안에 설치하거나 연도의 공원이나 개방 공간(open space)내에 설치하는 것이 바람직하다. 가로에 설치하는 것은 육교와 같이 도로폭원을 좁게 하여 가로공간을 압박하므로, 보행자에게 불편을 주고 주위의 경관에 번잡한 인상을 준다. 이것을 해결하기 위해 미리 부분적으로 도로의 폭을 여유있게 한다든지, 육교의 교각과 계단, 버스 정류장의 가두 판매소, 공중 전화 박스, 화장실, 환기탑 등과 같은 다른 시설과 일체가 되게 하는 것이 경관상 좋다. 최악의 경우에라도 출입구를 식수대와 같이 설치하여, 가능한 한 단순한 설계로 눈에 띄지 않도록 지붕을 만들지 않는 것이 좋다.

그러나 역전이나 도시 중심지 등에서는 반대로 지역의 특성을 고려한 눈에 두드러지는 설계로 할 수도 있다.

지하도는 보행자를 위한 공간이므로, 타일이나 벽돌 등의 장식내장을 사용하여 조각 및 사진 등에 의한 벽면처리와 현대적인 조명시설을 설치하여 보행자가 건물의 복도를 걷는 듯한 느낌을 받도록 하는 것이 좋다. 지하도의 양쪽에 상점가를 설치하여 건물의 지하와 직접 연결하고, 지하도라는 인상보다는 건물의 일부라고 하는 분위기를 느낄 수 있도록 하는 것이 좋다.

9·3 송전탑의 경관

9·3·1 송전탑의 경관적 특징

송전철탑의 경관문제는 기본적으로 다음과 같은 두 가지 점을 고려하여야 한다. 첫째, 다수동질의 철탑이 연속적인 선상으로 나타나는 것과, 둘째는 하나의 철탑이 대규모로서 경관적인 영향력이 클 경우이다. 선상인 점에는 도로와 같지만, 하나하나가 세워진 구조물인 면에서는 도로와는 전혀 다르다. 즉, 경관적 영향력은 송전탑 구조물이 도로보다 크지만, 그 경관 대책상에 있어서는 도로의 외부경관의 경우에 준하여 고려한다.

이와 같이 경관적 영향력이 큰 원인은 다음과 같은 철탑의 형상특성에 있다고 할 수있다.

첫째, 수직으로 높게 서 있다는 특성으로 스카이라인(skyline)을 절단하기 쉽고, 먼 시점에서도 눈에 잘 띄인다. 둘째, 전선에 의해 서로 연결되어 있어 군집으로 존재한다는 특성으로, 수직·수평방향의 불규칙적인 선형은 복잡하다는 인상을 주기 쉽고, 철탑경간이 좁게 보이면 철탑이 군집화되어 눈에 잘 띄인다. 셋째, 철탑이 트러스 구조인 특성으로, 트러스 구조가 서로 겹쳐 보일 때는 복잡한 인상을 주기 쉬우며, 그림자가 생기지 않는 경우에는 배경이 투과되어 보이기 때문에 눈에 잘 띄지 않는다.

시각적 대책으로서는 첫째로 선형 선정단계로 경관보존의 필요성이 높은 지구를 피하고, 사람 눈에 띄기 쉬운 곳을 피하여 잘 보이지 않도록 하며, 둘째로 철탑배치 단계로 잘 보이지 않도록 주목되기 쉬운 장소를 피하고, 배치를 할 때 질서를 유지하게 하며, 셋째로 설비설계 단계로 조경 등에 의해 조화를 이루게 하고 두드러지지 않게 한다.

9·3·2 위치선정 단계

노선선정의 중요한 점은 우선 가능한 송전철탑을 사람의 눈에 띄지 않게 하는 것이다. 다음으로는 경관적 가치가 높은 지역을 피하는 것이다. 사람의 눈에 띄지 않게 하는 것은 그리 쉽지 않기 때문에 현실적으로는 조망점에서 일정 거리를 두어 눈에 잘 띄지 않게 하는 방법을 고려해야 한다. 이렇게 하려면, 어느 정도 떨어질 때 송전

철탑의 영향이 없는가를 정량적으로 말할 수 있어야 한다.

표 9·4는 500kV의 철탑의 수직시각을 변수로 하여 그 영향력을 관찰한 예로서, 압박감의 역치(逆値)는 5~6°, 눈에 띄는 상태의 역치는 2° 정도로 나타나 있다. 물론, 철탑이 있는 곳의 지형, 식생적 현황 및 날씨, 시각 등에 따라 이 값이 변하게 되지만, 노선선정에 있어서 기준이 될 것이다. 다음으로 조망이 좋다고 생각하고 있는 대상의 전후좌우에 접근하여 그것을 침해하는 것이 존재하게 되면, 실제로 혐오감을 갖는 인상을 받게 된다. 이와 같은 경우는 주대상과 침해요소가 물리적으로 접근하여 있지 않아도 발생된다는 것에 주의를 하지 않으면 안 된다. 침해감은 지점경관의 구조상의 근접에 의한 것이므로, 주대상과 시점 · 침해물의 위치관계가 문제가 된다.

표 9·4 수직시각과 철탑경관

시 각	거 리	철 탑 경 관
0.5°	8000 m	윤곽이 약간 나타남
1°	4000m	주의를 기울이지 않으면 경관적으로 거의 느낄 수 없음
1.5°~2°	2000m	주위환경에 맞게 도색하면 거의 느낄 수 없음
3°	1300m	비교적 세부적인 부분까지 보이지만 압박감을 느낄 수 없음
5°~6°	800m	약간 크게 보이고 경관적으로 큰 영향을 주지만, 압박감은 거의 받지 않음
10°~12°	400m	크게 보이고 압박감을 받게 되며, 주위경관과 조화가 이루어지지 않음
20°	200m	올려다보게 하며 압박감도 강하게 받음

평면도상에서 송전철탑이 호수 및 산 등의 경관자원에 근접하여 위치하지 않았지만, 그림 9·1의 좌측과 같이 주대상물의 방향으로 설치되는 현상이 나타나게 된다.

(a) 주요시점으로부터 주대상을 바라보는 방향으로 송전설비를 배치하지 않음

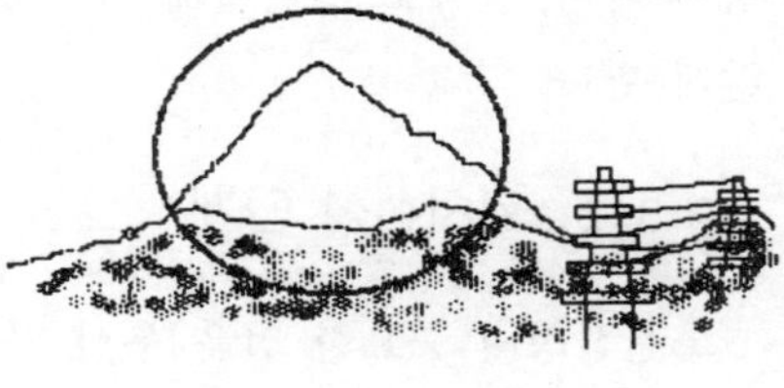

(b) 주요시선 방향으로부터 가능한한 떨어지는 것이 중요하다.

그림 9·1

경관의 경우에는 대상물의 위치를 확보하는것도 무시할 수 없으므로 이것을 조망하는 주요 시점을 잡고 이 시축으로부터 철탑이 어느 정도 퍼지는가를 검토할 필요가 있다. 그림 9·2는 지형의 기복을 교묘하게 이용하여 보이는 송전철탑의 수가 적게 되도록 노선을 선정하는 방법의 예이다.

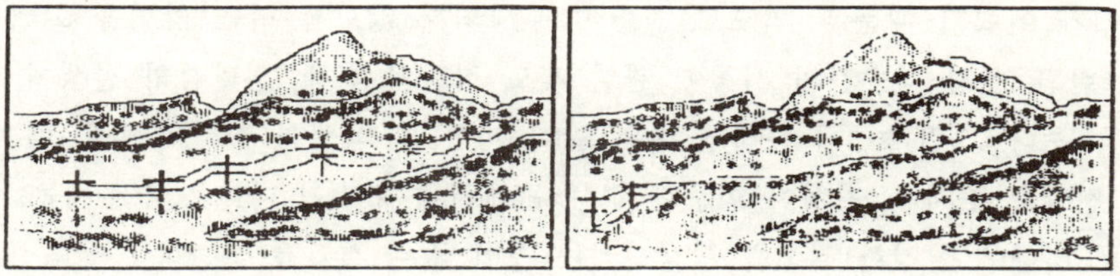

그림 9·2 지형을 이용하여 송전선이 보이지 않도록 설치한 예

9·3·3 철탑배치 단계

송전철탑의 노선이 선정되어 있거나 이것을 통과하는 대상(帶狀)의 공간이 확보되어 있을 때에도, 어느 곳에 철탑을 설치할 것인가의 세부적인 배려를 할 필요가 있다. 이 배치단계에 있어서 대책도 노선선정의 대책과 기본적인 것은 비슷하다. 단, 세세한 지형과 식생에 대한 고려가 필요하며, 동시에 철탑 상호간의 시통에 대해서도 유의할 필요가 있다.

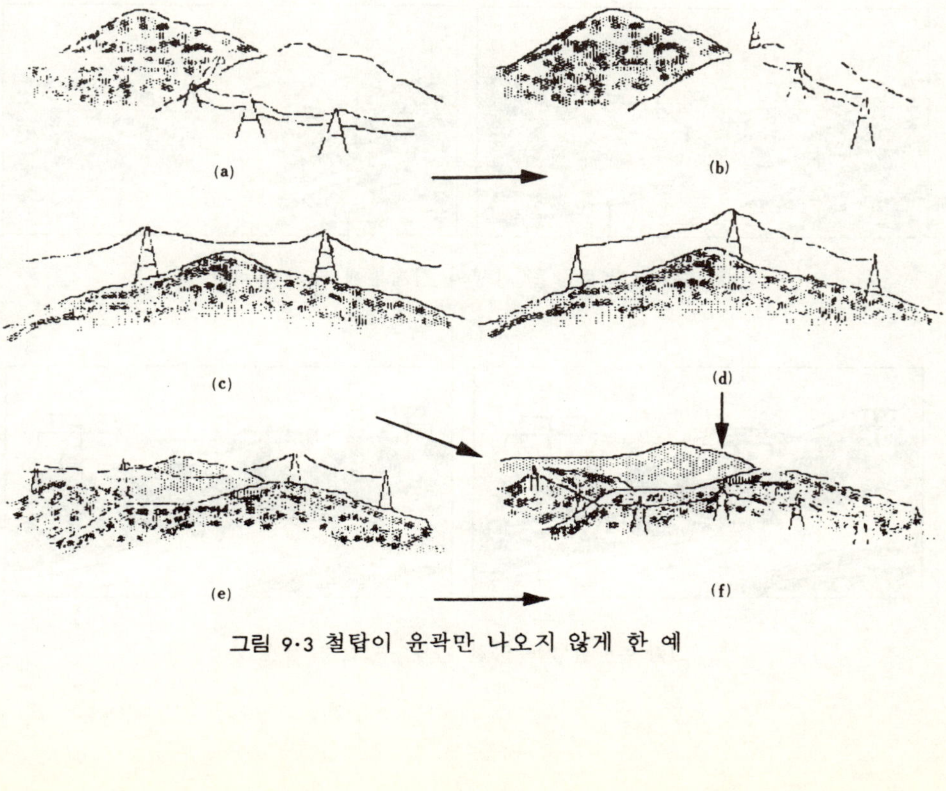

그림 9·3 철탑이 윤곽만 나오지 않게 한 예

그림 9·3은 눈에 띄는 정도를 경감하기 위해서 철탑이 윤곽선(silhouette)으로 되지 않는 방법의 예를 제시한 것이다. 그림 9·4는 눈에 띄지 않게 하는 하나의 방법으로서 철탑군을 식생의 경계부에 배치한 예이다. 철탑이 설치될 곳이 균질하면 이것이 배경색이 되어 철탑군이 부상되어 눈에 띄게 된다. 토지이용 및 식생의 경계는 바탕을 바꾸기가 어렵기 때문에, 역으로 철탑이 부상되지 않도록 하는 방법을 고려하여야 한다. 한편, 철탑 상호간의 시통에 관한 것도 경관의 침해, 혼란감의 발생에 커다란 영향을 준다. 그림 9·5에 나타낸 바와 같이 지형 및 식생의 질서에 따른 배치가 최고의 전망을 주지만, 지형이 험준한 경우나 배치에 부과가 따르는 경우에는, 차라리 철탑군 자체에 일정한 질서를 형성시키는 것이 좋은 결과를 갖는다.

9·3·4 철탑의 설계 및 경관단계에서의 대책

경관보전을 위한 철탑의 형상에 대해서도 고려하여야 한다. 비교적 전압이 낮은 경우에는 부재가 많은 트러스의 번잡을 피하기 위해 가는 폴형식(pole 形式)의 철탑이 많이 이용되어 왔다. 그러나 최근에는 주로 색채처리로 대체하고 있다. 눈에 띄지 않기 위해서 철탑을 배경과 일치시키도록 한다면 더욱 좋지만, 가장 우선된 대책으로는 전술한 바와 같이 철탑의 윤곽만 생기지 않도록 배치하는 것이며, 두 번째로 도장(塗裝)에 의한 것이다. 이 때 중요한 것은 역시 색상보다도 명도, 채도 등의 선택이다.

그림 9·4 철탑군을 식생의 경계부에 배치한 예

그림 9·5 철탑을 약간 가릴 수 있는 경관

배경과 유사한 명도나 채도를 이용하는 것이 가장 무난하며 지형 및 식생이 배경이 될 경우는 어둡게 하고, 배경이 하늘인 경우에는 밝은 색을 이용하는 것이 원칙이다.

마지막으로 식재에 의한 경관에 대한 것으로서, 그 목적은 철탑을 은은하게 하는 것과 식물의 부드러움에 의해 철탑의 날카로운 선을 완화시키는 것 두 가지이다. 대규모적인 철탑의 전부를 은은하게 하는 것은 현실적으로 곤란하기 때문에, 일반적으로 철탑의 일부를 부드럽게 하는 동시에 철탑의 날카로운 선을 온화하게 한다는 것을 알 수 있다.

이상에서 볼 때 계획단계에서의 대책의 고려방안을 계획의 초기단계에서 강구하여야만 효과적이라 할 수 있다. 그러나 토지의 제약조건이 있는 곳에서는 전부 이상적으로는 할 수 없기 때문에, 경관 및 설계의 단계에서 어느 것이 가장 좋은가를 생각하고, 너무 지나치게 경비를 증가시키는 변경은 피하는 것이 좋다.

제 10 장

지형공간 정보체계를 이용한 경관해석

10·1 지형공간 정보체계

10·1·1 지형공간(地形空間) 정보체계의 의의

지형공간 정보체계는 지구 및 우주공간 등, 인간활동 공간에 관련된 제반 과학적 현상을 정보화하고, 시간적 · 공간적 분석(time-space analyasis)을 통하여 그 효용성을 극대화하기 위한 정보체계로서 위치자료와 특성자료로 구성된다. 위치자료(位置資料, positional data)는 공간적 해석이 가능하도록 대상물에 절대적 또는 상대적 위치를 부여하기 위한 것이고, 특성자료(特性資料, descriptive data)는 도형자료, 영상자료, 속성자료로 구성된다. 도형자료(圖形資料, graphic data)는 도면, 지도 및 도형에 의한 자료이고, 영상자료(映像資料, image data)는 일반사진, 항공사진, 인공위성 영상 또는 비디오 영상에 의한 자료이며, 속성자료(屬性資料, attribute data)는 대상물의 자연, 인문, 사회, 행정, 경제, 환경적 특징을 나타내는 자료로서, 지형 공간적 분석이 가능하도록 도형 및 영상자료와 관련되어 있다.

지형공간 정보체계는 이러한 지형정보(geo-information)와 공간정보(spatial information)를 능률적으로 결합하여 주어진 문제의 해결 및 의사결정에 최대한의 효용을 얻기 위해 결합된 정보체계이다. 즉, 점, 선, 면 또는 입체 등 지형적 특성을 갖는 자료를 공간적 위치기준에 맞추어 다양한 목적과 형태로서 분석, 처리할 수 있는 정보체계를 말한다.

지형(地形, geo)은 일반적으로 토지의 기복이나 형태, 즉 산이나 들의 높고 비탈진 모양을 나타내지만, 이것은 단순한 사전상의 개념으로 자연지형(自然地形, terrain)을 가리키며, 더욱 포괄적인 개념으로 지형의 정의를 정립한다면 제반 인간활동 영역에서 이루어지는 학술적 현상 또는 대상물의 특성과 분포라 할 수 있다. geo는 earth를 뜻하는 어원(語源)으로 '땅'을 뜻한다.

공간(空間, space)의 개념을 물리학에서는 물체의 배열이나 상호관계를 나타내는 양의 총체를 표현하는 경험적인 개념이라고 정의하고 있으며, 철학에서는 시간과 함께 물질의 존재를 성립시키는 기초적이고도 근본적인 조건이라고 말하고 있다. 지형공간 정보체계(GSIS)에서 다루는 공간의 개념은, 지형정보를 해석하는 데 필요한 대상물들 사이의 상호위치 관계와 제반 학술적 현상의 발생영역 및 시간의 범주라고 할 수 있다. '하늘'을 뜻하기도 한다. 여기서 다루는 지형 · 공간은 인간활동의 총체적 범위를 의미하고 있다.

정보(情報, information)는 자료를 처리하여 사용자에게 의미 있는 가치를 부여한 것이다. 이러한 정보는 체계의 개념을 떠나서는 과학적으로 분석될 수 없고, 체계와 연결되어 설명되어져야 한다.

정보의 주요한 특성은 시간의 차원을 가지고 있기 때문에 미래에 유용하게 사용될 수 있고, 복사가 가능하기 때문에 대량생산이 가능하며, 정보의 소비자는 이를 이용하여 새로운 분야에 대한 정보의 생산자가 될 수 있으며, 정보는 아무리 분배를 해도 줄어들지 않고 오히려 새로운 사용자에 의해서 그 가치는 더욱 증대하게 된다.

체계(體系, system)는 지형과 공간상에 존재하는 대상물들의 특성과 현상을 관측함으로써 자료가 취득되며, 이러한 자료를 통합하여 특별한 의미를 부여하게 될 때 생성되는 것이 정보이다. 이러한 다양한 정보들의 상관관계를 규정함으로써 여러 종류의 정보들에 대한 연결을 시도하고, 이에 대한 자체적인 제어능력을 가진 개별 요소들의 집합체를 체계라고 한다.

정보체계(情報體系, information system)는 다양한 이질적 관측량들을 적절히 가공하여 자료화하고, 이들 자료를 보다 이용하기 쉽도록 자료기반(Data Base : DB)을 구축하고, 이를 바탕으로 하여, 일정한 목적에 부합하는 의미와 기능을 갖는 정보를 생산하며, 이들 자료와 정보를 효율적으로 결합 · 운영하여 통합된 기능을 발휘할 수 있도록 하는 체계이다.

위의 정의들을 토대로 지형공간 정보체계를 정의하면, 지형공간 정보체계(Geo-Spatial Information System : GSIS)는 제반 지구 과학적 현상의 특성 또는 분포를 제반현상의 발생영역과 공간적, 시간적 위상관계를 고려하여 처리하고 해석하는 정보체계이다. 즉, 지구 및 우주공간에 관련된 제반 과학적(Geo-science的)정보에 중점을 둔 정보체계라 할 수 있다. 단, Geo-spatial이 아닌 Geospatial로 표기할 때는 GSIS를 간단한 GIS

라고도 한다.

10·1·2 지형공간 정보체계의 구성 및 구비요건

[1] 체계의 구성

지형공간 정보체계는 토지, 자원 및 환경 등에 관련된 다양한 정보를 위치와 특성에 맞추어 입력하고 저장하여, 전산기에 의해 종합적·단계적으로 처리함으로써, 여러 목적에 맞게 활용·분석 및 출력할 수 있도록 발전하고 있다(그림 10·2 참조).

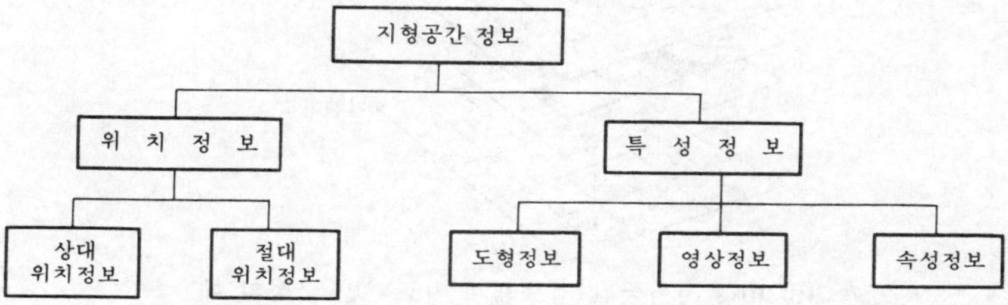

그림 10·1 지형공간 정보체계의 자료의 종류

이들 위치 및 특성정보는 소정의 축척, 투영법 및 좌표계에 따라 전산기에 적합한 수치형식의 자료기반으로 저장되며, 자료기반은 개념적으로 자료층(資料層, layer) 또는 면으로 구성되어 각 층마다 상이한 주제의 정보가 수록된다. 이렇게 주제별로 수치기록된 다수의 층은 주어진 문제에 대한 자료은행(data bank)을 구성하게 된다.

각각의 자료집단이 주어진 기본도(base map)를 기초로 좌표계의 통일이 되면, 둘

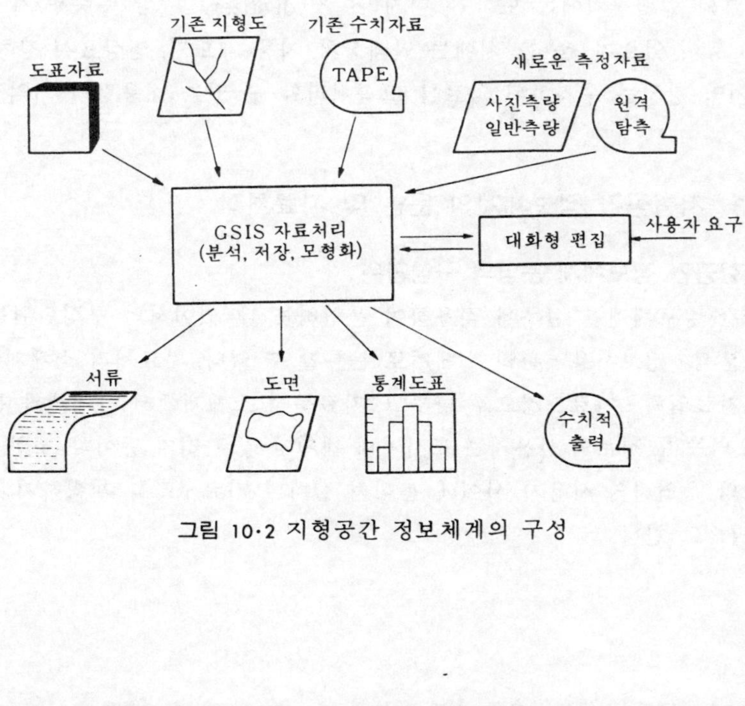

그림 10·2 지형공간 정보체계의 구성

또는 그 이상의 자료관측에 대하여 분석될 수 있으며, 이 기법을 중첩(overlay) 또는 합성해석(composite analysis)이라 한다.

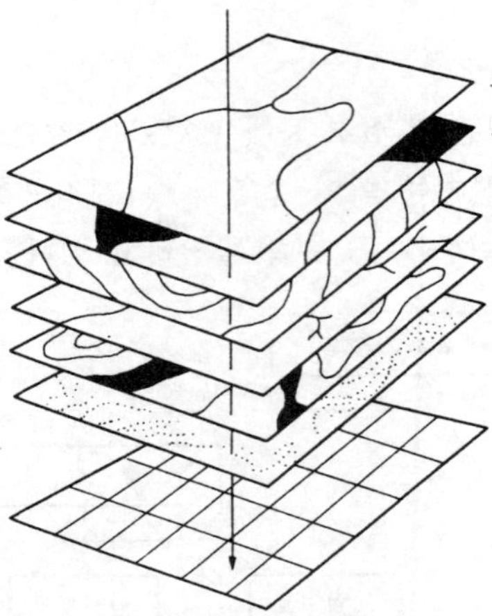

그림 10·3 지형공간 정보체계 자료기반 구성의 예

[2] 체계의 구비요건

지형공간 정보체계의 기능을 충분히 발휘하기 위하여 요구되는 구비요건으로는, 첫째, 하나 또는 그 이상의 자료입력 방식이고(도면 및 도면중첩 정보, 도표작성, 수치영상 자료 등), 둘째, 소요 공간관계와 관련된 정보의 저장 및 유지기능, 셋째, 자료간의 상관성과 적절한 요소들의 원인-결과반응을 고려한 모형화(modeling), 넷째, 다양한 방식에 의한 자료의 출력(도표, 비디오 출력, 도면 등)이 요구된다.

수치자료의 입력장치에는 도화기, 디지타이저(digitizer), 지상 측량용 기기, 스캐너(scanner) 등이 있으며, 출력장치에는 인쇄장치, 자동 제도기, 영상표시 장치 등이 있다. 자료기억 장치는 수치화된 자료를 고속처리할 수 있는 대용량의 기억장치가 필요하다.

10·1·3 지형공간 정보체계의 운영 및 자료처리

[1] 지형공간 정보체계 운영의 구성단위

지형공간 정보체계를 실무에 적용하여 운영하는 데 있어서의 구성단위는, 자료처리·자료분석·정보사용·관리 소체계로 분류할 수 있다. 자료처리 소체계에서는 자료취득·자료입력·자료저장으로 나누고, 자료분석 소체계에서는 검색과 분석, 정보출력으로 나누며, 정보의 사용자는 조사자나 계획자 및 관리자 등이다. 또한, 지형공간 정보체계의 운영자와 사용자 사이에 분석적 절차나 자료구조를 계획하기 위해 상호작용을 필요로 한다.

관리 소체계는 조직적 역할, 운영요원, 절차의 세 가지로 분류한다. 지형공간 정보체계의 부분은 공간자료 기반이나 분석 서비스를 제공하는 자료관리 분류단위로써 조직화되는데 이를 조직적 역할이라고 하고, 운영요원은 체계 관리자, 자료기반 관리자, 체계 운용자, 체계 분석가, 디지타이저 조작자 등을 말한다. 절차는 포괄적인 상호작용으로 체계가 효과적으로 기능을 발휘하려면 지형공간 정보집단과 조직의 나머지 사람들을 필요로 한다.

[2] 지형공간 정보체계의 자료처리

지형공간 정보체계의 자료처리 체계(data processing system)는 크게 자료입력, 자료처리, 출력의 3단계로 구분할 수 있다(그림 10·4)

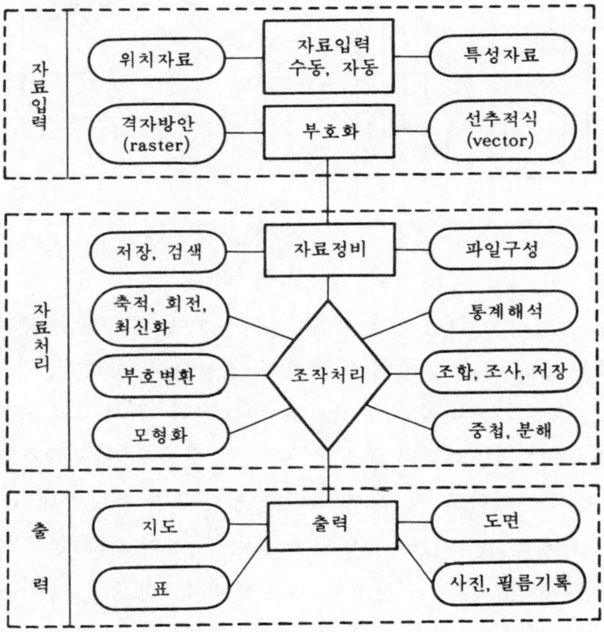

그림 10·4 지형공간 정보체계 자료처리의 흐름

(1) 자료입력

자료입력 과정은 위치정보, 도형정보, 영상정보 및 속성정보에 따라 방법이 다르지만, 주로 키보드로 입력되는 속성정보를 제외하고는 기존의 자료활용 측면과 새로운 자료획득 측면으로 나눌 수 있다. 기존의 자료활용 측면에서 가장 많이 이용되는 것이 디지타이징과 스캐닝이며, 이는 수동방식(디지타이저), 자동방식(스캐너에 의한 자동 벡터화), 반자동 방식으로 구분된다.

지도가 과거의 지형정보를 갖고는 있으나 정확도가 낮을 경우, 정확도가 높고 최신의 지형정보를 활용하고자 할 때에는 새로운 지형자료 취득방법이 요구된다. 이 경우 새로운 지형자료 취득방법으로는 지상측량에 의한 방법, 사진측량에 의한 방법, GPS에 의한 방법, 위성영상 자료를 활용하는 방법 및 토탈스테이션(totalstation) 등 최신 측량기기에 의한 방법 등이 있다. 기존 수치자료는 지형공간 자료를 감안하여 기본도의 투영법 및 축척 등에 맞도록 재편집된다.

(2) 부호화(encoding)

점, 선, 면 또는 다각형 등에 포함된 공간적 변량을 부호화(encoding)하는 데에는, 격자형 방식(格子形 方式 : grid-cell 또는 raster coding)과 선추적 방식(線追跡方式 : line following 또는 vector coding)의 두 가지가 사용된다(그림 10·5).

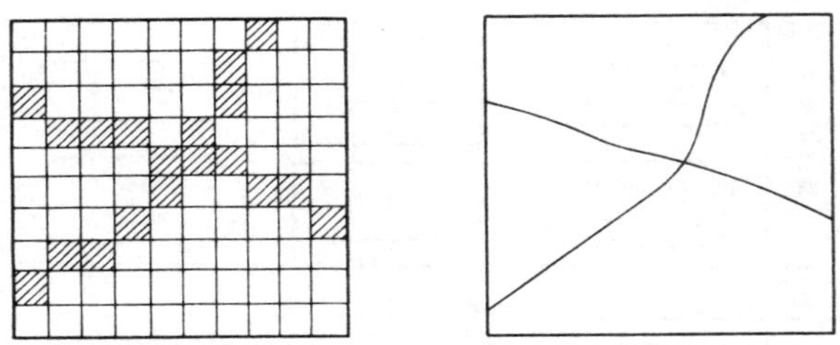

(a) 격자형 방식 (b) 선추적 방식

그림 10·5 부호화의 방식

스캐닝(scanning) 방식은 개념상 토지 및 거리사상에 겹쳐진 행렬과 같은 것으로, 각 특성정보는 격자형의 체계적 배열에 의하여 수집된다. 따라서, 각 격자형 내에서 가장 지배적인 상태가 그 변량의 대표값으로 수록된다. 격자형의 크기에 따라서 분류의 정확도가 좌우되므로, 자료의 특성을 보다 상세하게 수집하기 위해서는 첫째, 격자형의 크기를 작게하거나 둘째, 격자형 내에 들어오는 자료형태의 상대적인 양을 기록하는 영상소(映像素 : pixel)와 동일하게 하는 것이다. 격자형은 주로 원격 탐측기(remote sensor)자료와 같은 수치영상 체계에 의한 자료에 사용되며, 비디오 사진기(video camera) 방식, 평면주사 방식, 원통 주사식(drum scanning) 등이 이용된다.

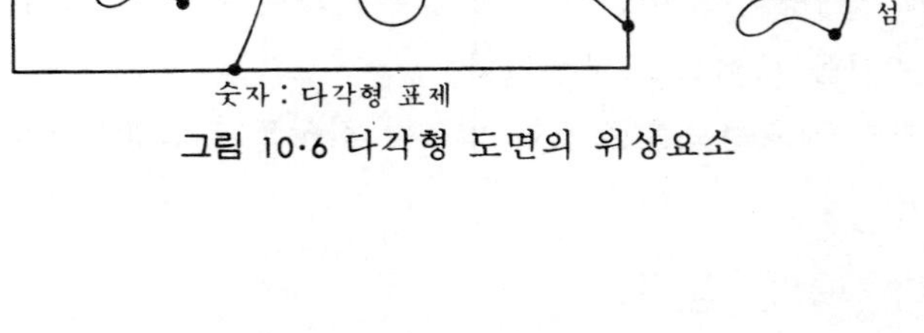

숫자 : 다각형 표제

그림 10·6 다각형 도면의 위상요소

디지타이저 방식은 소요의 특성자료를 포함하는 지역단위의 경계선을 수치 부호화하여 저장하는 방식이다. 이 중 한 가지인 위상 부호화형은 몇 개의 호로 구성된다. 이러한 디지타이저 방식은 스캐닝 방식에 비하여 보다 정확하게 경계선을 정할 수 있고, 전산기의 저장용량도 훨씬 줄일 수 있다. 디지타이저는 주로 조직망이나 등고선과 같은 선형자료를 수치변환하는 데 사용된다.

[3] 자료기반 구조 및 자료관리

지형공간 정보에 있어서 지형자료 입력능력은 사용자로 하여금 지형기준 격자(geographic reference grid)에 기초를 둔 *X*, *Y*(때로는 *Z*) 좌표로서, 지형의 특성을 입력하고 저장할 수 있도록 도와 준다. 문자주석과 형태 또한, 독특한 지도의 형태를 결정하고, 자료기반 내에 저장된 표특성에 따라 형태를 조합하는 기초를 제공하기 위해 입력될 수 있다. 도형자료 운영체계의 핵심 패키지 내에 주로 포함된 주요 지형자료 입력방식은, 대화식 수치화와 특별한 특성입력 방식이 있다.

자료의 방대함과 다양함, 또한 응용범위의 광대함에 비추어서 자료관리 과정은 지형공간 정보체계의 효율적 작업의 성공여부에 매우 중요한 것이다. 자료관리는 모든 자료의 등록, 저장, 재생 및 유지에 관한 일련의 프로그램으로 구성된다.

[4] 자료조작(data processing)

지형공간 정보체계의 조작처리(manipulative operations)에는 표면분석(表面分析 : surface analysis)과 중첩분석(重疊分析 : overlay analysis)의 두 가지 자동분석이 가능하다. 표면분석은 하나의 자료층상(資料層 : layer or data plane)에 있는 변량들간의 관계분석에 적용되며, 중첩분석은 둘 이상의 자료층에 있는 변량들간의 관계분석에 적용된다.

중첩에 의한 정량적 해석은 각각의 정성적 변량에 관한 수치지표를 부여하여 수행되며, 변량들의 상대적 중요도에 따라 경중률(輕重率 : weight)을 부가함으로써 보다 정밀한 중첩분석을 행할 수 있다.

정량적 해석과 경중률 부여기법에 의하여 자료은행은 두 가지 형태의 예측모형에 이용될 수 있다. 예를 들어서 평가모형은 산불발생 가능성, 지하수 오염, 교통체계 등의 환경특성 평가에 적용될 수 있으며, 배치모형은 도시개발·교통노선·관개농경 개발 등의 특정한 토지이용에 가장 적합한 지역결정에 적용될 수 있다.

[5] 자료출력(data output)

지형공간 정보체계는 도면이나 도표의 형태로 검색 및 출력을 할 수 있다. 대부분의 체계에서는 인쇄도면, 이산도표 및 지도 등을 여러 가지 형태와 크기로 제작할 수 있으며, 영상면(monitor screen)을 통해서 자료기반의 한 구역 또는 다중 자료기반에 관한 도형 및 도형정보를 표시해 볼 수 있다.

10·1·4 지형공간 정보체계의 활용

[1] 지형공간 정보의 소체계

지형공간 정보체계의 활용분야를 소체계 분야로 구분하여 나타내면 다음과 같다.

① 토지정보 체계(Land Information System : LIS)

② 지리정보 체계(Geographic Information System : GIS)

③ 도시 및 지역정보 체계(Urban And Regional Information System : UIS/RIS)

④ 수치지도 제작 및 지도정보 체계(Digital Mapping and Map Information System : DM/MIS)

⑤ 도면 자동화 및 시설물 관리(Automated mapping and Facility Management : AM/FM)

⑥ 측량정보 체계(Surveying Information System : SIS)

⑦ 도형 및 영상정보 체계(Graphic and Image Information System : GIIS)

⑧ 교통정보 체계(Transportation Information System : TIS)

⑨ 환경정보 체계(Environmental Information System : EIS)

⑩ 자원정보 체계(Resource Information System : RIS)

⑪ 조경 및 경관정보 체계(Landscape and Viewscape Information System : LIS/VIS)

⑫ 재해정보 체계(Disaster Information System : DIS)

⑬ 해양정보 체계(Marine Information System : MIS)

⑭ 기상정보 체계(Meteorological Information System : MIS)

⑮ 국방정보 체계(National Defence Information System : NDIS)

⑯ 지하정보 체계(Underground Information System : UGIS)

[2] 소체계별 활용내용

(1) 토지정보 체계(Land Information System : LIS) 토지정보 체계는 지형분석, 토지의 이용, 개발, 행정, 다목적 지적(地籍) 등 토지자원 관련문제 해결을 위한 정보분석 체계이다.

(2) 지리정보 체계(Geographic Information System : GIS) 지리정보 체계는 공간좌표 또는 지리좌표에 관련된 도형 및 속성자료를 효율적으로 수집, 저장, 갱신, 분석하기 위한 정보체계이다. 즉, 지도와 통계자료 등 지리자료, 속성자료의 입력, 정비, 가공, DB 구축, 분석, 출력에 관련된 일련의 정보체계를 말하는 것이다.

(3) 도시 및 지역정보 체계(Urban And Regional Information System : UIS/RIS)와 국

토정보 체계(National Land Information System : NLIS) 도시정보 체계는 도시계획 및 도시화 현상에서 발생하는 인구, 자원 및 교통의 관리, 건물면적, 지명, 환경변화 등에 관한 자료를 다루는 체계로서, 도시현황 파악 및 도시계획, 도시정비, 도시기반 시설관리를 효과적으로 할 수 있다. 지역 및 국토정보 체계(RIS/NLIS)를 이용하여 국민소득/물가통계/인구, 토지, 자원/사회복지/국가 총예산 회계 등을 고려하여 국정 기본정보 수집에의 활용과 조직망을 구성할 수 있다.

(4) 수치지도 제작 및 지도정보 체계(Digital Mapping and Map Information System : DM/MIS) 수치지도 제작은 지상측량, 항공사진 측량 또는 기존 지형도의 입력 등에 의하여 대상 지형지물의 위치 및 특성자료를 수치형태로 입력하고, 편집·가공함으로써 도면형태, 자기 테이프 등의 소요형태로 지형도면 또는 수치정보를 얻는다. 측량체계에 의해 수치지도를 제작하는 것을 일반적으로 수치지도 제작이라 한다.

지도정보 체계는 수치지도의 활용면에 중점을 둔 정보체계로서, 생활편리 정보나 관광 및 위락정보, 판매/경영정보(area marketing and business information), 차량운행 및 보행자 안내정보, 부동산 유통정보, 토지평가 및 토지가옥 관리정보, 안전관리 정보 등이 있다.

(5) 도면 자동화 및 시설물 관리(Automated mapping and Facility Management : AM/FM) 도면 자동화는 지형과 지물이나 대상의 위치 및 특성자료를 전산기에 수치형태로 입력하여 도면화시킴으로써 지형정보를 생성, 수정 및 합성하여 시설물 관리를 효과적으로 하기 위한 체계이다. 시설물 관리는 도면 자동화된 수치지도에 속성정보를 부여하여 상수도 시설 관리체계, 하수도 시설 관리체계, 전화시설 관리체계, 전력시설 관리체계, 가스시설 관리체계, 도로시설 관리, 철도시설 관리, 유선방송(CATV) 시설 관리, 공항시설 관리, 항만시설 관리 등을 효율적으로 관리할 수 있는 체계이다.

(6) 측량정보 체계(Surveying Information System : SIS) 측량정보 체계는 total station에 의한 수치 지형도 작성 및 DTM 자료기반 구축을 하는 측량 및 조사정보 체계, GPS(Global Positioning System) 위성측량에 의한 3차원 위치를 결정하는 측지정보 체계, 항공사진을 이용한 정밀 지형도 작성을 할 수 있는 사진측량 정보체계, 위성영상의 분석처리에 의한 자원탐사와 환경변화를 검출할 수 있는 원격탐측 정보체계를 통틀어 측량정보 체계라 한다.

(7) 도형 및 영상정보 체계(Graphic and Image Information System : GIIS) 도형 및 영상정보 체계는 적, 녹, 청/명도, 색상, 채도변환을 이용한 고해상도 천연색 인공위성의 영상합성을 이용하는 수치영상 처리를 기본으로하여, 인공위성 영상의 기준점 및 표고 추출점 정확도를 향상시켜 2차원, 3차원 도형자료를 분석하는 체계를 말한

다.

(8) **교통정보 체계(Transportation Information System : TIS)** 교통정보 체계를 이용하여 육상교통 관리, 해상교통 관리, 항공교통 관리, 첨단도로 교통체계(IVHS or ITS), GPS를 이용한 항법(GPS-Navigation), 교통계획 및 교통영향 평가를 할 수 있으며, 교통량, 노선연장, 운수업, 화물 수송량, 도로보수 공정, 도로완공 일정 등을 효과적으로 관리할 수 있는 체계이다.

(9) **환경정보 체계(Environmental Information System : EIS)** 환경정보 체계는 대기오염 정보, 수질오염 정보, 고형 폐기물 처리정보, 유해 폐기물 위치평가와 관련된 전산정보 체계를 환경정보 체계라 한다.

(10) **자원정보 체계(Resource Information System : RIS)** 자원정보 체계는 농산자원 정보, 삼림자원 정보, 수자원 정보 등과 관련된 정보체계를 자원정보 체계라 한다.

(11) **조경 및 경관정보 체계(Landscape and Viewscape information System : LIS/VIS)** 조경 및 경관정보 체계는 수치지형 모형, 전산도형 해석기법과 조경, 경관요소 및 계획대안을 고려한 다양한 모의관측이 가능하여, 최적 경관 계획안 수립을 가능하게 하는 체계이다.

(12) **재해정보 체계(Disaster Information System : DIS)** 재해정보 체계는 홍수방재 체제수립, 지진방재 체제수립, 민방공 체제구축, 산불방재 대책수립 때 필요하며, 수계특성 · 유출특성 추출 및 강우빈도와 강우량을 고려하여 홍수 도달시간을 예측할 수 있다.

(13) **해양정보 체계(Marine Information System : MIS)** 해양정보 체계는 해저영상 수집, 해저지형 정보, 해저지질 정보, 해수유동, 해상정보 등을 포함한다. 해양정보 체계를 이용하여 side scan sonar에 의한 해저영상 수집분석, 초음파 탐사에 의한 해저지형 및 해양지질 조사, 초음파 탐사영상 처리에 의한 해저지질 구조 분석 및 해양지하자원 탐사, 조류와 조석관측에 의한 파력 에너지 활용 대책수립, 인공위성 영상분석에 의한 해류흐름의 변동, 수온분포 변화조사, 위성영상, 해양관측 감지기(sensor), GPS 자료결합 분석에 의한 어로자원 이동상황 및 어장현황 예측을 할 수 있다.

(14) **기상정보 체계(Meteorological Information System : MIS)** 기상정보 체계는 인공위성 영상분석에 의한 기상변동 추적 및 장기간 일기예보 체계구축, 기후 및 기상관측의 자료전송 조직망(network) 구성, 기상정보의 실시간 처리체계 구축, 위성영상 자료해석과 기상예측 모형의 발전방안을 수립하고, 기상위성 관측자료와 지형특성을 고려한 태풍경로 추적 및 피해예측 등을 할 수 있다.

(15) **국방정보 체계(National Defence Information System : NDIS)** 항공사진 및

인공위성 영상을 이용한 지형도 작성, 지형분석을 통한 적정 탐지, 엄폐분석, 작전계획 수립, 시계열 영상분석(time-series analysis)에 의한 적정변화 탐지 및 대응체제 수립, 군의 인사, 재무, 작전, 치안, 지휘통제 정보 등을 관리하는 체계이다.

(16) **지하정보 체계(Underground Information System : UGIS)** 지하정보 체계는 지하시설에 대한 정보를 의미하는 것으로, 건축물과 도시시설, 교통시설, 도시공급처리시설 등의 기본도를 가지고 불가시, 불균질 공간을 가시화시켜 시설물의 3차원 위치정보와 그 속성정보(지하상가, 지하철, 건축물 기초, 공동구 등)를 처리하는 체계이다.

10・2 지형공간 정보체계에 의한 경관해석

10・2・1 지형공간 정보를 활용한 경관정보 체계

[1] 개 요

경관이란 인간이 자연이나 파괴에 의한 훼손된 대자연을 각종 경관재료를 활용하여 위안과 휴식, 편리, 오락, 보건위생, 미려하고 쾌적한 생활 공간, 적응 등의 목적을 충족시키기 위하여, 입체적 공간으로부터 평면적 공간에 이르기까지 형태학적 또는 생태학적으로 연구, 계획, 분석 설계해서 이를 시공 및 관리하며, 인간이 생활을 영위하기 위한 환경의 개선에 관한 모든 것을 이르는 것이라 말할 수 있다.

오늘날의 경관은 첫째로 온지구상의 동식물과 기타 물질들이 서로 조화를 이루는 생태적인 균형을 이루어 우리의 생활에서 직접・간접으로 좋은 환경을 느낄 수 있도록 하며, 둘째는 우라의 시각적인 형태의 미로 인한 즐거움을 제공받을 수 있도록 하며, 셋째로 무형적인 소리, 냄새, 기후 등을 조절하여 환경을 개선하는 일 등을 담당한다.

우리 나라의 경우 건설업법 실행령(건설공사 종류)을 보면, **조경공사란** "경관 및 환경의 조성과 보전사업으로서 수경시설, 녹지시설, 휴식시설, 운동시설, 유희시설, 교화시설, 편익시설, 보전관리 시설, 기타 이에 관련되는 모든 경관시설을 하는 공사"라고 기재되어 있다.

[2] 경관관리의 의의와 기능

경관의 영역은 사회의 변화에 의한 시대적 요구에 따라서 변하여 왔으며, 기존의 정원, 공원, 여가활용 공간인 유원지 등은 조성목적의 원활한 수행을 위하여 자연요소인 경관수목과 인공요소인 경관 시설물로 구성되어 왔으나, 현재의 경관은 건축과 토목 등 여러 타분야와 중복되는 공종의 다양화로 시공과 그 이후의 관리의 단계에서 전문적인 기술과 지식이 필요하다.

경관의 대상은 주택정원, 건물주변의 전정 또는 중정, 옥상정원, 실내정원 등 일상생활과 밀접한 공간, 도시지역의 공원녹지인 근린공원, 운동공원, 가로공원, 시설녹지, 완충녹지 등의 녹지공간, 자연보존 지역은 국립정원, 문화재 주변의 자연공원 등의 공간, 도로, 철도, 공업단지, 주택단지의 시설조경 공간, 경관관리의 공간 등을 들 수 있다.

일반적으로 관리란 여러 분야에서 다양한 의미로 사용되고 있는데, 재산과 시설 등을 경영하거나 소정의 목적에 따라서는 보존·이용·운영하는 것이고, 넓은 의미로는 통제, 조정, 유지, 행정경영을 포함한다.

따라서, 경관관리는 대상공간의 모든 구성요소에 대한 유지관리와 기능의 효과적인 발휘를 위한 운영관리와 그것을 이용하는 이용자에 대한 이용관리로 구분된다.

유지관리는 경관수목과 시설물을 항상 이용이 용이하게 점검, 보수를 하여 구성요소의 설치목적에 따른 기능이 공공을 위한 서비스의 제공을 원활히 하는 것이다. 이러한 유지관리는 관리행위와 행하여지는 시점에 따라 예방대책인 사전관리와 복구대책인 사후관리로 나누어 행하여진다.

운영관리는 시설관리에 의하여 얻어지는 이용가능한 구성요소를 더 효과적으로 안전하게, 그리고 더 많이 이용하게 하기 위한 방법에 대한 것이다. 또, 적절한 관리를 위한 조직의 구성과 사업분담도 중요하며, 각 조직간의 협조체계도 수립되어야 한다.

이용관리는 조성된 경관에 있어 이용자의 형태와 선호를 조사, 분석하여, 그 시대와 사회에 맞는 적절한 이용 프로그램을 개발하고 홍보하며, 또 이용에 대한 기회를 증가시키는 것이다. 따라서, 이용에 대한 세심한 배려와 함께 직접적인 편의를 도모하는 것이다.

전체적으로 보아 경관관리는 인위적으로 조성된 경관공간에서 공공시설의 존재를 유지하며, 시설이 지닌 고유의 기능을 양호한 상태로 보존하기 위한 행위이다. 그럼으로써 공공시설의 기능성과 안전성, 쾌적성의 확보와 이러한 기능의 유지를 위한 적절한 운영과 이용에 대한 관리를 해야 하는 것이다.

이러한 경관관리는 대상이 공공의 시설이고 행위의 주체가 인간이며, 공공복지를 증진시킨다는 특징을 지니고 있다.

[3] 공원 녹지계획의 유형

오늘날에는 공원이 단순히 시민의 휴식과 여가활용을 위한 시설이라는 차원을 넘어서서 시민의 일상생활과 그 생활을 위한 환경의 질을 높이기 위한 수단이라는 중요성을 갖게 되었다. 따라서, 공원녹지 계획(특히 공원계획)은 도시 속에서 이루어지며, 아울러 공원의 이용자인 시민의 욕구와 희망을 반영하고, 시민생활의 질을 높이고자 하는 사회적 측면이 두드러지고 있다. 그리고 계획의 내용도 시설위주에서 서비스 위주로 바뀌고 있으며, 공원조성에 참여하는 분야도 경관, 토목, 건축, 원예, 임학 등과 같은 전통적인 주분야뿐만 아니라, 여가문화와 관련된 여러 과학분야와 환경관리 분야가 참여하여 보다 종합적이고 체계적인 계획으로 발전하고 있다.

(1) 계획대상과 목적으로 본 유형

공원녹지 계획을 다루는 대상의 규모나 성격, 계획의 목적 등의 기준으로 볼 때 i) 도시 전체의 공원녹지의 체계라는 수준에서 정책적 제안을 하는 '정책계획(policy planning)' 또는 '체계계획(system planning)'이라는 차원과, ii) 특정한 공원과 녹지를 조성하는 수준에서 기술적인 제안을 하는 단일목적의 '사업계획(project planning)'과 '조성계획(development)'이라는 차원으로 구분할 수 있다.

이 두 차원의 계획이 서로 밀접하게 연관되어야 하는 것이 원칙이지만, 현실적으로는 정책계획 또는 체계계획이 제대로 수립되어 있지 않은 상태에서 낱낱의 공원녹지 조성사업이 이루어지는 경우가 많다.

(2) 계획의 내용으로 본 유형

정책계획 내지 체계계획 차원의 공원녹지 계획도 물론이지만, 특히 사업계획 내지 조성계획 차원의 계획을 그 내용으로 볼 때 i) 지표계획, ii) 물리적 계획, iii) 사업집행 계획, iv) 관리계획으로 구분할 수 있다.

지표계획은 공원녹지의 성격, 기능, 역할 등 목표체계를 정립하고, 공원에 도입될 활동, 이용자의 규모, 구성, 형태와, 이를 위한 시설의 종류, 규모, 질 등에 관한 프로그램을 작성하는 계획으로서 계획 초기단계에 수립된다.

물리적 계획은 지표계획에서 작성된 활동과 시설을 주어진 계획부지 안에 적절히 배치하고 조직하는 계획으로서, 토지의 이용과 시설의 배치, 동선의 배치, 경관 및 환경관리, 토목 시설과 관리시설 등에 관한 사항이 면밀히 검토되어야 한다. 실제조성에 필요한 설계 및 시공에 직접 필요한 정보를 제시하는 계획이라는 점, 그리고 공원 녹지계획을 수립하는 전문분야의 특성 때문에, 일반적으로 가장 많은 시간과 노력을 들이는 계획단계이다. 그러나 이것만이 공원녹지 계획의 전부가 아님은 물론이다.

사업집행에서 계획은 실제공사를 실시하여 공원녹지로 완성하기 위한 것이고, 필요한 공사 및 사업의 종류, 규모, 비용, 공사 및 사업방식, 주체, 재원조달, 공정 및 공간, 용지확보 및 보상, 이주 및 철거 등에 관한 지침을 제시하는 계획이다.

관리계획은 조성된 공원녹지를 시민에 개방한 후, 공원의 질적수준을 유지하기 위한 각종 지침을 제시하는 계획으로서, 크게 운영관리와 유지관리로 구분된다. 전자는 관리입력의 조직과 인사관리, 예산의 확보 및 운영, 재산관리, 이용자 지도 등과 같은 경영적 · 법제적 사항을 다루며, 후자는 관리 공사업의 관장, 각종 시설의 점검, 수선, 보호, 개량, 청소, 재해복구 등 기술적이고 현장적인 사항을 다룬다.

(3) 공원녹지 계획의 새로운 접근방법

현재 행정 및 실무분야에서 통용되고 있는 공원녹지 계획의 접근방법은, 시설 대형화와 공급위주 및 획일적인 계획으로, 다음과 같은 한계 또는 결함을 가지고 있다. 시설위주의 계획은 공원녹지가 도시계획 '시설'이라고 보는 관점에 그 타당성이 있으나, 이를 지나치게 확대해석하여 물리적 측면을 강조하는 계획이 되는 경향이 많다. 그래서 법규에 지정되어 있는 각종 공원시설을 적절히 배치하는 것으로 계획을 마무리짓게 된다.

대형위주의 계획은 대공원 위주로 정책결정과 투자가 이루어져서, 시민의 일상생활과 밀접한 공원의 확보가 제대로 이루어지지 않고 있다.

공급위주의 계획은 실수요자인 시민의 욕구와 행태를 제대로 파악하고, 이를 반영하기 보다는 정책 입안자와 계획, 설계자의 의도가 일방적으로 작용하는 경우가 많다. 획일적인 계획은 공원녹지의 유형, 위치, 크기, 환경의 특성에 무관하게 특정한 공원을 모방하거나 변형하는 구성이 적용되는 경우가 많다.

이러한 전근대적 접근방법을 지양하기 위해서는 앞에서 논한 개방공간(open space)의 효용성을 발휘할 수 있고, 여가문화를 창달할 수 있는 매체로서의 공원녹지를 조성하는 방향으로 계획의 접근방법을 재조정해야 할 것이다. 그래서 시설제공 위주에서 서비스 제공으로, 대형위주에서 개방공간 체계(open space system)의 조성으로 공급자 위주에서 이용자 중심으로 획일적이기 보다는 국지적 특성을 살린 계획이 되도록 하여야 할 것이다.

[4] 자연환경 조사

(1) 식생조사

식생조사는 계획 대상지에 자라고 있는 식물상을 파악하고 새로 도입해야 할 식물의 종류를 결정하는 데 매우 중요한 역할을 하게 된다. 현재 자라고 있는 식물들은 우연의 결과가 아니라 환경에 적응하면서 타식물과 경쟁해서 견디어 낸 것이므로, 환경조건의 총화를 반영하고 있다고 볼 수 있다.

식물상을 조사하려면 계획 대상지는 물론 그 주변까지 조사하게 되는데, 조사방법은 전수조사와 표본조사로 크게 구분할 수 있다. 도시 구역내 인간의 간섭이 심하여 빈약한 식물상을 이루고 있는 곳, 조사대상 구역면적이 좁은 경우 등에는 전수조사를 하며, 구역면적이 넓고 식물상이 자연상태에서 군락을 이루고 있는 경우에는 표본조사를 실시하게 된다.

표본조사는 조사목적에 따라 식물 사회학적인 군락을 주목적으로 하는 경우와, 군락구조의 해석을 주목적으로 하는 경우가 있는데, 조경 대상지의 식생조사는 일반적으로 군락구조의 해석을 주로 하게 된다.

(2) 토양조사

토양은 식물이 자라는 데 가장 중요한 환경인자가 되고 있으므로, 토양의 실태를 정확히 파악하지 않고서는 올바른 배식계획을 할 수 없다.

우리 나라의 토양조사는 미국 농무성 토양조사 방법과 선진국의 토양조사 방법을 기초로 하여 항공사진 판독, 현지 토양조사, 토양분석의 과정을 거쳐서 기후대별, 입지별로 토양도를 제작・사용하고 있는데, 이미 제작되고 배부된 것으로는 농촌 진흥청에서 발간된 정밀 토양도와 개략 토양도가 있으며, 산림청 임업 시험장에서 발간된 간이 산림 토양도가 있다.

토양은 사람에 따라 그 개념을 달리하고 있는데, 일반적인 개념은 생화학적으로 풍화된 암석의 표면부분을 말하며, 첫째, 비교적 유기물의 함량이 높고, 둘째, 고등식물의 뿌리와 토양 미생물의 양이 풍부하고, 셋째, 더욱 강한 풍화를 받았고, 넷째, 독특한 수평의 층위층이 있다.

(3) 지질조사

예비자료와 현지답사로써 지반구성의 개황(槪況)을 파악하고, 표준지를 선정하여 시추(boring)를 하고 표준관입 시험을 실시하며, 음향관측(sounding)을 해서 기반을 구성하는 각 층에서의 토질을 조사하고, 또 채취한 시료에 의해서 토질시험을 실시하는 방법이 적용되고 있다.

(4) 지형조사

지형은 거시적인 것과 미시적인 양면에서 파악할 필요가 있다. 자연지역 보전계획, 휴양지 개발계획, 관광정비 계획 등에 있어서 계획의 단위, 계획지의 범위결정이나 지역 내의 자연조건의 개략조사의 단계에서 지형의 거시적인 파악을 빼놓을 수 없게 되며, 체계계획・시설계획의 단계에서는 토지이용 구분, 교통통신 계획, 시설적지의 선정 등에 지형의 미시적 파악이 요구되는 것이다.

지형의 파악은 지형도를 정밀하게 판독하고, 경우에 따라서는 항공사진을 이용하면 답사가 곤란한 곳이라도 지형, 토지이용, 식생밀도, 상층목의 현황까지 파악할 수 있게 된다.

1) 지형의 거시적 파악 지형의 형성과 생태적 현상들은 주변지역과 관련성을 가지고 형성되어 왔으므로, 계획 대상지를 포함하여 거시적으로 주변지역까지도 조사분석할 필요가 있다. 이와 같은 거시적 조사분석은 계획자체가 주변지역과 마찰없이

이용할 수 있도록 되어 있는지, 이후의 계획을 확대해 나갈 때 발생되는 문제는 없는지 등을 예견하는 데 매우 필요한 자료가 되는 것이다.

2) **지형의 미시적 파악**　미시적 파악은 지형의 미세한 변화를 조사분석하여 계획에 반영하기 위한 것으로, 이 때에 이용되는 자료는 1/50,000, 1/25,000 또는 1/5000 지형도와 일부 도시계획 구역 내에 작성된 1/10,000 지형도 등을 이용하는데, 이 때 항공사진을 병행해서 분석하면 매우 효과적이다.

미시적 분석내용으로서는 계획구역을 도면에 표시하고, 산정과 계곡 및 능선의 흐름을 조사하며, 등고선의 간격을 검토하여 급경사지와 완경사지 및 평탄지를 알아내고, 개천이나 하천 등 유수패턴을 조사하여 동선의 체계와 소로·등산로 등과 함께 확인하고, 산능선의 흐름에 따라 생기는 경사방향을 파악한다.

3) **고도분석**　계획구역 내의 지형의 높고 낮음을 한눈에 알아볼 수 있게 하기 위하여 고도분석을 한다. 고도분석은 지형도상에 나타난 등고선을 따라서 고도별로 선이나 색을 넣어서 높고 낮음을 나타내는 것으로, 선을 넣을 때는 고도가 높아질수록 좁은 간격으로, 색을 넣을 때는 고도가 높아질수록 짙은 색을 넣어서 지형의 변화를 한눈에 알아볼 수 있게 한다.

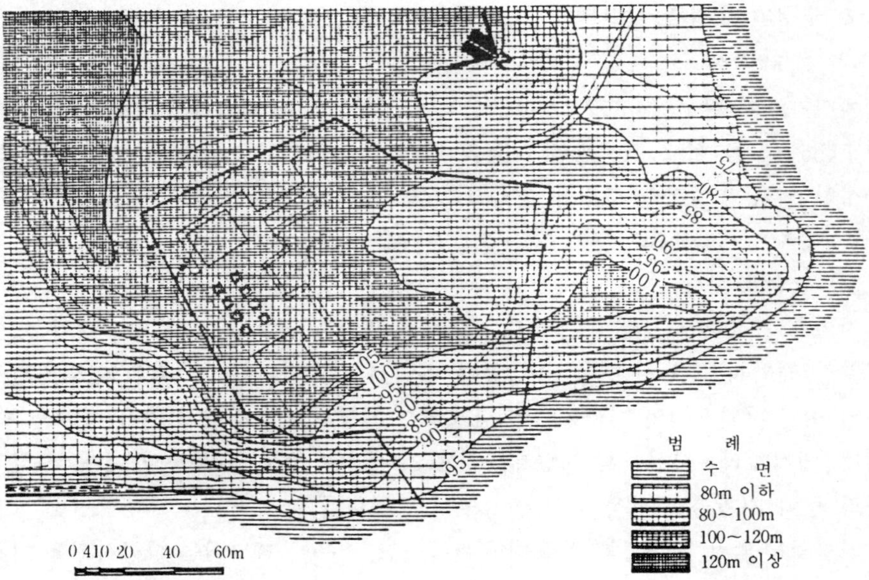

그림 10·7 지형 고도 분석도

정밀한 계획을 해야 할 곳에서는 등고선을 1 m 간격으로 분석하는 경우도 있으나, 1/25,000 지형도로 분석하는 경우에는 보통 20 m 간격을 기준으로 하는데, 개발 대상지가 낮고 평탄한 지대에서는 5~10 m 간격으로 하고, 높아짐에 따라 10~25 m 또는

40~50 m 간격으로 분석하는 경우가 있다.

4) **경사도 분석** 계획 대상지는 경사도에 따라 이용형태를 달리하게 되므로, 경사도 분석은 대상지의 활용계획을 세우는 데 매우 중요한 자료가 된다. 경사도의 구분은 계획의 목적에 따라 달리하게 되는데, 과거의 예를 보면 미국의 NACP(National Advisory Council Recreation Planning)에서는 15 이하, 15~35, 35% 이상의 세 가지로 구분하였고, 일본의 경우는 0~5, 5~15, 15~25, 25~45, 45° 이사의 5등급으로 구분하고 있으며, 일본의 국립공원협회는 0~2, 3~7, 8~14, 15~19, 20~29, 30~39, 7등급으로 40° 이상으로 구분하고 있으며 우리 나라에서는 0~5, 5~10, 10~15, 15~20, 20~30, 30% 이상으로 하는 경우, 혹은 10 이하나 10~20, 20~30, 30% 이상 등으로 하는 계획목적과 대상지 여건에 따라 각기 달리하고 있으며, 경사분석 방법은 보통 다음 두 가지 방법을 많이 쓰고 있다.

① 등고선 간격에 의한 방법…… 지형도에 나타난 등고선으로 계산해 내는데, 다음과 같은 방법으로 구하고자 하는 경사도를 알아낸다.

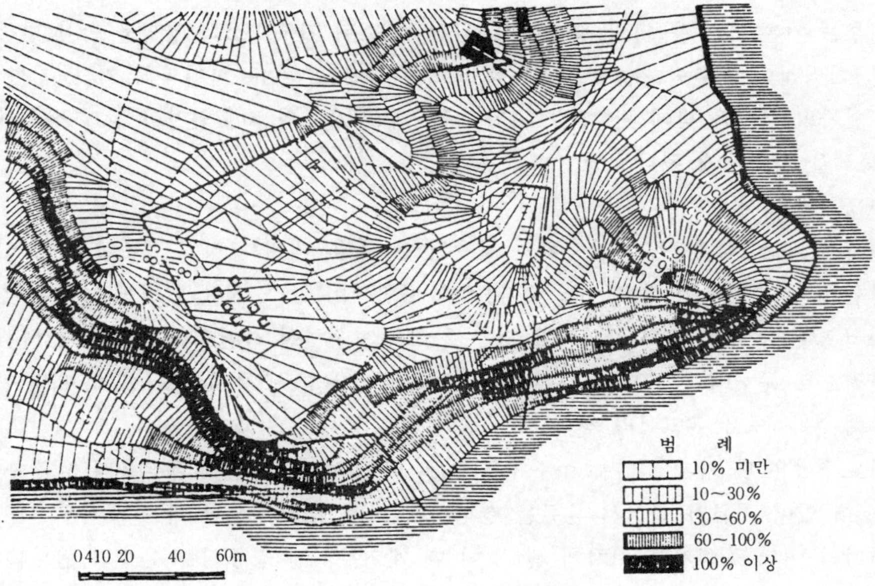

그림 10·8 경사도 분석도

$$G = \frac{H}{D} \times 100$$

여기서 G : 경사도(%), H : 등고선 간격(수직거리), D : 등고선에 직각인 두 등고선간의 평면거리(수평거리)이다.

2개의 등고선 사이에서는 수직거리는 항상 일정하고, 수평거리는 등고선 간격에 따라 달라지게 되며, 일정한 경사도는 일정한 수평거리를 갖게 된다.

② 방안법……지형도에 격자(mesh)를 긋고 단위격자에 들어 있는 등고선의 수를 헤아려 경사각을 구하는 방법이다. 예를 들어, 1/50,000 지형도에 1 cm의 격자를 그으면 격자 간격은 500 m가 되므로 등고선 간격 20 m인 경우는 다음과 같이 된다.

$$\tan\theta = (20/500) \times N = 0.04\,N$$

여기서 θ : 경사각, N : 등고선수이다.

이 방법에 의하면 실제경사보다 매우 완만한 경사로 나타나는 결점이 있다.

(5) 기후조사

기후에 관한 조사는 계획 대상지를 중심으로 한 지역기후를 파악하는 한편, 계획 대상지 내의 미기후도 조사분석하여야 한다. 기상요소들은 각종 놀이시설이나 운동시설의 배치 등은 물론 식재계획과 불가분의 관계에 있으므로, 많은 자료를 수집하고 현지답사를 통하여 조사하며, 때로는 실제 기상관측을 해서 정확한 자료를 얻어야 한다.

기후는 기온, 강우량, 바람, 습도, 일조시간 등 소위 기후요소의 영향을 받아 변하게 되며, 지역적인 기후의 차이는 위도, 해발고, 수륙분포, 해류, 바다와의 거리, 지형 등 기후인자의 영향을 받게 된다. 즉, 지역기후는 기후요소와 기후인자가 함께 작용하여 그 특색을 나타내게 된다.

(6) 수문조사

1) **유수(流水)의 형태** 물순환의 모든 물은 해양, 대기 그리고 육지에 걸쳐 있는 복잡한 물의 순환과정 속의 어느 한 과정에 포함되어 있다. 지표에 떨어진 물은 높은 것에서 낮은 곳으로 흘러 골짜기를 거쳐 유로를 형성하여 하천으로 흘러가며, 하천은 일반적으로 주류와 지류로 이루어져서 한 지역의 물을 집중시키고 한 하계가 형성되는데 이 지역을 유역이라 한다.

하도구성은 몇 가지 형태를 이루게 되는데, 이들 하도구성은 상류로부터 하류에 흐르는 데 있어 지류가 합쳐서 본류를 형성하게 되며, 조사대상이 되는 계획부지는 이 하천망의 어느 곳엔가 위치하게 된다. 이 때 계획부지에 집중되는 유수의 범위를 집수구역이라 하는데, 이 집수구역은 지형도에 의해서 능선을 따라 구획하여 결정짓는다. 따라서, 집수구역 면적은 언제나 계획부지 면적보다 최소한 같거나 넓게 구획하게 된다.

2) **유수량의 산출** 계획부지로 집중되는 유량을 산출하여 배수계획을 세우려면 집수구역 면적과 강우량을 계산하고, 지표면의 구성상태를 조사하고 계류까지의 도달시간 등을 산출하여야 한다. 땅에 내리는 비는 부분적으로는 흙에 의해서 흡수되고, 또 일부는 오목한 땅에 고이게 될 것이며, 다른 일부는 나뭇잎·줄기·가지에 매달

리거나 대기 중에 증발하게 되는데, 이와 같이 도중에서 없어지는 물 이외에 배수체계에 도달하는 모든 물을 **우수 유수량**(runoff)이라 한다.

그런데 일반적으로 적은 양의 비나 평상적인 강우량은 배수에 별다른 문제가 없으나, 일시에 많은 양의 비가 쏟아질 때 항상 문제가 발생하는 것이므로, 폭우 유수량을 계산하여 이에 필요한 유출계획을 세워야 한다.

$$Q = CiA \qquad \text{또는} \qquad Q = AiR$$

여기서 Q : 우수 유출량(m^3/sec), C 또는 R : 유출량 계수, A : 배수지 면적, i : 강우강도(mm/hr) 이다.

또, 우리 나라 건설부 하천시설 기준에 의하면, 구역별로 강우강도를 나타낸 것이 있어 이를 적용하기도 한다.

홍수시 유량을 산출하는 방식은 여러 가지가 있는데 유역면적이 비교적 작은 경우, 강우강도로부터 홍수 첨두유량을 계산할 때에는 합리식을 많이 사용하고 있다.

$$Q = \frac{1}{3.6} f \gamma_r A$$

여기서 Q : 설계홍수 첨두유량, f : 유출율(보통 0.8 이상으로 함), γ_r : 홍수 도달시간 내의 평균 강우강도(mm/hr), A : 집수면적(km^2)이다.

이 식에서 f의 값은 유역의 지질유역의 토지이용 상황 등을 고려해서 결정하는 것이지만, 일반적으로 다음의 값을 계획의 표준으로 하고 있다(건설부 하천시설 기준).

- 시가지, 주택지역(도시지역 구역에 있어서 시가지 구역을 포함) : 0.70～0.80
- 밭, 평야 : 0.60～0.70
- 논 : 0.70～0.75
- 산지 : 0.75～0.80

또한 강우강도 γ_r는 구역별 강우강도 식에서 도달시간에 맞는 강우강도를 나타낸다. 단, 이 식에서 t는 도달시간을 나타내는 것으로서, 예를 들면 30분 도달시간이면 t 값은 0.5가 된다.

3) **지하수**　　지표에 떨어지는 물의 약 10%는 최종적으로 땅 속으로 들어간다. 지하수의 범위에는 광물질이 필수적으로 묶여 있는 수화상태의 물과 해수로부터 스며들어 상당한 깊이에 있는 퇴적물 속에 갇혀 있는 합착성(connate)의 물은 포함되지 않는다.

지하수층은 그림 10·9와 같이 분포되어 있는데, 그림에서 **포화층**(zone of saturation)이란 불투수층 상부에 있는 저류물질 사이에 있는 공간이 물로 채워져 있는 층이며, 지하수면은 포화층의 상부한계이다.

통기층(zone of areation)은 지하수면 상부의 층으로 이 층에서 수분은 암석편을 적

셔진 상태로 있거나, 스며드는 중이거나, 공극에 있는 공기 속에 포함되어 있는 정도이다. 그러므로 이 층은 상부로부터 세분하면 맨 위의 토습층(layer of soil moisture), 비교적 건조한 중간층, 포화층 바로 위의 모세 작용층(layer of capilary fringe)으로 이루어져 있다.

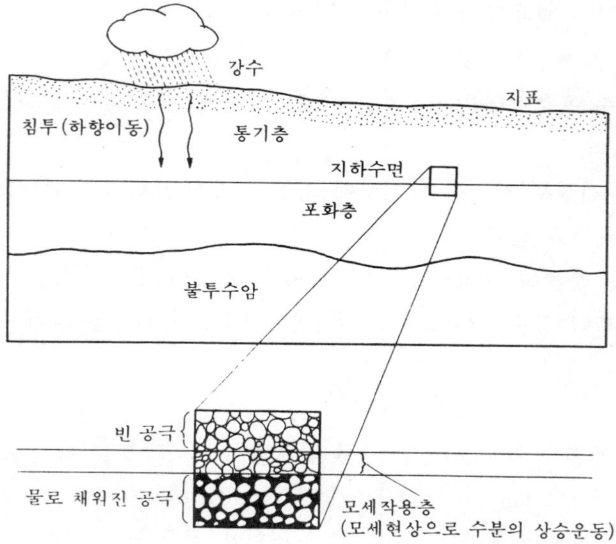

그림 10·9 통기층, 지하수면, 포화층의 상대적인 위치

[5] 인문, 사회환경 조사

(1) 인 구

인구조사는 계획부지를 포함해서 주변인구에 대하여 조사하고, 때로는 계획부지와 관련지어 이용하게 되는 이용자 수를 분석하기 위하여, 매우 광범위한 영역까지 인구현황을 조사할 때도 있다.

그러므로 인구조사는 남녀별, 연령별, 학력별, 직업별, 소득별로 조사하고, 기타 필요한 경우에는 종교, 취미, 사회활동 및 인구의 증가추세 등 여러 분야에 걸쳐 조사하며, 주변인구 또는 전국인구와의 비교도 아울러 조사하고 분석한다.

(2) 토지이용

토지이용은 이용 형태별로 전, 답, 대지, 임야, 기타 등으로 조사하되, 등기부상의 지정지목과 실제 이용상태를 조사하고, 소유별로 국유, 공유, 사유 등으로 구분조사하며, 행정적 관할구역은 어디에 속해 있는지도 조사한다.

또한 토지이용에 있어 법률적인 제한요건을 반드시 확인하여야 한다. 토지를 이용함에 있어 국토이용 관리법, 도시 계획법, 삼림법, 농지의 보전 및 이용에 관한 법률,

기타 많은 법규들이 토지이용에 제한을 가하고 있으므로, 적용되고 있는 법률이 어떤 것인지를 조사하여야 하며, 토지나 지상물을 사용할 수 있는 권리의 소유는 어떻게 되어 있는지를 조사하여야 한다.

지가조사는 현재시가를 조사하되 과거의 지가변동 사항을 조사하고, 이후 예상되는 지가의 변동사항도 예측해 둔다.

(3) 교통조사

교통은 계획부지 내의 교통체계를 조사하고, 아울러 계획 대상지에 접근할 수 있는 교통수단과 동선배치 상태를 조사하며, 각종 교통수단의 배차시간, 소요시간 및 교통요금 등을 자세하게 조사하고 이후의 교통계획 등을 조사한다.

(4) 시설물 조사

각종 건축물의 현황을 조사하는데 건물의 종류, 형태, 구조, 수량 등을 조사하고, 부지 내에 가설되어 있는 전력선, 가스관, 상하수도 등을 조사하고, 기타 교량・옹벽・울타리(fence) 등 기존 구조물들을 상세하게 조사한다.

(5) 역사적 유물조사

역사유물로서는 유형・무형의 두 가지를 들 수 있는데, 먼저 무형적인 것으로는 지방에 따라 전해 내려오는 각종 행사, 예능, 공예기술 등이 있고, 유형적인 것으로는 역사적 의미가 있는 사적지, 미술, 기타 문화재, 고정원, 각종 산업시설 등을 들 수 있는데, 이들을 모두 조사하여 계획의 자료로 삼아야 한다.

[6] 경관의 전산지원 해석

(1) 개 설

기후나 다른 요소들에 의한 변동사항을 설명하기 위해서, 각 수행업무에 따라 어느 정도의 여지를 둘 수 있다. 예를 들면, 기울어진 잔디는 정기적으로 깎아 주어야 하고, 수확은 시간을 다투는 일인 반면, 가지치기 작업은 몇 주 정도의 시간적 여지를 둘 수가 있다.

CAD와의 연계는 KEY SYSTEMS와 ARAMIS와의 합작을 통해서 원만하게 이룰 수 있다. keyscape는 계획단계에서 경관요소들을 상세히 나타내고, 이 요소들을 groundman code로 전환시켜서 해당지역과 경계선, 그리고 그 안에 포함되는 항목들을 얻는데 사용할 수 있다. 즉, CAD를 사용하여 계약에 필요한 일람표 작성으로 처리할 수 있다는 것이다.

ARAMIS는 경관건축 모형체계라는 새로운 소프트웨어로 개발되었다. 이것은 처음 시공할 때의 비용뿐만 아니라 장기적인 관리비용까지도 동시에 고려할 수 있다. 이 프로그램은 수많은 노동시세와 자재비용을 싣고 있는 가격자료를 가지고 있으며, 이

자료는 정기적으로 현실화된다.

작업수행 비용은 전체 작업에 대한 비용을 구할 수도 있고, 잔디깎기와 같은 부분적인 작업비용만을 산정하며, 이것을 통해서 가장 비용이 많이 드는 작업을 알아낼 수도 있고, 작업기간을 통한 노무자의 노동상태를 파악한다. 또한, 경관은 수년간에 걸친 설계에 따른 관리비용의 변화나 새로운 기법이 설계에 도입됨에 따른 비용변화에 의해 분석한다.

이러한 프로그램은 기획에 고려될 요소들과 관련된 방대한 자료기반이 필수적으로, 작업착수 단계에서부터 이용된다. 그러나 이것은 작업 수행자의 기본적인 건설 세부사항에 따라 전체를 주문제작할 수도 있게 된다.

(2) CAD의 선택과 사용

RML(Richard Moorehead &c Laing Ltd)은 경관 건축가, 측량사, 환경 과학자, 토지조사자들에게 필요로 하는 다양한 기능이있다. 이러한 여러분야에 걸친학문의 조합은, 여러 경관작업에서나 전산기 기법적용의 잠재적 범위보다 더 많은 종류의 작업을 처리하여야 하므로, 동시에 어떤 하나의 지배적인 작업에 있어서 전산기 체계를 선정할 수는 없다.

다른 모든 분야와 같이 일반적으로 RML은 설계와 형태의 기초작업에 전산기가 도입되어야 하며, 특히 소프트웨어나 하드웨어의 선정을 잘못한 경우 전산비용이 매우 높아지게 된다. 전산화의 발전방향은 크게 두 가지로 볼 수 있는데 첫째, 행정부와 프로젝트 관리를 보다 더 전산화하는 방향이고, 둘째, 사무실에서 여러 가지 직업적 목적으로 전산화를 이용한 설계와 기초작업을 수행하는 방향으로 볼 수 있다.

RML이 사용하고 있는 주요체계는 MOSS 지표면 모형화 체계와 자동도화 체계인 AutoCAD이다. 이 두 체계는 매우 다르지만 상호 보완적이며, 이미 많이 사용되어져 그 성능이 입증된 체계들이다. 이 두 체계 모두 여러 추가적인 프로그램을 제공하며, 앞으로 계속 발전되고 있다. 워크스테이션은 PC에 비해서 그 선택의 폭이 좁기 때문에 MOSS에 필요한 하드웨어를 선정하는 일은 비교적 쉽다.

AutoCAD는 어느 각도에서나 해당지역을 3차원으로 도화할 수 있고, LandCADD와 keyscape를 이용하여 자료기반과 요소에 꼬리말을 붙일 수 있는 기능이 있다. 또한, 3차원 도화기능을 연계하면 수년 후의 성장상태를 보여줄 수 있게 된다. LandCADD에 이용되는 체계는 자료기반에 수목의 최대 성장값, 조림지의 확대 정도, 성장률의 정도 등을 처리할 수 있다.

또한, 수목의 채광조건, 토양과 수목군의 범위, 그리고 관개와 씨앗통제의 유무 등의 가변적인 조건들에 따라 수목의 성장상태가 변하기 때문에, 최대 성장값에 대한 비율도 적용시키기가 어렵다. 설계자들은 가변요소를 수목과 관련된 문헌을 참고하여 결정한다.

keyscape에서 사용되는 체계를 이용하여 사용자는 각 수목의 성장상태를 입력할 수 있으며, 심지어는 수목의 나이에 따라 성장률을 변화시킬 수도 있다.

AutoCAD는 MOSS와 달리 여러 가지 형태로 도화하거나 2차원 도화를 하기 위한 기호, 색조와 세부항목 등을 전개 또는 반복하여 사용할 수 있는 유용한 도구이며, MOSS와 마찬가지로 기본체계에 의해 투시도를 얻을 수 있고, 이 체계의 성능을 보완할 수 있는 부가적인 소프트웨어 취득이 가능하다. AutoCAD는 다른 방법으로도 성능을 향상시킬 수 있는데, 토공작업 설계와 체적계산을 할 수 있는 수준까지도 끌어올릴 수 있다.

AutoCAD의 또 다른 흥미있는 기능은, 공간적으로 조합된 자료를 바탕으로 지도를 작성하는 체계를 만들거나, 적절한 자료기반과 연계하여 사용할 수 있다는 점이다.

[7] 경관정보 체계를 이용한 광역 경관계획

(1) 광역 경관계획

광역의 경관계획은 자연형성 과정 및 주요 문화자원과 자연자원을 보호하며 경합되는, 토지이용을 조화시키는 것에 관한 활동이라고 할 수 있다. 경관에서 전산기를 사용하는 것은 20여년간 CAD 분야에서 이루어져 왔으나, 최근에는 경관정보 체계를 이용하여 더욱 발달되어 왔다. 이 중에서도 광역 경관계획에서 요구되는 기능은 지도제작 능력, 자료 중심적 분석, 평가기능, 공간분석 기능 등이다.

대부분의 국토정보는 현장의 위치, 대상의 속성, 시간으로 정의되는 경관정보 체계로 구성되어 있다. 경관정보 체계를 이용하여 효율적인 계획수립을 할 수 있을 뿐만 아니라, 광역의 토지에 관한 계획과 관리를 위해 정확하고도 시기적절한 경관정보 체계가 뒷받침되어야 한다.

선진국의 경관정보 체계의 이용사례를 살펴 보면, 미농무성 산림청이나 토지 관리청 등에서는 시각자원 관리나 경관자원 보호를 위해서, 주정부에서는 자연자원 관리 및 위락자원 관리를 위해서 활발하게 이용하고 있다. 네덜란드의 경우에는 정부쪽에서 2015년까지의 국토계획 지침을 작성하고, 이를 실현할 주택지 입지선정 수단으로서 경관정보 체계를 도입하기로 하고 입지모형을 개발한 바가 있다.

(2) 경관정보 체계의 장점

경관정보 체계를 이용하여 다양한 전제와 목표를 만족시킬 수 있는 무수한 대안을 쉽게 작성하고 평가할 수 있다. 구체적으로 경관정보 체계의 장점은 다음과 같다.

첫째, 초기의 자료입력과 전산 프로그램을 위한 비용과 시간이 많이 소요되나, 일단 완료 후에는 최종 결과물 산출시까지 비용과 시간이 적게 든다. 둘째, 광범위한 자료처리가 가능하고 정밀분석이 가능하다. 셋째, 기본자료의 정밀성과 중첩방식의 다양성으로 인해 대안과 결과가 다양해진다. 넷째, 많은 기본자료와 중간단계의 자료, 그리고 결과물의 보관·기억 등이 가능하고 재활용이 용이하다. 다섯째, 기본자료 및 중간단계의 자료를 수정하고 새로운 기준에 의해 재구성하는 것이 용이하다.

10·2·2 경관분석을 위한 시야도 모의관측과 해석 (Viewshed Simulation and Analysis)

시각적 자원들은 시간이 지날수록 감소하고 퇴화되며, 생성되고 또는 사라지기 조차 함에 따라 이들의 보존, 유지관리 및 평가에 많은 배려를 하고 있다. 미학분야는 환경과 생태계에 관련된 심적 가치로서 중요성이 크며, 또한 시각적 영향을 평가하는 개발형태의 계획과 설계에 있어서 하나의 분야가 되었으며, 경우에 따라서는 법에 의해 규제를 받기도 한다. 연구개발에 있어서 설계자, 계획자, 경영자 등은 시각적 영향을 평가하는 과정에서 문제점 해결책으로 전산지원 시야도 도면화(viewshed mapping) 방법을 많이 이용하고 있다.

최근에, North Carolina 주립대학의 설계학교에 있는 가상환경연구소(Virtual Environments Laboratory)에서는, 남부 캘리포니아의 매립지 계획에 대한 시각적 영향을 연구하였다. 경관회사와 계약된 그 연구과제는 매립지역과 그 주변에 대한 시야도 도면화(viewshed mapping)를 위한 소프트웨어는 물론, 전산기 시각화 및 활동화 기능의 개발을 포함하고 있다.

전산기를 이용한 시야도의 도면화는 20 년이 넘게 연구되어 왔지만, 저가의 고성능 전산기의 출현에 따라 널리 이용이 가능하게 되었다.

[1] 내부 시각도 도면화의 문제(Issues in intervisibility mapping)

개발에 대한 시각적 영향 평가는 공간적 문제, 양적인 문제, 질적인 문제 등 세 가지 종류의 문제로 나타난다. 공간적 문제는 어디서 그 개발이 보이는가, 즉 무엇이 또는 누구에게 보이는가 하는 것을 포함한다. 양적인 문제는 그 개발의 어느 만큼이 보이는가, 주변지역이 얼마나 영향을 받는가, 또한 어느 정도인가 하는 문제를 포함한다. 질적인 문제는 개발의 성격과 그 주변과의 조화성을 포함한다. 시야도는 이러한 세 가지 문제들 중 앞의 두 가지 문제에 관련된다.

비록 '시야도 도면화'라는 용어가 현재 많이 통용되고 있지만, 내부 시각도 도면화(intervisibility mapping)라는 용어가 더욱 적합할 것이다. 어느 지역에서 다른 지역을 볼 수 있다면, 다른 지역으로부터도 역시 그 지역을 볼 수 있을 것이다. 이것은 두 가지의 뚜렷한 도면화 방법을 제안한 것이다. 투시 도면화(projective mapping)는 개발내의 관측점으로부터 시작되는(안으로부터 밖으로의 관측) 반면에 반사 도면화(reflective mapping)는 경관주위의 관측점으로부터 시작된다(밖으로부터 안으로의 관측).

투시 도면화의 목적은 주변에 대한 개발의 가시범위를 밝히기 위한 것이다. 반사 도면화의 목적은 주변으로부터 그 개발이 보이는가, 혹은 어느 정도로 보이는가 하는 것이다.

내부 시각도는 하나나 다수, 또는 아주 많은 관측점으로부터 그려질 수 있다. 단일 관측점은 개발의 특정 구성부의 영향이나 경관 내의 특정점에 관한 영향을 평가하는 데 유용하다. 다중 관측점을 이용함으로써 복합내부 시각도를 제작한다. 다중 관측점은 다수의 개발 구성부로부터 주변경관에 대한 가시성이나, 경관 내의 다수의 특정점으로부터의 가시성을 합성한다.

지도요록(地圖要錄, cumulative map)은 경관의 모든 지점에 대한 개발 내의 모든 점에서의 가시성을 표현한다. 혹은 연구의 목적이 매립지나 전기 통신선과 같은 개발을 형성하는 것이라면, 그 연구에는 매립지 내부나 통신선을 따라서 모든 모형점(model points)이 포함되어야 한다. 만약 연구의 목적이 경치 좋은 강과 같은 시각적 자원이라면 그 연구에는 그 강에 관련된 모든 모형점이 포함되어야 한다.

실제 지도요록은 공간적, 양적 영향 문제에 대한 명확한 평가를 하는 데 있어서 가장 효과적인 방법이다. 그러나, 이러한 지도는 많은 계산비용에 의해 만들어지며, 현재의 소형 전산기에서는 대화방식으로 수행될 수 없다. 단일 관측점 및 합성지도(single-viewpoint and composite map)는 대화방식으로 수행될 수 있으며, 이러한 형태 내에서 특정시야도 문제의 연구에 도움이 된다. 현재 연구는 자동화된 첨가 도면화와 단일 또는 합성 도면화(indivisual and composite mapping)에 대하여 개발된 기법이 대화방식의 이용에 얼마나 기여할 수 있나를 다루고 있다.

[2] 연구수행(Implemetation)

격자형 표고모형은 미국 지질조사측량국(U.S. Geological Survey : USGS)의 7.5분 간격의 수치표고 모형으로부터 제작되었다. 표고모형으로부터 대축척 표고모형을 취득하기 위해 하나의 대상영역(340 × 480점)을 추출하여, 제안된 매립지의 수치모형을 표고모형과 결합하였다. 대화방식의 시야도의 도면화에 사용되는 서로 다른 음영기복 모형을 제작하기 위하여 3개의 광원위치를 사용해 렘버트 음영법(lambertian shading)을 표고모형에 적용하였다. 대상지역에 대해 보다 세밀히 관측하는 2차 시야도 도면화에서의 이용을 위해, 대상지역보다 작은 모형(200 × 250점)을 음영기복 모형으로부터 추출하였다.

대화방식 영역은 Macintoch Ⅱ 계열의 전산기를 대상으로 하여 설계되었다. 대화방식 영역에는 다섯 가지 항목이 사용된다. 운영항목은 단일 및 다중 내부시각도 도면화를 조정한다. 관측자 고도항목(高度項目)은 관측점의 높이를 일정한 양만큼 높일 수 있도록 한다. 3차원 표현항목은 모형의 북쪽이나 남쪽에서의 관측된 경사묘사를 수행하도록 하며, 이것의 수직 과고감의 정도를 조정한다.

경계선(境界線) 항목은 모형에서 다양한 높이에서의 시각적 경계의 임시설정을 할 수 있도록 한다. 중첩항목(重疊項目)은 소집합의 평면형상 중복을 수행시키거나 중단시킨다. 도형적 대화방식 영역(graphical interface)은 음영기복의 평면적 표현을 이용한다. 경계선은 마우스에 의해 움직이는 커서를 이용해서 선정되며, 이것의 모형에서의 높이와 좌표는 영상면의 좌상단부에 표시된다. 마우스 버튼을 누르면 그 관측점으로부터의 내부 시각도가 생성된다. 도면화 연산법은 관측점으로부터 모형 주변으로 설정된 많은 수의 시선(view line)을 검사하여, 모형을 방사적으로 탐색하는 것이다. 각 시선상의 각 점은 관측점과의 가시성에 대해 검사되어진다. 각각의 도면화에 뒤이어 가시 및 불가시 지역의 범위가 계산되고 표현된다.

[3] 연구의 적용(Utilization)

내부 가시성의 해석은 투시, 반사, 단일, 합성 등의 많은 시야도 도면화 과정의 활용을 통하여 수행되었다. 해석은 또한, 지형모형의 임시수정과 성과의 영향평가를 포함할 수도 있다. 예를 들어, 한 구조의 높이를 근사화하기 위하여 관측점의 높이를 증가시키거나, 임의의 양에 의해 매립지면의 영역을 상승시킨 결과를 표현하는 것은 매우 유용하다. 다양한 높이에서의 일시적인 시각 경계선이 모형 내에 설정될 수 있고, 그 효과를 평가할 수 있다. 변화에 의한 효과는 개별적으로 혹은 합성되어 도면화될 수 있다. 예를 들어, 몇몇의 다른 매립지 높이나 몇몇의 다른 경계선 높이에 의해 결정된 가시영역을 지도로 만들게 됨으로써 그 효과를 알 수 있다.

투시 도면화(projective mapping)는 매립지 자체 내의 점으로부터 수행된다. 그림화보 (a)에 나타난 투시 도면화에서는 매립지 표면상에 있는 한 점에서의 시야도가 주변의 경관에 대하여 표현되어 있다. 이러한 해석은 매립지의 서로 다른 부분의 특정 가시성과 궁극적으로 어느 부분이 주변지역에 대해서 가시적인가를 밝히는 데 있어서 유용하다. 그 예로, 서쪽의 가시지역은 약 1.5 마일의 주간(州間) 고속도로를 포함하고 있다. 그 가시지역에 투영되는 지점은 남쪽으로 2.5 마일 떨어져 위치한 지역과 북서쪽으로 4 마일 떨어진 2 개의 주거단지가 형성된 고지대로서 가시적이다. 계곡면을 횡단하는 고속도로와 마주보는 경사지를 올라가는 고속도로는 더욱 직접적으로 영향을 받는다. 3 개의 고속도로 교차점과 상업개발이 가능한 지역도 또한 가시지역 내에 있다. 이러한 표현에 있어, 한 영상소는 하나의 모형점을 나타낸다.

반사 도면화(reflective mapping)는 매립지 외부의 관측점으로부터 제작된다. 이러한 종류의 해석은 한 중요 관측점으로부터 해석대상이 가시적인지 또는 어느 정도로 가시적인지를 나타내므로, 종래의 시야도 도면화 과정과 유사하다. 화보 (b)에 나타난 반사 도면화에서 지방 고속 도로상의 한 점으로부터 가시적인 지역은 마주보는 계곡 경사의 장관도(panorama)와 매립지의 거의 모든 면을 포함한다. 이 경우에 있어, 매립지 면의 어떠한 재구성도 관측점에서의 영향을 결정적으로 경감시킬 수 없으며, 시각적 장애물(가로수, 벽 등)과 같은 경감조건을 고려해야 될 것이다. 이러한 표현에 있어서 한 모형점은 2×2 영상소의 사각형에 의해 표현된다.

5 이상의 지점들로부터의 합성 도면화(composite mapping)는 대상방식으로 제작될 수 있다. 이러한 도면화는 특정 관측점들의 집합에 대하여 가시도(degree of visibility)를 나타낼 수 있다. 화보 (c)에 나타난 복합 도면화에서는 고속도로를 따라 선정된 5 점으로부터의 도면화는 마주보는 경사지와 매립지 표면의 가시적인 영역을 강조한다. 시야도는 고속도로 구간을 따라서 이동함에 따라 한 지점, 두 지점, 세 지점, 네 지점, 다섯 지점으로부터의 가시성을 나타내기 위해, 색조분포의 배경에 대하여 청색, 녹색, 황색, 오렌지색, 홍색 등의 영역으로 표현된다. 청색으로 칠해진 지역은 적어도 한 번 보게 되는 지역인 반면에 홍색으로 칠해진 지역은 고속도로 구간을 따라서 계속 볼 수 있는 지역이다.

화보 (d)에 나타난 투영 음영도에서는 매립지 표면상의 한 지점에서 8 m로 관측점의 높이를 달리한 2 개의 도면화를 표현하고 있다. 두 개의 지형도는 2 m 높이에서 선정된 관측점을 이용하고, 그 다음에 같은 지점에서 관측 높이를 10 m로 상승시켜 생성하였다. 이것은 매립지 재형성 영역의 영향을 추정하고, 서쪽의 고지로부터 매립지를 더 이상 감출 수 없는 최대 높이를 제시한 것이다. 이러한 형태와 그에 따른 재현에 있어서, 회색은 불가시 영역을 나타내고, 홍색은 낮은 관측고도에서의 가시 영역이라는 것을 나타내고, 홍색과 오렌지색 모두는 높은 관측고도에서의 가시영역이라는 것을 나타낸다. 오렌지색은 두 관측지점에 대한 차이를 나타내고, 이 경우에 있어서 1085 에이커(acre)의 면적이 된다.

화보 (e)에 나타난 반사 음영도는 또한 한 관측점에서 시각 경계선의 설치를 달리함에 따른 2 개의 관측을 도면화하고 있다. 이러한 예에 있어서, 가시영역은 지역 고속 도로상의 한 점으로부터 도면화되었다. 그리고 고속도로를 따라 10 m 높이의 경계선이 도입됨으로써(어둡게 보이고, 관측점의 왼쪽을 따라 거의 수직인 선) 여기에 2 차 도면화가 추가되었다. 여기에서도 또한 불가시 영역을 회색으로 표현하였다. 장애물이 없을 때의 가시적인 지역은 오렌지색과 홍색으로 표현되었고, 경계선이 있을 때에서의 가시적인 지역은 홍색만으로 나타내었다. 여기서도 또한 오렌지색은 두 시각의 차이를 나타내고, 그 면적은 569 에이커(acre)에 해당하며, 매립지의 전체 표면을 포함한다. 이러한 경계선의 영향을 평가함으로써 같은 지역에서의 보다 낮은 경계선이나 다른 형태의 경계선의 영향을 평가하는 것이 가능하다.

화보 (f)에 나타난 시야도는 2 개의 가시도(visibility map)와 2 개의 기준도(reference map)를 나타내고 있다. 표고와 음영기복의 기준도는 좌상단과 우상단에 나타나 있다. 좌하단에 있는 매립지의 시각적 영향을 나타내는 종합도(comprehensive map)는 전체 매립지의 주변경관에 대한 상대적인 가시도를 표현한다. 매립지의 대부분이 관측되는 지역은 밝은 색으로 표현되고, 보이지 않은 정도에 따라 점점 더 어두운 색으로 표현된다. 오른쪽 하단의 표면은 매립지의 주변경관으로부터의 상대적인 가시도를 표현한다. 가시도가 높을수록 밝은 색으로 나타나고 가시도가 낮을수록 어두운 색으로 표현되었다. 이것은 시각적인 노출의 견지에서 매립지를 도면화하며, 매립지의 형태가 어떻게 그 가시성에 영향을 미치는가에 대한 제안이다. 이 지도들은 각 지도가 매립지 표면을 구성하는 800 개 이상의 점에 대한 개별적인 시야도 도면화를 기초로 하므로, 대화방식으로 제작된 것이 아니다. 이러한 지도에 표현되는 자료파일을 제작하기 위하여 시야도 제작과정을 자동화하였다.

[4] 고 찰

종래에는 지형의 도면화가 주로 제도판에서 행해졌다. 이러한 방법에는 주된 관측점들의 선정과 이러한 점들에서의 시야도 제작, 합성 시야도를 제작하기 위한 최종지도들의 중첩 등이 포함된다. 이러한 기능들은 경관정보 체계에 의해서 제공되며, 연구수준의 정도에 따라서 투영법과 반사법 중 하나의 방법이 이용된다. 이 두 가지 방법에서 관측점들의 선정은 매우 중요한 문제이다. 즉, 가시효과를 증대시키기 위해서 몇 개의 점들이 필요한가를 결정해야 하며, 관측점들의 수가 일정한 수에 도달할 경우 이를 인식할 수 있어야 한다. 이 문제들은 잠재적으로 경치의 중요한 의미를 가지며 객관적인 대안을 제시하는 것은 매우 어렵다.

최근에는 보다 자동화된 기술에 의해서 더욱 새로운 방법들이 제시되었다. 대화방식의 실시간 도면제작 기술에 의해서 분석가들은 경관의 가시화 문제들을 보다 용이하게 다룰 수 있게 되었다.

관측점의 위치에 대한 문제가 대두되었으며, 관측점들의 위치이동에 대한 검증이 실시되었다. 예를 들어, 1 층에 있는 창과 2 층에 있는 창 밖의 경관 사이의 차이, 또한 승용차와 관광버스에서 보이는 경관에도 차이가 있으며, 이 차이점에 대한 도면화가 가능하다. 다양한 높이, 길이, 방위, 위치에 따른 가시장애 효과들을 평가하고 정확도에 따라 분류할 수 있다. 대화방식인 도면제작 기술에 의해서 경관 분석가들은 경관모형 내에 있는 정보들을 보다 적극적으로 이용할 수 있게 되었다. 일반적이거나 특별한 문제들에 대한 대안들이 논리적으로 또는 직관적으로 제시되고 있지만, 새로운 문제들이 대두될 수도 있다. 이러한 문제점들은 지형의 사실적인 표현에 의해서 해결될 수 있다.

발생가능한 모든 점들을 포함하는 집약적인 도면제작 기술은 대화방식인 방법은 아니지만, 미리 정해진 수의 관측점들에 의해서 도면을 제작하는 기술보다 훨씬 유용하다. 일반적으로 경관 분석가들은 관측점의 위치선정에 있어서 그 수를 제한하기보다는, 하나의 지도상에 주어진 영역 내의 모든 관측점들의 상대적인 시야도를 나타낸다. 모든 관측점들을 도면화할 수 있는 기술에 의해서 경관에 대한 세부적이고 대화방식인 연구가 가능하게 되며, 발전계획에 의거해서 볼 때 가장 문제가 되는 구역선정과 가시효과를 감소시켜야 할 구역선정 등이 가능하다. 이 연구에서는 서로 다른 형태의 쓰레기 매립장 설계를 위해서 대화방식이고 집약적인 방법이 사용되었다.

상호 가시적인 상황을 도면화하는 방법이 설계과정에 사용되었다. 이러한 작업에 의해서 고객들의 세부적인 욕구를 충족시켜줄 수 있는 대화방식인 도면제작 도구들이 개발되었다. 지형공간 정보체계의 관련 소프트웨어는 특수한 연구과제를 수행하는 과정 중에 발생하는 여러 가지의 문제점들을 해결할 수 있도록 상품화되어 있다. 1991 년 로널드 이스트만(Ronald Eastman)에 의해서 제안된 방법은 지형분석체계와 매우 유사하다. 이 방법에서 상호 가시적인 상황을 도면화하는 것은 설계주기를 모두 통합한 것이며, 설계주기의 반복을 통해서 쓰레기 매립장 선정에 관한 사항이 검증된다. 쓰레기 매립장의 시야도가 최소화되도록 설계하는 과정에서 매우 중요한 기술은, 상호 가시적인 상황의 도면화이다.

상호 가시적인 상황의 도면화 방법이 점차 그 중요성을 더해감에 따라 지형에 관련된 사업을 수행하기 위해서는 보다 효과적인 방법이 필요하다. 시야도는 상품화된 산물이라기 보다는 특정한 동기부여에 의해서 제작된 것이다. 상호 가시적인 상황의 도면화에 의해서 체계적인 중첩방법으로는 난해한 문제들이 해결되었다. 실시간 분석과 대화방식인 접속, 실재의 지형표현 기술의 조합에 의해서 종래의 펜도화기(pen plotter)에 의한 작업이 상호 가시적인 상황의 도면제작으로 전환되었으며, 이 기술은 계획과 설계과정에 이용되고 있다.

제 11 장

경관의 평가 및 유지관리

11·1 평가방법

경관에 대한 평가는 대단히 추상적인 것이며, 사람의 주관에 의해서 변하는 것이므로, 평가하는 사람에 따라 다르기 때문에 일정하지 않을 뿐만 아니라, 더욱이 경관의 좋고 나쁨이 사람의 주관에 의거하기 때문에 사람들이 어떤 경관을 좋다라고 생각하는가를 계량화하거나, 쾌적한 경관이란 어떤 것인가를 구체적으로 나타내는 것은 매우 난해한 문제이다.

경관의 평가구조를 해석하는 방법으로는 역사적으로 정평 있는 전통적인 경관분석과 계량 심리학적 방법이 있으나, 모든 방법이 충분하게 평가구조에 대해 설명되고 있지 않으며, 생리학·민족학·문화 인류학 등으로부터의 접근방법도 필요하다.

경관의 정량적인 평가를 위해서는 인간의 심리적 반향을 나타내는 평가항목을 물리적으로 관측가능한 요인으로 표시한 관측지표(parameter)가 필요하지만, 평가항목에 따라서는 적당한 관측지표를 찾기 어려우므로, 이와 같은 경우에는 몽타지 사진 등에 의한 정성적인 평가에 만족할 수밖에 없으며 정량적인 평가기준을 이용하는 것은 어려운 일이다.

일반적으로 정량적인 평가기준을 이용하지 않고 경관의 정성적인 평가만을 하는 방법으로는, 관찰법 및 영상 추출법 등이 있다. 이들은 1원적 평가실험을 통한 통계처리에 의해 정성적 분석을 수행하고, 경관의 가치를 분석해서 경관의 향상 또는 저해요인을 탐색하거나, 평가대상의 순위부여 등에 의해 직접적인 종합평가를 수행한다.

정성적인 경관평가에서 평가주체는 경관 전문가·자연보호 단체 평가대상 사업관계자·원주민·관광 여행자로 대별된다. 이들에 의한 경관평가는 평가주체의 입장과 자라온 환경에 따라 평가하는 착안점과 평가경향이 다르지만, 세부적인 부분에서 차이점은 있더라도 평가항목에서는 전체적인 맥락에 따라 통일이 이루어지는 것이 필요하다.

또한, 평가주체가 전문가인 경우에는 평가의 평균값을 많이 벗어나지 않지만, 그렇지 않은 일반인의 경우에는 평가값의 분산이 커져 정밀도가 저하된다. 일반적으로 경관평가의 평가항목은 조사항목과 예측항목이 서로 동일함이 바람직하며 평가방법은 다음과 같다.

11·1·1 관찰에 의한 방법

관찰에 의한 방법은 조사 대상자가 비디오 사진기에 접속되어 있는 접안 사진기(eye camera)를 통해 현지에서 경관을 관찰할 때, 조사 대상자의 의학적 또는 생리적 반향 및 행동을 눈의 주시점 행동으로서 잡아 기록하는 방법으로, 기록된 비디오 테이프를 재생하여 관찰자의 의학적 및 생리적인 반응과 행동을 관찰한다.

비디오 사진기에 의한 기록은 1 영상이 1/30 초이기 때문에 비디오 영사기(player)로 재생할 때에 시간의 조절을 수행하여야 하며, 이를 통해 관찰자의 주시대상, 주시회수, 주시시간 등의 자료를 상세히 얻을 수 있다.

11·1·2 영상 추출에 의한 방법

영상 추출에 의한 방법은 조사 대상자가 평가대상의 사진 · 슬라이드(slide) 사진 · 몽타지 사진 · 전산기에 의한 모형 등을 이용해서 현장 또는 예측된 경관을 표시하는 방법으로, 평가대상의 표시 또는 인지에 의해서 의식 · 기억 · 의미 · 인지 · 감상 · 영상 · 가치판단 등을 직접 또는 설문지를 이용하여, 경관을 구성하고 있는 평가항목마다 평가척도를 사용하지 않고 언어 및 그림 등의 추상적 표현에 의한 평가수단으로 평가 또는 인지시키는 방법이다.

예를 들어, 언어에 의한 표현으로서 간단하게 '예' 또는 '아니오'만으로 표현하여 경관평가를 하고, 다수의 평가 주체인의 자료를 수량화 이론을 통해 통계해석을 수행하는 방법이다.

도로를 예로 들면 도로에 관련해서 필요하다고 생각되는 항목에 대하여 정리하고, 이에 대한 정성적 분석을 수행하여 도로의 정비에 필요한 사항을 앙케이트 조사항목으로 추출하며, '예' 또는 '아니오' 로 답할 '의식조사'에서의 조사항목 예는 표 11·1 과 같다.

표 11·1 도로경관 정비를 위한 조사항목

가로부	• 가로수는 있는 편이 좋은가? • 독립수는 있는 편이 좋은가? • 건물을 가리고 있는 수목은 높은 편이 좋은가?
도로폭	• 도로폭과 건물의 높이 비가 약 2대 1이 좋은가? • 보도폭원은 넓은 편이 좋은가?
배경	• 아득히 멀리 있는 산은 원경으로서 좋은가? • 바다, 호수, 하천은 보이는 편이 좋은가? • 옛날 집의 나열은 경관으로서 있는 편이 좋은가?
도로 시설물	• 기념비는 있는 편이 좋은가? • 생나무가 아닌 울타리는 없는 편이 좋은가? • 공원에 책은 불필요한가? • 횡단 보도교는 보이지 않는 편이 좋은가? • 전주는 없는 편이 좋은가? • 빌딩에 있는 광고판은 없는 편이 좋은가?
포장재	• 포장색은 벽돌색이 좋은가? • 포장색은 검은색이 좋은가? • 포장면 설계에 곡선을 넣는 것은 적당한가? • 보도포장에 나무블록 포장은 적당한가?
기타	• 분수는 있는 편이 좋은가? • 굴뚝은 보이지 않는 편이 좋은가?

위의 의식조사 항목에 대한 외적 기준항목의 예는 다음과 같다.

표 11·2 의식조사 항목에 대한 외적 기준항목의 예

자연성	• 자연공원과 인공공원 어느쪽이 좋은가?
숲과 광장	• 숲이 많은 공원(삼림공원)과 광장이 있는 공원(광장공원)은 어느 쪽이 좋은가?
취향	• 경관주체의 출신지역은 도시인가 시골인가?

11·1·3 추상적 표현에 의한 방법

이 방법은 현재의 경관과 경관정비 또는 개발계획에 의해 예측된 경관을 비교하여, 경관특성 및 그 밖의 경관특성에 대한 변화를 숫자로 표시함과 동시에 추상적으로 변화를 평가하는 방법으로, 정량적 방법에 의한 경관평가는 많은 시간과 노력이 소요되기 때문에 간단히 추상적으로 평가하는 경우에는 다음과 같은 표현이 많이 이용된다.

1) 영향이 클 때 경관정비 및 개발계획에 의한 새로운 구조물 및 자연환경의 변화위치가 상향각(앙각) 0~15° 도 이내의 범위에 있고, 더 나아가 시계(視界) 전체 중에서 10% 이상 상당한 부분을 점하고 있는 경우에는 영향이 크다고 한다.

2) 압박감이 있을 때 근경에 대하여 구조물이 시계의 반을 차지하고 있는 경우에, 조망지점으로부터의 거리가 구조물의 높이보다 짧을 때는 압박감이 있다. 예를 들면, 도시경관에 대하여는 가로폭원(*D*)과 고가도로의 높이(*H*)와의 관계 및 가로폭원(*D*)과 주변빌딩의 높이(*H*)와의 관계 등에 이용되는 일이 많다. *D/H*가 1이 아니고 3인 범위라면 적당하고, *D/H*가 1이하의 경우에는 압박감이 있다.

3) 우려할 만한 경관 근경으로부터 중경에 걸쳐서 구조물 주변의 상하좌우는, 구조물 높이의 절반 거리의 범위까지 시상(視像)의 영향으로 보이지 않는다고 하여도 경관에 악영향을 미칠 수 있는 걱정거리를 넣어서는 안 된다.

4) 두드러질 때 구조물의 형태 및 색채가 주변 및 경관에 위화감을 주는 경우에는 두드러진다. 특히, 색채에 관해서는 주변 및 배경과 같은 계열이나 보색계열이어도 안 되고, 또한 밝은 색조인 경우는 색채와 조화시킬 수 없어서 두드러지게 된다. 이 경우 수목 및 녹지를 새롭게 조성하여 주변과 대조를 줄이는 것이 중요하다.

5) 시각적 이미지 형상 및 색채 등에 관한 직접적인 인상을 말하는 것으로, 조경정비 및 개발계획에 의하여 새로운 구조물에는 질감을 구할 수 있다. 경관의 변화에 의해 이 시각적 이미지를 향상시키는 것이 바람직하다.

6) 심리적 이미지 시원함, 장엄함, 상쾌함 등 가슴에 전해 오는 인상을 말하는 것으로, 심리적 이미지는 경관의 변화에 의해 파괴되지 않는 것이 필요하다.

11·1·4 점수법에 의한 방법

경관계획에서는 경관 그 자체가 사업의 대상이 되는 경우도 있으나, 쾌적한 환경을 증대시키는 데에 중점을 두는 경우가 많으며, 기념물 및 상징적인 탑 등 두드러진 구조물을 세우는 경우도 있다. 이 방법은 경관을 구성하고 있는 요소마다에 점수를 부가하는 방법으로, 경관을 좋게 하는 요소에는 (+)점, 예를 들면 산·강·바다 등 특출한 대상물이 있는 경우에는 20점, 조망지점으로부터의 경관 중에 50% 이상이 녹색을 점하고 있으면 10점 등을 주는 반면, 경관을 저해하는 요소에는 (−)점, 예를 들면 경관 속에 있는 전주 1개당 1점, 송전선 1개당 7점을 부과한다.

또한, 이 방법에서는 중요도 계수로서 원경은 1, 중경은 3, 근경은 5를 곱하여 경중률(weight)을 준다. 현재와 계획 후의 (+)와 (−) 여러 가지 요소의 종합평가를 비교한다.

이와 같은 점수에는 이론적 근거가 없으며, 개인의 감성에 의존하는 일이 많고 개인차도 있다. 따라서, 이 방법에서는 가능한 한 많은 부류의 사람에게 의뢰하여 평가하며, 그 산술평균을 모아서 평가점으로 한다. 단, 수준 높은 조사 대상자를 유효한 수만큼 모집하는 데에 어려움이 있다.

또한, 사업자 자신이 평가할 때는 아무래도 계획한 구조물에 높은 (+)점수를 주는 경향이 있기 때문에, 일반적인 평가를 하기 위해서는 제삼자에 의한 평가가 바람직하다.

11·1·5 차분평가 모형에 의한 방법

경관을 평가하는 모형으로서는 경관 구성요소를 변화시켰을 때의 변화량과 이것에 대응하는 평가점의 변화량에 착안해서 양자 사이의 관계를 공식화하는 차분평가 모형이 있다. 이 방법에서는 계층별로 다른 여러 조사 대상자에게 현재의 경관을 평가시켜 100점 만점의 평가점을 주게한다. 경관 가운데서 차지하는 각 경관 구성요소마다의 전체 영상면에 대한 면적률을 구하여 둔다. 다음에 전주의 제거라든가 수목의 추가 등, 경관 구성요소를 변화시켜서 경관을 수경(修景)하고, 조사 대상자에게 수경경관을 100점 만점으로서 평가한다.

이와 같은 수경에 의한 평가점의 변화를 조사하기 위해서는, 각 경관 구성요소의 현재경관과 수경경관의 1：1 쌍으로 대응하여 평가점의 평균값차를 검정하고, 평가점에 유의한 차가 있는가 없는가를 확인한다. 차이가 없는 경우에는 경관 구성요소로서 무의미한 것을 나타내고 있는 것으로 간주하여, 경관 구성요소에서 제외한다.

평가점의 차에 대한 검정이 완료되면, 현재경관과 수경경관의 1：1 각조에 의해 경관 구성요소의 수경 변화량과 평가점의 변화량을 구한다. 수경 변화량은 현재경관과 수경경관의 각조에 대하여 전주나 수목 등의 경관 구성요소인 수경에 의한 변화량(변화면적/점면적)을 의미한다. 수경 변화량과 평가점의 변화량과의 사이에 회귀분석을 수행하면 선형적 관계를 구할 수 있다.

이 방법에서는 이와 같은 선형모형을 통해 구체적인 수경경관을 예측하고, 경관의 변화에 대한 평가점의 변화를 예측할 수 있다. 이와같이, 경관 구성요소의 변화량과 평가점의 변화량을 대응하는 차분평가 모형에 의해 경관을 수경하면, 어느 정도 평가가 올라갈 것인지 명확히 알 수 있다.

11·1·6 주관점 및 객관 합계점 상관법에 의한 방법

주관점은 사람이 경관을 보고 전체적으로 평하는 점수로서 평가점을 100점 만점으로 한다. 이와 같은 주관점은 사람에 따라 평가가 다른 경우가 있기 때문에, 계층별로 구성된 여러 조사 대상자의 산술평균을 모아서 주관점으로 결정한다.

또한, 이 방법에서는 경관을 구성하고 있는 요소마다 평가점을 10 점 만점으로 주는 객관점을 이용하며, 이를 통해 주관점을 줄 수 있는 요소를 분해한다. 예를 들면, 경관의 요소로서 녹지라는 요소를 뽑아내고 그 객관점을 정하는 경우에는, 경관의 면적 중에 차지하고 있는 녹지면적의 비율을 정한 후, 경관 중에 50% 이상의 녹지면적이 있으면 10 점으로 하고, 없을 때는 즉, 0% 일 때는 0 점으로 하며, 그 중간은 비율을 가지고 결정한다.

이와 같은 객관점은 여러 조사 대상자에게 평가시킨 것은 아니며, 작업자의 경험에 의해 결정한다. 이 방법에서는 경관을 구성하고 있는 각 요소에 대해 중복도에 대응한 중복도 계수를 주며, a, b, c, d, e 등의 미지수로 취급하고, 각 요소마다 객관점에 중복도 계수를 곱하여 합계한 것을 **객관 합계점**이라 한다.

주관점과 객관 합계점과는 선형관계를 나타내므로 수학적 처리를 통해 미지수인 a, b, c, d, e 등의 계수를 결정한다. 이 때, 주관점과 객관 합계점과의 상관이 양호하지

표 11·3 평가항목과 평가채점 기준의 예

평가항목	평 가 채 점 기 준	점수
녹지의 경관 점유율	50% 이상	10
	50% 미만 40% 이상	8
	40% 미만 30% 이상	6
	30% 미만 20% 이상	4
	20% 미만 10% 이상	2
	10% 미만	0
수목의 높이	4 m 이상인 나무가 세 그루 이상	10
	4 m 이상의 나무가 두 그루	6
	4 m 이상인 나무가 한 그루	3
	4 m 이상인 나무가 없음	0
	4 m 미만 2 m 이상인 나무가 세 그루 이상	5
	4 m 미만 2 m 이상인 나무가 두 그루	3
	4 m 미만 2 m 이상인 나무가 한 그루	1
	4 m 미만 2 m 이상인 나무가 없음	0
원 경	높고 아름다운 산	10
	높은 산	8
	높지 않지만 유서가 있는 산	6
	높지 않은 산	4
	낮고 두드러지지 않는 산	3
	전경에 감추어져서 보이지 않는 산	0

않을 경우에는, 객관점을 주는 방법이 비합리적인 것으로 간주하여, 객관점을 다시 분석하여 양호한 상관관계가 얻어질 때까지 반복수행한다.

각지에서 평가한 경관에 관하여 얻어진 각 요소의 객관점을 주는 방법 및 중요도 계수는, 지역 및 도시에 따라 큰 차이가 없기 때문에, 경관을 평가할 때에는 양호한 상관계수가 얻어질 때까지 반복수행하여 경관을 구성하는 각 요소의 중요도를 해석할 수 있다. 표 11·3은 평가항목(조사항목)과 평가채점 기준의 예를 나타내고 있다.

11·2 계량 심리학적 평가

경관에 대한 평가에서 정성적인 방법의 평가는 가능하여도, 인간의 심리적 반응을 나타내는 평가항목을 물리적으로 관측가능한 요인과 관계되는 관측지표에 의해 정량적으로 평가하는 것은 어려운 일이다. 그러나, 경관의 정량적인 평가를 위해서는 평가항목마다 평가모형 및 평가척도가 있다면, 예측된 경관을 정량적으로 평가할 수 있다.

경관의 정량적인 평가에서 평가항목에 관한 평가모형 및 평가척도가 없을 경우에는, 경관평가에 대한 평가요인을 검토하고, 평가모형과 평가하기 위한 정량적인 척도를 산출하여 물리적으로 계측가능한 변수를 구해야 한다.

일반적으로 경관 등과 같은 시각정보의 평가에 대해서는 정감이 부정확하고, 감각생물학 및 지각 심리학의 분야에 속하는 문제가 많으므로, 정성적 판단은 가능하여도 시각효과를 정량화하는 것은 어려운 측면이 있다.

11·2·1 평가항목

고찰연구 및 과거의 경험 등에 의한 기존 평가모형이 있는 평가항목에 대해서는, 그 평가모형을 이용해서 경관의 정량적인 평가를 수행한다. 경관의 정량적인 평가시 평가항목에 대한 실례를 들면 다음과 같다.

첫째, 지형 및 풍경 등의 배경과 전체와의 조화감·위화감에 대해서는, 도로의 절토면 및 송전철탑 등에 관한 과거의 실험연구를 통한 평가모형이 있으며, 평가대상과 배경 높이의 비, 즉 스케일비를 변수로 하여 평가대상이 풍경을 방해하는 정도인 조화감 및 위화감을 평가한다.

둘째, 대상의 위험감·중요감에 대해서는 주요 조망지점과 평가대상과의 거리 차이에 의한 평가의 변화에 대해서, 여러 가지 지형형태마다 평가한다. 시점과 대상 사이의 거리에 의해 경중률(輕重率 ; weight)이 변화하며, 가까운 만큼 중요하지만 위험감이 생긴다. 대상이 경관 중에 점하는 비율을 관측지표로 하여 위험감 및 중요감을 평가한다.

셋째, 경관 중에 차지하는 위압감에 대하여는 도시가로 등에 관한 과거의 평가모형이 확립되어 있으면, 평가대상의 높이와 전면공간 넓이와의 비를 관측지표로 하여 평가대상이 경관 중에 차지하는 위압감을 평가한다.

넷째, 대상의 두드러진 상태에 대해서는 거리변화에 따른 시점에서의 평가대상(경관 구성요소)에 대한 외관의 크기 및 수직시각·수평시각·입체각으로 나타나는 시야각을 관측지표로 하여 평가한다.

다섯째, 대상의 통일감 및 정연함에 대해서는 평가대상의 윤곽(layout)의 양호, 시설 사이의 설계균형, 설계의 통일, 강조해야 할 대상의 설계, 정리상태, 수경녹화 등을 평가항목으로 평가한다.

여섯째, 배경과의 대비를 나타내는 색채에 대해서는 주변과의 융화, 균형의 조화, 의지표시 등을 평가항목으로 하여 평가대상의 색상, 면도, 채도 등을 색채 모의관측장치(color simulator)에 의해 조작하고, 심리실험에 의해 평가대상의 색채영상을 선명하게 하여 색채평가에 대한 영향을 검토한다.

11·2·2 계량 심리학적 방법

경관의 정량적인 평가시 평가척도를 이용하는 경우에도 평가모형 및 평가척도가 확립되어 있지 않고, 그 평가구조 및 규정요인도 명확하지 않는 평가항목에 대해서는 심리적 효과를 관측하여 분석하는 계량 심리학적 방법을 통해 평가실험을 수행하고, 평가항목을 결정하여야 한다.

계량 심리학적(計量心理學的) 방법은 평가척도를 사용하지 않은 방법과 평가척도를 사용하는 방법, 관측적 방법 또는 평가척도에 의한 방법으로 대별된다.

평가척도를 사용하지 않는 방법은, 관측적 방법과 영상 추출법으로 나눌 수 있다.

관측적 방법은 시각적 표현대상 기록법(eye mark recorder)을 이용하여 주시적(注視的) 행동을 분석하는 것이다. 영상 추출법은 언어나 그림 등에 의한 표현 또는 인지하는 방법으로 상기법(想起法), 연상법(連想法), 재생법(再生法), 재인법(再認法) 등을 이용하여 정보량 및 영상에 대한 분석을 행하는 것이다.

평가척도를 사용하는 방법은, 평가척도의 종류에 따라 분류평가 척도, 서수평가 척도, 거리평가 척도, 비례평가 척도, 다원적 평가척도로 분류된다.

분류평가 척도법은 선택법을 이용하여 평가대상에 대해서 분류와 순위를 부여하는 방법이다. 서수평가 척도법은 평정 척도법(評定尺度法), 품등법(品等法), 한 쌍 비교법(比較法) 등을 이용하여 평가대상에 대한 분류, 순위와 경중률 부여를 한다. 거리평가 척도법은 분할법(分割法), 계열 부류법(系列部類法), 등현 간격법(等現間隔法)

등을 이용하여 경중률 부여를 할 수 있다. 비례평가 척도법은 크기(magnitude) 추정법, 백분율 평정법(評定法), 배수법(倍數法) 등을 이용하여 극격량(剋激量) 및 심리량의 대응을 알 수 있다. 다원적 평가 척도법은 차등 경계법(SD)을 이용하여 의미와 정서를 파악하는 것이다.

관측적 방법 또는 평가척도에 의한 방법은, 조정법(調整法), 극한법(極限法), 항상법(恒常法)을 이용하여 식에 의한 등가(等價)값 및 상수(常數)를 결정하는 것이다.

일반적으로 평가실험을 이용하는 경우에는, 평가내용을 척도화하여 표현하지 않으면 안 될 경우, 임의형태로 표현된 평가사실을 통계적으로 분석하는 방법인데, 문학 및 회화 등에서 이와 같은 계량 심리학적 방법이 가장 일반적으로 이용되고 있다. 이는 계량 심리학적 방법이 평가대상과 평가척도의 관련성을 명확화할 수 있으며, 정량적인 척도화를 통해 조작성이 매우 우수하기 때문이다.

또한, 경관평가에는 평균적인 인간의 가치관으로 사물을 평가하는 일이 중요하므로, 계량 심리학적 방법을 적용하는 경우가 많다. 여기서 평균적이라는 의미는 단순히 대다수의 사람들에 대한 평균이라든지, 통계적으로 처리한 결과를 의미하는 것이 아니며, 획일화된 단조로움을 의미하는 것도 아니다.

정량적 통계처리를 기초로 하는 계량 심리학적 방법에서는, 평가대상과 평가항목 및 분석방법을 고려하는 것은 물론이며, 이 밖에도 평가인의 구성, 표본화 방법, 결과의 성질 및 결과의 해석과 적용범위를 고려하여 평가주체의 선택 및 해석과 이용에 관한 깊은 통찰력과 창조력을 구사할 수 있기 때문에, 경관의 가치를 평가하는 데에 가장 적절한 방법으로 간주되고 있다. 이는 평가주체가 평가의 평균값에 벗어난 일반인의 경우도 통계해석을 통해 평가사항이 결정되기 때문이다.

일반적으로 많이 이용되는 계량 심리학적 방법에는, 앞절에서 서술한 1원적 평가실험→통계처리→평가에 의해 평가대상을 순위매김 등으로 하여서 직접 종합평가하는 방법과, 다원적 평가실험→정성분석(대표적 평가항목과 평가인자의 설정, 평가항목마다 규정요인의 추출)→정량분석에 의해 평가구조를 분석하고, 규정요인이 분명한 평가모형을 구축하여 정량적인 평가척도에 의해 정량적으로 경관을 평가하는 방법으로 나눌 수 있다.

또한, 이와 같이 경관을 객관적인 방법에 의해 정량적으로 평가하기 위해서는, 평가항목의 정량적인 척도화가 필요하며, 그 평가척도로는 분류평가 척도(분류척도), 순위평가 척도(순위척도), 거리평가 척도(거리척도), 비례평가 척도(비례척도) 등의 4종류가 많이 이용되고 있다.

분류평가 척도(분류척도)는 의미척도 또는 명의척도라고도 하며, 가장 낮은 수준으로 분류하는 것이고, 단순히 분류만으로 모아서 절대빈도·총체빈도·최빈값 등

약간의 계수적 처리를 할 수 있으므로 명목적 의미만 나타난다.

순위평가 척도(순위척도)는 순위매김을 표시하는 자연수를 부여하는 방법으로, 간단한 순위밖에는 판단할 수 없기 때문에 수치의 차는 알 수 없지만 중앙값·백분율·순위상관 등을 구하는 것은 가능하다.

거리평가 척도(거리척도)는 대상의 간격을 문제로 삼은 것으로 간격빈도라고도 부르며, 정량적으로 취급하기 때문에 대체로 통계적 조작이 가능하다. 평가척도는 그 척도수준으로 대상을 평가가능한 것이 바람직하기 때문에, 계량 심리학적 방법에 의한 관측에서는 잘 이용되고 있으며 처리도중에 많은 가정이 필요하다.

비례평가 척도(비례척도)는 거리평가 척도에는 존재하지 않는 부동의 원점을 가정하여 평가하는 방법으로, 원점을 중점으로 한 거리의 취급이 가능하고, 통계적 처리에 제한이 없으나, 처리도중에 많은 가정이 필요로 한다.

11·2·3 평가고찰

평가실험은 조사 대상자에게 인화된 사진, 슬라이드 사진, 몽타지(montage) 사진, 전산기에 의한 영상 및 모형 등을 이용하여 현황 또는 예측된 경관을 제시하고, 평가대상의 표현 또는 인지에 대해 지식·지각·감각·영상·가치판단 등에 대한 일련의 질문을 면접 또는 설문지(앙케이트 용지)에 의해 작성하여, 여러 단계의 수량으로 표시하는 방법으로 수행된다.

일반적으로 현황의 경관을 평가하는 경우에는, 현지가 아닌 유사의 장소에서 현장고찰을 하는 일도 있지만, 현장감이 없으며 실험적 조작을 할 수 없는 단점이 있어 특수한 경우를 제외하고는 이용되지 않는다.

평가고찰에 의한 관측은 조사 대상자와 평가주체가 동일인 것이 바람직하나, 조사대상자는 성별·직업·학력·연령·소득 등 속성(계층)으로부터 광범위하게 선정하고, 인원수도 많은 쪽이 좋다. 평가고찰의 관측법은 평가척도의 종류에 의해 분류된다.

이와 같은 평가척도를 사용하는 평가고찰에 의한 관측법으로, 경관평가에 가장 많이 이용되는 방법이 서수평가 척도를 이용하는 평정 척도법이다. 이 방법은 형용사의 평가척도를 조사 대상자로 나타내고 그 척도상에 대상을 결부시키는 방법으로, 척도로는 수치척도 및 그래프 척도 등이 있으나, 일반적으로 수치척도가 많이 이용되며, 그 척도를 일종의 거리척도라고 간주하여 자료를 처리한다.

설문지 조사에 의한 평가조사 항목은 평가하는 요소마다 몇 개의 항목을 준비하여, 각 항목마다 평가수치를 기입한다. 즉, 임의의 의미로 순위가 결정된 n 개의 부류(category)에 1 로부터 n 까지의 수치를 주고, 그 척도를 일종의 거리척도로 간주하면 자료처리를 편리하게 수행할 수 있다. 앙케이트 조사 예는 표 11·4 와 같다.

표 11·4 앙케이트 조사항목의 예

평가항목	항 목
가 로 수	전체적인 녹색의 양
	가로수의 높이
	개개 수목의 색 및 형
	위치와 범위
	간격과 밀도
	이상을 종합한 가로수의 녹색의 느낌
전 주	전주의 존재는 걱정되지 않는가, 되는가?
	색
	위치와 범위
	간격과 밀도
	이상을 종합한 경관으로서의 전주
보 도	보도폭원
	보도포장의 조화감
	보도 부속물의 존재
	이상을 종합한 보도의 느낌
담 장	압박감은 없는가, 있는가
	높 이
	색
	주변과의 조화와 균형
	이상을 종합한 담장의 느낌

수치척도의 부류수에는 일정한 기준이 있는 것은 아니지만 수치의 대표적인 실례는 다음과 같다.

상기 [가로수]의 (항목) '위치·범위' 및 [보도]의 (항목) '종합한 보도의 느낌'을 예로하면, '적당'과 '부적당' 또는 '좋다'와 '나쁘다'로 대비되어 취급되며, 이를 몇 단계의 순위로 평가하는 것은 정성적인 사항이기 때문에 중위점이 중앙에 있다고 생각할 수 있다. 이와 같은 경우에 양극척도로 고려해서 중위점을 0으로 하고 다음과 같이 7단계로 평가하는 것이 일반적이다(표 11·5). 또한, 앙케이트의 내용이 형용사의 대비로 통일되어 있는 경우에는 각 평가척도마다 단계수가 변하여도 지장은 없다.

표 11·5 평가척도의 예(양극척도)

평가척도	대단히	꽤	약간	어느 편도 아니다	약간	꽤	대단히
평가척도의 수치	+3	+2	+1	0	−1	−2	−3

상기 [전주]의 (항목) "전주의 존재는 염려가 되는가 아닌가?" 및 [담장]의 (항목) "압박감은 없는가 있는가?"는 대비로서 처리하여 특성의 유무를 평가하는 척도이기 때문에, 어느 일정값 이상이나 이하를 허용할 수 없는 '경계값'과 같이 취급한다. 이와 같은 경우에는 일반적으로 0을 어느 단극척도로 고려한다(표 11·6)

표 11·6 평가척도의 예(단극척도)

평가척도	허용할 수 있다	꽤 허용된다	그럭저럭	허용은 어렵다	허용할 수 없다
평가척도의 수치	4	3	2	1	0

조사 대상자는 앙케이트에 답하고, 이상의 평가척도의 수치를 물음칸에 기입하고 통계처리를 통해 산술 평균값을 결정하다.

11·2·4 규정요인의 정성분석

경관의 평가를 위해서는 경관의 성질 및 평가구조를 분석하고, 평가를 규정하는 대표적인 요인 및 지표를 추출하는 과정이 필요하다. 이와 같이 질적인 요소를 수량의 매체로써 질적으로 파악하는 것을 **정성분석**이라 한다. 즉, 정성분석은 평가대상의 분류와 평가인자의 추출 및 조사대상자의 속성분석을 통해 대표적인 평가항목을 설정하고, 평가항목마다 규정요인을 추출하는 것을 의미한다.

정성적인 분석방법으로는 다차원 성질을 갖는 대상을 분석하는 다변량 해석법을 이용하고 있다. 다변량 해석법에는 평가구조의 분석을 목적으로 한 요인분류와 평가요인을 추출함으로써 외적 기준이 없이 분류를 수행하는 방법과, 평가에 관계가 있는 규정요인의 분석을 목적으로 평가를 규정하는 요인의 규정력 분석 및 평가모형 구축을 통해 외적 기준을 설명변수로 판별하거나 예측하는 방법으로 대별된다.

전자의 방법에서 양적 자료를 설명변수로 수행하는 단면분석 및 인자분석 등이 있으며, 후자의 방법으로는 주로 양적 자료를 외적 기준으로 이용해서 수치로 표시되는 수량화 이론 1류 및 주로 질적 자료를 외적 기준으로 이용해서 분류기준을 외적 기준으로 하는 수량화 이론 2류 등이 있다.

수량화 이론 2류의 방법은 질적 자료에 의해 질적인 형태로 주어지는 외적 기준을 해석하는 방법으로, 분류군별로 판별하는 데에 사용되며, 각 개체(sample)에 대해 K개의 분류로 되는 외적기준과 R개의 요인항목에 대한 반응을 얻을 수 있는 방법이다.

이 방법에서는 외적 기준 K개의 부류에 대응하여 K개의 군을 만든 후, K개의 군에 속하는 자료를 얻어 각 개체가 질적인 요소항목의 어떤 부류에 해당(반응)했는가 하는 정보에 의거하여 군간의 판별을 수행한다.

따라서, 이 방법에서는 요인의 항목부류(item category)에 어느 수량(부류수량이라고도 한다)을 부여하여 각 개체(sample)의 수량(개체수량 또는 표본 수량이라고 한다)으로 부여한다. 이 때, 각 개체에 주어진 수량에 의해 K개의 군이 가장 잘 판별되게 처리하여 부류수량을 결정한다.

수량화 이론 1류는 이상의 각 개체에 대하여 양적으로 판별해 놓은 경우에 이용할 수 있다.

11·2·5 차등 경계법

경관의 정성분석에 이용되는 차등 경계법(Sematic Differential : SD)은 언어 심리학 분야에서 개발된 방법으로, 평가 척도법과는 달리 다수의 형용사쌍으로 이루어진 평가척도에 의한 평가자료를 이용하여 의식, 의미, 정서를 분석하는 방법이다.

SD법에 이용되는 평가척도는 순위척도이므로 다소 무리가 있어도 일종의 거리척도로 간주하는 방법으로서 경관평가의 인자분석 등을 위한 해석자료로 사용한다. 즉, 차등 경계법은 다원적 평가척도를 사용하여 어느 대상이나 말에 대하여 개인이나 집단이 품고 있는 정서적 의미를 관측하고, 그 의미체계를 구축하는 방법으로 토목시설에 대한 이미지 또는 경관의 이미지나 가치관의 관측과 정성분석에 유효한 방법이다.

평가실험을 위한 설문지 조사는 그림 11·1 에 나타낸 바와 같이 형용사의 대비 관찰용지를 이용하여 조사 대상자에게 앞에서 서술한 방법에 의해 수행한다.

평가척도에 의해 채점된 결과에 대한 분석방법으로는, 평가대상·평가척도·조사대상자가 가진 성질에 대한 형태를 파악하기 위하여, 단면분석과 단면분석된 내용을 양적으로 결정하기 위해 인자분석 등의 통계처리가 이용된다.

경관평가에서는 그 목적에 의해 작용되는 형용사의 대비를 이전의 연구 예를 참고하여 수집한다. 평가의 표현을 위한 형용사의 대비는 평가 척도법과는 다르나, 관계가 있는 용어를 많이 사용하며, 다음에 서술할 결과분석을 통해 필요한 것만을 선정하는 표준화를 수행한다.

일반적으로 형용사 대비에는 평가척도 중에 기본적 평가척도라고 하는 것이 존재하며, 이와 같은 요소는 정성분석을 위한 평가인자로 사용될 확률이 높음은 물론, 역량성 및 활동성을 나타내는 요소이므로, 조사목적으로 보아 직접적인 관계는 없어도 이와 같은 요소를 선정하는 것이 좋다.

평가어로는 좋다－나쁘다, 아름답다－추하다, 유쾌하다－불쾌하다의 형용사 대비가 있으며, 역량성을 나타내는 말로서는 강하다－약하다, 유연하다－단단하다, 무겁다－가볍다의 형용사 대비가 있고, 활동성을 나타내는 말로서 시끄럽다－조용하다, 빠르

	대단히	꽤	약간	어느쪽도 아님	약간	꽤	대단히	
압박감이 있다								압박감이 없다.
폐쇄적이다								개방적이다
좋아한다								싫어한다
중후하다								경쾌하다
남성적이다								여성적이다
불쾌하다								유쾌하다
단단하다								유연하다
인공적이다								자연적이다
좋다								나쁘다
냉담하다								친밀하다
특이하다								평범하다
추하다								아름답다
시끄럽다								조용하다
단조롭다								리듬감이 있다
동적이다								정적이다
세련되다								세련되지 않다
두드러지다								두드러지지 않다
불통일되다								통일되다
안정되다								불안정하다
거칠다								미세하다

그림 11·1 차등 경계법을 이용한 앙케이트 조사 예

다－느리다의 형용사 대비가 있다.

이 밖의 평가표현의 예로는, 앞에서 서술한 예 이외에 좋아하다－싫어하다, 크다－작다, 남성적인－여성적인, 자연적인－인공적인, 친밀하다－냉담하다, 자립적이지 못하다－자립적이다, 조용하다－시끄럽다, 진정된－떠들썩한, 개방적인－폐쇄적인, 구애됨이 없다－거북하다, 특이한－평범한, 안정된－불안정한, 정연된－여러 가지가 뒤섞인, 지배적인－종속적인, 단순한－복잡한, 통일된－불통일인, 변화가 많은－단순한, 동적인－정적인, 자세한－조잡한, 완전한－미숙한, 통합이 있다－통합이 없다 등의 형용사 대비가 있다.

경관 이외의 사례에서는 복잡한 손의 감촉에 대하여 섬유마다 밝다－어둡다, 무겁다－가볍다, 단단하다－유연하다, 젊다－늙다, 화려한－검소한, 의욕이 있다－의욕이 없다, 조용한－시끄러운 등의 형용사 대비를 이용해서 앙케이트 조사를 수행한 예가 있다.

건축 내장재의 디자인적 감각에 대해서는, 내장재 종류마다 깨끗한-더러운, 고상한-조잡한, 인공적인-자연적인, 무겁다-가볍다, 윤기가 있다-윤기가 없다, 단단하다-부드럽다, 따뜻하다-차갑다, 화려한-검소한, 합당하다-합당하지 않다 등의 형용사 대비를 사용해서 앙케이트 조사를 수행한다.

단면분석은 평가척도를 통해 척도화한 수치를 도화해서 선으로 연결한 단면 곡선을 각 평가대상 및 평가척도마다 작성하여 분석하는 방법으로, 그리고 임의 평가대상에 대하여 평가척도에 대한 평가의 변화상태를 작성한다.

작성된 단면곡선의 형태에 대한 유사성 및 평가 평균값에 대한 이산정도를 통해, 평가대상과 평가척도의 유사성 및 적합성을 시각적으로 분석한다.

단면분석의 과정은 평가항목의 평가척도에 대해 피실험자로부터 얻은 자료로 각 평가 척도의 평균을 구하며 이를 기초로 하여 표준편차를 산출하고, 자료를 정규분포로 가정하여 80%의 신뢰폭을 결정하여 단면곡선을 그린다. 만약, 80%의 신뢰폭이 넓으면 평가의 평균값에서 벗어나는 값이 많음을 의미하며, 평가주체가 일반인인 경우에는 평가값이 평균값에서 벗어나는 정도가 크고, 전문가인 경우에는 거의 없다.

단면곡선을 통해 평가척도 및 평가 대상간의 관련성이 확인되었을 때에는 형태분류가 가능하므로, 이 상관성을 통계적으로 명확하게 하기 위해 관측값 사이에 존재하는 구조를 변수의 1차선 형식으로 인자분석을 수행하고, 인자 부하량을 구하면 평가실험에서 했던 수많은 평가척도 즉, 형용사 대비에 대신하는 소수의 평가인자로 평가대상의 특성을 표현 또는 인지할 수 있으며, 이를 통해 평가구조의 축이 되는 평가인자가 유출된다.

이와 같이 어느 평가항목에 관해서 그 평가를 정확하게 표현 또는 인지할 수 있는 평가인자를 **평가축**이라고 한다. 평가축이 결정되면 목적으로 하는 평가항목을 표현해 얻은 형용사 대비가 결정되며, 이를 통해 불필요한 대비를 생략할 수 있다.

11·2·6 정량분석과 평가의 예측

규정요인의 정성분석에 의해 평가구조가 분석되고, 평가척도와 물리지표와의 정성적인 상관성에 의해 평가모형을 구축할 수 있으나, 경관의 정량분석을 위해서는 다음과 같은 평가에 관계되는 주요한 규정요인을 추출할 필요가 있다. 이를 위해서는 정성적 분석으로부터 일반적으로 평가에 영향을 주고 있다고 생각되어지는 요인과, 그 범주를 정리하고 평가와 요인과의 관련성을 분석하여야 한다. 즉, 요인의 척도구성을 한정하여 요인의 양적 변동에 의한 평가의 변화여부를 양적으로 결정하여야 한다. 이를 위해서는 요인의 변동을 표시하는 물리적 지표의 수량적 척도구성과 대상의 가치를 표시하는 평가척도의 구성 및 양자의 상관성이 결정되어야 한다. 이를 위해서는 수량화 이론 중 수치로 표시된 양적 자료의 외적기준을 설명하는 방법이 많이 이용된다.

이상과 같은 과정을 통해 평가척도와 물리적 지표와의 사이에 정량적인 모형구성이 가능하다. 즉, 평가구조와 규정요인이 명확하게 되며, 평가항목에 대해 계량화되기 때문에 정량화한 평가모형 및 평가척도를 결정할 수 있다.

평가모형을 통해 현재의 경관과 비교함으로써 경관정비 및 개발계획에 대한 대상의 경관평가에 대한 변화를 조사할 수 있기 때문에, 경관의 사전평가를 하는 것이 가능하게 됨은 물론, 임의의 경관에 대한 평가를 대표적인 항목요인의 조사만으로 평가예측하는 것도 가능하게 되고, 이것으로부터 역으로 경관을 조성하는 일도 가능하게 된다.

11·3 경관의 유지관리

경관자원의 평가에서는 경관이 좋고 이용하기 쉬워야 한다는 두 가지 지표가 있다. 경관이 좋음에 대해서는 조망 시야 내의 구도, 형·색 등에 대하여 자연성, 쾌적성, 향토성, 변화성 등의 관점으로부터 가치를 부여하며, 이용하기 쉬운 것에 대해서는 조망지의 이용빈도에 따라 가치부여를 하기 때문에, 비일상적인 관광 등의 이용보다도 일상적인 지역주민의 이용이 주체가 되는 조망지쪽이 이용도가 높게 나타난다.

경관자원의 가치구분에 대해서는 다음의 3단계로 분류된다. 첫째, 국제급 경관으로서 각 경관형식 중에서도 규모 및 지리가 우수하고, 그 양식을 대표하는 데 충분한 것이고, 국민적 자원 및 재산으로서 인식되어 전국적 또는 지방적으로 가치가 인정되는 것이다. 자연경관 구성요소로서는 국립공원 특별 보호지역에 속하는 특별명승, 천연 기념물 등이 있고, 인문경관 구성요소로서는 국보와 특별사적이 있다. 경관의 유지관리 목표로서는 대상경관을 최대한 유지한다. 둘째, 국내급 경관으로서 국내적으로 인식되고 각 지방적으로 가치가 인정되는 것, 자연 경관구성 요소로서는 국립공원에 속하는 명승, 천연 기념물 등이 있고, 인문경관 구성요소로서는 중요 문화재와 사적이 있다. 경관의 유지관리 목표로는 대상경관을 중간급으로 유지관리하는 방향으로 설정한다. 셋째, 지방급 경관으로서 각 경관형식을 표시한 것으로서 그 존재를 나타낼 수 있는 것이고, 향토적 경관으로서의 특징을 가지며, 지역주민에 의식되고 지방자치 단체적으로 가치가 인정되어져야 하는 것이다. 자연경관 구성요소로서는 국립공원, 국립공원에는 속하지만 국제급 경관이나 국내급 경관에 포함되지 않는 것과, 지방

국립공원에 속하는 지방지정의 명승·천연 기념물 등이 있고, 인문경관 구성요소로서는 지방 및 시지정의 문화재가 있다.

경관의 유지관리 목표는 대상경관으로의 영향을 가능한 한 작게 하도록 설정하며, 가치구분의 설정에 맞추어 기존의 사례를 참조로 할 뿐 아니라 전문가 및 지역 주민대표 등의 의견을 청취하여 결정한다.

◇ 찾아보기 ◇

《 ㄱ 》

《 ㄷ 》

《 ㄹ 》

《 ㅁ 》

《 ㅂ 》

《 ㅅ 》

◘ 저자 약력 ◘

유 복 모

1936년 2월 10일생(충북)
서울대학교 공과대학 토목공학과 졸업
네덜란드 ITC에서 사진측량학 수학
1975년 동경대학에서 공학박사 학위수여
1982년 토목분야 측량 및 지형공간정보기술사 취득
IUGG의 IAG 한국분과위원장 역임
한국지형공간정보학회(KOGSIS) 회장 역임
한국정원학회 회장 역임
대한토목학회 회장 역임
한국측량학회 회장 역임
서울시 문화상 수상(건설 부문)
홍조근정훈장(제5609호) 수여
서울대학교 공과대학 토목공학과, 환경대학원 강사 역임
연세대학교 공과대학 토목공학과 교수 역임
현 연세대학교 명예교수
현 재단법인 석곡관측과학기술연구원 원장

저 서

사진측량학개론(희중당)
측량공학(박영사)
도시계획(문교부)
측량학원론(I) (박영사)
측량학원론(II) (박영사)
원격탐측(개문사)
측량학(동명사)
측지학(동명사)
사진측량학(문운당)
지형공간정보학(동명사)
경관공학(동명사)
현대 디지털사진측량학(Prentice Hall)
다[illegible]

경관공학

1996년 5월 5일 초 판 발 행 • 저 자 유 복 모
2008년 8월 20일 4 쇄 발 행 • 발행인 최 국 주
• 발행처 동 명 사

경기도 파주시 교하읍 문발리 535-10 파주출판단지 30블록 4롯트
전 화 : 031) 955-7200(代), 955-7201~4, 7203 (편집부)
팩시밀리 : 031) 955-7205
출판등록 : 1950년 11월 1일(제1-76호)
E-mail : dms723@chol.com
홈페이지 : www.dmsbook.com

정가 14,000원

ISBN 978-89-411-1734-6 93530